Elise Geisler

Elaboration d'une méthode de qualification du paysage sonore

Elise Geisler

Elaboration d'une méthode de qualification du paysage sonore

Expérimentations à Kronsberg et Vauban

Presses Académiques Francophones

Impressum / Mentions légales

Bibliografische Information der Deutschen Nationalbibliothek: Die Deutsche Nationalbibliothek verzeichnet diese Publikation in der Deutschen Nationalbibliografie; detaillierte bibliografische Daten sind im Internet über http://dnb.d-nb.de abrufbar.
Alle in diesem Buch genannten Marken und Produktnamen unterliegen warenzeichen-, marken- oder patentrechtlichem Schutz bzw. sind Warenzeichen oder eingetragene Warenzeichen der jeweiligen Inhaber. Die Wiedergabe von Marken, Produktnamen, Gebrauchsnamen, Handelsnamen, Warenbezeichnungen u.s.w. in diesem Werk berechtigt auch ohne besondere Kennzeichnung nicht zu der Annahme, dass solche Namen im Sinne der Warenzeichen- und Markenschutzgesetzgebung als frei zu betrachten wären und daher von jedermann benutzt werden dürften.

Information bibliographique publiée par la Deutsche Nationalbibliothek: La Deutsche Nationalbibliothek inscrit cette publication à la Deutsche Nationalbibliografie; des données bibliographiques détaillées sont disponibles sur internet à l'adresse http://dnb.d-nb.de.
Toutes marques et noms de produits mentionnés dans ce livre demeurent sous la protection des marques, des marques déposées et des brevets, et sont des marques ou des marques déposées de leurs détenteurs respectifs. L'utilisation des marques, noms de produits, noms communs, noms commerciaux, descriptions de produits, etc, même sans qu'ils soient mentionnés de façon particulière dans ce livre ne signifie en aucune façon que ces noms peuvent être utilisés sans restriction à l'égard de la législation pour la protection des marques et des marques déposées et pourraient donc être utilisés par quiconque.

Coverbild / Photo de couverture: www.ingimage.com

Verlag / Editeur:
Presses Académiques Francophones
ist ein Imprint der / est une marque déposée de
OmniScriptum GmbH & Co. KG
Heinrich-Böcking-Str. 6-8, 66121 Saarbrücken, Deutschland / Allemagne
Email: info@presses-academiques.com

Herstellung: siehe letzte Seite /
Impression: voir la dernière page
ISBN: 978-3-8416-2588-5

Introduction

Élaborer une méthode de qualification du paysage sonore facilement applicable par des concepteurs et autres acteurs de l'aménagement

Ce travail s'inscrit dans une volonté de mieux prendre en compte la qualité de l'environnement sonore à des fins d'actions urbaines durables et de répondre à la demande sociale[1] actuelle de qualité du paysage et du cadre de vie en ville.

Il a pour objectif d'élaborer une méthode de qualification transversale du paysage sonore, considéré comme l'ensemble des relations sonores que les habitants ont à leur territoire de vie, méthode facilement applicable par les concepteurs et les autres acteurs de l'aménagement. Son utilisation principale pourra être celle de l'aide à la décision et à la conception dans le cadre de projets de quartiers durables, et plus largement de projets d'aménagement de l'espace.

Notre approche ne part ni d'une attitude épidémiologique de l'environnement sonore (il ne s'agit pas d'aborder le bruit essentiellement de manière négative), ni esthétisante (le paysage n'est ici plus à considérer comme un regard esthétique et distancié porté sur le pays), notre objet étant de comprendre le vécu sonore quotidien des habitants de deux quartiers durables allemands. Notre démarche est en outre menée dans une optique opérationnelle (bien qu'elle ne soit pas appliquée directement à un projet). Il s'agit de comprendre les valeurs que les habitants donnent à leur environnement sonore, les qualités, les atouts, les faiblesses et les limites qu'ils décèlent, dans l'éventualité d'une intervention de préservation, de gestion ou d'aménagement.

Vers un urbanisme plus « humain »

Depuis quelques dizaines d'années, et dans le monde entier, la qualité environnementale fait l'objet d'une attention particulière, en réponse à une demande sociale croissante de qualité de vie en ville. Elle est devenue de ce fait un enjeu majeur pour les pouvoirs publics.

---

[1] Nous tenons à préciser que nous sommes conscients que la demande n'est pas un fait avéré, mais un processus de qualification auquel participent différents acteurs tels que les pouvoirs publics ou des acteurs privés économiques. La demande suppose en effet une communication entre un sujet porteur de la demande et un autre susceptible d'y répondre, qui interprète celle-ci. *« De telle sorte qu'il n'y a pas de demande en soi, mais des demandes correspondant à des rapports sociaux particuliers. »* (Salignon, 2010, p. 100-101).

De nombreuses enquêtes de satisfaction ont été menées ces dernières années auprès des citadins et ont abouti à la mise en œuvre d'indicateurs de qualité de vie, de satisfaction, de bien-être (Fleuret, 2006). Elles mettent en évidence une volonté des citadins de se rapprocher de la nature et une évolution de l'action en matière d'aménagement du territoire vers l'échelle locale, qui s'inspire peu à peu des problématiques du développement durable et prend en compte la parole et le désir habitants. Elles témoignent ainsi d'un glissement des conditions de l'efficacité aménagiste de la raison vers le sensible.

Le paysage comme médiateur de nos rapports sensibles aux territoires

L'évolution de la notion de paysage, qui la tire vers le cadre de vie, pousse à reconsidérer la place du paysage sensible (sensoriel et signifiant) et quotidien dans le devenir de la durabilité urbaine. En effet :

> « Si l'on considère l'exigence manifestée par les analyses de la demande sociale à l'égard de l'égal accès à la nature et à ses ressources : le paysage peut être l'un des moyens pour absorber cette question et de l'ancrer dans l'aménagement du territoire, parce qu'il soulève des interrogations sur les modes d'habiter et les rapports à la nature dans l'exercice de la vie ». Car c'est peut-être là « l'intérêt du paysage pour l'amélioration du cadre de vie quotidien des populations. Au-delà des discours convenus, c'est bien là l'enjeu essentiel qui sous-tend la demande sociale de paysage pour les Français. » (Luginbühl, 2001, p. 16)

En parallèle, la notion de paysage s'ouvre théoriquement et pratiquement aux autres sens que la vue, comme l'ouïe, essentielle dans notre appréhension et appréciation de l'espace. Le paysage sonore demeure plus que jamais d'actualité face aux problématiques environnementales et d'aménagement du territoire. Il peut aujourd'hui trouver une nouvelle place dans les sciences humaines et l'architecture du paysage grâce au développement des approches sensorielles, et avec le recours à des notions comme l'ambiance architecturale et urbaine. Cette deuxième évolution de la notion de paysage vers une sensibilité multiple (de tous les sens) au territoire, encourage à prendre sérieusement en compte le paysage sonore dans les projets d'aménagement urbain, comme vecteur de qualité du cadre de vie en ville.

Les quartiers durables, traductions opérationnelles du dévelop-
pement durable à l'échelle locale

Après les théories progressistes, culturalistes et fonctionnalistes[1],
on assiste depuis la fin des années 1990 à un passage de la culture
urbaine vers un urbanisme « durable », plus « humain », basé sur le
respect et la prise en compte des spécificités locales et qui défend
une réelle mixité sociale et fonctionnelle en ville. Si la qualité
environnementale fait de plus en plus l'objet de l'intérêt des élus et
des acteurs de l'aménagement, c'est parce que le développement
durable, à travers son rôle d'assurer des liens transmissibles entre
l'homme et son milieu, est une réponse à la demande actuelle de
qualité de vie en ville.

Si pour les Français aujourd'hui, la ville n'est généralement pas
considérée comme un paysage appréciable, elle contient des lieux
qualifiés comme tels. La conception des projets urbains évolue dans
le sens où le quartier peut devenir un paysage qualifié, dans la
mesure où il est le lieu d'une appartenance sociale territorialisée et
où l'individu se reconnaît (Luginbühl, 2001).

C'est dans ce sens que les quartiers durables constituent un terrain
d'étude pertinent pour notre recherche puisqu'ils représentent la
traduction opérationnelle du développement durable à l'échelle

---

[1] Les courants progressiste et culturaliste (Choay, 1965) sont apparus au milieu du
XIXème siècle. Ils ont critiqué la ville industrielle, ses densités excessives, l'insalubrité
de l'habitat, l'inadaptation de la voierie ou encore l'absence d'espaces verts. Le
courant progressiste, prenant ses origines dans les écrits de Charles Fourier (1772-
1837) et Robert Owen (1771-1858), a mis l'accent sur la fonctionnalité et la salubrité
de la ville en réorganisant la ville de façon rationnelle, en la dé-densifiant et en
l'assainissant en faisant pénétrer l'air, la lumière et le soleil dans les rues et les
logements, en développant les réseaux d'égout, le traitement des eaux usées, le
ramassage des ordures ou encore le comblement de certains bras de fleuves. À Paris,
ce courant hygiéniste a été mis en œuvre par les préfets Rambuteau et Haussmann.
Le courant culturaliste, représenté notamment par les écrits de John Ruskin (1819-
1900), William Morris (1834-1896), Camillo Sitte (1843-1903) et Ebenezer Howard
(1850-1928), répond à la même critique par des valeurs opposées. En défendant la
richesse des relations humaines et la permanence des traditions culturelles, il est à
l'origine d'un modèle spatial circonscrit, clos et différencié. Ce courant, considéré
comme nostalgique de la ville médiévale, est supplanté par le fonctionnalisme au
début du XXème siècle qui radicalise les théories progressistes pour construire un
modèle spatial spécialisé, standardisé et éclaté. Ce courant, représenté par les travaux
de Tony Garnier (1869-1948) ou Le Corbusier (1887-1965), a été particulièrement
développé au début des années 1920 avec la fondation des CIAM (Congrès
Internationaux d'Architecture Moderne). Traduit dans la Charte d'Athènes en 1933, il
est devenu un modèle pour les urbanistes et les pouvoirs publics dans les années
1950. Faisant table rase du passé et promulguant le bien-être individuel, il a contribué
à diviser la ville en zones spécialisées (habitat, loisirs, travail), à différencier les voies
de circulation en privilégiant l'automobile et à libérer le sol par la construction
d'immeubles en hauteur isolés.

locale. Depuis le début des années 1990, le nombre de quartiers durables et d'écoquartiers a sans cesse augmenté en Europe, avec parmi eux quelques projets phares comme Vauban à Fribourg et Kronsberg à Hanovre (Allemagne), BO01 à Malmö (Suède), ou encore BedZED à Beddington (Angleterre). En France, les projets fleurissent en nombre depuis quelques années (Éco-ZAC de la Place Rungis à Paris, le quartier Grand Large à Dunkerque, le quartier de l'Amphithéâtre à Metz, etc.), et même s'ils en sont encore au stade de projets, ils semblent représenter une réponse, du moins partielle, à cette nouvelle préoccupation de qualité du cadre de vie et du bien-être habitant.

Les quartiers durables d'Europe du Nord abordent tous des thématiques comme la mobilité douce, l'utilisation des énergies renouvelables, la présence de nature en ville, la densification des tissus urbains ou encore la mixité sociale, participant, on peut le supposer, à la modification du paysage sonore en ville.

La faible prise en compte de la qualité de l'environnement sonore dans les projets d'aménagement

Alors qu'on s'interroge sur les perspectives d'un urbanisme plus durable et que le paysage s'ouvre à tous les sens, la question de l'amélioration de la qualité de l'environnement sonore en ville reste peu prise en compte par les élus et les aménageurs, et reste une zone d'ombre dans une action urbaine et environnementale en quête de durabilité. L'approche par les pouvoirs publics de la gestion de l'environnement sonore est uniquement dirigée vers un combat contre le bruit, que ce soit de manière curative en réglementant les niveaux d'émission sonore des activités bruyantes, ou de manière préventive à travers la réalisation de cartes de bruit, révélatrices de l'exposition au bruit des populations.

La recherche a, depuis une quarantaine d'années, développé des outils d'analyse et de compréhension de la qualité de l'environnement sonore. Ces recherches ont permis de réintroduire le sujet dans son environnement et de mieux prendre en compte tous les facteurs de qualité de l'environnement sonore. En parallèle, largement initiées par les travaux précurseurs de musiciens, notamment R. Murray Schafer au Canada, malgré un certain désintérêt des pouvoirs publics, des expérimentations d'aménagements sonores se sont développées de manière isolée dans le monde entier. Mais malgré les efforts de la recherche dans l'élaboration d'outils et de méthodes aptes à livrer la complexité du monde sonore, la qualité sonore de l'environnement reste peu prise en compte dans le monde opérationnel, que ce soit pour la conception ou la planification.

Les difficultés rencontrées dans l'analyse du vécu sonore des habitants

Si les professionnels de l'aménagement sont aujourd'hui démunis face à l'aménagement sonore de la ville, on peut expliquer cela par le manque d'expériences et de références, en raison de :

- La complexité de l'analyse de l'environnement sonore et l'usage constant d'indicateurs dits « objectifs » dans le champ opérationnel, basés sur des procédés techniques de mesures physiques qui ne permettent pas de restituer toute la complexité des rapports sensibles de l'homme à son environnement.

- La complexité même des rapports sensibles aux territoires de vie et notamment les difficultés de leur expression, de leur mise en langage, et notamment de *« l'énonciation de la perception sensorielle »* (Grésillon, in Fleuret, 2006, p. 39) par les populations.

Tout ceci concourt bien sûr à la difficulté pour la maîtrise d'ouvrage à élaborer un cahier des charges en termes de qualité sonore.

Ce constat sur les enjeux de la qualité de l'environnement sonore dans l'aménagement du territoire et le développement du paysage comme medium de nos rapports sensibles aux territoires de vie nous conduit à penser que le paysage sonore peut être un élément de requalification urbaine.

Quelles seraient alors les conditions opérationnelles et méthodologiques de la prise en compte, par le biais du paysage, des rapports sonores aux territoires de vie ?

L'idée que nous défendons est que c'est par le rapprochement des notions de paysage et d'ambiance - par le biais de la problématique actuelle du développement durable -, que la qualité de l'environnement sonore pourra être prise en compte dans les projets urbains et que la potentialité opérationnelle du paysage sonore pourra être démontrée.

C'est dans cette perspective que nous tentons de répondre aux questionnements suivants :

Quel est l'état des environnements sonores dans les quartiers durables ? Sont-ils qualifiés autrement que sous la forme de nuisances sonores ? Quelles perceptions en ont les habitants ?

- Si les quartiers durables, traductions locales de l'action publique en matière de développement durable, ont l'ambition de modifier les modes de vie par une diversité d'actions mises en cohérence, ils peuvent transformer les paysages sonores, et peuvent nous aider à qualifier ces derniers. Les quartiers durables et la manière dont ils ont été conçus constituent alors un moyen de saisir les rapports sensibles que les habitants entretiennent avec leur quartier, et donc la portée opérationnelle du paysage sonore comme vecteur de qualité de vie.

L'aspect sonore de l'environnement est-il pris en compte dans la conception et la réalisation de ces quartiers ? Si oui, selon quelles modalités opératoires relevant d'une démarche de développement durable les environnements sonores se voient-ils modifiés ?

- Si la qualité de l'environnement sonore n'est généralement pas directement prise en compte dans les discours et les projets de quartiers durables, c'est par l'intermédiaire d'autres objectifs du développement durable et des modes de vie qu'elle est modifiée de manière involontaire dans les quartiers durables (mixités fonctionnelle et sociale, biodiversité, circulations douces, etc.). Il faudrait donc relever par quels mécanismes issus d'une démarche de développement durable les paysages sonores sont modifiés.

Quelles méthodes d'analyse du paysage sonore au sein des quartiers durables sont les plus pertinentes pour rendre compte de sa potentialité ?

- Si le paysage sonore dans notre cas d'étude est l'ensemble des relations sonores que les habitants des quartiers durables ont avec leur territoire de vie, sa compréhension passe par l'analyse de ses dimensions matérielles et immatérielles, c'est-à-dire à la fois le quartier tel qu'il a été pensé, le quartier tel qu'il est et le quartier tel qu'il est vécu.
- Si l'expression des expériences sensibles (sensorielles et signifiantes) des habitants est difficile, c'est par le biais de plusieurs méthodes aux types d'implications différentes et aux modes d'expression variés qu'elles peuvent être révélées dans toute leur complexité (rapports distants-immersifs, individuels-collectifs, symboliques-intimes, dynamiques-continus).

La méthode

Le choix des terrains d'étude : des quartiers durables allemands

Une fois notre recherche focalisée sur des quartiers durables, que nous pensons pertinents pour saisir la portée opérationnelle du paysage sonore comme vecteur de qualité de vie, il nous fallait déterminer lesquels, sachant qu'aucun projet français n'était habité depuis plusieurs années au début de notre travail de recherche. Nous avons donc effectué une sélection entre les différents projets réalisés et habités depuis plusieurs années en Europe du Nord selon plusieurs critères. Ces quartiers devaient en effet :

- avoir une échelle adéquate pour assurer la faisabilité et la pertinence des analyses de terrain en termes de vécu sonore des habitants. Cette échelle est celle du projet, soit les limites officielles des quartiers Kronsberg et Vauban[1] ;
- être des quartiers durables, c'est-à-dire issus d'une démarche politique déterminée de projet urbain, visant un autre mode de vie inscrit dans la durabilité, assurant une certain équilibre entre les trois piliers du développement durable : écologique, économique et social ;
- concentrer les différentes fonctions et infrastructures urbaines : habitat, lieux d'activités, circulation et transports, espaces publics, etc., afin d'être représentatifs de la vie urbaine dans un sens plus large ;
- et être issus soit d'une planification urbaine dite durable, soit d'une démarche qui se réclame du « *bottom-up* ».

Nous avons donc opté pour deux quartiers allemands significatifs de ce qu'on peut appeler un quartier durable[2] : Kronsberg à Hanovre (Basse-Saxe) et Vauban à Fribourg en Brisgau (Bade-Würtemberg). Notre choix a également été influencé par notre affinité avec la langue allemande.

Une démarche méthodologique de recherche emboîtée, où le « concepteur » est à l'écoute des habitants, et le discours des habitants mis en contexte

La démarche proposée consiste en l'emboîtement de différentes méthodes complémentaires, afin d'analyser la complexité des

---

[1] La pertinence de cette échelle pour l'analyse du paysage sonore est discutée à la fin de ce travail.
[2] La notion de quartier durable est définie et discutée dans la deuxième partie de ce travail.

rapports sonores aux quartiers *in situ*. Cette démarche repose sur l'analyse entrecroisée :

- du ***paysage « raisonné »***, c'est-à-dire ce qui a été projeté lors de la réalisation du quartier, tant en termes de développement durable que de qualité de l'environnement sonore, et les choix qui ont été opérés. Le projet est analysé à travers la lecture de documents écrits et d'entretiens avec des personnes chargées du projet, ici des concepteurs (architectes et paysagistes) travaillant pour les villes de Hanovre et Fribourg en Brisgau ;

- du ***paysage « sonnant »***, entendu comme support physique du paysage sonore. Il s'agit de faire un diagnostic urbanistique et paysager du quartier et de ses usages, à l'aide de relevés thématiques, de photographies, d'enregistrements audio et de prises de notes sur le terrain ;

- ces deux paysages servant tous deux de contexte à l'analyse du ***paysage « auditif »***, soit l'ensemble des expériences auditives des habitants dans leur quartier, qui regroupe à la fois les représen-tations, les pratiques et les perceptions qu'ils en ont. Ces différents types de relations à l'environnement sonore générant des difficultés particulières de mise en expression ou des rapports différents à l'espace, plusieurs méthodes d'enquête ont été développées et sont détaillées dans la deuxième partie de cet ouvrage : des entretiens exploratoires dans la rue, des parcours et des journaux sonores.

Figure 1. Organisation schématique de la méthode de qualification du paysage sonore (Geisler, 2011)

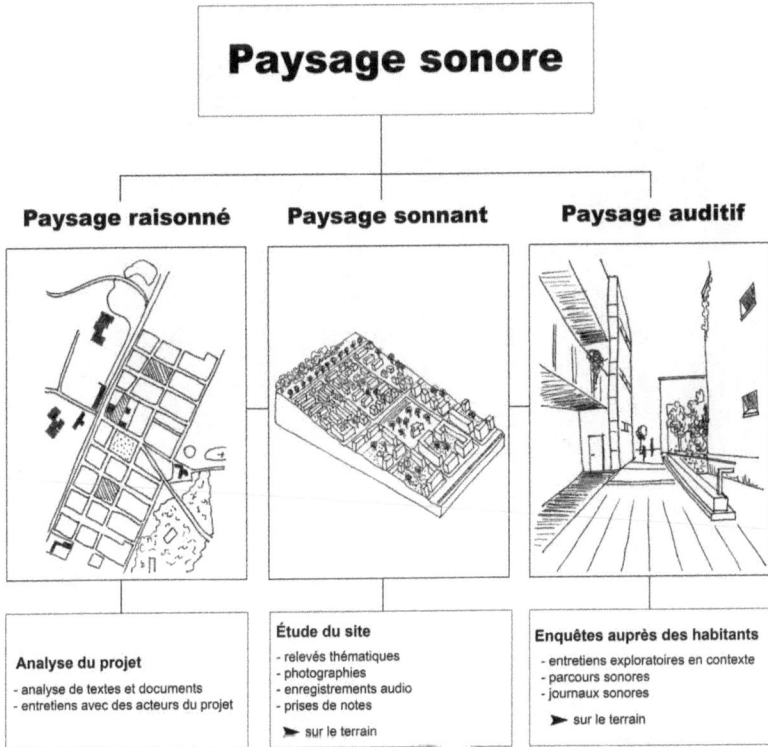

Cet ouvrage s'organise en trois parties : la première a pour objet de cadrer théoriquement ce travail de recherche et de définir ce qu'est le paysage sonore, en se basant sur un état des politiques publiques en matière de lutte contre le bruit et des recherches liées à la qualification de l'environnement sonore d'une part, et en décrivant les politiques publiques dédiées au paysage et les pratiques d'aménagement sonore paysager d'autre part. La seconde partie présente la démarche méthodologique utilisée, ainsi que les terrains d'étude choisis : les quartiers durables allemands Kronsberg à Hanovre et Vauban à Fribourg en Brisgau. Enfin, la troisième partie présente les résultats obtenus en confrontant l'analyse du paysage « auditif » avec celles du paysage « raisonné » et du paysage « sonnant », et propose des pistes opérationnelles.

12

Partie 1 - Définition du paysage sonore
Cadrage théorique et opérationnel

Cette première partie théorique est organisée en deux chapitres qui croisent deux notions et deux mondes opérationnels. Le premier est dédié à l'environnement sonore et le second au paysage. Le premier chapitre fait d'une part le constat de l'état des politiques menées par les pouvoirs publics (à l'échelle européenne, nationale et locale) en matière de gestion et d'aménagement de l'environnement sonore - essentiellement tournées vers la lutte contre le bruit - et de leur inefficacité actuelle, celles-ci ne prenant en compte que la partie objectivée et acoustique de phénomènes sonores dont la perception ne peut être réduite à un simple niveau d'intensité. D'autre part, il présente un état des recherches menées sur cette thématique dans de nombreuses disciplines depuis quelques dizaines d'années, et la manière dont nous nous situons dans ce champ de recherche. Ces travaux, issus de disciplines allant de la musique à la psychologie, en passant par la sociologie urbaine, sont enclins à une revalorisation et une compréhension plus sensible du monde sonore. Ils tentent de décrire et de comprendre l'environnement sonore au-delà d'une approche uniquement physique, pour l'étudier de manière plus qualitative. Dans le deuxième chapitre, nous traitons du paysage, au regard de l'évolution conceptuelle et opérationnelle que la notion a connue depuis quelques décennies, le rendant plus apte à témoigner des relations sensibles que les habitants tissent avec leur environnement sonore au quotidien. Dans un premier temps, nous montrons la manière dont les politiques publiques en matière de paysage ont évolué depuis leur émergence jusqu'à nos jours, ainsi que les pratiques d'aménagement de l'espace sonore que l'on peut associer à une approche paysagère, entre mise en valeur, création et gestion. Dans un second temps, nous cadrons de manière conceptuelle notre propos en définissant le plus précisément possible le paysage sonore comme nous l'entendons, d'après l'évolution récente de la notion de paysage, et par comparaison avec d'autres notions proches comme celles d'environnement sonore ou d'ambiance architecturale et urbaine.

CH, PITRE 1

LA FAIBLE PRISE EN COMPTE
DE LA QUALITE DE L'ENVIRONNEMENT SONORE
DANS L'AMENAGEMENT DU TERRITOIRE

« Même si elle ne présente pas, de toute évidence, un enjeu planétaire de même nature que d'autres questions environnementales, la gestion de l'environnement sonore mérite plus que jamais d'être intégrée aux exigences du développement durable et aux stratégies de long terme des collectivités, concernant la protection de l'environnement et la santé publique. Il y a aujourd'hui, au moins en Europe occidentale, une réelle demande sociale en la matière. » (Ademe, 2007, p. 5)

Ce premier chapitre fait le constat de l'état des politiques menées par les pouvoirs publics en matière de gestion et d'aménagement de l'environnement sonore. Depuis plus de vingt ans, la Communauté Européenne s'est attachée à fixer les niveaux de bruit maximum des véhicules, des avions et autres moyens de circulation. Les progrès techniques ont permis de les réduire significativement[1]. Toutefois, en parallèle, le trafic a augmenté et s'est étalé dans le temps et l'espace. De ce fait, il n'y a eu aucune baisse remarquable de l'exposition au bruit. Les pouvoirs publics montrent un intérêt grandissant pour les nuisances sonores, d'une part à cause des effets sur l'individu, et d'autre part parce que le bruit coûte à la société : dépréciation des logements, protection des routes, traitements médicaux, etc. Toutefois, essentiellement tournées vers la lutte contre le bruit, les politiques publiques se montrent incomplètes, en ne prenant en compte que la partie objectivée et acoustique de phénomènes sonores dont la perception ne peut être réduite à un simple niveau d'intensité. En effet, des travaux ont montré que la signification des sources peut avoir des conséquences importantes sur le jugement agréable ou désagréable : ainsi, le bruit d'une voiture de faible intensité peut être jugé plus désagréable que le chant d'intensité forte d'un oiseau (Maffiolo, 1999). R. Murray Schafer (1979) avait déjà démontré vingt ans auparavant que les bruits qui dérangent en ville ne sont pas les mêmes d'un pays à l'autre : si à Londres les bruits les moins tolérés sont les bruits de circulation, à Johannesburg il s'agit de manière plus étonnante des bruits d'animaux et d'oiseaux. Cela montre que

---

[1] Pendant les années 1970, le bruit des voitures a été réduit de 85 %, tandis que l'empreinte sonore des aéroports était divisée par neuf (Certu, 2006).

l'appréciation sonore au quotidien se fait, au-delà de l'intensité sonore, en fonction d'autres paramètres physiques, mais aussi selon des facteurs psychologiques et culturels (Faburel, 2006).

D'autre part, ce chapitre comprend un état de l'art des recherches menées sur cette thématique dans de nombreuses disciplines depuis quelques dizaines d'années, afin de nous situer dans ce champ de recherche. Ces travaux scientifiques, qu'ils abordent l'environnement sonore par la gêne ou le confort sonores, cherchent à dépasser l'approche acoustique classique et tentent de le décrire dans toute sa richesse et sa complexité. Ils prennent généralement pour objet de recherche :

- soit l'environnement acoustique, le but étant de le décomposer en éléments constitutifs hiérarchisés et en l'inscrivant dans une spatialité et une durée spécifiques ;
- soit le sujet écoutant et les modalités de son écoute dans l'environnement ;
- soit encore les interactions qui s'établissent entre les deux, ce qui nous intéresse plus particulièrement.

1. L'approche épidémiologique des politiques publiques face au bruit

L'intérêt porté au bruit par les pouvoirs publics s'est traduit depuis les années 1970 par la multiplication des textes de loi en la matière et leur éparpillement dans les différents codes. C'est la Loi « Bruit » de 1992 qui constitue le premier effort de synthèse de cette législation contre les nuisances sonores. Une harmonisation européenne a suivi dix ans plus tard et s'est traduite en France par l'élaboration de principes d'évaluation et de gestion du bruit dans l'environnement, réalisés à partir de cartes de bruit stratégiques et de plans de prévention du bruit dans l'environnement. Ces approches épidémiologiques de l'environnement sonore, bien qu'indispensables, se montrent toutefois insuffisantes et incomplètes puisqu'elles n'abordent l'environnement sonore que par une seule entrée quantitative et négativiste[1]. Toutefois, certains outils récents comme les « zones calmes » laissent présager d'autres approches, ou du moins un glissement de celles-ci vers une qualification dite multicritères de l'environnement sonore.

1.1 Un contexte réglementaire basé sur le quantitatif

Depuis le début des années 1970, la complexité des problèmes liés aux nuisances sonores a conduit les législateurs à multiplier les textes de loi, chaque code existant possédant alors un ou plusieurs volets concernant le bruit (voisinage, transports, activités, etc.). La loi « Bruit » de 1992 a harmonisé l'ensemble des textes existants sur la réglementation des nuisances sonores dans les différents codes et ses objectifs de lutte et de prévention contre le bruit ont été poursuivis par la Directive européenne de 2002.

1.1.1 La loi « Bruit » de 1992 : premier texte global en matière de lutte contre les nuisances sonores en France

La loi n°92-1444 du 31 décembre 1992 (codifiée aux articles L.571.1 à L.571.26 du Code de l'Environnement), dite loi « Royal » ou loi « Bruit », constitue le premier effort de texte fondateur au niveau national, renforçant la législation existante sans forcément remanier ni remplacer les textes précédents.

Elle a pour objet, dans tous les domaines où il n'y est pas pourvu

---

[1] Par négativiste, nous entendons que leur approche rejette le bruit, quel qu'il soit, et qu'elles considèrent ce dernier uniquement de manière négative dès qu'il atteint une certaine intensité sonore.

par des dispositions spécifiques, de prévenir, supprimer ou limiter l'émission ou la propagation des « *bruits de nature à présenter des dangers, à causer un trouble excessif aux personnes, à nuire à leur santé ou à porter atteinte à l'environnement* ».

Ces dispositions concernent la prévention des nuisances sonores telles que :

- les troubles de voisinage, en offrant par exemple la possibilité de constater certaines infractions sans mesure acoustique et en donnant aux maires le pouvoir de nommer des agents habilités à contrôler et sanctionner ce type de nuisance ;
- les activités de loisirs bruyantes, en protégeant l'audition du public fréquentant des établissements ou locaux recevant du public et diffusant à titre habituel de la musique amplifiée, en limitant le niveau moyen d'émission de la musique à 105 dB(A) (encadré 1) ; et en protégeant l'environnement de ces établissements en imposant une prise en compte en amont des nuisances sonores et un isolement renforcé des établissements concernés vis-à-vis des logements contigus ;
- les infrastructures de transports au voisinage de constructions, en imposant la prise en compte du bruit dans tout projet neuf d'infrastructure routière ou ferroviaire, et lors de la transformation significative d'une voie existante, ou en imposant des objectifs de qualité acoustique pour différents types de bâtiments publics (établissements d'enseignement, locaux de sports et de loisirs, hôtels, locaux à caractère sanitaire ou social) ;
- la protection des riverains des aérodromes, grâce à un dispositif d'aide financière à l'insonorisation des logements et des bâtiments publics sensibles situés dans les plans de gêne sonore (PGS) des aéroports ;
- et le renforcement de la surveillance et des sanctions en matière de nuisances sonores, en habilitant les agents des collectivités territoriales agréés à procéder aux constats des infractions concernant les bruits de voisinage.

Mettant l'accent sur l'information, la concertation et le dialogue, la loi a également créé les commissions consultatives de l'environnement, organes de concertation entre avionneurs, riverains et élus. Toutefois, malgré les progrès techniques réalisés dans différents secteurs (émission, propagation, réception), l'augmentation des plaintes a considérablement augmenté durant les années 1990 (Rozec et Ritter, 2007).

La même année, en 1993, la Commission Européenne a lancé le 5ème programme d'action en matière d'environnement, qui fixait les objectifs en matière d'exposition au bruit pour 2000, et a abouti à la rédaction du Livre Vert[1] en 1996. Ce document faisait le constat qu'un quart de la population de l'Union Européenne se plaignait d'une gêne causée par le bruit portant atteinte à la qualité de vie, du manque de précision concernant les données sur l'exposition au bruit, et de la disparité des mesures en vigueur. Il préconisait donc de définir les bases d'une politique communautaire et d'amorcer un rapprochement des politiques nationales dans le cadre d'une politique articulée selon deux axes d'intervention : la mise en place d'une politique générale de lutte contre le bruit et la poursuite de la réduction des émissions à la source.

Le 10 juin 1997, le Parlement Européen a approuvé les orientations proposées par le Livre Vert et demandé l'élaboration d'un texte cadre : la Directive européenne de 2002.

1.1.2 La Directive européenne sur le bruit dans l'environnement (2002/49/CE) : la mise en place d'une politique générale contre le bruit

La Directive, adoptée le 25 juin 2002, prévoit la mise en place d'un dispositif d'évaluation et de gestion du bruit dans les grandes agglomérations et à proximité des grandes infrastructures de transports, en estimant l'exposition au bruit des populations, en informant ces populations sur le niveau d'exposition et sur les effets du bruit sur la santé, en réduisant le niveau d'exposition et en préservant les zones calmes. Une attention particulière est accordée aux transports routiers et aériens, dont le bruit représente une nuisance considérable. En termes de cartographie, la directive imposait l'élaboration de cartes de bruit stratégiques comme des « *cartes conçues pour permettre l'évaluation globale de l'exposition au bruit dans une zone donnée soumise à différentes sources de bruit ou pour établir des prévisions générales pour cette zone.* » (Directive 2002/49/CE, article 3).

En France, la transposition de la Directive européenne de 2002 s'est traduite par la création d'un chapitre « *prévention des nuisances sonores* » dans le Code de l'environnement et des modifications du

---

[1] Un livre vert est un rapport publié par la Commission sur un domaine d'action spécifique, initiant une consultation au niveau européen des parties, organisations et individus intéressés. Dans certains cas, un livre vert donne l'impulsion requise pour le lancement d'une procédure législative.

Code de l'urbanisme. Le nouveau chapitre du Code de l'environnement pose les bases du dispositif en organisant la répartition des compétences entre l'État et les collectivités pour sa mise en œuvre. Il définit de la sorte les principes d'évaluation et de gestion du bruit dans l'environnement, leurs principaux outils (en France, les cartes de bruit stratégiques et les plans de prévention du bruit dans l'environnement - PPBE), leur champ d'application, les principes d'information du public auxquels ils sont soumis, les échéances de mise en œuvre de chacune des phases et le principe des transmissions à l'État pour l'information européenne.

1.2 Des outils d'aide à la planification sonore : entre approches curatives et préventives

Finalement, la Directive européenne de 2002 a produit deux types d'approches de la lutte contre les nuisances sonores illustrés par deux types d'outils :

- une approche technico-normative et curative à travers l'évaluation cartographique du bruit sur la base d'indicateurs physiques comparables et la mise en place d'actions techniques en conséquence ;
- et une approche préventive basée sur l'information du public sur les conséquences de l'exposition au bruit et la préservation des zones calmes.

Il convient de décrire ces deux outils que sont la carte de bruit stratégique et la « zone calme », car ils sont significatifs à la fois du maintien des politiques publiques dans une approche uniquement physique et négative de l'environnement sonore, mais aussi de leurs tentatives pour pallier les lacunes de ces approches uniquement techniques.

1.2.1 Les cartes de bruit stratégiques et les Plans de Prévention du Bruit dans l'Environnement : la lutte contre le « trop-de-bruit »

Le terme « carte de bruit » est un terme générique qui englobe des documents graphiques, des données sous forme de tableaux et un résumé sous forme de texte, destinés à identifier les mesures à prendre dans le cadre des PPBE (plans de prévention du bruit dans l'environnement).

1.2.1.1 Cartographie stratégique du bruit

Les cartes de bruit doivent être établies par l'État pour les grandes infrastructures de transport routier et ferroviaire, et par les communes ou des Établissements Publics de Coopération Intercommunale (EPCI) compétents en matière de lutte contre les nuisances sonores, pour les grandes agglomérations. Les cartes de bruit sont aussi destinées à permettre l'évaluation globale de l'exposition au bruit dans l'environnement et à établir des prévisions générales de son évolution.

Figure 2. Carte de bruit d'Angers (type Lden route)

Source : Angers Loire Métropole

L'enjeu des cartes de bruit réside dans la collecte ou l'estimation à grande échelle de données relatives aux sources de bruit, à la topographie et à la localisation et à la hauteur des obstacles et des bâtiments. Elles représentent les zones exposées au bruit à l'aide de courbes isophones[1] par type de sources sonores (trafics routier, ferroviaire et aérien, activités classées et soumises à conditions). Elles rendent également visibles les secteurs affectés par le bruit dans le cadre du classement sonore des voies, les zones où les valeurs-limites sont dépassées (zones de conflit), les évolutions du niveau de bruit connues ou prévisibles au regard de la situation de référence, ainsi que les estimations des populations touchées vivant dans les habitations et du nombre d'établissements scolaires et d'hôpitaux.

Les niveaux de bruit sont évalués par des modélisations mathématiques à partir de paramètres influençant le bruit et sa propagation comme les caractéristiques du trafic, celles du site (topographie, implantation du bâti, etc.) ou encore les conditions météorologiques, puis complétés normalement par des mesures acoustiques pour plus de transparence. En 2000, la carte de bruit de Paris avait été réalisée à partir d'une modélisation et avait été rapidement remise en cause par le public qui n'avait pas été témoin des prises de mesures sur le site.

1.2.1.2 L'information des populations

Selon la Directive de 2002, la transparence et l'information du public doivent être assurées par les autorités chargées de la réalisation des cartes de bruit, qui doivent notamment veiller à ce qu'une consultation soit réalisée et ses résultats pris en compte avant l'approbation des plans d'action.

Les plans d'action

Les Plans de Prévention du Bruit dans l'Environnement (PPBE) visent selon la Directive de 2002 « *l'évaluation du nombre de personnes exposées à un niveau de bruit excessif et identifient les sources des bruits dont les niveaux devraient être réduits* ». Ils « *recensent les mesures prévues par les autorités compétentes pour traiter les situations identifiées par les cartes de bruit et notamment lorsque les valeurs limites [...] sont dépassées ou risquent de l'être* ». Ils sont donc à la fois censés prévenir et réduire le bruit, en déterminant les zones à traiter et les mesures à mettre en œuvre à l'aide du diagnostic issu des cartes de bruit, mais aussi

---

[1] Les courbes isophones ou isolignes séparent les zones par tranche de 5 dB(A) au moins (encadré 1), les zones rouges étant généralement les zones les plus exposées au bruit et les zones vertes les plus calmes.

des Plans d'Exposition au Bruit (PEB) et des Plans de Gêne Sonore (PGS).

La Directive donne également des principes de lutte contre le bruit lors de l'élaboration des plans d'action comme la planification du trafic, l'aménagement du territoire, les mesures techniques du niveau des sources de bruit ou encore la réduction de la transmission des sons.

Réduire le bruit dans les zones de conflit constitue la priorité d'action des PPBE puisqu'il s'agit de zones qui sont soumises à plusieurs sources. Mais il s'agit aussi de préserver les zones sensibles comme les hôpitaux et les écoles, et les zones calmes.

1.2.2 Les « zones calmes » : les prémices d'une approche plus qualitative de l'environnement sonore ?

Au-delà de l'évaluation cartographique du bruit des activités de transports et industrielles sur la base d'indicateurs comparables, de la mise en place de plans d'action de lutte contre le bruit (PPBE) et de l'information du public sur les constats et conséquences de l'exposition au bruit, la Directive européenne de 2002 a introduit la préservation des « zones calmes ». Malgré l'approche physique du bruit par l'intermédiaire de mesures techniques et normatives véhiculée par cette Directive codifiée en 2006 dans le Code de l'environnement en France, la notion de « zone calme » laisse entrevoir une approche plus qualitative de valorisation du calme en ville.

Pour la première fois dans la loi, la notion de « zone calme » aborde le problème des nuisances sonores par le maintien d'une faible exposition au bruit, et pas seulement le traitement des zones les plus exposées. Elle vise en effet des objectifs, au-delà des questions sanitaires et curatives, d'ordre socio-environnemental (par leur participation à la qualité de vie et au bien-être quotidien des habitants), écologique (par la diversification des espaces qu'elle incite, notamment en milieu urbain) et patrimonial (par la protection d'espaces sonores remarquables) (Cordeau et Gourlot, 2006).

Au sens de la Directive européenne, une zone calme est dans l'environnement naturel ou urbain, ou sur une carte d'exposition au bruit, une zone où en temps normal (c'est-à-dire quels que soient la saison, le jour, l'heure de la nuit ou de la journée, ou la direction du vent, l'humidité de l'air) le calme règne, ou qui devrait être protégée d'une augmentation du niveau sonore. Il y est implicitement admis que les zones calmes sont des espaces soumis à un bruit inférieur à 55dBL$_{den}$ (50dBL$_{night}$), ce qui correspond à la valeur limite apparaissant sur les cartes de bruit. Mais la France et l'Allemagne font partie des pays qui ont préféré ne donner aucune recommandation quant à des valeurs de seuils acoustiques pour identifier ou définir les zones calmes.

Encadré 1 Les indicateurs utilisés dans la réalisation des cartes de bruit stratégiques

L$_{den}$ et L$_n$

L$_{den}$ est un indicateur du niveau de bruit global pendant la journée, la soirée et la nuit utilisé pour qualifier la gêne liée à l'exposition au bruit. L$_n$ est un indicateur du niveau sonore pendant la nuit qui qualifie les perturbations du sommeil. Les indicateurs de bruit L$_{den}$ et L$_{night}$ sont utilisés pour l'établissement des cartes de bruit stratégiques.

L$_{den}$ = L (*level* / niveau), d (*day* / jour), e (*evening* / soirée) et n (*night* / nuit)

Cet indicateur découpe la journée en trois périodes :
- le jour, de 6h à 18h ;
- la soirée, de 18h à 22h ;
- et la nuit de 22h à 6h.

Au même niveau de bruit, la gêne est considérée comme trois fois supérieure en soirée et dix fois supérieure la nuit par rapport à celle occasionnée durant la période de 6h à 18h.

Le L$_{den}$ montre un inconvénient : il est un indicateur de bruits cumulés, il ne prend pas en compte la répétition d'événements sonores, qui est aussi un facteur de gêne.

Le décibel(A)

L'unité utilisée pour ces deux indices est le décibel A, unité logarithmique symbolisée par dB(A) et pondérée en fonction de la correction de l'oreille humaine (moins sensible aux basses fréquences et plus sensibles aux fréquences hautes).
Attention, 80 dB(A) + 80 dB(A) = 83 dB(A) et non 160 dB(A). Une augmentation de 3 dB(A) équivaut à la multiplication par deux de l'intensité sonore.

Le dB(A) est un niveau sonore global perçu par l'oreille humaine et le décibel est un niveau sonore qui n'a de sens que lorsqu'il est noté pour une fréquence donnée.

Sources : www.ile-de-france.equipement.gouv.fr; Certu, 2006 ; Faburel et Gourlot, 2008.

Dans le texte de la Directive européenne de 2002, les zones calmes sont distinguées en deux types :

- Une « zone calme d'une agglomération » est « *une zone délimitée par l'autorité compétente qui, par exemple, n'est pas exposée à une valeur de L_{den}, ou d'autre indicateur de bruit approprié, supérieure à une certaine valeur déterminée par l'État membre, quelle que soit la source de bruit considérée* ».

- Une « zone calme en rase campagne » est « *une zone délimitée par l'autorité compétente, qui n'est pas exposée au bruit de la circulation, au bruit industriel ou au bruit résultant d'activités de détente.* » (article 3).

Dans le Code de l'environnement en France, les zones calmes sont définies de manière plus floue comme « *des espaces extérieurs remarquables par leur faible exposition au bruit, dans lesquels l'autorité qui établit le plan souhaite maîtriser l'évolution de cette exposition compte tenu des activités humaines pratiquées ou prévues* » (article L.572-6), laissant à chaque autorité compétente le choix des méthodes et moyens de leur identification et de leur préservation.

Ces définitions officielles restent encore très techniques et abordent la question du calme en stricte opposition avec le bruit, le calme n'étant pas appréhendé en termes de bienfaits. Or, l'approche acoustique montre des limites, c'est ce qu'ont pu montrer certains travaux britanniques sur le sujet, quant à l'évaluation des niveaux de fond sonore, la prédiction de bruit dans les zones calmes, ou encore la possibilité de tenir compte de sources de bruit désagréables mais temporaires ou ponctuelles (Faburel et Gourlot, 2008).

1.2.2.1 Vers une définition plus qualitative

De nombreux travaux en France, au Royaume-Uni et en Europe du Nord ont tenté de préciser cette définition normative de la « zone calme « ou « *quiet area* »[1], ne se contentant pas d'une approche de l'évaluation du calme essentiellement basée sur des mesures acoustiques. Dans cette perspective, Pipard et Gualezzi affirmaient déjà en 2002 que « *la France devra déterminer quels sont les critères de classement en zone calme, critères qui pourraient combiner l'approche quantitative (le décibel) et qualitative (la*

---

[1] Voir à ce propos Guillaume Faburel et Nathalie Gourlot, *Référentiel national pour la définition et la création des zones calmes. À destination des collectivités locales*, Rapport final du CRETEIL pour la Mission Bruit du MEEDDAT, 2008.

perception du bruit, la qualité des sons). » (Pipard et Gualezzi, 2002, p. 25). En effet, les travaux du Centre d'Études Techniques de Strasbourg (CETE) ont par exemple montré que le parvis de la Défense à Paris présente globalement un niveau sonore faible, alors que l'agitation qui y règne n'en fait pas une zone calme dans l'esprit des usagers du quartier (Roussel, 2010). Il n'est plus à prouver que la perception de la qualité sonore de l'environnement à une intensité en décibel égale peut-être modifiée selon la nature du bruit : sa hauteur, sa répétition, le fait qu'il soit plus ou moins naturel (Dubois, 2006).

Le référentiel sur les zones calmes réalisé par le Centre de Recherche sur l'Espace, les Transports, l'Environnement et les Institution Locales (CRETEIL) à la demande du Ministère de l'Écologie, de l'Énergie, du Développement Durable et de l'Aménagement du Territoire (MEEDDAT) va plus loin. Il affirme que le calme ne doit pas être appréhendé comme le strict opposé du bruit, mais plutôt comme un outil multifactoriel (Faburel et Gourlot, 2008). L'appréciation d'une zone calme devrait ainsi mêler plusieurs caractéristiques comme l'évaluation acoustique de la zone, mais aussi son contexte, son ambiance et la manière dont elle est ressentie par les populations.

Différents critères qualitatifs de définition des zones calmes peuvent alors être pris en compte (Faburel et Gourlot, 2008) :

- un faible niveau d'exposition au bruit (ou un moindre niveau de bruit par rapport à l'environnement extérieur) ;
- l'absence, ou *a minima*, la moindre représentation du bruit des transports et de l'activité humaine ;
- la prédominance des sons de la nature ;
- un rapport temps de « silence » - temps bruyant largement en faveur du premier ;
- la non fragmentation du territoire ;
- l'éloignement des infrastructures de transport tant pour le bruit que pour l'intrusion visuelle ;
- la qualité environnementale de l'espace ;
- la qualité sensorielle (notamment visuelle) de l'espace

Différentes approches de distinction des zones calmes se développent selon les villes. Elles partent toutefois toujours de mesures acoustiques, afin de cerner les zones où le niveau sonore est faible, pour y superposer d'autres filtres supplémentaires. Par

exemple, à Rennes Métropole, le Schéma de Cohérence Territoriale
(SCOT) a été utilisé pour filtrer ces zones prédéfinies en fonction de
l'activité, et a choisi de ne conserver que les espaces verts, les
champs urbains, les cimetières ou encore les zones piétonnières du
centre-ville. À Amsterdam, l'approche a été plus innovante,
puisqu'ils ont commencé par des enquêtes auprès des habitants, en
se basant d'abord sur leur ressenti.

Figure 3. Carte des zones calmes de la ville de Braunschweig en
Allemagne   Zielkonzept Ruhige Gebiete

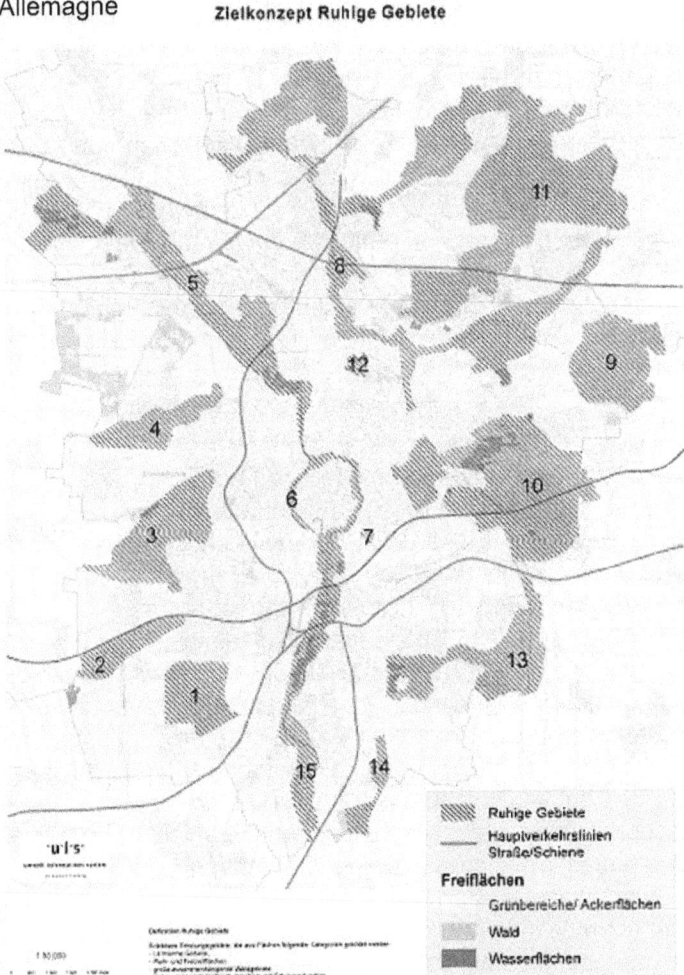

Source : www.braunschweig.de (consulté en octobre 2013)

1.2.2.2 Les limites : risques de sanctuarisation et de ségrégations spatiales

Le référentiel rédigé par le CRETEIL (Faburel et Gourlot, 2008) montre également les risques de ce type d'approche. Par exemple, une fois ces zones délimitées et définies, elles doivent faire l'objet d'une politique de préservation : cela pose la question de la sanctuarisation de ces zones où toute activité devrait être proscrite afin de préserver la tranquillité de chacun. Cette répartition publiquement traduite en zones calmes et en « zones de bruit » pourrait avoir pour conséquence des spéculations immobilières entraînant une ségrégation spatiale. En outre, ces zones risquent de créer des conflits entre différentes autorités, celle les ayant définies n'ayant pas forcément la possibilité d'en assurer le maintien. Enfin, cette approche bien que teintée d'éléments de définition qualitatifs, reste enfermée dans une perspective négativiste de lutte contre les nuisances sonores. Or, « *le bruit est un élément de la vie, il constitue un moyen d'expression et accompagne toutes les activités indispensables, voire vitales.* » (Pipard et Gualezzi, 2002, p. 25). Les politiques publiques en matière d'environnement sonore ne doivent donc pas essentiellement vouloir créer un monde silencieux, qui serait d'ailleurs fortement anxiogène, mais mettre en valeur les diversités sonores, où les zones calmes pourraient être un type d'environnement sonore à définir et préserver en ville.

Bien que les zones calmes permettent de valoriser l'approche préventive et rendent possible l'usage de méthodes plus qualitatives de l'environnement sonore, leur démarche reste encore très curative et empreinte d'une acception négative du bruit, reposant essentiellement sur l'usage d'outils techniques et normatifs. Toutefois, elle rend pour la première fois envisageable la valorisation du calme en ville, plutôt en complément de l'habituelle lutte contre le « trop de bruit ». Elle introduit la perspective de la prise en compte de la qualité sonore dans la planification et les projets d'aménagement du territoire, à condition de favoriser une approche interdisciplinaire, l'implication des habitants et la prise en compte de la diversité des espaces sonores à différentes échelles d'intervention. Elle inspire également d'autres approches, comme celle menée par le bureau d'études Synacoustique qui distingue les zones de bruit (qui intègrent les activités industrielles, artisanales ou les grands axes de circulation) des zones calmes, mais aussi des zones de Haute Qualité Sonore (HQS). Ces zones où les niveaux sonores peuvent être élevés ou non, et à la différence des zones de bruit permanent, sont considérées par les riverains comme agréables (un square, un marché, un quartier étudiant ou commerçant, etc.)[1].

Malgré cet arsenal législatif, une étude récente réalisée par TNS Sofres a souligné que « *deux tiers des Français se disent gênés par le bruit à leur domicile et près de un Français sur six a déjà été incommodé au point de penser à déménager.* » (TNS Sofres, mai 2010). Les pouvoirs publics poursuivent leur politique avec la loi du 29 juin 2010 dit « Grenelle 2 ». Celle-ci prévoit le financement des opérations de protection acoustique du réseau routier national d'ici 2014, poursuit le programme de résorption des « points noirs de bruit », l'insonorisation des logements dans les Plans de Gêne Sonore (PGS) et la création d'Observatoires du bruit sur l'ensemble du territoire d'ici 2011. Au nombre de deux aujourd'hui, Acoucité à Lyon et BruitParif en Ile-de-France, ces observatoires ont pour objectifs la mise en place de réseaux de mesure du bruit, l'information du public et la coordination des échanges de données entre les différents acteurs concernés.

Bien que la Directive européenne de 2002 ait introduit pour la première fois au niveau européen et dans la réglementation française la nécessité d'informer le public sur son environnement sonore, elle ne modifie pas les méthodes d'action des politiques publiques de lutte contre les nuisances sonores, essentiellement basées sur des mesures acoustiques. En effet, elle néglige encore les critères psychosociaux et territoriaux qualitatifs indispensables à la compréhension du vécu sonore des populations. Concernant l'approche patrimoniale des zones calmes, elle semble pertinente si elle ne se cantonne pas à la sanctuarisation d'espaces remarquablement calmes, comme on a pu le faire avec loi de 1930 sur la protection des grands sites, mais qu'elle vise aussi à valoriser les particularités sonores locales, d'une ville à l'autre, d'un lieu à un autre. Il s'agirait de dépasser une approche focalisée uniquement sur le calme, pour aller vers la diversité sonore, liée à différentes fonctions et en réponse aux attentes des habitants. Bien qu'ils ne soient quasiment pas pris en compte par les pouvoirs publics actuellement, nous allons voir comment de nombreux travaux de recherche tendent vers cette approche plus qualitative de l'environnement sonore.

---

[1] Didier Blanchard, « La conception d'un environnement sonore pour la construction d'un écoquartier », communication aux 6èmes Assises nationales de la qualité de l'environnement sonore, 14-15-16 décembre 2010. Pour plus d'informations, voir : www.synacoustique.com.

2. L'approche qualitative de l'environnement sonore par la recherche

Les changements profonds de la vie urbaine ont entraîné un intérêt grandissant pour l'étude de l'environnement sensoriel des espaces habités, et plus particulièrement de l'environnement sonore. En témoignent les nombreuses publications depuis plus de trente ans sur le sujet, dans des disciplines variées au niveau international, (qu'elles traitent de paysages, d'ambiances, de milieux ou d'environnements sonores ou acoustiques) et l'organisation croissante de colloques dédiés à cette thématique depuis quelques années : Volubilis - Paysages sonores à Avignon (2008), Architectones à Arc-et-Senans (2008-2009), les Assises de la qualité de l'environnement sonore à Paris (tous les trois ans), le 135e Congrès national des sociétés historiques et scientifiques à Neuchâtel (dont une thématique était dédiée aux paysages sonores en 2010), les Rencontres Architecture Musique Écologie dans le Valais suisse (depuis 1998), les Ateliers Bruit du PUCA (2009), Le bruit dans la ville à Nantes (2010), le *World Forum for Acoustic Ecology Conference* (tous les ans), le 2ème Congrès Mondial d'Écologie Sonore à Arc-et-Senans et à Saillon en Suisse (2012), *Echopolis - Days of Sound* à Athènes (2013), etc.

Dans cet « état de l'art » sur l'analyse de l'environnement sonore, nous présentons les travaux issus de diverses disciplines, afin de tenter de cerner une méthode de qualification du paysage sonore pratique pour les maîtres d'ouvrages, concepteurs en architecture du paysage et urbanisme, ainsi que pour d'autres types d'acteurs intéressés par le sujet. Nous n'aborderons pas les recherches en acoustique sur des phénomènes normés et régis par des modèles mathématiques, mais plutôt les travaux orientés vers une véritable observation de la relation que l'individu entretient avec son environnement sonore. Ce point de vue de la recherche ne consiste pas en une négation de l'approche technique, mais la complète pour la rendre plus proche de la réalité et du vécu des populations. Notre objectif est ici de faire un inventaire des concepts et méthodes inventés depuis plusieurs dizaines d'années, pas seulement fondés sur des critères technico-normatifs, mais relevant aussi des arts et des sciences humaines et sociales. Ces travaux offrent des points de vue variés et sujets à débat, qu'ils relèvent de recherches musicales (Russolo, 2003 -1916- ; Schaeffer, 1966 ; Schafer, 1979 ; Mariétan, 2005 ; Truax, 2001), de linguistique et psychologie (travaux du Laboratoire d'Acoustique Musicale - LAM), d'architecture et de sociologie urbaine (travaux du Centre de Recherche sur l'ESpace SONore et l'environnement urbain - CRESSON), d'anthropologie (Corbin, 2007 -1994- ; Rodaway, 1994 ; Gutton, 2000) ou de géographie (travaux du Centre de Recherche Espace Transports Environnement et Institutions Locales - CRETEIL).

2.1 La revalorisation du bruit et la réinsertion du sujet dans l'environnement sonore par les musiciens

Les musiciens entretiennent depuis longtemps une relation étroite avec la nature et l'environnement sonore, sources d'inspiration infinie qu'ils intègrent dans leurs compositions : parmi eux, Clément Janequin (1485-1558) et ses *Cris de Paris*, Beethoven et l'évocation des oiseaux dans la Symphonie pastorale en 1808, ou plus récemment Luciano Berio (1925-2003) et ses *Cries of London* en 1974.

Mais certains ont développé des concepts théoriques et des méthodes d'analyse de l'environnement sonore, en tentant d'étendre la réflexion sonore au-delà de l'activité musicale et en réinsérant les auditeurs dans leur environnement quotidien. Luigi Russolo (2003 -1916-), peintre et compositeur italien, a été le premier à tenter une classification des bruits de la ville au début du XXème siècle. Pierre Schaeffer (1966), quelques dizaines d'années plus tard, s'est attaché à réformer la théorie musicale à partir de la phénoménologie du son, en inventant l'**objet sonore**, soit la plus petite particule sonore entendue[1]. Dans cette même perspective, mais avec une échelle totalement opposée, son homonyme canadien, R. Murray Schafer (1979), a développé une théorie de la perception et de l'analyse de l'environnement sonore autour du néologisme *soundscape* dans les années 1970. En parallèle à une approche patrimoniale des environnements sonores pré-industriels, il a aussi développé une pédagogie de l'écoute invitant les individus à renouveler leur attention à leur quotidien sonore, démarche pédagogique également développée par Pierre Mariétan (2005, 2008, 2009), compositeur valaisan, depuis de nombreuses années. Enfin, Barry Truax (2001 -1984-), collègue de R. Murray Schafer, a développé dans les années 1980 le concept de **communication**

---

[1] Compositeur, théoricien et écrivain français, Pierre Schaeffer crée en 1948, avec l'apparition du magnétophone, la « musique concrète » (Schaeffer, 1952). Cette pratique musicale consiste à enregistrer des sons ou objets sonores, au lieu de les noter à l'avance sur une partition comme on le fait pour la musique « abstraite », de les traiter, puis de les composer pour en faire des objets musicaux. Il théorisera cette musique dans son *Traité des objets musicaux* en 1966.

acoustique pour désigner le système englobant l'individu écoutant, les sons et l'environnement dans lequel ils se propagent, ainsi que les différentes relations qui les relient.

2.1.1 Le précurseur Luigi Russolo et son Art des bruits : revaloriser les bruits de l'environnement

Le mouvement futuriste au début du XXème siècle en Italie a participé à la revalorisation des bruits dans la ville. Parmi eux, Luigi Russolo (1885-1947) écrit en 1913 le manifeste *L'Arte dei rumori*, traduit en français en 1916, dans lequel il prône l'attention au bruit et l'intérêt pour les lieux anodins, par opposition au remarquable, faisant de la ville un immense laboratoire sonore. Il y présente ses théories sur l'utilisation du « son-bruit » qui se différencie selon lui de la musique :

> *« D'aucuns objecteront que le bruit est nécessairement déplaisant à l'oreille. Objections futiles que je crois oiseux de réfuter en dénombrant tous les bruits délicats qui donnent d'agréables sensations. Pour vous convaincre de la variété surprenante des bruits, je vous citerai le tonnerre, le vent, les cascades, les fleuves, les ruisseaux, les feuilles, le trot d'un cheval qui s'éloigne, les sursauts d'un chariot sur le pavé, la respiration solennelle et blanche d'une ville nocturne, tous les bruits que font les félins et les animaux domestiques et tous ceux que la bouche de l'homme peut faire sans parler ni chanter.*
>
> *Traversons ensemble une grande capitale moderne, les oreilles plus attentives que les yeux, et nous varierons les plaisirs de notre sensibilité en distinguant les glouglous d'eau, d'air et de gaz dans les tuyaux métalliques, les borborygmes et les râles des moteurs qui respirent avec une animalité indiscutable, la palpitation des soupapes, le va-et-vient des pistons, les cris stridents des scies mécaniques, les bonds sonores des tramways sur les rails, le claquement des fouets, le clapotement des drapeaux. Nous nous amuserons à orchestrer idéalement les portes à coulisses des magasins, le brouhaha des foules, les tintamarres différents des gares, des forges, des filatures, des imprimeries, des usines électriques et des chemins de fer souterrains. Il ne faut pas oublier les bruits absolument nouveaux de la guerre moderne. »*
> (Russolo, 2003 -1916-, p. 18-19)

Il est le premier à tenter une classification des bruits qui doivent pouvoir être reproduits mécaniquement par un orchestre (Russolo, 2003 -1916-) :

- Grondements, éclats, bruits d'eau tombante, bruits de plongeon, mugissements.
- Sifflements, ronflements, renâclements.
- Murmures, marmonnements, bruissements, grommellements, grognements, etc.

- Stridences, craquements, bourdonnements, cliquetis, piétinements.
- Bruits de percussion sur métal, bois, peau, pierre, terre cuite, etc.
- Voix d'hommes et d'animaux, cris, gémissements, hurlements, rires, râles, sanglots.

L'avènement du fascisme et son refus d'y adhérer excluent Russolo des activités futuristes durant cette période. Mort en 1947, il est aujourd'hui perçu comme le précurseur de la musique électronique.

2.1.2 L'approche esthétique et naturaliste de Murray Schafer : l'invention du soundscape et de l'écologie sonore

La réflexion sur l'environnement sonore va connaître un réel essor avec les travaux du compositeur et chercheur canadien R. Murray Schafer qui se fondent sur le constat des limites des seules mesures acoustiques et de la nécessité de prendre en considération les dimensions humaines et culturelles de l'environnement sonore. Bien que ce dernier ait pour objectif de prêter attention à tous les types de sons que l'oreille humaine peut rencontrer, il souhaite plus particulièrement en rendre compte dans leur contexte et s'oppose à l'idée de pouvoir les « traiter » coupés de leur source sonore et de leur sens comme l'a fait Pierre Schaeffer avec l'objet sonore[1]. Son approche naturaliste qui oppose les sons d'une nature idéalisée aux bruits de la ville industrialisée est également en totale opposition avec la vision des Futuristes.

2.1.2.1 L'écologie sonore, entre analyse et projet

Murray Schafer est souvent présenté comme le père de l'écologie sonore et l'inventeur, à la fin des années 1960, du néologisme **soundscape**. L'écologie sonore ou acoustique est tout d'abord documentaire et analytique, c'est-à-dire qu'elle étudie les relations que l'homme entretient avec les sons qui l'entourent. Elle se définit donc comme « *l'étude des influences d'un environnement sonore ou d'un paysage sonore sur les caractères physiques et le*

---

[1] Si l'objet sonore est la rencontre entre un événement acoustique et une intentionnalité d'écoute (sans laquelle il n'y a pas de perception d'écoute), il est dénué de sens, d'origine ou de valeur culturelle. Outil incontournable dans une démarche pédagogique ou pour la programmation de créations sonores, l'objet sonore peut toutefois difficilement servir de concept fondamental pour la description et l'analyse de l'environnement sonore urbain. Bien qu'étendant son champ d'application, la théorie proposée par Pierre Schaeffer reste inscrite à l'intérieur de la pratique et de l'écoute musicales (Augoyard, 1995b).

comportement des êtres qui l'habitent. » (Schafer, 1979). Mais elle est aussi poïétique, car c'est à travers cette étude que peut surgir le design sonore (*sound design*), champ interdisciplinaire relevant aussi bien de la science acoustique, des sciences sociales, que de l'esthétique, son but étant de découvrir les principes selon lesquels le paysage sonore pourrait être amélioré. Cette approche interdis-ciplinaire semble influencée par les idées du *Bauhaus*, qui au début du XXème siècle a combiné savoirs artistiques et scientifiques pour créer une nouvelle discipline, annonciatrice du design contemporain. Les actions concrètes du design sonore dans la perspective de l'écologie sonore sont donc de trois types :

- tout d'abord l'élimination ou la restriction de certains sons, c'est-à-dire la lutte contre la pollution sonore. En effet, elle « *a pour objectif de signaler les déséquilibres qui peuvent se révéler défavorables ou dangereux.* » (Schafer, 1979) ;

- mais aussi l'introduction de nouveaux sons et la préservation de ceux qui sont menacés de disparaître (les marqueurs ou empreintes sonores généralement) ;

- et de créer des paysages sonores stimulants pour le sujet qui y évolue.

2.1.2.2 Une terminologie descriptive autour du *soundscape*

Dans ce contexte, le **soundscape**, notion dérivée du terme *landscape* (paysage), désigne selon R. Murray Schafer (1979) ce qui façonne ou compose un paysage d'un point de vue sonore, tant esthétiquement, historiquement et géographiquement que culturel-lement. S'il a formalisé cette notion dans l'ouvrage *The Tuning of the World* (littéralement, l' « accordage du monde »), traduit en français par « Le paysage sonore » en 1979, il est intéressant de noter que le concept n'était pas nouveau, puisqu'il avait déjà fait l'objet de recherches par le géographe finnois Johannes Gabriel Granö (1997 -1929-). Puis, l'Américain Michael Southworth (1960) a essayé de comprendre comment les habitants de Boston percevaient les sons et comment cela affectait la manière dont ils percevaient leur ville.

Le **soundscape** a été traduit en français à l'époque de sa création par « paysage sonore ». Plutôt considéré comme une expérience de l'espace sonore, il diffère du terme plus technique de **soundfield** (traduit par « espace acoustique »), qui peut être défini comme la distribution du son dans l'espace par une source sonore, considérée en termes d'intensité, de durée, de situation et de fréquence. Il est généralement constitué par un seul son, alors que le paysage sonore est la multiplication et la superposition de différents espaces acoustiques.

Selon Schafer, la décomposition d'une impression sonore en ses éléments constitutifs, qu'on pourrait assimiler aux objets sonores de Schaeffer, ne peut pas expliquer un paysage sonore. En effet celui-ci ne se réduit pas à un simple inventaire de paramètres, mais doit être aussi considéré en fonction de représentations mentales servant de base aux souvenirs, aux comparaisons, aux variations et à l'intelligibilité. Schafer construit ainsi la représentation de l'environnement sonore comme on le ferait pour une composition musicale. C'est en ce sens que le paysage sonore désigne spécifiquement ce qui dans l'environnement sonore est perceptible comme unité esthétique du plaisir ou du désagrément. Selon Schafer, à l'instar de ce que la vision peut révéler d'un lieu, l'ouïe est capable de saisir celui-ci en tant qu'unité paysagère composée. Chaque société possède alors un environnement sonore typique, lié à des pratiques et des représentations fortes de son patrimoine culturel.

Dans son ouvrage *The Tuning of the World*, R. Murray Schafer pose en principe que tout son peut être considéré comme musique et il s'efforce de définir un vocabulaire à même d'aider l'étude des expériences auditives en différents lieux et à différents moments. Bien que Schafer soit musicien et compositeur, ses termes, d'influence gestaltiste[1], sont fortement liés à des métaphores visuelles. En effet, il distingue la **keynote** (tonalité), composante unificatrice du paysage sonore en arrière-plan, des signaux qui s'en détachent par contraste. En musique, la *keynote* est la tonalité fondamentale autour de laquelle la composition va moduler. Dans l'étude du paysage sonore, la tonalité est donnée par un son que l'on entend en permanence, ou assez fréquemment pour constituer un fond sur lequel les autres sons seront perçus, comme « *le bruit de la mer dans une communauté maritime, ou celui du moteur à combustion interne dans une cité moderne* » (Schafer, 1979).

Le **signal**, lui, peut être assimilé à tout son sur lequel l'attention se porte. Il est généralement clairement identifié et doit être distingué de l'« empreinte sonore » ou **soundmark**, dérivé du terme

---

[1] Dans l'étude du paysage sonore, les signaux se distinguent de la tonalité, de la même manière que la figure se détache du fond dans la perception visuelle décrite par la *Gestalt Theorie* ou théorie de la forme, développée en Allemagne aux XIXème et XXème siècles.

landmark (Lynch, 1960), et qui s'applique aux sons d'une communauté, uniques ou possédant des qualités qui les font reconnaître des membres de cette communauté, ou ont pour eux un écho particulier. Le plus souvent, l'empreinte sonore est une combinaison entre le caractère d'un son, par exemple le son des cloches, et leur association aux traditions, dans ce cas les cloches et la religion (Rodaway, 1994).

Figure 4. La terminologie de R. Murray Schafer

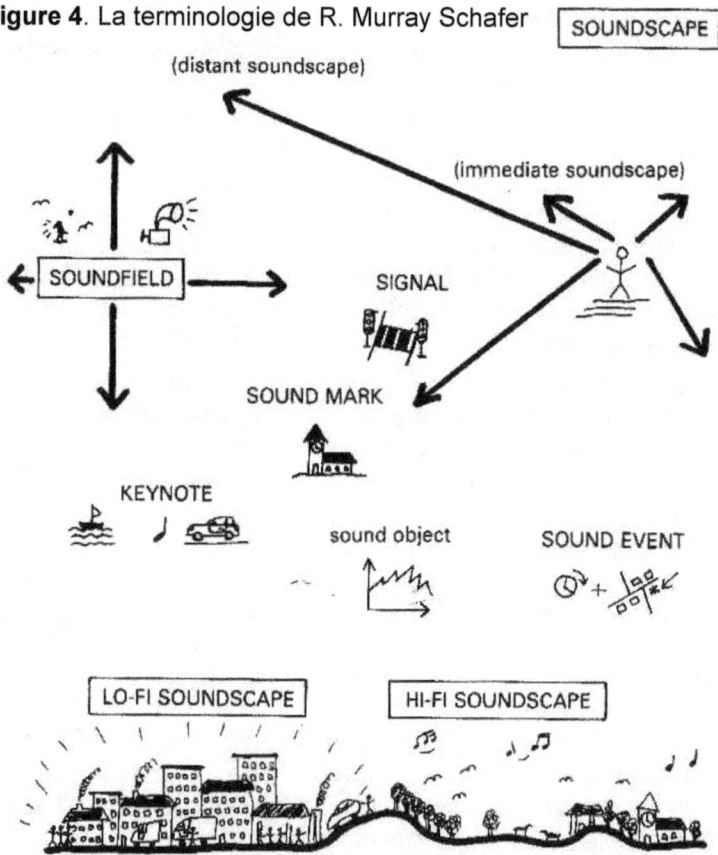

Source : Paul Rodaway, 1994, p. 85

La distinction entre **signal** et *keynote* permet à Schafer de montrer l'opposition sonore qui existe entre les sociétés pré- et post-industrielles. Si aux premières correspond un environnement sonore « *hi-fi* », c'est-à-dire dans lequel il existe un équilibre entre signaux et bruits satisfaisant, se rapprochant du paysage sonore naturel, aux secondes correspond par opposition un environnement sonore « *lo-fi* »[1], c'est-à-dire manquant de clarté ou résultant d'un effet de masque continu dû à la superposition de bruits indifférenciés.

Il y associe l'idée de **schizophonia** qui marque la présence de sons électroacoustiques (radio, baladeur, sons informatifs, Muzak[2]) de plus en plus forte dans le paysage, en rupture avec le paysage naturel, considérant ces « bruits » comme des sous-produits du progrès technologique, donnant au *soundscape* des enjeux écologiques et esthétiques.

2.1.2.3 Le *World Soundscape Project* : analyse de paysages sonores et pédagogie de l'écoute

Ces concepts ont été à l'origine du projet collectif *World Soundscape Project* lancé en 1972 à l'Université Simon Fraser de Vancouver autour notamment de Murray Schafer, Hildegard Westerkamp, Bruce Davis et Barry Truax. Ils avaient pour objectif la pédagogie de l'écoute et l'enregistrement de paysages sonores remarquables menacés par la modernisation. Ils ont mené, après l'analyse des paysages sonores de Vancouver et de plusieurs petites villes canadiennes, une étude dans cinq villages en Europe (Skruv en Suède, Bissingen en Allemagne, Cembra en Italie, Lesconil en France et Dollar en Écosse). Cette étude intitulée *Five Village Soundscape* (1977) tentait de comprendre les identités sonores de ces villages de manière interdisciplinaire, par des enregistrements sonores, des enquêtes auprès des habitants, des mesures acoustiques ou encore des représentations graphiques de perceptions auditives[3].

R. Murray Schafer a apporté une nouvelle façon d'écouter et d'appréhender notre environnement sonore. Toutefois, son

---

[1] Le terme « *hi-fi* » vient de « *high-fidelity* » et est originellement employé par rapport aux disques vinyle stéréophoniques, quant au terme « *lo-fi* », il s'agit d'un néologisme inventé par Schafer.

[2] La Muzak est une forme de musique aseptisée, compressée, généralement diffusée dans les galeries commerciales, les supermarchés, les stations de métro, les ascenseurs ou encore sur les lignes d'attente des standards téléphoniques. Le terme, contraction de « musique » et « Kodak », a été inventé par un Américain, George Squier, qui a déposé un brevet sur la diffusion de musique d'ambiance dans les années 1920 et créé une compagnie du même nom.

[3] En 2009, un groupe de chercheurs finlandais menés par Helmi Järviluoma, en collaboration avec Barry Truax et Murray Schafer, a revisité ces cinq villages afin d'analyser l'évolution de leurs paysages sonores après trente ans d'urbanisation, rappelant la mise en place d'observatoires photographique du paysage urbain en France dans les années 1980 (voir Helmi Järviluoma et al., *Acoustic Environments in Change & Five Village Soundscapes*, 2010).

approche naturaliste et patrimoniale peut freiner une compréhension plus fine de la perception des environnements sonores actuels. Si on part de l'idée naturaliste qui postule qu'à une cause déterminée correspond « naturellement » un son et réciproquement, et que le son illustre aussi naturellement cette cause (Chion, 1993), alors « *l'auditeur ne peut dans cette approche être conçu que passif, immergé dans un monde sonore dont la forme et le sens existent indépendamment de lui et de son activité percevante.* » (Colon, 2008, p. 5).

Figure 5. Représentation graphique du paysage sonore de Bissingen en Allemagne par le *World Soundscape Project* : « sons continus et sons intermittents »

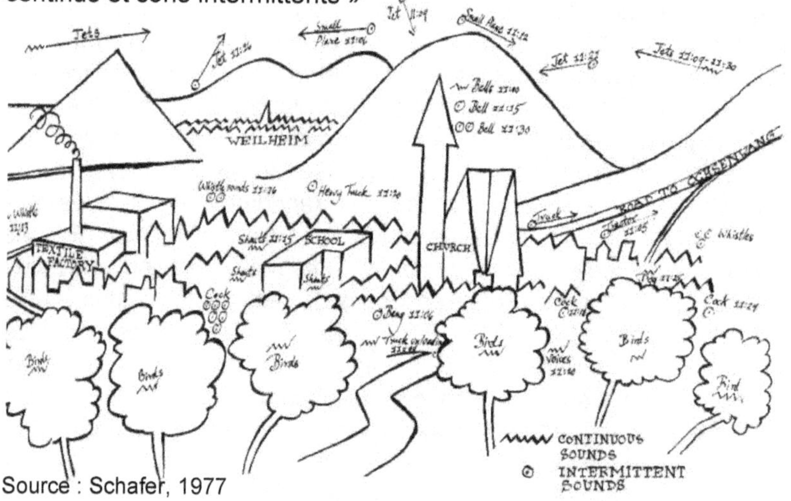

Source : Schafer, 1977

2.1.3 Pierre Mariétan et son approche musicale de l'environnement sonore

Pierre Mariétan, musicien et compositeur valaisan, a tenté au cours de ses travaux menés en partie au LAMU[1], de déterminer des éléments de reconnaissance de l'espace sonore et de son expression verbale dans l'élaboration d'un langage commun aux constructeurs et aux musiciens.

---

[1] Le Laboratoire d'Acoustique et Musique Urbaine, formé autour de Pierre Mariétan, Pierre Le Flem, urbaniste, et Renato Chiaese, architecte, a été créé en structure associative en 1979, puis rattaché à l'École Nationale Supérieure du Paysage de Versailles, et à partir de 1990 à l'École Nationale Supérieure d'Architecture de Paris la Villette.

2.1.3.1 Éléments de description de l'environnement sonore

Insistant sur le fait qu'il est plus aisé d'analyser l'espace acoustique, plus ou moins pérenne, plutôt que les sons par essence éphémères, et qu'avant toute tentative de représentation pertinente de l'espace sonore, il faut aborder la problématique de l'écoute, il a défini plusieurs termes de description sensible de l'environnement sonore (Mariétan, 2005). La **rumeur**, par exemple, désigne la globalité des sources sonores d'un lieu, associées par la nature acoustique de l'espace où elles se produisent, ce qui crée à travers leurs rapports réciproques une entité reconnaissable. Les sources en tant que telles ne sont pas identifiables pour ou par elles-mêmes, si ce n'est quand elles émergent temporairement. La rumeur se caractérise aussi par la qualité de résonance propre à un lieu. Sa définition, bien que s'en approchant, va au-delà de celle du bruit de fond définie par Murray Schafer. De la même manière, P. Mariétan définit la **situation sonore** comme l'entité acoustique qui met en jeu le son, l'espace et le temps dans leurs rapports réciproques. Ce concept s'exprime par la mise en œuvre d'un format temporel résultant de la durée d'un évènement (passage d'un avion traçant un son dans le ciel par exemple).

Il a également défini la **perspicuité sonore**, notion dérivée de l'acuité auditive en psychoacoustique et « esthétisée ». Il s'agit du degré de reconnaissance des sons les uns par rapport aux autres, dans un espace donné. Cette « perspicuité » dépend des critères de propagation sonore, varie avec la nature et la densité des faits sonores, les conditions de la propagation acoustique, le climat, les vents, les saisons, les heures du jour et de la nuit, la matière, la dimension et la forme d'un espace délimité par les frontières auditives. Selon Pierre Mariétan, le degré maximum de perspicuité auditive pourrait être l'un des critères définissant la qualité acoustique de l'environnement. Ainsi un paysage sonore « hi-fi », tel qu'il est défini par Schafer, permettrait une certaine perspicuité sonore, alors qu'un paysage « lo-fi » la réduirait.

2.1.3.2 Une « acoustique sensible »

Pierre Mariétan a également développé, suite aux enseignements de Stockhausen et dans une volonté de pédagogie (Mariétan, 2009), une approche sensible de l'acoustique, à la croisée de l'acoustique environnementale, de l'acoustique architecturale et de l'acoustique musicale. Sa volonté est d'utiliser des termes compréhensibles par tous afin de pouvoir agir sur l'environnement sonore de manière positive. Son approche se distingue de celle de Pierre Schaeffer par l'apport d'une donnée supplémentaire à la qualification des sons : l'espace. En effet, il a décomposé la chaîne acoustique en un système des « 3P » : Production du son, espace de Propagation et Perception. L'étude du son lui-même, donc de sa production, se fait selon Pierre Mariétan par l'intermédiaire de cinq caractéristiques : les trois utilisées dans l'acoustique classique, c'est-à-dire (1) la **hauteur** (ou fréquence) qui est la vitesse d'oscillation de l'onde sonore. Une oscillation doit aller à une certaine vitesse et ne pas la dépasser pour être sonore. La hauteur est généralement la caractéristique qui prime sur le son, nous permettant de distinguer les sons aigus des sons graves. (2) L'**intensité** (ou puissance) qui est le degré d'énergie dépensé pour produire le son. On pourra parler de son fort ou faible/doux. (3) Et le temps, ici mesuré pour devenir la **durée**. À ces trois critères acoustiques s'ajoutent deux descriptions supplémentaires : la première, utilisée en acoustique musicale, est le timbre (ou **complexité du son**). Superposition de plusieurs oscillations simultanées, c'est en quelque sorte ce qui donne la couleur au son, son degré de clarté. En musique, un son est considéré comme harmonique si l'écart de fréquence entre les différentes oscillations reste constant. Le bruit, lui, n'a alors aucun rapport harmonique. Et la seconde, une donnée jamais utilisée en acoustique classique : la **localisation** (ou l'espace), si le son vient de gauche ou de droite, de près ou de loin. Pierre Mariétan n'a pas mis en pratique ses recherches uniquement dans la musique, mais aussi dans l'aménagement de l'espace. Il a participé à plusieurs projets architecturaux ou de « jardins sonifères » comme la villa des Glycines à Évry dans les années 1980, en collaboration avec des architectes comme Alain Sarfati ou des acousticiens comme Jean-Marie Rapin (chapitre 2. *1.2.2*).

2.1.4 *La communication sonore de Barry Truax : une vision systémique de l'environnement sonore*

L'approche qu'a le compositeur canadien Barry Truax (2001) de l'environnement sonore, tout comme celle de son collègue R. Murray Schafer, est à considérer dans une perspective écologique des sons, c'est-à-dire comme faisant partie d'un système complexe. Le principe de la communication sonore, développé par B. Truax, est un système dynamique d'échange d'informations selon lequel les individus agissent sur les sons dès qu'ils pénètrent dans un espace donné. À travers les sons qui composent le paysage sonore, les êtres qui y évoluent en éprouvent l'existence, tandis que leurs activités et comportements informent ses propriétés acoustiques. C'est par le jeu de cette interaction que l'espace humanisé acquiert un sens.

Trois principes nourrissent l'approche communicationnelle de l'acoustique de B. Truax :

- cette approche traite d'échanges d'informations plutôt que du transfert d'énergie. Le son n'est pas isolé des processus cognitifs qui permettent de le comprendre comme c'est le cas en acoustique traditionnelle ;
- cette approche induit la notion de contexte. En effet, le sens des sons ne peut être compris qu'en prenant en compte son contexte environnemental, social et culturel ;
- enfin, cette approche n'est pas linéaire mais systémique. Dans le modèle acoustique traditionnel, les trois éléments qui le composent sont isolés : l'émetteur ou source, le message, et le récepteur. Ce modèle est considéré comme linéaire et unidirectionnel, de l'émetteur vers le récepteur. Au contraire, la communication sonore de B. Truax présente un réseau d'interactions qui comprend un environnement sonore incluant plusieurs émetteurs et récepteurs qui peuvent changer leurs rôles et ont les deux fonctions en même temps.

Ainsi, le sujet qui écoute dans un environnement sonore n'est pas engagé dans une réception auditive passive, mais est actif dans un système dynamique. B. Truax distingue d'ailleurs trois types d'écoute : (1) l'écoute attentive ou focalisée (*listening-in-search*) qui est celle de la clarté et de l'esthétisation, celle que l'on utilise quand on est par exemple au restaurant pour distinguer la discussion qui se tient à notre table des discussions voisines ; (2) l'écoute passive (*hearing*) qui peut être simplement assimilée à la capacité d'ouïr ; et (3) une écoute intermédiaire, une écoute en « état d'alerte » (*listening-in-readiness*) qui réagit à des signaux significatifs, comme par exemple le cri d'un bébé pour une mère pendant la nuit. B. Truax prône le retour à l'appréciation perceptuelle de l'environ-nement sonore, dans laquelle les notions de contexte et de capacité d'agir sur son environnement deviennent les issues centrales.

Il est encore intéressant de noter qu'un seul changement de l'un des composants du système (par exemple en cas de disparition de signaux sonores significatifs ou d'une modification de la population) a des répercussions sur l'ensemble du système. L'analyse du paysage sonore requiert donc l'analyse de ces trois éléments fondamentaux que sont l'auditeur, le son et l'environnement, afin de comprendre leurs relations et les points possibles d'action.

Figure 6. Le son comme relation médiatrice entre l'auditeur et l'environnement

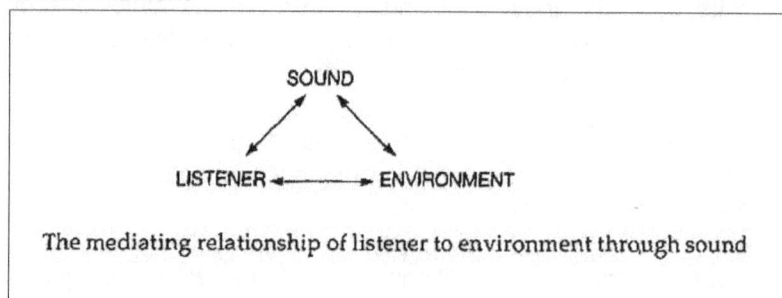

SOUND

LISTENER ←————→ ENVIRONMENT

The mediating relationship of listener to environment through sound

Source : Truax, 2001(1984), p. 12

Dans cette perspective, le design sonore consiste de manière générale à modifier ces relations fonctionnelles du système auditeur-environnement. Cela signifie d'une part changer l'environnement sonore lui-même, et d'autre part, parce que l'auditeur est toujours inclus dans le système, modifier les habitudes d'écoute des individus. En ce sens, selon B. Truax, le design sonore s'éloigne d'un processus de manipulation au cours duquel l' « expert » impose des critères prédéterminés sur un environnement.

2.2 La prise en compte du vécu sonore quotidien par les sciences humaines et sociales

L'évolution depuis plusieurs dizaines d'années de la vie en ville a entraîné un intérêt grandissant pour l'environnement sonore. De nombreux travaux de recherche issus des sciences humaines et sociales tentent ainsi depuis les années 1980 de comprendre l'expérience sonore quotidienne des citadins, réintroduisant le corps habitant et sensible dans l'environnement urbain. La psychologie s'est peu à peu détachée des préceptes de la psychoacoustique pour s'intéresser à la perception en situation, et trouver les liens entre perceptions individuelles et représentations culturelles. Les sociologues urbains, et plus particulièrement les chercheurs du laboratoire CRESSON à Grenoble, ont cherché à élaborer des méthodes de description de l'environnement sonore.

2.2.1 Les apports de la psychologie : au croisement de la perception et de la cognition

Pendant longtemps, la recherche sur la perception auditive s'est plutôt intéressée au signal acoustique qu'à l'individu. Mais de plus en plus, bien que cette conception de la perception gouverne encore les politiques publiques et les actions en matière d'environnement sonore, ce dernier semble perçu par la recherche, notamment en psychologie, comme un concept à multiples facettes qui intègre des variables subjectives et contextuelles.

2.2.1.1 La psychologie de la forme : recentrer l'étude des perceptions autour de l'individu

La psychoacoustique, développée notamment par E. Zwicker et R. Feldtkeller dans les années 1960, est une science qui cherche à saisir le lien qui existe entre les propriétés physiques d'un son et la manière dont l'oreille humaine le perçoit. Elle part de l'idée qu'il doit exister des règles universelles gouvernant les sensations éveillées par les stimulations auditives. Cette approche béhavioriste[1] de la perception humaine ne nie pas la réalité de l'individu, mais ne s'en préoccupe pas directement. Elle se préoccupe surtout de la manière dont le système auditif humain traite les stimuli acoustiques et tend d'une certaine manière à objectiver la qualité sonore. Or, mettre en relation la mesure acoustique et les réactions des sujets pose la question de la « *subjectivité variable* » des individus (Aubrée, 2003, p. 108).

La *Gestalt Theorie* ou psychologie de la forme, basée sur la perception visuelle et née en Allemagne au début du XXème siècle autour de Koffka, Wertheimer et Köhler, est une des premières à avoir critiqué le béhaviorisme. En effet, ses représentants ont focalisé leur attention sur cette « boîte noire » qu'est l'individu, et non plus essentiellement sur l'objet de la perception. Elle a apporté des éléments de compréhension et de prise en considération de la perception sonore, a influencé, entre autres, les travaux de

---

[1] Le béhaviorisme (ou comportementalisme) se concentre sur le comportement observable de l'individu, de manière à caractériser, d'une part comment il est déterminé par l'environnement, et d'autre part l'histoire des interactions de l'individu avec son milieu, et ce sans faire appel à des mécanismes internes du cerveau ou à des processus mentaux non observables (C. Tavris et C. Wade, 2002).

musiciens comme P. Schaeffer et R. M. Schafer et abouti à certains principes connus comme « *le tout est la somme des parties qui le constituent* » ou « *une partie dans un tout est autre chose que cette partie isolée ou dans un autre tout* ». Elle a introduit les notions d' « identification » et de « reconnaissance », celle-ci s'effectuant par regroupement, sous forme de catégories, des représentations en mémoire d'événements signifiants, et l'identification associant en plus une désignation lexicale à chaque objet identifié (Vogel, 1999). Certains travaux (Lavandier et Defréville, 2006) ont par exemple montré l'importance de la reconnaissance de la source sonore dans son appréciation, le fait de brouiller la reconnaissance des sources ayant un fort impact sur l'intensité sonore perçue et les jugements de qualité sonore.

2.2.1.2 La psychologie cognitive ou l'étude des représentations mentales de l'environnement

Le gestaltisme a donné naissance au cognitivisme dans les années 1950. La psychologie cognitive étudie les grandes fonctions psychologiques de l'être humain que sont la mémoire, le langage, l'intelligence, le raisonnement ou encore la perception, en tant que processus de recueil et de traitement de l'information sensorielle. La théorie cognitive conçoit la perception comme le résultat de l'ensemble des opérations mentales qui permettent de donner une signification aux entrées sensorielles (Bagot, 1999). Des travaux de recherche ont ainsi pu montrer que la signification donnée à un événement sonore par l'individu avait une influence sur son jugement. Par exemple, V. Maffiolo dans sa thèse (1999) a mis en évidence l'influence de la signification des sources sur le jugement agréable ou désagréable de l'environnement sonore urbain. Ainsi, le bruit d'une voiture, bien que d'intensité faible, serait moins apprécié que le chant d'un oiseau d'intensité forte.

Les nombreuses théories psychologiques sur la perception ont tenu de plus en plus compte de l'individu, mais c'est la psychologie écologique, branche structurale du cognitivisme, qui s'est référée à l'être humain comme étant impliqué dans un environnement naturel et ayant des intentions et des activités. Elle a été introduite par James J. Gibson dans le domaine du visuel et considère que la perception doit s'étudier dans des conditions naturelles, plus écologiques que celles du laboratoire utilisées en psychoacoustique par exemple, en accord avec les mouvements du sujet dans son environnement (Gibson, 1986). Cette démarche a été étendue au domaine auditif dans les années 1990, substituant la perception de l' « objet » initiateur du son à celle de l' « événement » supposé avoir créé le son. William W. Gaver (1993) s'est inspiré des travaux de Gibson et a montré qu'un son fournit des informations sur des interactions entre des matériaux dans un lieu et un environnement donnés, ce qui nécessite donc la prise en compte du contexte d'écoute dans les stimuli. En outre, il définit l'**écoute quotidienne**, c'est-à-dire celle que nous sommes communément amenés à utiliser, comme étant l'écoute des événements plutôt que des sons. Elle se distingue de l'**écoute musicale** qui analyse les propriétés qualitatives des sons, car elle ne s'intéresse pas aux sons eux-mêmes, mais bien aux expériences relatives que les individus ont de ces sons. La psychologie écologique a notamment porté son attention sur les environnements sonores urbains où le bruit est émis simultanément par de nombreuses sources, afin de comprendre comment les individus les clarifient dans des environnements sonores complexes en catégories distinctes dans des situations de la vie quotidienne (Dubois, Guastavino, Raimbault, 2006). Ainsi, l'évaluation d'environnements sonores dépend des individus, mais aussi des contextes d'écoute, donnant signification et identité aux lieux, mais aussi aux activités, pratiques et usages dans lesquels ils sont impliqués (Mzali, 2002). Allant dans le même sens, Lex Brown (2009) a également distingué deux types de points de vue dans le jugement de la qualité de l'environnement sonore : l'un direct (*direct outcome*), exprimé à travers l'écoute directe de celui-ci (il peut alors être agréable, monotone, etc.), et l'autre indirect (*enable outcome*), exprimé à travers des notions comme le bien-être ou la qualité de vie.

La psychologie cognitive s'intéresse donc à la perception de l'environnement sonore, en lien avec les représentations mentales des individus. Ces représentations en mémoire d'événements sonores sont propres à chacun, mais peuvent être en partie partagées par un groupe d'individus faisant partie d'une même communauté (d'appartenance, d'expérience ou d'expertise par exemple). Et le langage semble constituer le meilleur moyen d'accéder à ces représentations.

2.2.1.3 La psycholinguistique pour comprendre les sens donnés à l'environnement sonore

La psycholinguistique, fondée en 1953, a beaucoup apporté à la compréhension du langage. La psycholinguistique se fonde sur l'hypothèse que la langue sert d'interface entre les représentations mentales individuelles sensibles et des représentations sociales et culturelles partagées. La représentation mentale individuelle est l'image qu'un individu se fait d'une situation, elle est au croisement des sensations et de la mémoire. Quant à la représentation sociale, c'est une forme de connaissance du sens commun, socialement élaborée et partagée par les membres d'un même environnement social et culturel. L'approche menée dans ce domaine par l'équipe LCPE[1] autour de Danièle Dubois, consiste à relever des catégories cognitives à partir d'une analyse psycholinguistique et de descriptions verbales de l'environnement sonore urbain. Leur objectif est de comprendre comment les gens donnent du sens aux environnements sonores urbains à travers leurs expériences quotidiennes et comment les appréciations individuelles sont transmises à travers le langage par des expressions collectives. La représentation cognitive d'un phénomène acoustique est selon eux une représentation globale et multimodale (c'est-à-dire auditive, mais aussi visuelle, kinesthésique). Elle est aussi fonction de la diversité des expériences du sujet, mémorisée de perceptions précédentes. Elle est donc à la fois individuelle et collective et peut être partagée à travers des représentations communes symboliques et verbales (Dubois, Guastavino, Raimbault, 2006). L'analyse linguistique des descriptions verbales et des commentaires obtenus lors de l'écoute en laboratoire d'environnements sonores quotidiens, complexes et chargés de sens, semble montrer que les paysages sonores sont structurés dans des catégories sémantiques complexes qui n'intègrent pas seulement des paramètres acoustiques, mais aussi les notions de temps, de situation et d'activité. Deux grandes catégories sémantiques de « paysages sonores » ont par exemple été établies suite à l'analyse linguistique : les **événements-sources** qui peuvent être attribués à une source ou un agent identifié ; et le **fond sonore** de la ville, considéré comme une ambiance sonore collective, où aucun événement collectif ne peut être reconnu. Danièle Dubois veut notamment à travers ses recherches réduire le fossé entre les sciences humaines et les sciences physiques et montrer que le langage peut devenir une représentation « objective » de représentations mentales.

---

[1] Groupe « Langages, Cognitions, Pratiques et Ergonomie » du LAM, équipe « Lutherie - Acoustique - Musique », Paris VI.

2.2.2 La démarche empiriste de la sociologie urbaine

Les travaux fondateurs de R. Murray Schafer ont également été repris par la sociologie urbaine et appliqués à la démarche empiriste de la sociologie du quotidien. Plusieurs travaux ont été produits au cours des années 1980 et 1990, s'intéressant aux phénomènes sonores ordinaires et élaborant des méthodes d'analyse de l'environnement sonore originales. Ces recherches se sont démarquées de la psychologie de la gêne, notamment en lui préférant les termes de « confort sonore » ou de « bien-être sonore ».

Ces travaux répondaient à plusieurs principes dont celui d'une part de travailler *in situ* et non en laboratoire, se rapprochant de la démarche prônée par R. Murray Schafer à travers l'écologie sonore, mais s'en démarquant par une approche des phénomènes sonores ordinaires et non musicaux, et d'autre part de rompre avec l'hégémonie du regard en architecture. L'originalité de ces travaux s'est en particulier exprimée à travers leur ambition pluridisciplinaire, à la fois conceptuelle et méthodologique, articulant la caractérisation physique des phénomènes sonores, l'étude sociologique de leur usage dans la vie de tous les jours et le rôle de l'aménagement de l'espace dans le façonnement de l'environnement sonore.

2.2.2.1 Une cartographie du « bien-être sonore dans la ville

C'est dans cette perspective que s'inscrivent notamment les travaux menés par Alain Léobon (Laboratoire CARTA de l'Université d'Angers) dès 1994 à Nantes. Inspiré par ceux de Schafer, il a mis au point une sorte de carte du « bien-être sonore dans la ville » issue d'une analyse multicritères appliquée à quatre quartiers différents. L'objectif était de réaliser un état des lieux sonore qualitatif du centre-ville historique de Nantes, pour en faire une représentation cartographique précise et utilisable d'un point de vue opérationnel par la commune. Plusieurs enregistrements ont été effectués en plusieurs endroits des quatre quartiers concernés, à différentes heures de la journée, puis disséqués en « objets sonores » selon six types de sources :

- Le **bruit de fond**, qui pondère indirectement les notions de calme et de faux silence.
- L'**activité mécanique** (bruits de moteur, de circulation automobile, bruits de transport en général et bruits de travaux).
- L'**activité humaine** (bruits liés aux activités quotidiennes des

individus, aux actes qui ne relèvent pas de la simple fonction de passage, aux loisirs, etc.).
- Les **bruits d'animaux et de la nature**. Peu nombreux en ville, ils se réfèrent généralement aux espaces paysagers.
- La **présence humaine**, relative aux indices de passage humain (pas, voix, etc.).
- Le **langage et la communication** (signalétiques, animations musicales, conversations intelligibles, etc.).

Pour chaque point d'enregistrement, un histogramme des six différentes sources et de leur équilibre est établi. Puis grâce à une méthode de réduction du nombre de sources significatives, dite du **triangle d'équilibre sonore** (figure 7), les différents espaces sont classés en dix ambiances sonores représentatives d'un centre urbain, représentées chacune par une couleur :

Figure 7. Cartographie des ambiances sonores du cœur historique nantais les soirs d'été

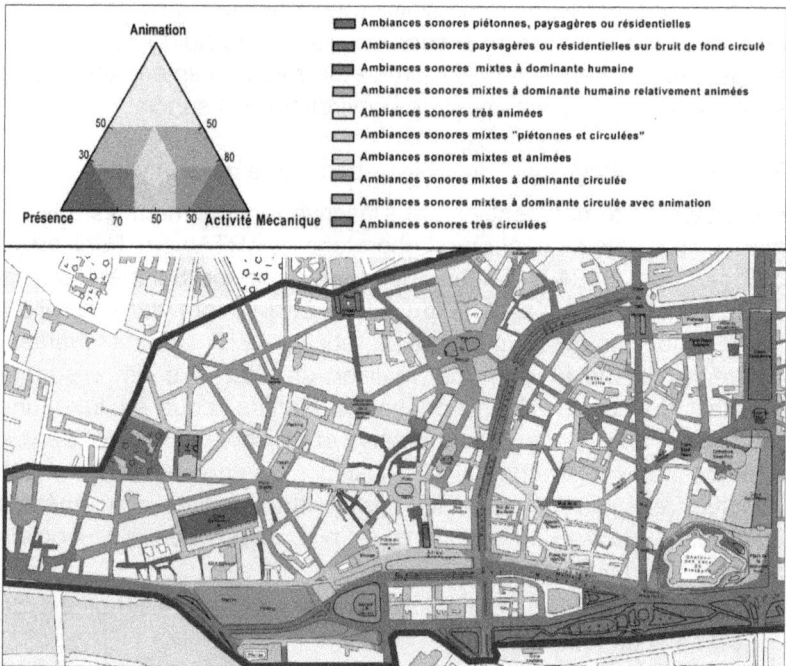

Source : Léobon, 1995.

L'objectif de cette cartographie des ambiances sonores est d'établir une phénoménologie de l'usage réel des rues et des espaces publics afin de montrer certains dysfonctionnements d'usage de l'espace et de modifier des projections fines du plan de déplacement ou d'aménagement de la ville.

2.2.2.2 Le confort sonore plutôt que la nuisance sonore

Mais les travaux les plus reconnus dans cette discipline sont sans conteste ceux menés par le CRESSON, laboratoire de recherche rattaché à l'École Nationale Supérieure d'Architecture de Grenoble, croisant sociologie urbaine et environnementale. Depuis sa création en 1979 autour de Jean-François Augoyard, ses recherches ont tout d'abord été centrées sur l'espace sonore et défendent une approche pluridisciplinaire qualitative, empruntant aussi bien aux sciences humaines et sociales qu'à l'architecture et aux sciences de l'ingénieur, dont l'objectif était d'aider, voire d'infléchir les stratégies et processus de conception. À travers leurs travaux, les phénomènes sonores sont définis de manière positive et considérés au-delà de la nuisance seule. Leur ambition est de permettre de saisir le vécu sonore *in situ*, en prêtant attention au contexte, entendu comme l'ensemble des circonstances matérielles et temporelles ainsi que les cadres sociologiques et culturels de la perception. Ils ont ainsi favorisé l'émergence du concept de **confort sonore**, et non de nuisance sonore, la situation de confort sonore étant accessible selon eux en prenant en compte deux éléments : (1) la lisibilité auditive, la compréhension et la maîtrise de la source d'émission et (2) la reconnaissance des sons d'autrui afin de permettre les diversités sans provoquer les conflits (Torgue, 2005, p. 21-22).

Ils ont dans ce dessein développé un outil original de description de l'environnement sonore dans les années 1990, l'**effet sonore**, afin de synthétiser la description tripartite des phénomènes sonores eux-mêmes, de l'espace physique dans lequel ils se propagent et des perceptions qu'ils engendrent. Nous l'avons vu précédemment, les deux outils que constituent l'objet sonore de Pierre Schaeffer et le *soundscape* de R. Murray Schafer, assument trois fonctions, ils sont à la fois une méthode descriptive originale, un modèle explicatif spécialisé et une démarche interdisciplinaire nécessaire (Augoyard et Torgue, 1995). Mais selon les chercheurs du CRESSON, ces concepts restent insuffisants pour décrire l'environnement sonore à l'échelle des conduites quotidiennes et des unités pertinentes de l'espace architectural et urbain (Augoyard et Torgue, 1995). En effet, le *soundscape* constitue une notion trop large et trop floue pour analyser l'environnement sonore, alors que l'objet sonore serait lui trop élémentaire. L'objectif du CRESSON était donc de pallier ce manque et de créer un outil qui répondait à trois critères : la transversalité interdisciplinaire, l'adéquation à l'échelle des situations urbaines à observer et la capacité à intégrer d'autres dimensions que la dimension esthétique. L'effet sonore renvoie ainsi à l'ensemble des conditions entourant l'existence de l'objet et à son mode d'apparition en telle situation, c'est-à-dire soit aux caractères propres à l'environnement construit, soit aux particularités de l'audition et de l'écoute. Il s'agit de la manifestation d'un phénomène qui accompagne l'existence de l'objet. L'effet sonore se situe entre la cause et l'événement, et n'est pas un objet lui-même. Il peut selon ses inventeurs servir d'aide à la mesure acoustique, aux outils de représentation, à l'intervention architecturale et urbaine, mais aussi à l'analyse des situations sonores complexes et à la pédagogie de l'écoute (Augoyard et Torgue, 1995).

Encadré 2 Les 5 catégories d'effets sonores du CRESSON

Les effets élémentaires

Ils concernent soit la matière sonore en elle-même (hauteur, timbre, intensité), soit la modalité de propagation du son (distorsion, réverbération).

Les effets de composition

Ils concernent des agencements sonores complexes et sont définis par des caractères remarquables touchant soit à la dimension synchronique, soit à la dimension diachronique du contexte. Ex. : masque, coupure.

Les effets liés à l'organisation perceptive

Ils sont dus en priorité à l'organisation perceptive et des individus en situation concrète. Ex. : métabole.

Les effets psychomoteurs

Ils impliquent l'existence d'une action sonore de l'entendant ou tout au moins d'une esquisse motrice ou d'un schéma faisant interagir perception et motricité. Ex. : enchaînement, créneau.

Et les effets sémantiques

Ils jouent sur l'écart de sens entre le contexte donné et la signification émergente. Il y a toujours décontextualisation, que ce soit sous la forme de l'imprévu anxiogène, de l'humour, du jeu conscient, ou d'une valeur esthétique ajoutée. Ex. : décalage, imitation.

Source : Augoyard et Torgue, 1995

Cet outil que constitue l'effet sonore est intéressant mais semble peu adapté à l'expression d'expériences sensibles de « non-experts », car il garde une forte empreinte acoustique et musicale. En outre, les habitants et usagers éprouvent beaucoup de difficultés à parler de leur expérience sonore, particulièrement lorsqu'elle est abordée en dehors de la gêne et de la nuisance sonore, en raison d'une certaine inattention ordinaire à l'environnement, d'une écoute ordinaire plus ou moins inconsciente. Ce constat avait déjà été mis en avant par R. Murray Schafer dans son ambition de rééducation à l'écoute des populations, et par Pierre Schaeffer et Barry Truax dans leur distinction de différents niveaux d'écoute.

Les chercheurs du CRESSON ont développé plusieurs méthodes pour pallier cette difficulté de prise de conscience des phénomènes sonores quotidiens, à travers notamment la mise à distance par l'enregistrement audio, la photographie ou le dessin :

- parmi ces méthodes, la **carte mentale sonore** (Amphoux, 1993) consiste pour la personne enquêtée à représenter spatialement les sons qu'elle entend dans son quartier ;

- l'**observation récurrente** (Amphoux, 1992) est un entretien basé sur l'observation de photographies ou de vidéographies de lieux ou situations urbaines choisies ;

- l'**enquête phono-réputationnelle**, adaptée par P. Amphoux pour l'étude de l'environnement sonore urbain (1993) consiste à réunir des usagers et des experts pour une discussion visant à croiser les différents points de vue ;

- et l'**écoute réactivée** (Augoyard, Amphoux, Chelkoff, 1985) est un entretien basé sur l'écoute d'une bande sonore constituée à partir d'enregistrements de lieux familiers à l'enquêté.

Bien que ces méthodes tendent à s'en démarquer, elles sont encore très proches des enquêtes menées en laboratoire, car elles recréent des situations de perception éloignées de la perception ordinaire, dans le sens où elles éloignent l'habitant de son environnement direct et de sa capacité à se mouvoir dans cet environnement, par le biais de supports de représentation comme des enregistrements audio, des photographies, etc.

2.2.2.3 L'élargissement aux autres sens : l'ambiance architecturale et urbaine

Un nouveau concept et une nouvelle méthode d'enquête vont rompre avec cette mise à distance des dispositifs d'enquête :

l'**ambiance** et le **parcours commenté**. L'élargissement progressif aux autres sens et l'intérêt porté aux usages et pratiques de l'espace public grandissant ont dirigé au milieu des années 1990 les recherches du Cresson vers la thématique générale des « ambiances urbaines », modèle d'intelligibilité croisant forme construite, forme perçue et forme représentée. Bien qu'encore floue, la notion d'ambiance peut être mise en correspondance avec la notion de « qualité diffuse » de Dewey (Thibaud, 2004) et renvoie à trois dimensions (Amphoux, Thibaud, Chelkoff, 2004) :

- La première, d'ordre technique et fonctionnel, selon laquelle l'ambiance peut être considérée comme l'ensemble des paramètres acoustiques, lumineux, thermiques, olfactifs... qui caractérisent un contexte spatio-temporel ;
- La seconde, sociale, selon laquelle l'ambiance est issue d'un construit social et culturel, au sens où elle résulte d'une appropriation tant individuelle que collective ;
- Et la dernière, sensible et esthétique, selon laquelle l'ambiance implique un rapport sensible et esthétique au monde, en lien avec des expériences, perceptions et vécus.

Cette approche à la fois morphologique, plurisensorielle et représentative de l'environnement sensible, dans une perspective de gestion urbaine et de projet architectural, a permis de tester d'autres méthodes d'enquête interdisciplinaires comme le parcours commenté. Cette méthode initiée par Jean-Paul Thibaud (2001) consiste à suivre un groupe de personnes (qui peuvent être des concepteurs ou les habitants d'un quartier) le long d'un parcours dans un espace donné qui a fait auparavant l'objet de mesures physiques précises de paramètres d'ambiance (éclairage, température, acoustique, etc.). Il est demandé aux enquêtés de verbaliser leurs impressions tout au long du parcours, impressions enregistrées par l'enquêteur qui note également leurs attitudes, gestes et postures. Le but de cette méthode est de décrire la perception en contexte et en mouvement, portant donc attention à toutes les modalités sensibles en même temps. Selon Paul-Louis Colon, si dans cette approche l'enquêté n'est plus « *désincarné* », il reste « *anonyme, interchangeable et isolé dans son expérience perceptive.* » (Colon, 2008, p. 8). L'anthropologue regrette le manque de mise en contexte de la perception dans les recherches du CRESSON. Celle-ci doit être analysée à travers les comportements et pratiques qui relèvent à la fois de l'individu, du social et du culturel. Ces travaux, bien que fondateurs en la matière, sont surtout orientés vers « *l'expérience esthétique des sons ordinaires* » (Colon, 2008, p. 6) et n'abordent pas réellement les relations sociales, les sentiments de communauté.

2.3 Du sujet « percevant » au sujet « agissant » et situé

Ces données sociales sont abordées par d'autres disciplines comme l'anthropologie sensorielle et, allant plus loin vers l'attachement territorial ou le sentiment d'appartenance, vecteurs de mobilisations citoyennes, la géographie sociale.

2.3.1 Approche culturelle de l'anthropologie sensorielle

L'expérience sensorielle est devenue depuis quelques années un terrain de réflexion fertile pour de nombreuses disciplines des sciences sociales.

2.3.1.1 Approche multisensorielle par l'anthropologie

Parallèlement à l'étude de ses dimensions physiologiques, psychologiques et sociales, s'est développée depuis les années 1990 une « anthropologie des sens » (Le Breton, 2009) ou « anthropologie sensorielle » (Corbin, 1990) ou encore « anthropologie du sensoriel » (Méchin, Bianquis, Le Breton, dir., 1998). Cette discipline, inspirée par les travaux en sociologie des sens de Georg Simmel (1912) et en phénoménologie de la perception de Maurice Merleau-Ponty (1945), a redonné un élan à la recherche sur les expériences sensorielles, délaissée durant la majeure partie du XXème siècle. Particulièrement développée par des chercheurs anglo-saxons (Howes, 1990 ; Stoller, 1989 ; Classen, 1997), elle étudie la manière dont les peuples se différencient par l'usage qu'ils font de leurs sens et les significations qu'ils leur donnent. Le Canadien David Howes en donne cette définition :

> « *L'anthropologie des sens cherche avant tout à déterminer comment la structuration de l'expérience sensorielle varie d'une culture à l'autre selon la signification et l'importance relative attachées à chacun des sens. Elle cherche aussi à retracer l'influence de ces variations sur les formes d'organisation sociale, les conceptions du moi et du cosmos, sur la régulation des émotions, et sur d'autres domaines d'expression corporelle.* »
> (Howes, 1991, p. 4)

L'anthropologie des sens s'attache à analyser les modalités sensorielles dans différentes cultures, mais aussi l'interdépendance des sens au sein d'une configuration historique et sociale, c'est-à-dire la manière dont ils sont répartis et signifiants selon une société donnée, à un moment de l'histoire (Corbin, 1990). Comme la phénoménologie de la perception, elle traite du corps comme un filtre par lequel l'homme vit le monde (Le Breton, 1990). Elle aborde aussi la perception par les cinq sens et défend l'idée qu'il n'existe pas de coupure entre l'intelligible et le sensible puisque la conscience est toujours incarnée selon Merleau-Ponty. Mais l'anthropologie sensorielle va plus loin d'après David Le Breton, dans le sens où sentir le monde est une autre manière de le penser. En effet, « *si le corps et les sens sont des médiateurs de notre rapport au monde, ils ne le sont qu'à travers le symbolique qui les traverse.* » (Le Breton, 2009, p. 26). Toute perception est donc un apprentissage qui dépend de la société et de la culture de l'individu, tout en laissant une marge à la sensibilité individuelle. Ainsi, comme le dit David Le Breton (2009), il y a mille forêts dans une forêt : celle du chercheur de champignons, celle du chasseur, celle de l'Indien, celle de l'ornithologue, etc. En outre, les perceptions varient selon les appartenances sociales et culturelles, mais aussi selon les attentes qui en découlent. L'expérience sensorielle n'est donc pas simplement une question de cognition ou d'un mécanisme neurologique relevant de l'individu, mais aussi une construction sociale, culturelle et politique en constante évolution. Des travaux en anthropologie sensorielle (Méchin, Bianquis et Le Breton, dir., 1998) ont par exemple éclairé les relations entre les sens et le chamanisme en Mongolie (Dulam), les sens du corps dans la société touarègue (Noel) ou encore l'imaginaire sensoriel du racisme (Le Breton). D'autres recherches comme celles de François Laplantine se sont intéressées plus particulièrement au rapport à l'espace, traitant d'une « anthropologie modale » comme manière d'appréhender les modes de vie, d'action et de connaissance, les manières d'être, les modulations des comportements, mais aussi la relation à l'espace, en rapport avec la dimension du temps, ou plutôt de la durée (Laplantine, 2005). C'est aussi plus récemment que le terme de « culture sensible »[1], déjà proposé par Alain Corbin en 1994, apparaît à la croisée de la culture matérielle et de la culture sensorielle pour analyser les propriétés et significations sensorielles des objets et des espaces (lieux, frontières et paysages), s'inscrivant ainsi dans des recherches sur l'architecture, l'urbanisme

---

[1] Le terme « sensible » est à comprendre ici comme l'ensemble des relations que nous entretenons avec les perceptions par tous les sens.

et le paysage (Howes et Marcoux, 2006). C'est dans cette mouvance qu'a eu lieu en 2005-2006 l'exposition *Sensations urbaines*, organisée par le Centre canadien de l'architecture et accompagnée d'un catalogue dirigé par l'architecte Mirko Zardini (2005).

2.3.1.2 Approches centrées sur la modalité auditive

Bien que l'anthropologie sensorielle s'intéresse à tous les sens et que comme David Le Breton le défend, les sens sont interdépendants les uns des autres dans l'expérience du monde, certains travaux en anthropologie, en histoire ou en géographie, se sont particulièrement penchés sur la modalité auditive de cette expérience et de ses significations dans différentes sociétés. Ainsi, quelques historiens ont tenté de traiter de sociétés et d'objets dont les traces sonores avaient disparu. Alain Corbin traite ainsi dans son ouvrage, *Les Cloches de la Terre* (2007 -1994-), de la société des campagnes françaises du XIXème siècle, dont les sons des cloches révélaient des enjeux à la fois identitaires, territoriaux, sociaux et politiques. Selon lui, l'histoire de la sensibilité ou de la perception de l'espace ne s'arrête pas à une présentation de l'évolution historique des sensibilités, mais se penche sur les différents usages sociaux et notamment les tentatives de contrôle qui ont pesé sur ces sensibilités. Plus qu'à l'analyse des productions culturelles, il s'intéresse donc aux relations qu'ont entretenues les hommes avec leur environnement sonore, tout en mettant en perspective l'évolution de ces comportements, souvent inconscients, par l'évolution sociale et politique plus globale. Jean-Pierre Gutton (2000) a également mené une étude sur les bruits et sons de notre histoire, tentant de restituer une histoire des « paysages sonores » disparus, décrivant les principales caractéristiques matérielles et sociales de l'environnement sonore, du Moyen-Âge à nos jours, à travers l'étude notamment de chroniques et d'actes judiciaires de l'époque. La période médiévale paraît par exemple partagée entre, d'une part, la présence importante de bruits de toutes sortes (en particulier dans les villes, avec ses rassemblements festifs, les cris des marchands et des artisans faisant la réclame de leurs produits dans la rue, le tapage diurne et nocturne de ses habitants, les charivaris et toutes sortes de manifestations bruyantes plus ou moins rituelles), et d'autre part, le silence (notamment dans les monastères où les moines sont soumis à une règle qui l'exige). La même année, Jean-Marie Fritz (2000) a mené une étude des paysages sonores du Moyen-Âge à travers une démarche épistémologique donnant les outils à l'auditeur pour comprendre les théories et symboles qui conditionnaient alors l'écoute. Cette approche, différente de celle de Jean-Pierre Gutton et Alain Corbin, ne cherche pas vraiment à restituer le contexte sonore caractéristique de la société médiévale, mais s'intéresse aux différents traités (religieux, philosophiques et médicaux essentiellement) qui ont évoqué le son durant le Moyen-Âge, afin de comprendre le statut particulier accordé à l'ouïe.

L'anthropologue Vincent Battesti a également formulé une « anthropologie des environnements sonores » dans le cadre de ses travaux sur les ambiances du Caire (2009). Il y définit la « sonorité d'un lieu » qui peut être à la fois passive, car elle découle des activités menées en son sein, et active puisqu'elle peut être une construction collective et la composante essentielle d'appréciation d'un espace par ses usagers.

Enfin, quelques géographes ont également abordé l'expérience sensorielle du monde, à travers tous les sens comme Paul Rodaway dans son ouvrage *Sensuous Geography* (1994), ou à travers la modalité seule de l'audition (Amphoux, 1991 ; Roullier, 2007). Johannes Gabriel Granö (1997), marquant une rupture avec ses collègues géographes, avait déjà développé à la fin des années 1920 une géographie du paysage basée sur l'idée que l'objet réel de la recherche géographique devait être l'environnement tel que perçu par les sens, et les régions construites sur la base de ces perceptions. Il avait alors fait la distinction entre environnements sonores proches et distants appelés respectivement : « proximité » et « paysage », la proximité étant perçue par tous les sens, alors que le paysage ne le serait que par la vue. Ce qui n'est pas sans rappeler la notion d'ambiance telle qu'elle est développée actuellement par le CRESSON notamment. Paul Rodaway (1994) s'est demandé dans son ouvrage *Sensuous geographies* (« géographies sensuelles » ou « géographies sensorielles ») comment les changements culturels et technologiques récents ont modifié la manière dont nous utilisons nos sens et interprétons l'information qu'ils génèrent. S'opposant à l'idée de proposer une « géographie de la perception » ou « une géographie expérientielle », il défend une « géographie de sens », le terme « sens » étant à comprendre dans toute son ambiguïté. Il est à la fois le sens du « faire sens » qui se réfère à la pensée et la connaissance, mais aussi le sens « des sens » qui se réfère aux modalités sensorielles spécifiques que sont le toucher, l'odorat, le goût, la vue, l'ouïe, auxquels il ajoute le sens de l'équilibre. Sa démarche de « géographie sensuelle », à la croisée du postmodernisme[1] et de la phénoménologie de la perception, exclut la possibilité pour le chercheur d'avoir un regard objectif et détaché, car il fait partie du monde qu'il étudie. Elle est très proche de l'anthropologie sensorielle, puisqu'elle s'attache à la redécouverte de la sensorialité et du corps, comme dimension importante de l'expérience géographique, historique, politique et sociale et qu'elle s'interroge sur les oppositions entre réel et représentation, signification et référent, ainsi que sur le concept d' « hyperréalité »[2]. Dans ce cas, les sens comme accès au « monde réel » ne sont pas uniquement définis de manière simple selon des caractéristiques physiques absolues, mais aussi par le contexte technologique, culturel et socio-économique. Paul Rodaway met également en avant l'importance de l'espace dans la pensée sociale, et plus particulièrement le rôle du cadre spatial (et spatio-temporel) dans sa démarche, et souligne la dimension intentionnelle de la perception. En effet, nous ne faisons pas que percevoir le monde, nous y avons une présence active. C'est dans cette perspective qu'il consacre une partie de son livre aux « géographies auditives » (*auditory geographies*) qu'il définit comme l'étude de l' expérience sensorielle des sons dans l'environnement et des propriétés acoustiques de cet environnement », mêlant l'expérience passive de l'écoute (*hearing*) et son expérience active (*listening*), tout en tenant compte de la dimension « multisensorielle » de l'expérience géographique.

Pascal Amphoux (1991) avait aussi introduit au début des années 1990 l'idée d'une « anthropologie du sonore », discipline qui se situerait entre les études à dominante technique qui considèrent le bruit comme une nuisance (les approches acoustiques normatives) et les travaux à dominante esthétique qui y voient un mode d'expression à préserver ou à mettre en valeur (approche musicologique ou ethno-musicologique). Le but de sa recherche

---

[1] Le postmodernisme est un courant majeur en architecture et en urbanisme, et plus généralement dans les arts, qui rompt à la fin du XXème siècle avec le discours moderniste devenu hégémonique et tente de recréer des liens entre l'Homme et la ville.
[2] L' « hyperréalité » est utilisée dans la philosophie postmoderne et la sémiotique pour décrire le symptôme d'une culture postmoderne évoluée. La nature du monde hyperréel se caractérise par une amélioration de la réalité. Pour en savoir plus, se référer aux travaux du sociologue et philosophe Jean Baudrillard.

59

« Aux écoutes de la ville » était de constituer un inventaire européen de la qualité et de l'identité sonore des espaces publics urbains, intégrant toutes les données liées à l'espace (acoustique appliquée, architecture, urbanisme) et à la perception (psycho-physiologie, sociologie du quotidien) ainsi qu'à la reproduction sonore (technique, communication, médias).

Plus récemment, Frédéric Roullier, docteur en géographie au Laboratoire CARTA d'Angers, a envisagé une géographie des milieux sonores. Il s'appuie sur le constat que, jusqu'à présent, l'interprétation géographique des dispositions spatiales s'est essentiellement fondée sur une saisie visuelle du monde, comme le paysage, que ce soit la géographie classique fondée au début du XXème siècle par Vidal de la Blache ou les nouvelles géographies, quantitative, radicale ou humaniste. Selon lui, les sons de notre environnement définissent un champ de recherche nouveau pour la géographie sociale et il définit trois types de géographies liées à l'appréhension du son :

- la « géographie du bruit » qui s'intéresserait en particulier aux contextes et aux effets liés aux nuisances sonores ;
- la « géographie des bruits » qui s'intéresserait à la variété des sons, à l'interprétation de la société par sa production d'espace sonore et les représentations culturelles différenciées de l'espace sonore ;
- enfin, il met en avant une troisième géographie, la « géographie des milieux sonores », définie comme « *l'ensemble des rapports matériels et abstraits entre une société de référence et son environnement sonore.* » (Roullier, 2007).

La géographie des milieux sonores intègre donc la géographie du bruit et celle des bruits, et s'attache à comprendre comment l'espace s'articule avec « les produits du milieu sonore » qui sont la gêne du bruit, les représentations mentales de l'espace sonore, les mouvements, plaintes et pétitions associatifs, la production sonore (par les individus, industries, transports...), la législation, l'évaluation et la cartographie, la communication et la sensibilisation, l'aménagement. Selon Frédéric Roullier, le milieu sonore présente un intérêt géographique, à la fois en raison du rôle de l'espace dans la « logique » des milieux sonores et des différences d'usage de l'ouïe selon les lieux, les cultures et les époques.

2.3.2 L'approche de la géographie sociale : la gêne territorialisée

Le Centre de Recherche Espace Transports Environnement et Institutions Locales (CRETEIL, Institut d'Urbanisme de Paris, Paris XII)[1] tente de resituer la question du bruit des avions dans la problématique plus large des effets environnementaux et territoriaux des systèmes de transport. Il met l'accent sur le vécu et le ressenti des habitants qui ne sont pas pris en compte par les pouvoirs publics qui s'appuient uniquement sur les caractéristiques physiques des sources bruyantes et des milieux de propagation. Son approche interdisciplinaire est issue à la fois de la géographie sociale (psychologie sociale, sciences politiques et sociologie de l'habitat) et de l'économie spatiale.

Cette approche mêle des méthodes et outils quantitatifs et qualitatifs afin d'évaluer le bruit, défini dans ce contexte comme *« une somme d'effets humains et sociaux, à forte dimension spatiale (gêne sonore, mobilité résidentielle des ménages, valeurs immobilières, impacts des dispositifs techniques d'action…) qui génère des coûts sociaux dès lors territorialisés. »* (Faburel, coord., 2006, p. 35). Le bruit peut alors être déterminé, d'une part par les perceptions et représentations qu'en ont les acteurs en situation, et d'autre part par la manière dont ils les intègrent dans leurs attitudes, comportements et actions. L'intérêt de ces recherches repose donc sur le *« vécu territorialisé du bruit »* et de ce fait sur les pratiques sociales spatialisées que celui-ci implique, pour comprendre vraiment la signification sociale des nuisances et leur expression territoriale, que ce soit en termes de gêne, de plaintes, de revendications, etc.

Dans cette perspective, Guillaume Faburel, élargit la notion de gêne en allant plus loin dans les relations qui existent entre les perceptions individuelles et le développement d'une sensibilité collective sur un territoire (Colon, 2008). Ainsi, la gêne est liée, au-delà du niveau d'intensité sonore perçu, à la trajectoire individuelle de la personne, à son propre vécu. Mais elle revêt également des dimensions historiques et politiques (Faburel et Gaudibert, 2007). Des enquêtes menées en 2001 sur le vécu sonore et les pratiques socio-spatiales liées à la gêne autour d'Orly (Faburel, 2002) ont notamment montré que la gêne exprimée était très faiblement liée au niveau d'exposition sonore. En effet, les résultats ont montré qu'elle était plus souvent due à des facteurs déjà abordés par la

---

[1] Depuis 2010, le CRETEIL et le laboratoire de l'Institut Français d'Urbanisme ont fusionné en un seul laboratoire de recherche : le Lab'Urba.

psychoacoustique (statut du propriétaire, type de logement), mais aussi aux pratiques du logement (temps de présence à domicile) et aux parcours résidentiels (ancienneté d'habitation ou antériorité résidentielle par rapport à l'essor du trafic dans les années 1980) (Faburel, coord., 2006). Cette recherche a également montré que les personnes les plus gênées par le bruit étaient généralement celles qui restaient le plus sur leur lieu de résidence, malgré la possibilité financière de déménager, et ce par attachement résidentiel dû par exemple à l'intérêt pour l'histoire locale ou pour le patrimoine de la commune. Ainsi, plusieurs caractéristiques locales comme l'histoire du développement territorial avant et après la construction de l'aéroport, et spatiales comme le manque de transports en commun ou la prédominance d'un tissu résidentiel, participent également au ressenti du bruit.

Une autre recherche (Faburel et Gaudibert, 2007), menée depuis plusieurs années par le CRETEIL pour le compte de l'Observatoire Départemental de l'Environnement Sonore du Val-de-Marne (ODES), met également en avant le « vécu territorialisé du bruit » à travers la réalisation de cartes mêlant trois indicateurs du vécu sonore : la gêne sonore, la satisfaction territoriale et l'attachement local. Il s'agit de proposer une alternative aux représentations graphiques des niveaux sonores utilisées de manière généralisée dans la cartographie du bruit, à partir de questionnaires et d'analyses statistiques, aux échelles départementale (celle du Val-de-Marne), communales et infra-communales. L'**indicateur de gêne** tel qu'il est défini par le CRETEIL repose sur une déclaration exprimée par les enquêtés à partir d'une échelle numérique de 0 à 10, n'étant représentés sur la carte que les extrêmes considérés comme « pas de gêne » (de 0 à 3) et « gêne forte » (de 7 à 10).

L'**indicateur de satisfaction territoriale** a pour objet l'appréciation qualitative d'un espace comme un quartier, appréciation qui ajuste la gêne déclarée en resituant ce désagrément dans des vécus territoriaux *« par nature multifactoriels et multisensoriels »* (Faburel et Gaudibert, 2007, p. 5). Il est basé sur six variables autour d'attributs de l'environnement comme les espaces verts, de fonctionnalités du quartier comme les transports en commun et l'offre de services et de connexion, ou encore de médiations sociales comme le voisinage. Ne sont représentés sur la carte que les enquêtés satisfaits distingués en différents seuils de satisfaction.

Enfin, l'**indicateur d'attachement local** *« révèle l'expression d'un sentiment d'attachement ou d'appropriation du territoire par* *l'enquêté »* (Faburel, 2003), sentiment qui augmente statistiquement la déclaration de gêne, mais donne aussi des informations sur les réactions des populations, et notamment des associations, dans le cadre d'annonces de décisions ou de projets en gestation par exemple.

Figure 8. L'indicateur de gêne sonore : carte du Val de Marne

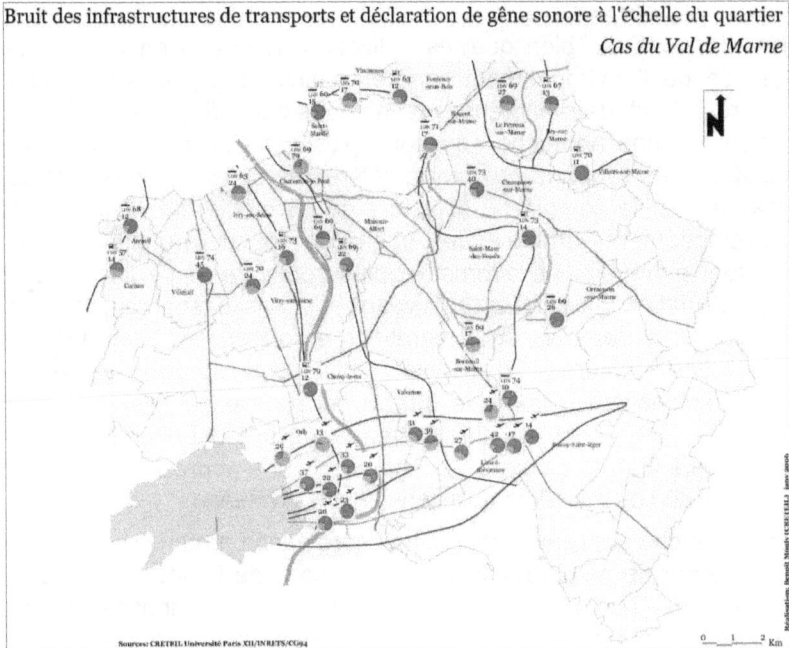

Source : Mouly, Faburel et Navarre, 2006, p. 19

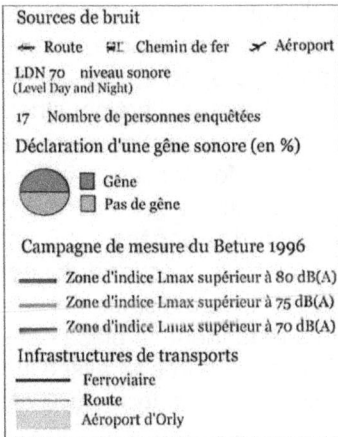

L'objectif de ces cartes est de relier des données quantitatives et des résultats d'enquêtes sur la même représentation graphique d'un territoire, afin de livrer des informations qui sont porteuses de sens, mais aussi opérationnelles. La problématique des nuisances sonores peut alors être traitée de manière plus opérationnelle en relation avec d'autres domaines d'actions comme l'environnement en général, l'urbanisme, l'habitat et le transport.

Nous l'avons vu, bien que les politiques publiques en matière de gestion de l'environnement sonore continuent à pratiquer la lutte contre le bruit, de nombreuses recherches dans diverses disciplines défendent une approche beaucoup plus sensible et qualitative de celui-ci. Des rapports comme le référentiel sur les zones calmes, réalisé pour le compte du Ministère de l'Écologie, de l'Énergie, du Développement Durable et de l'Aménagement du Territoire en 2008, laissent entrevoir une alternative plus complète et pertinente à la représentation graphique de niveaux d'intensité sonore pratiquée depuis 2002 dans les agglomérations européennes, intégrant à la fois des critères d'analyse de l'environnement sonore plus « subjectifs » comme la qualité sensorielle de l'espace, ainsi que des critères non auditifs. Cette perspective est encourageante, mais reste encore timide et confinée dans une approche protectrice de lieux dédiés au calme qu'il convient de conserver.

La recherche sur l'environnement sonore et son aménagement a été nourrie par de nombreux travaux, dont ceux de R. Murray Schafer, Luigi Russolo et Pierre Schaeffer. Ces compositeurs ont recommandé la revalorisation de l'environnement sonore et se sont démarqués de manière radicale de l'approche physicienne des acousticiens. Toutefois, ils ont été à l'origine de visions et de pratiques très différentes de l'aménagement sonore : l'une conservatrice et naturaliste, celle de l'écologie sonore, mettant en exergue la protection de paysages sonores préindustriels patrimoniaux ; et l'autre créative, cherchant à orchestrer la ville à travers sa composition musicale et des performances urbaines (chapitre 2. 1.2). Le « paysage sonore » comme nouveau champ d'expériences musicales a été investi à partir des années 1960 par quelques compositeurs, dont John Cage qui fut le premier à donner à l'auditeur le rôle de compositeur en affirmant le pouvoir producteur de l'oreille. Bien que ces deux recherches redonnent sa place dans l'environnement à l'auditeur, l'analyse reste encore très focalisée sur l'environnement sonore et peu sur l'auditeur-faiseur de bruit. C'est dans les années 1980 que Barry Truax, collègue de R. Murray Schafer, a laissé entrevoir une vision systémique du « monde sonore » qui engloberait le sujet, les sons et l'environnement qui seraient en interaction constante, démontrant que la perception n'est pas linéaire, mais active, et que la modification d'un seul élément du système en modifie l'ensemble.

La psychologie et la sociologie urbaine se sont plus particulièrement intéressées au vécu quotidien, et non plus uniquement à des situations particulières ou remarquables. Elles ont permis de relativiser la question du bruit et de replacer le sujet dans son espace vécu quotidien. Elles ont pu montrer les difficultés de la mise en langage des perceptions sonores et développer des méthodes d'enquête originales permettant en partie de pallier ces difficultés. Mais leurs approches restent pour la psychologie encore proches de l'analyse *in vitro* et pour la sociologie urbaine relative à une sorte d'esthétisation de l'ordinaire, et ne prennent pas réellement en compte l'ancrage des individus dans un contexte social, culturel, et encore moins territorial.

C'est ce qu'abordent notamment l'anthropologie des sens et la géographie sociale de manière assez différente. L'anthropologie sensorielle s'intéresse de façon générale à l'inscription culturelle des phénomènes sonores dans diverses sociétés et à l'utilisation partagée de leurs différentes modalités sensorielles. Cette approche met en avant l'importance du contexte culturel, social, mais aussi individuel de la perception. Par contre, elle s'intéresse plus particulièrement à des sociétés lointaines, et est surtout décon-nectée de toute visée opérationnelle. Ce qui n'est pas le cas de la géographie sociale qui, plus que de réinsérer l'individu dans son environnement sonore, en fait un sujet situé, c'est-à-dire ancré dans un territoire déterminé auquel il est attaché de diverses manières, ce qui modifie fortement les perceptions, représentations, pratiques et usages de son lieu de vie. Elle prête au phénomène de gêne sonore des facteurs qui ne sont pas uniquement de l'ordre du sonore pour évaluer la gêne territorialisée du bruit. Toutefois, cette approche reste focalisée sur la gêne.

Si notre approche ne se veut pas dans la visée d'une esthétisation de l'environnement sonore ordinaire, elle ne rejoint pas non plus celle de la gêne, et en ce sens est plus proche de la recherche en anthropologie sensorielle qui adopte une attitude « neutre », ni positive ni négative, du vécu des bruits quotidiens. Mais nous nous en différencions dans la mesure où notre but est de dégager une méthodologie utile pour les acteurs de l'aménagement du territoire, c'est-à-dire permettant de passer de l'évaluation d'un paysage sonore à ses éventuelles modalités de préservation, d'aménagement ou de gestion.

CHAPITRE 2
LE PAYSAGE COMME MOYEN DE REQUALIFIER L'ENVIRONNEMENT SONORE

Comme nous proposons dans notre travail d'aborder l'environnement sonore à travers la notion de paysage, il convient dans ce deuxième chapitre de comparer tout d'abord les approches aménagistes qui sont faites de ces deux concepts en termes de politiques publiques. C'est pourquoi, après avoir vu comment les politiques publiques liées à l'environnement sonore restent enfermées dans une perspective essentiellement quantitative et négativiste, nous allons voir comment les politiques publiques en matière de paysages, elles aussi relativement récentes, ont évolué, passant d'une politique élitiste de protection des sites remarquables à l'amélioration du cadre de vie quotidien. Dans ce contexte, nous ferons un point sur la manière dont les concepteurs (paysagistes, architectes, musiciens, artistes sonores, etc.) abordent aujourd'hui timidement l'aménagement sonore paysager et comment leurs interventions peuvent nourrir notre recherche. Dans un second temps, et au regard de ce qui précède, nous clarifierons les concepts liés à la compréhension de notre travail de recherche, comme l'environnement sonore ou l'ambiance, et plus particulièrement celui de paysage sonore, afin d'extraire une méthodologie d'évaluation globale de ce dernier.

1. Politiques publiques du paysage et projets de paysage sonore

Les paysages sont devenus un sujet important de valorisation des territoires et une composante essentielle de la qualité de vie. S'ils n'étaient pas un sujet réellement nouveau pour les pouvoirs publics, ils s'inscrivent depuis la Loi Paysage de 1993 et la Convention européenne du paysage de 2000 en termes inédits dans les politiques publiques liées à l'aménagement du territoire. En effet, non seulement ils concernent aujourd'hui à la fois les espaces ordinaires et remarquables, urbains et ruraux, convoités ou délaissés, mais en outre ils ne sont plus l'apanage de cercles d'experts, devenant un sujet politique à part entière, fortement lié aux enjeux récents du développement durable. Les modes d'intervention sur le paysage dictés par ces textes (préservation, aménagement et gestion), tendent donc à favoriser la diversité des paysages et sont également traduits dans de nombreux projets de paysage sonore[1]. Car si la question de la dimension sonore du paysage n'est pas directement posée dans ces textes nationaux et internationaux, des projets d'aménagement sonore de l'espace fleurissent timidement en France et dans le reste du monde, à l'initiative d'artistes ou de collectivités, montrant l'intérêt que portent les populations à d'autres rapports sensoriels au paysage que celui, souverain, de la vue.

1.1 Politiques publiques du paysage : une approche qualitative de l'environnement

Contrairement aux politiques publiques menées autour de la problématique du bruit, les politiques publiques relatives au paysage abordent la question de l'amélioration ou du maintien du cadre de vie de manière plus qualitative. Si elles étaient au départ concentrées sur les monuments historiques puis sur les sites naturels uniquement, elles se sont rapprochées avec la Loi Paysage de 1993 et la Convention européenne du paysage de 2000 du cadre de vie ordinaire. Ces paysages, qu'ils soient urbains ou ruraux, doivent être préservés, réhabilités ou/et aménagés pour et avec

---

[1] Les projets de paysage sonore concernent selon nous des actions sur les espaces extérieurs, qui peuvent prendre la forme d'aménagement concrets ou d'actions plus immatérielles, où la sonorité du paysage constitue un enjeu, et/ou la matière sonore est un matériau de conception majeur. Ces projets peuvent être destinés à mettre en valeur les caractéristiques sonores d'un site ou d'un espace déterminé ou être de l'ordre de la création.

ceux qui les habitent, en prenant en compte tous les enjeux qu'ils véhiculent, tant écologiques, économiques et techniques, que socioculturels, sensibles et affectifs. Cette approche lie fortement la vision paysagère aux démarches actuelles de développement durable.

1.1.1 De la protection des sites remarquables à l'amélioration du cadre de vie

On observe depuis quelques années une préoccupation paysagère croissante (Donadieu, 2002) et une demande sociale de paysage, d'environnement et de qualité du cadre de vie (Luginbühl, 2001). De manière générale, les politiques publiques d'aménagement doivent faire face à deux types d'attentes de la part des populations : d'un côté, la patrimonialisation des paysages du passé, et de l'autre, une volonté de se projeter dans l'avenir en s'interrogeant sur les fondements sociétaux et le cadre de vie futurs.

Ces volontés sont assez représentatives de l'évolution des politiques publiques de paysage depuis près d'un siècle : d'abord de l'ordre de la protection et de la valorisation patrimoniale issues d'une vision élitiste, ces politiques et les réglementations qui y sont liées ont évolué peu à peu vers l'amélioration du cadre de vie. En France, il n'y a pas de droit formalisé de paysage, c'est pour cela que les textes le concernant apparaissent dans le droit de l'urbanisme et le droit de l'environnement. On peut considérer qu'avant la Convention européenne du paysage de 2000, différents types de politiques se sont succédés et se superposent aujourd'hui en termes de paysage : la première plutôt culturaliste et basée sur la protection de bâtiments historiques et des sites pittoresques, la seconde plutôt naturaliste ou environnementaliste avec la protection des sites naturels, et la dernière plutôt sociale, se rapprochant de la notion de paysage ordinaire.

1.1.1.1 Les politiques publiques culturalistes (approche artistique)

La première prise de conscience quant à l'intérêt de sauvegarder le patrimoine public français date de la Révolution Française de 1789, avec la lutte contre le vandalisme et la destruction, la nationalisation des biens du clergé et la création en 1790 d'une Commission des monuments dont l'objet est « *le sort des monuments des arts et des sciences* ». Après la loi de 1887 qui fonde la notion même de patrimoine historique, la loi de 1906 introduit la notion de patrimoine naturel en instituant la protection des « *sites et monuments naturels à caractère artistique* ». Avec l'apparition du tourisme et l'impulsion de plusieurs associations militantes, il était admis pour la première fois qu'il fallait trouver un équilibre entre le développement des activités humaines et la protection de la nature, lieu de ressourcement et de vie. Cette loi, plus connue sous le nom de loi du 2 mai 1930 qui lui a donné sa forme définitive, est à l'origine d'une grande partie du droit de la protection de l'environnement actuel. Elle est relative à la protection des monuments naturels et des sites de caractère artistique, historique, scientifique, légendaire ou pittoresque. Ces lois, à travers la notion de patrimoine, ont trouvé un argument fédérateur, fondé sur la mémoire, le passé et la transmission. Mais selon Anne Sgard (2010), il est utopique de vouloir transmettre les composantes matérielles en l'état d'un paysage, ainsi que les pratiques, usages et regards qui les ont construites.

1.1.1.2 Les politiques publiques naturalistes et environnementalistes (approche scientifique)

Après que les Romantiques ont mis en avant la beauté des paysages naturels, la Révolution Industrielle et la forte croissance économique dans les pays industrialisés, avec les premières catastrophes rendues visibles (marées noires, pollution de l'air et des cours d'eau), sensibilisent les scientifiques et les populations à la protection de l'environnement. La prise de conscience a lieu en France à la fin des années 1950, avec la délimitation des premiers Parcs nationaux en 1963 (la Vanoise et l'île de Port-Cros), la création en 1971 du Ministère de l'Environnement et la création en 1975 de la fondation du Conservatoire de l'espace littoral et des rivages lacustres.

De nombreux instruments juridiques de protection vont naître de cette prise de conscience environnementaliste, comme la création de réserves naturelles nationales et de réserves biologiques. Des lois vont assurer la sauvegarde de certains espaces fragiles et/ou convoités, notamment par le tourisme, comme la Loi Montagne (1985) et la Loi Littoral (1986).

La notion de paysage, dans cette évolution des politiques publiques, est réduite à celle de nature écobiologique objectivée par les scientifiques, avec l'arrivée de concepts comme l'écosystème et la biodiversité, et l'avènement de l'écologie du paysage au milieu des années 1980 (Donadieu, 2009).

1.1.1.3 Les politiques publiques des paysages ordinaires (approche urbanistique)

La Loi Paysage de 1993 - dite aussi « Loi Royal », tout comme la Loi « Bruit » de 1992, est un texte fondateur, puisqu'elle est la première à donner un statut officiel au paysage, bien qu'elle n'en donne aucune définition à l'époque. Elle donne suite aux préoccupations environnementalistes des années 1970, en s'intéressant également aux risques de l'étalement urbain, de la destruction des paysages ruraux, notamment par le remembrement, ou de la généralisation des lotissements pavillonnaires.

Cette loi comporte trois volets :

- elle modifie les dispositions législatives en matière d'enquêtes d'utilité publique, favorisant une meilleure concertation autour des projets d'aménagement ;
- elle complète le Code de l'urbanisme avec l'insertion du volet paysager dans le permis de construire et des incitations fiscales et réglementaires visant à préserver une « qualité paysagère » dans les campagnes, aux abords des villes, sur le rivage ou en montagne ;
- enfin, elle complète les dispositifs de protection élargissant les compétences du Conservatoire du littoral, renforçant les chartes des Parcs naturels régionaux, et définissant des ZPPAUP. Elle implique un inventaire régional du patrimoine paysager sans toutefois proposer des critères d'évaluation des zones à protéger.

Elle est également à l'origine des atlas de paysages qui rassemblent des informations géographiques, écologiques, historiques, écono-miques et sociales concernant un département ou une région. Cette loi traduit le glissement d'une protection des paysages remar-quables vers celle du « tout » paysage. Le droit français a pendant longtemps ignoré l'individu qui expérimente le paysage. En France, l'action publique dans le domaine de la protection de la nature et des paysages remarquables s'est inspirée de la représentation esthétisante de la nature, réduite à un rapport distancié où prédo-mine le visuel par rapport aux autres sens. Mais avec la loi de 1993, le sens du mot paysage s'est élargi, ne désignant plus seulement les sites remarquables à protéger du point de vue de l'intérêt national, mais aussi un cadre de vie ordinaire et local à préserver ou à réhabiliter pour ceux qui l'habitent. La Convention européenne du paysage de 2000 va encore aller plus loin dans ce sens.

1.1.2 Les apports particuliers de la Convention européenne du paysage de 2000

La Convention européenne du paysage, signée à Florence en 2000, deux ans avant la Directive européenne sur le bruit, traduit elle aussi un intérêt croissant des politiques publiques pour la qualité du cadre de vie et le bien-être des populations. Entrée en vigueur en France en 2006, elle donne une définition du paysage, en tant que « *partie de territoire, telle que perçue par les populations dont le caractère résulte de l'action de facteurs naturels et/ou humains et de leurs interrelations.* » (Convention européenne du paysage, 2000). La Convention tend à développer la connaissance des paysages. Cette volonté s'est traduite en France par le développement des atlas de paysages et des observatoires photographiques du paysage, dont l'objectif est de qualifier et de déterminer les dynamiques des paysages en France. En ce qui concerne la recherche, au programme « Politiques publiques et paysages » a succédé le programme « Paysage et développement durable » qui invitait notamment les chercheurs à se pencher sur le texte même de la Convention européenne du paysage. Son objectif est également de renforcer la cohérence des politiques publiques en répartissant les compétences entre les différentes collectivités, en intégrant le paysage, à la fois dans les politiques d'aménagement du territoire et d'urbanisme, mais aussi dans les politiques culturelle, environ-nementale, agricole, sociale et économique.

Dans ce texte, trois éléments nouveaux ou mis en exergue par rapport à la Loi Paysage de 1993, tirent le paysage vers l'amélioration du cadre de vie et semblent intéressants à souligner : l'affirmation que le « paysage est partout », dans les milieux urbains et ruraux, dans les espaces remarquables, mais aussi ordinaires ; le rapprochement du paysage (considéré comme évolutif) des enjeux du développement durable ; et la volonté de favoriser la participation du public aux décisions d'aménagement.

1.1.2.1 L'omnipaysage : le « paysage est partout »

Le paysage, dans la Convention européenne de Florence, concerne donc tous les territoires et se rapproche en ce sens du cadre de vie. C'est effectivement d'abord comme « *composante essentielle du cadre de vie des populations* » que le paysage est reconnu juridiquement (art. 5a), avant d'être « *expression de la diversité de leur patrimoine commun, culturel ou naturel, et fondement de leur identité* ». L'évolution de la conception du paysage vers les paysages ordinaires dans les politiques publiques intègre le paysage au cœur des politiques locales, au plus près des territorialités habitantes. L'un des attendus importants étant en effet le « bien-être individuel et social des populations ». Il est intéressant de remarquer que la qualité d'un paysage ne fait pas forcément la qualité de vie des habitants qui pratiquent ce paysage, et inversement. En ce sens également, le paysage n'est pas forcément beau au sens où l'entend Alain Roger (artialisation, 1997) et la vision esthétique du paysage, dans le texte de la Convention européenne, glisse vers une appréciation plus large de l'esthétique, celle de l'*aisthesis* grecque, c'est-à-dire liée aux perceptions et aux sens, et pas uniquement à ce qui est beau. Hélène Hatzfeld dit à ce propos que la qualité esthétique évolue à travers les époques et que son appréciation passe aussi aujourd'hui par les sens, afin d'offrir « *un plaisir d'habiter le monde* » (Hatzfeld, 2009, p. 315). Cette valeur esthétique changeante du paysage laisse aussi entrevoir une valeur croissante du paysage, celle de l'éthique, conçue par exemple comme la responsabilité partagée des populations à l'égard de l'environnement. Cette valeur et le rapprochement de la notion de paysage de celle du cadre de vie sont assez significatifs de la liaison qui se dessine aujourd'hui entre paysage et développement durable.

1.1.2.2 Le paysage évolue : une gestion du paysage associée à la politique du développement durable

Les enjeux paysagers contemporains apparaissent aujourd'hui indissociables du développement durable. Comme le disent Charles et Kalaora (2009), la dimension du paysage s'est élargie à de nombreuses composantes, tant écologiques, sociales, sensibles, affectives, que techniques ou urbaines. L'enjeu environnemental a connu une renaissance à la fin du XXème siècle par rapport aux politiques naturalistes menées dans les années 1960, avec un véritable engouement au sein de l'opinion publique. Le paysage est perçu comme une dimension immatérielle du patrimoine, souvent aussi comme attribut, voire condition d'un équilibre écologique. Mais le paysage est aussi un enjeu social, à travers notamment la question d'identité, dans un monde de migration et de mutation rapides, où disparaissent les ancrages territoriaux et les repères des identités collectives traditionnelles. C'est un bien commun à transmettre aux générations futures. Dans la Convention européenne, on apprend en effet que « *l'objectif devrait être d'accompagner les changements à venir en reconnaissant la grande diversité et la qualité du paysage dont nous héritons en s'efforçant de préserver, voire d'enrichir, cette diversité et cette qualité au lieu de les laisser péricliter.* » (§ 42 du rapport explicatif d'octobre 2000). On peut citer ici la création un peu partout en France d'Observatoires photographiques du paysage, faisant suite à la Mission photographique de la DATAR lancée en 1984 et dont l'objectif était et est toujours de témoigner de l'évolution des paysages, d'en proposer de nouvelles représentations et d'impulser des projets. Mais le paysage est aussi un enjeu économique indéniable, que ce soit à travers le tourisme ou l'agriculture. La durabilité de projets qui convoquent le paysage doit donc assurer un compromis entre « *racines et devenir, entre recherches d'ancrages et besoin d'anticipation* » (Sgard, 2010, p. 4), mais aussi entre des enjeux aux finalités parfois contradictoires car à la fois environnementales, économiques et sociales. Le paysage, devant faire face à tous ces enjeux, apparaît comme un projet politique (Besse, 2009) qu'il faut cependant ne pas idéaliser comme « *garant de l'éthique du développement durable* », puisqu'il peut aussi favoriser la ségrégation ou l'exclusion (Sgard, 2010, p. 4). Se pose alors la question de l'ouverture et de la transparence des décisions en termes d'aménagement, qui conduit à s'interroger sur la participation des populations.

1.1.2.3 Du paysage des experts aux paysages des habitants

Si l'ethnologie et la phénoménologie ont placé l'approche anthropologique de l'espace dans le champ du paysage, ainsi que la diversité culturelle des compétences et des modes d'appro-priation, la parole des populations, habitants ou usagers, reste encore peu prise en compte dans les politiques publiques de paysage. On peut également soulever le fait que la plupart des diagnostics paysagers faisant référence à un « paysage identitaire » n'évaluent pas la plupart du temps la demande sociale de paysage (Davodeau, 2008). Pourtant, la Convention européenne de 2000 présente le paysage comme le lieu de la démocratie participative, où les individus pourraient se trouver en position d'affirmer leurs expériences et d'assumer leurs responsabilités. Et ce sont les institutions publiques selon Charles et Kalaora (2009) qui pourront en rendre possible la manifestation et l'expression. Selon Odile Marcel (2009), dans la Convention européenne du paysage, deux mouvements de gouvernance semblent prédominer : le premier de type *top-down*, qui consiste à partager les références des experts pour généraliser l'appropriation de la culture du paysage, et son opposé de type *bottom-up*, qui consiste à prendre en compte les modes d'appropriation locale pour nourrir les savoirs des experts et créer des actions originales.

On constate donc que les politiques publiques européennes en matière de paysages tendent de plus en plus vers l'amélioration du cadre de vie et la reconnaissance des paysages ordinaires et urbains. C'est dans cette perspective que, plus récemment, la Loi « Grenelle 2 » du 12 juillet 2010 (qui renforce la Loi « Grenelle 1 » de 2009) a défini plusieurs dispositions ayant trait aux paysages, renforçant certains objectifs visés par la Convention européenne de 2000, comme le rapprochement des politiques publiques de paysage des enjeux du développement durable et la participation des habitants. Elle remplace notamment les ZPPAUP par les Aires de Mise en Valeur de l'Architecture et du Patrimoine (AMVAP), qui se différencient des ZPPAUP notamment par un élargissement aux objectifs du développement durable et un diagnostic partagé avec concertation des populations (article 28). À noter, la disparition du « paysage » de l'appellation. Dans l'article 36, elle impose un nouveau régime des panneaux publicitaires, notamment en supprimant les « *zones de publicité autorisée* » et en développant des « *règlements locaux de publicité* » plus restrictifs que les prescriptions nationales. Elle impose également d'ici décembre 2011 aux Conseils Régionaux la création de schémas régionaux de l'éolien qui définiront sur les territoires les zones propices, les zones où il existe des gisements éoliens, les zones ou l'acceptabilité est présente et les zones qui comportent des secteurs à préserver (article 90). Enfin, elle instaure dans l'article 121 une trame verte et bleue, en tant que réseau écologique composé de réservoirs de biodiversité et de corridors les reliant, afin d'« *enrayer la perte de la biodiversité en participant à la préservation, à la gestion et à la remise en bon état des milieux nécessaires aux continuités écologiques, tout en prenant en compte les activités humaines* » (art. L.371-1 du Code de l'Environnement) dont l'un des objectifs est l'amélioration de la qualité et de la diversité des paysages.

On constate que, bien que les politiques publiques en termes de paysage s'orientent de plus en plus vers l'amélioration du cadre de vie quotidien et que la Convention européenne du paysage définisse le paysage en tant que « *partie de territoire telle que perçue par les populations »,* ne faisant pas allusion explicite à « ce qui se voit » uniquement, les politiques publiques n'abordent le paysage encore aujourd'hui qu'à travers ses qualités visuelles. Pourtant, nous l'avons vu, les théoriciens du paysage mettent de plus en plus en avant sa dimension multisensorielle et des aménagements encore marginaux nous montrent qu'il est possible de valoriser ou d'améliorer les caractéristiques sonores d'un site.

Figure 9. Évolution des politiques publiques en matière de paysage et d'environnement sonore depuis la fin du XIXème siècle (Geisler, 2008)

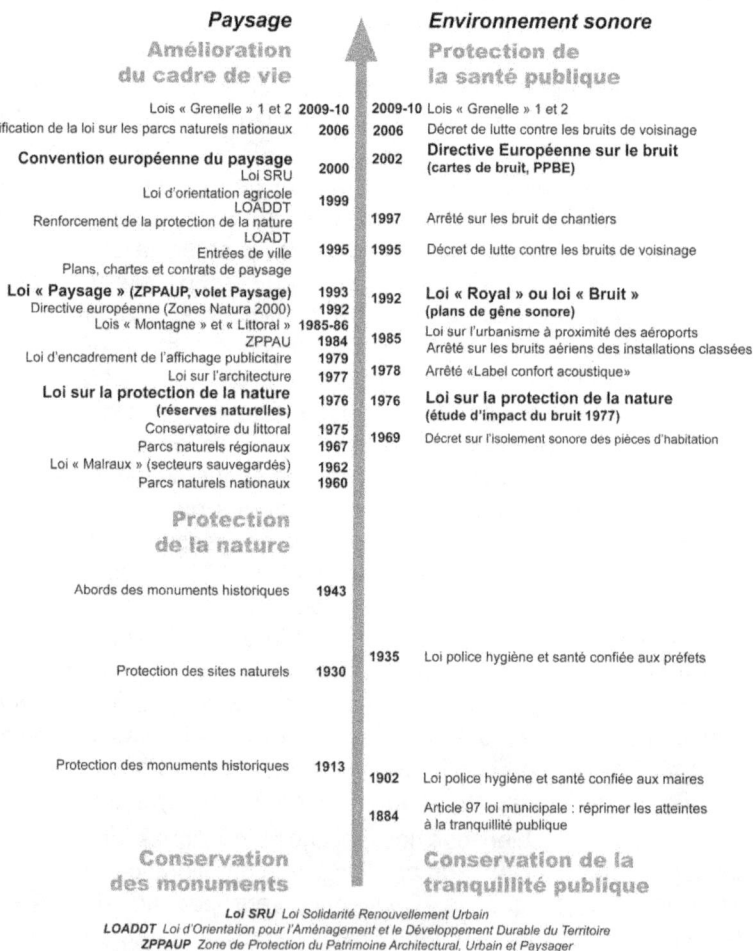

Paysage		Environnement sonore
Amélioration du cadre de vie		**Protection de la santé publique**
Lois « Grenelle » 1 et 2	**2009-10**	**2009-10** Lois « Grenelle » 1 et 2
Modification de la loi sur les parcs naturels nationaux	**2006**	**2006** Décret de lutte contre les bruits de voisinage
Convention européenne du paysage	**2000**	**2002** **Directive Européenne sur le bruit** (cartes de bruit, PPBE)
Loi SRU		
Loi d'orientation agricole	**1999**	
LOADDT		
Renforcement de la protection de la nature		**1997** Arrêté sur les bruit de chantiers
LOADT		
Entrées de ville	**1995**	**1995** Décret de lutte contre les bruits de voisinage
Plans, chartes et contrats de paysage		
Loi « Paysage » (ZPPAUP, volet Paysage)	**1993**	**1992** **Loi « Royal » ou loi « Bruit »** (plans de gêne sonore)
Directive européenne (Zones Natura 2000)	**1992**	
Lois « Montagne » et « Littoral »	**1985-86**	**1985** Loi sur l'urbanisme à proximité des aéroports
ZPPAU	**1984**	Arrêté sur les bruits aériens des installations classées
Loi d'encadrement de l'affichage publicitaire	**1979**	
Loi sur l'architecture	**1977**	**1978** Arrêté «Label confort acoustique»
Loi sur la protection de la nature (réserves naturelles)	**1976**	**1976** **Loi sur la protection de la nature** (étude d'impact du bruit 1977)
Conservatoire du littoral	**1975**	**1969** Décret sur l'isolement sonore des pièces d'habitation
Parcs naturels régionaux	**1967**	
Loi « Malraux » (secteurs sauvegardés)	**1962**	
Parcs naturels nationaux	**1960**	
Protection de la nature		
Abords des monuments historiques	**1943**	
		1935 Loi police hygiène et santé confiée aux préfets
Protection des sites naturels	**1930**	
Protection des monuments historiques	**1913**	**1902** Loi police hygiène et santé confiée aux maires
		1884 Article 97 loi municipale : réprimer les atteintes à la tranquillité publique
Conservation des monuments		**Conservation de la tranquillité publique**

Loi SRU *Loi Solidarité Renouvellement Urbain*
LOADDT *Loi d'Orientation pour l'Aménagement et le Développement Durable du Territoire*
ZPPAUP *Zone de Protection du Patrimoine Architectural, Urbain et Paysager*

1.2 L'aménagement sonore du paysage : entre mise en valeur et création

« L'ouïe, ce sens délicieux, nous apporte la compagnie de la rue dont elle nous retrace toutes les lignes, dessine toutes les formes qui y passent, nous en montrant la couleur. [...] Ce bruit de rideau de fer qu'on lève eût peut-être été mon seul bonheur dans un quartier différent. »
(Proust, 1925, p. 94)

« Faire sonner le paysage », ou comme le dirait Murray Schafer, « accorder le monde » (au sens d'accorder un instrument de musique), peut aussi être le fruit d'une action volontaire de création artistique éphémère ou d'aménagement pérenne de l'espace. La notion de paysage telle qu'elle a été définie depuis son « invention » a rarement intégré la dimension sonore du « pays ». Toutefois, si l'on se penche sur l'évolution des pratiques paysagistes ou des interventions artistiques liées au paysage, entre art, nature et technique, depuis l'art des jardins jusqu'à l'aménagement paysager en ville, on constate que les sons ont parfois pu être mis en scène et travaillés de manière esthétique et fonctionnelle dans l'espace. Si les qualités sonores des espaces extérieurs ne marquent pas encore les politiques publiques en France, l'intérêt par les artistes et les populations est grandissant. En témoignent les nombreux festivals dédiés aux arts sonores environnementaux. Pour n'en citer que quelques-uns : la Nuit Bleue aux Salines d'Arc-et-Senans (depuis 2001), les Journées de l'écologie sonore au Centre de découverte du son de Cavan (2010) ou Parisonic (2010) en France, Klanglandschaften à Hohscheid au Luxembourg (2002), Tuned City à Berlin (2008) ou encore City Sonic à Mons en Belgique (depuis 2005).

C'est après avoir montré les différents enjeux qui guident les politiques publiques actuelles en termes d'environnement sonore et de paysage (respectivement de protection contre le bruit et d'amélioration du cadre de vie) que nous allons voir comment les concepteurs donnent à entendre la matière sonore dans l'environnement. Nous ne prétendons pas faire un inventaire exhaustif de tous les projets de paysage sonore issus des arts sonores, mais d'en expliquer quelques démarches. Nous n'aborderons d'ailleurs pas le design acoustique dont l'objet est de fabriquer des sons, le plus souvent pour interpeller et séduire, mais aussi pour communiquer efficacement selon des codes et conventions, favorisant souvent la surenchère sonore en ville.

On peut constater l'ambivalence de l'appellation « paysagiste », dont l'origine est à la fois artistique et jardinière (Donadieu, 2007), et le foisonnement de dénominations pour désigner les concepteurs sonores du paysage (designer sonore, paysagiste sonore, peintre sonore, sculpteur sonore, architecte sonore, artiste sonore, etc.)[1]. C'est pourquoi nous avons préféré nous appuyer, pour analyser cet échantillon de réalisations, non pas sur les disciplines d'origine des concepteurs, mais sur les différents types de démarches :

- de protection et de valorisation du patrimoine sonore afin, soit de conserver un paysage sonore voué à la disparition, soit de renforcer une identité sonore paysagère dans une volonté de développement touristique ;
- d'aménagement, qu'il consiste en des installations éphémères et des performances bouleversant pendant un temps donné l'environnement sonore existant, ou l'aménagement pérenne d'espaces collectifs et publics.

Ces manières d'intervenir sur l'environnement sonore ne sont pas sans rappeler les différents degrés d'intervention sur le paysage proposés dans la Convention européenne du paysage, ce qui montre que les questions paysagères peuvent bien être appliquées de manière opérationnelle au sonore. Elles nous montrent aussi l'intérêt grandissant pour la qualité de l'environnement sonore à travers des projets de valorisation et de conception à l'initiative d'artistes dont l'objet est la sensibilisation à l'environnement sonore, ou de commandes de la part de collectivités qui cherchent à mettre en valeur leur patrimoine sonore.

1.2.1 La protection et la valorisation du patrimoine sonore

Les modes d'action de protection et de valorisation du patrimoine sonore sont influencés, comme l'ont été les politiques de paysage uniquement portées par le regard, par des démarches à la fois naturalistes et culturalistes, prenant la forme de campagnes de préservation ou de valorisation de sites. Toutefois, elles ne sont pas l'œuvre de politiques nationales, mais généralement d'initiatives associatives ou locales. Par exemple, depuis 1997, l'UNESCO a introduit la préservation du patrimoine sonore à ses activités liées à la mise en valeur du Patrimoine de l'Humanité, mais l'association

---

[1] Voir à ce propos : Sandra Fiori et Cécile Regnault, « Concepteurs sonores et concepteurs lumières. Figures professionnelles émergentes », in *Culture et Recherche. Ambiance(s). Ville, architecture, paysages,* n°113, 2007.

tient uniquement compte du patrimoine ethnographique, qu'il soit oral ou musical. Au Japon, un grand projet de conservation du patrimoine sonore avait été mis en place entre 1994 et 1997, période durant laquelle les Japonais devaient choisir le paysage sonore qu'ils voulaient conserver pour les générations futures. Il s'agissait de choisir cent lieux comme symboles de la richesse et de la diversité des paysages sonores du Japon, ainsi que de la nature de la culture japonaise.

La visée patrimoniale de ces exemples isolés, et à l'échelle d'un ou de plusieurs pays, est aussi recherchée à travers des projets plus modestes et parfois plus locaux, comme la réalisation de cartes interactives sur internet dont l'objet est de faire des inventaires de paysages sonores, de promenades sonores ou audio-guides visant à valoriser les particularités d'un site ou d'un territoire, ou encore de sentiers de découverte ludique.

1.2.1.1 Cartographies sonores géoréférencées : archiver et témoigner

La phonographie (littéralement « écriture du son ») est une pratique musicale contemporaine héritière de la musique concrète, qui se développe à partir de l'utilisation de sources sonores brutes. La première utilisation du terme est attribuée au compositeur François Bayle pour qualifier la présence d'enregistrements non retouchés dans les pièces de Luc Ferrari (1929-2005). C'est à la fin des années 1990, en Europe et en Amérique du Nord, que la phonographie est devenue une pratique revendiquée à part entière. Les événements sonores sont cadrés dans la durée, puis transposés dans un contexte particulier qui distingue l'environnement obtenu de l'événement original durant lequel il a été capturé. Mais la phonographie se distingue d'autres enregistrements dans le sens où elle est plus de l'ordre du reportage, dans un objectif de découverte, que de l'ordre de la production, dans un objectif de manipulation et de création.

Parmi les adeptes de la phonographie, on distingue les audionaturalistes qui se consacrent plus précisément à la restitution d'ambiances naturelles. Ces audionaturalistes se rapprochent des écologues en ce sens qu'ils sont particulièrement attirés par les milieux naturels et s'intéressent aux interactions des mondes sonores animaux et humains. C'est le cas de Knud Viktor qui vit et travaille depuis 1965 dans le Luberon. Se disant lui-même « peintre sonore », il capte à l'aide de micros de son invention des sons inaudibles ou presque imperceptibles pour l'homme : le pas d'une fourmi, le bruit de vers dans un tronc, l'érosion... et en fait des compositions, comme la *Symphonie du Lubéron*. Ce type de travaux, d'enregistrement et de mémoire, plutôt proches d'une vision naturaliste de l'environnement sonore, peut aboutir parfois à des projets d'archivages sonores accessibles depuis Internet, plutôt de l'ordre du documentaire. Très développés depuis quelques années dans le monde entier sous forme de cartographies parfois participatives, supports d'enregistrement audio géoréférencés, ils peuvent par exemple prendre la forme à l'échelle mondiale de projets comme le *Wild Sanctuary*[1] qui inventorie les biotopes sonores menacés. Ce type de carte est également développé en milieu urbain : on peut écouter sur Internet la Fulton Street à New-York[2], le Parc Mont Royal à Montréal[3], planifier et réaliser des voyages sonores d'un endroit à un autre de la planète en choisissant départ, arrivée et escales sur *Soundtransit*[4], ou encore comparer les paysages sonores de différentes villes dans le monde à travers les projets de Locus Sonus[5], de l'artiste britannique Stanza[6] ou de l'artiste allemand Udo Noll[7] par exemple.

De l'archivage pur et simple de phonographies géoréférencées peuvent se distinguer certains projets de cartes sonores comme la carte d'étude du paysage sonore de la rivière du Taurion dans la Creuse réalisée par Cédric Peyronnet, qui inventorie de manière non exhaustive, mais plutôt représentative, ce qui est entendu lorsqu'on parcourt les abords de cette rivière[8]. Ces géoréférencements aidés par les nouvelles technologies ne sont pas sans rappeler le projet mené par R. M. Schafer et ses collègues du *World Soundscape Project* dans les années 1970 : le *Five village soundscapes* qui consistait en partie à enregistrer des paysages sonores européens remarquables menacés par la modernisation. Cette étude menée en 1977 tentait, comme nous l'avons déjà dit, de comprendre les identités sonores de cinq villages européens (Skruv en Suède, Bissingen en Allemagne, Cembra en Italie, Lesconil en France et Dollar en Écosse) de manière interdisciplinaire, par des

---

[1] www.wildsanctuary.com
[2] www.soundseeker.org
[3] www.montrealsoundmap.com
[4] turbulence.org/soundtransit/
[5] locusonus.org/soundmap
[6] www.soundcities.com
[7] aporee.org/maps/
[8] www.k146.org/

enregistrements sonores, des enquêtes auprès des habitants et des mesures acoustiques, effectuant un archivage méticuleux, témoin des paysages sonores de ces cinq villages.

C'est dans cette même perspective, mais cette fois visuelle que la mission photographique lancée en France par la DATAR (Délégation à l'Aménagement du Territoire et à l'Action Régionale) a vu le jour en 1983, elle-même écho de la mission héliographique lancée au XIXème siècle avec l'avènement de la photographie et l'intérêt pour les monuments anciens. Cette mission avait pour objet de « *représenter le paysage français des années 1980* » dans un moment particulier de son histoire : celui de la « mort du paysage »[1].

Figure 10. Interface de la carte sonore géoréférencée de Montréal

Source : http://www.montrealsoundmap.com

Le projet du *Five village soundscapes* a également été repris en 2009 par un groupe de chercheurs finlandais menés par Helmi Järviluoma, en collaboration avec Barry Truax et Murray Schafer, et

---

[1] Il s'agit du nom d'un colloque organisé en 1982, considéré comme le représentant d'un tournant dans la pensée du paysage en France (François Dagognet, *Mort du paysage ? Philosophie et esthétique du paysage,* 1982).

a revisité les cinq villages enregistrés en 1977 afin d'analyser l'évolution de leur paysage sonore après trente ans d'urbanisation[1].

1.2.1.2 Promenades sonores et audioguides : faire découvrir un paysage

Si les cartes sonores géoréférencées et les travaux d'archivage permettent de découvrir de manière virtuelle des paysages sonores disparus ou des contrées lointaines, d'autres moyens ont été développés par les artistes pour faire découvrir des sites à valeur sonore patrimoniale et touristique. Ils prennent généralement la forme de balades ou parcours dont l'objectif est de faire découvrir un site aux visiteurs.

Ces parcours sont effectués *in situ* et soit ils s'attachent à sensibiliser le promeneur à l'environnement sonore qui l'entoure (ce qu'on pourrait appeler une écoute immersive « naturelle »), soit ils utilisent des « ajouts sonores » pour valoriser l'histoire d'un site par exemple (l'écoute immersive « améliorée »), soit encore ils favorisent l'usage de casques dans le cadre d'audio-guides (l'écoute « guidée »).

Encore une fois, les précurseurs en la matière, qui ont inspiré bon nombre de concepteurs de parcours sonores, sont les Canadiens du *World Soundscape Project*. Ils ont développé le *soundwalk* que Barry Truax définit comme une forme de participation active dans le paysage sonore, dont le but est d'encourager le promeneur à écouter de manière discriminatoire, voire d'émettre des jugements critiques envers des sons qu'il entend (Truax, 1978). R. Murray Schafer et Hildegarde Westerkamp ont ainsi organisé des *soundwalks* à Londres, Paris et Salzburg, faisant découvrir l'environnement sonore urbain aux promeneurs à l'aide d'une carte présentant un itinéraire prédéfini. Ce genre de déambulation écologique donne à l'écoute une place centrale dans la découverte d'un paysage, qu'il soit urbain ou rural. Ces parcours sont devenus des moyens de valorisation touristique, comme pour la ville d'Aix-en-Provence qui propose dans le cadre des Journées du patrimoine plusieurs promenades sonores comme *le Circuit des fontaines* ou de la ville de Strasbourg qui a proposé des promenades sonores paysagères dans le cadre de la promotion du futur Parc Naturel Urbain en 2010. Le procédé a également été utilisé par le Parc

---

[1] Voir Helmi Järviluoma et *al.*, *Acoustic Environments in Change & Five Village Soundscapes*, 2010.

Naturel du Haut Jura qui a souhaité valoriser son patrimoine sonore en recensant les « sites de grandes originalités, les sons et les événements sonores caractéristiques ». Avec l'aide de l'ACIRENE[1], à partir de 1990, il a mené à bien ses premiers inventaires et actions en éditant un petit guide en 2000. Celui-ci invite les promeneurs à emprunter les sentiers équipés d'une signalétique qui donne les clés d'une lecture ludique des paysages sonores haut jurassiens. En valorisant les qualités acoustiques du Haut Jura, ils ont également mis en valeur la géomorphologie, la topographie, la culture et les sites remarquables de ce territoire.

D'autres projets valorisent des sites par la création d'œuvres sonores mettant en valeur leur passé. C'est par exemple à l'initiative de la commune de Melle dans les Deux-Sèvres en 1989, dans l'un des grands sites géologiques et historiques visitables d'Europe que sont les Mines d'Argent des Rois Francs[2], que Knud Viktor, peintre sonore, a réalisé les *Éclats d'argent*, un parcours sonore pérenne sur 320 mètres dans les galeries de la Mine éclairées par Pierre-Jacot Descombes. Knud Viktor a travaillé avec les bruits de la mine : on entend par exemple l'éclatement de la roche par le feu jusqu'aux gouttes d'eau... laissant deviner un paysage sonore disparu.

Ces randonnées ou promenades touristiques peuvent également être audio-guidées. On propose alors généralement aux touristes-promeneurs d'écouter sur un baladeur numérique les témoignages de personnages locaux, balisés sur une carte papier ou à partir d'un GPS. La notion de paysage sonore telle qu'elle a été définie par Murray Schafer est alors véhiculée à travers les témoignages de citoyens ordinaires, de leurs modes de vie et pratiques. Une double perception se fait, à la croisée de la vision distante et statique qu'implique la carte ou la photographie aérienne, et la marche immersive et dynamique dans l'environnement sonore.

Le travail du musicien Pierre Redon, entre la musique et l'ethno-sociologie, invite ainsi à des promenades de plusieurs heures. Des enregistrements qu'il a réalisés sont balisés et situés sur une carte symbolique en papier livrée avec un CD. Les enregistrements sont principalement des voix de témoins, habitants et acteurs actifs qui livrent des informations sur les pratiques locales, les traditions ou encore la mémoire sociale, industrielle et urbaine de lieux comme le

---

[1] Association de Création, d'Information et de Recherche pour une Écoute Nouvelle de l'Environnement.
[2] Ces mines ont été exploitées du Vème au Xème siècle pour l'atelier monétaire qui frappait les monnaies royales carolingiennes, deniers et oboles.

Markstein ou l'abbaye de Maubuisson[1]. De cette manière, les dimensions esthétiques, didactiques et critiques se mêlent à celles patrimoniales des discours parlés, musicaux.

Figure 11. Carte liée au CD *Marche sonore à St-Ouen l'Aumône - Vestiges ou les fondements d'une cyberécologie* (Pierre Redon)

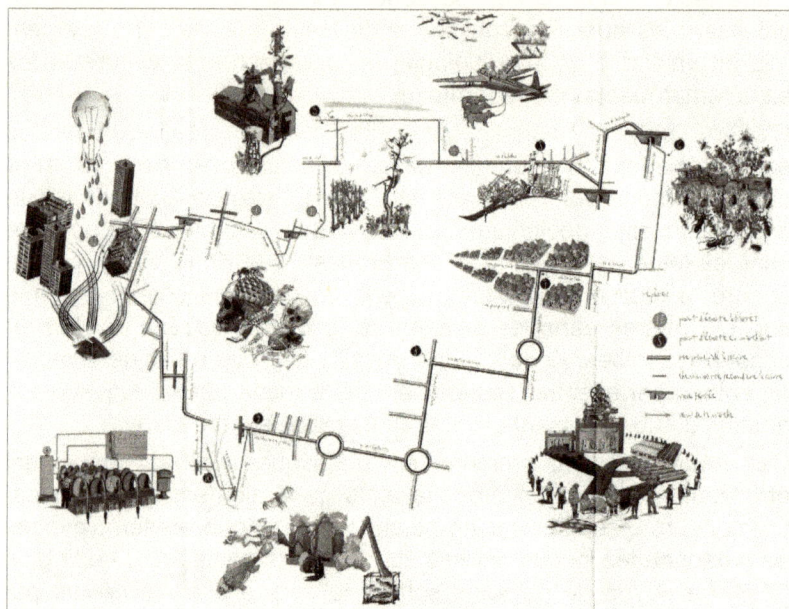

Source : CD Pierre Redon, produit par l'abbaye de Maubuisson, 2008/2009

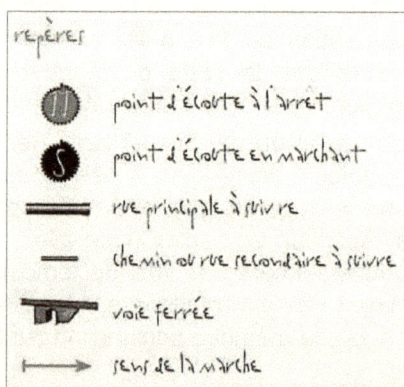

---

[1] Pierre Redon, 2008/2009, *Vestiges ou les fondements d'une cyberécologie* (Abbaye de Maubuisson - Saint-Ouen-L'Aumône - 95).
Pierre Redon, 2007, *Marche Sonore au Markstein* (Le Markstein - 68).

Dans le même registre, la mairie de Paimpol a réalisé un écoguide de randonnée pour découvrir le *Sentier des Douaniers*. L'enregistrement est téléchargeable gratuitement sur internet[1] et alterne séquences enregistrées et plages de silence pour laisser aussi la place à une écoute « immersive naturelle ». On peut également citer le projet *Territoires sonores* à Crozon dans le Finistère qui propose le même type de promenade sonore audio-guidée, afin d'offrir la possibilité aux touristes de partager l'attachement des habitants pour leur région et faciliter la découverte du paysage.

Alain Paillet, l'un des fondateurs du Centre du son en Isère[2], propose aussi des promenades audio-guidées comme le Sentier des berges du Rhône à Yenne. Il défend l'idée que les habitants doivent devenir les acteurs et médiateurs de l'image de leur territoire. Il a par ailleurs réalisé des bornes interactives pouvant être installées dans des établissements scolaires ou des musées et permettant de connaître et d'expérimenter ces parcours, reconstruits virtuellement autour de photos, cartes géographiques, vues panoramiques, environnements sonores enregistrés et propos recueillis auprès des habitants.

Ce type d'audio-guide existe aussi en milieu urbain. Parmi ces balades urbaines, les parcours de « paysages sonores augmentés » réalisés en 2008 par le collectif d'architectes turc Stop-architects avaient pour l'objectif de mêler les perceptions visuelles, olfactives et tactiles de l'environnement physique avec un paysage sonore virtuel diffusé à travers un casque audio. Le collectif interdisciplinaire canadien Audiotopie[3] conçoit également depuis plusieurs années des parcours audio-guidés et vidéo pour des organismes, des municipalités et des sociétés qui veulent mettre en valeur leur territoire, faire connaître les ambiances d'un quartier, amplifier des expériences urbaines ou engager des réflexions sur l'espace public.

1.2.1.3 Sentiers de découverte : apprendre et expérimenter

Il existe également d'autres types de parcours, cette fois-ci aménagés de manière pérenne, destinés à faire découvrir le paysage sonore d'un site, le mettant en valeur par des installations

---

[1] www.randonnee.paimpol-goelo.com
[2] Le Centre du son avait pour objet la sensibilisation à la qualité de l'environnement sonore. Il a cessé ses activités en juin 2010.
[3] www.audiotopie.com

dignes du *Land Art*, ou invitant à créer son propre paysage sonore à travers l'usage de sculptures sonores ou instruments originaux. C'est le cas du sentier de randonnée *Klanglandschaften* réalisé en 2001 à Hohscheid dans le Parc naturel de l'Our au Luxembourg[1]. Ce sentier de six kilomètres et demi de long est constitué de dix-sept stations d'écoute, prenant soit la forme de points d'écoute de la nature environnante, soit de sculptures sonores pouvant être actionnées par les éléments naturels (vent, pluie, soleil, etc.) ou par les visiteurs eux-mêmes. L'un des artistes européens à avoir participé à ce projet, Will Menter[2], est musicien et plasticien. Il travaille essentiellement avec des matériaux naturels comme le bois, l'ardoise, l'eau, la terre et l'acier et a réalisé pour le sentier du Hoscheid un *marimba alouette* ou les *chœurs de la forêt*, sculpture composée de plus de cinq cent morceaux de chêne suspendus qui résonnent en bougeant dans le vent. Ses sculptures sonores utilisent toutes des mécanismes simples, comme son installation *Rain Songs* qui fonctionne avec les gouttes d'eau tombant sur des lames en ardoise qui résonnent grâce à des tubes en terre cuite. Un autre sentier, plutôt orienté comme celui du Hohscheid vers la pédagogie de l'écoute, le jeu et la découverte du son, a été aménagé par l'association du Centre de découverte du son en Bretagne. Le sentier musical de Cavan[3] invite les enfants et les adultes à « comprendre, écouter, produire et jouer avec les sons ». Dans le même esprit, on peut aller parcourir le *Klankenbos* (littéralement, le « bois qui sonne ») près de Neerpelt en Belgique[4]. De nombreuses installations sonores environnementales réalisées par de grands noms contemporains de l'art sonore prennent place dans un bois composé de feuillus denses pour une partie, et de résineux clairsemés pour l'autre.

1.2.2 L'aménagement et la réhabilitation du paysage sonore

Si de nombreux projets ont un objectif de préservation et de mise en valeur de sites pour leurs particularités, qu'elles soient de l'ordre du remarquable ou du quotidien, d'autres ont attiré l'attention, le plus souvent des citadins, sur la richesse de notre environnement sonore de manière plus créatrice. Des artistes comme Max Neuhaus, Bill

---

[1] www.visitluxembourg.com/fr/adresse/walking/circuit-pedestre-randonneesonorehoscheid
[2] www.willmenter.com
[3] www.decouvertesonore.info/centre/spip.php?article2
[4] www.musica.be/en/sound-installations

Fontana, Christina Kubisch ou le duo Sam Auinger et Bruce Odland ont mis l'accent sur les qualités de nos environnements sonores grâce à des installations sonores et des interventions musicales dans l'espace public. Ces interventions artistiques, parfois de l'ordre de la performance, ont influencé quelques aménagements sonores plus pérennes des espaces extérieurs. Toutefois, ces aménagements restent encore très marginaux et sont encore peu pris en compte par les acteurs de l'aménagement.

1.2.2.1 Installations éphémères et performances : bouleverser l'existant

Les musiciens ont très tôt introduit les sons de la ville et de la nature dans leurs compositions, parmi eux Clément Janequin (1485-1558) et ses *Cris de Paris,* Beethoven et l'évocation des oiseaux dans la *Symphonie pastorale* en 1808, ou encore Luciano Berio (1925-2003) et ses *Cries of London* en 1974. Mais ce ne sera qu'à l'invention de l'enregistrement que la capture sonore prendra toute sa dimension, à la fois comme trace, souvenir, au même titre qu'une photographie, mais aussi comme outil de composition. La musique électroacoustique, née dans les années 1950, musique composée à l'aide de sons enregistrés et/ou synthétisés, a révolutionné l'art sonore, faisant évoluer la manière de concevoir la musique par certains précurseurs, contribuant notamment à la faire sortir des salles de concerts.

C'est le cas de l'Américain Max Neuhaus[1]. Après avoir été percussionniste et joué aux côtés de musiciens comme Boulez, Stockhausen, John Cage et Varèse, il décide de ne plus se produire sur scène. Poussant à l'extrême les leçons de John Cage qui fait entrer dans les salles de concert les sons ordinaires de la rue, il invite les spectateurs à sortir dans la rue à la fin des concerts. C'est ce qu'il fait avec l'une de ses premières actions artistiques et militantes, *Listen* (1966-1976). Il ne s'agit pas vraiment d'une installation, mais plutôt d'un parcours performance pour aller à la découverte des sons naturels et urbains. Au départ, l'action consistait à emmener un groupe de personnes dans des lieux repérés au préalable pour la richesse de leurs sources sonores ou leurs effets acoustiques, en leur donnant la consigne d'écouter. Puis il se contente d'afficher cette consigne sur des panneaux dans certains lieux en ville. L'action est alors devenue permanente,

---

[1] www.max-neuhaus.info/

omniprésente et accessible à tous et à toute heure. Bien plus tard, il réalise une installation sonore pérenne, *Time Piece,* pour les abords de la Kunsthaus à Graz en Autriche. Des haut-parleurs sont installés autour du musée et dans le jardin public, diffusant de manière acousmatique (sans voir les sources sonores) des sons déclenchés toutes les heures, partant du silence et montant en puissance sans attaque de manière progressive pendant cinq minutes. Leur neutralité et leur lente évolution les fondent dans l'environnement sonore ambiant. Au bout des cinq minutes, les sons s'arrêtent brutalement et l'auditeur les perçoit alors par un effet de coupure. Sa démarche va encore plus loin puisque les fréquences des sons diffusés sont calquées sur celles des cloches de la ville, lesquelles se mettent à sonner quelques minutes après la fin du signal, réminiscence du son disparu. Il s'agit là d'un exemple très significatif d'une installation environnementale sensible dont l'écho créé constitue un véritable signe culturel rythmant la ville.

Chez Bill Fontana[1], les notions d'environnement et de paysage sonores sont également très importantes. En général, il procède à l'extraction d'ambiances sonores urbaines ou naturelles qu'il déplace dans un espace public inattendu, avec un effet recherché de « superposition complémentaire », mais aussi de décalage. Bill Fontana a répondu en 1985 à une commande de la WDR (*Westdeutscher Rundfunk*), de la radio de Cologne et du *Studio für Akustische Kunst* en créant une pièce sonore diffusée par dix-huit haut-parleurs situés sur le parvis de la cathédrale de Cologne et sa façade, retransmettant des sons enregistrés en direct dans toute la ville (dans la gare centrale, sur les ponts du Rhin, près d'horloges et cloches de six églises romanes, dans une zone piétonnière, dans le zoo et dans l'eau du Rhin). Pendant la journée, la ville est animée par des sons et des activités, et les sons du fleuve y participent. Plus tard dans la soirée, la ville étant devenue plus calme, le son du fleuve prédomine, devenant vraisemblablement le son de la cathédrale. Quant à l'aube et au crépuscule, ce sont les sons du zoo qui deviennent très actifs. L'expérimentation des espaces sonores publics de Fontana interroge les aspects, notamment patrimoniaux, de notre environnement sonore et leur fragilité.

Plus récemment, depuis la fin des années 1980, le duo allemand O+A (Bruce Odland et Sam Auinger) travaille sur l'altération des sons urbains quotidiens comme la pluie ou le trafic automobile. L'un

---

[1] www.resoundings.org/

des grands projets du duo, intitulé *Garden of Time-Dreaming*, a été réalisé en 1990 au Festival *Ars Electronica* de Linz. Sur la pente surplombant une route très passante était placée une parabole, qui, au moyen d'un microphone captait le bruit du trafic. Ces sons captés étaient ensuite modifiés par effets électroniques et mélangés à des bruits d'eau, de vent et d'instruments traditionnels. Ce mélange était ensuite rediffusé par des haut-parleurs situés au sommet du coteau dans un lieu destiné à l'écoute. L'installation devenait alors un mur invisible qui protégeait des bruits du trafic. Un autre projet du duo, toujours basé sur l'altération des sons quotidiens, a été réalisé en 1992 à Salzburg dans la perspective de modifier les sons de l'environnement urbain d'un tunnel, en utilisant cette fois-ci la résonance du tunnel et l'effet *Doppler*[1].

Figure 12. Garten der Zeitraüme / Garden of Time Dreaming (O+A)

Source : archives Ars Electronica

Ces installations sonores éphémères laissent entrevoir la possibilité de modes d'intervention plus pérennes et qualitatifs sur l'environnement sonore, même si elles procèdent le plus souvent par l'ajout de matière sonore et sont toujours de l'ordre du musical.

1.2.2.2 L'art des jardins appliqué à la matière sonore

Dans l'histoire des jardins, bien qu'on ne le lise que très rarement dans les nombreux livres qui la relatent, la qualité sonore a souvent complété la recherche d'harmonie et de perspectives visuelles. Le jardin étant « l'expression idéalisée des rapports étroits entre la civilisation et la nature » (Baridon, 1998)[2], les éléments naturels

---

[1] Cet effet découvert par le physicien Christian Doppler (1803-1853) à Salzburg correspond à une variation de fréquence qui résulte du déplacement relatif d'une source sonore par rapport au récepteur qui l'écoute (Marcel Val, *Lexique d'acoustique. Architecture. Environnement. Musique,* 2008, p. 77). L'exemple le plus courant de cet effet est illustré par l'écoute du passage d'une ambulance.

[2] P. Donadieu et M. Périgord, *Le paysage : entre natures et cultures,* 2007, p. 23.

comme l'eau ou le vent participent souvent à la formation de l'identité de ces lieux symboliques. Ne dit-on pas que le premier jardin, l'Eden, était un lieu de paix et de plaisirs, enchanté par la musique de l'eau et des rires ? L'eau est dit-on l' « âme des jardins ». Elle leur donne vie tant comme élément nourricier indispensable à la présence des végétaux et composante mobile de l'espace, que comme élément sonore apaisant et attractif. Le son de l'eau, utilisé comme moyen fonctionnel, mais aussi esthétique, était par exemple présent au Moyen-Âge dans les patios des mosquées et des palais mauresques : les fontaines permettant de s'abreuver, mais aussi de couvrir les bruits de voisinage (Rapin, 2008)[1].

Quand les jardins sont réfléchis dans une interaction quotidienne et complète entre l'homme et son environnement, ils ont souvent du mal à voir le jour ou restent non aboutis. C'est le cas du jardin collectif de la Villa des Glycines à Evry, opération d'une centaine de logements, réalisé au début des années 1980 par le compositeur Pierre Mariétan et l'acousticien Jean-Marie Rapin, en collaboration avec l'architecte Alain Sarfati, difficilement approprié par les habitants. L'objectif principal était de créer un espace à l'échelle de la sphère auditive et de multiplier les sources sonores sans jamais leur permettre d'imposer leurs contraintes. Une butte donnait les limites auditives du lieu, absorbant les sons et se transformant en son sommet en un point d'écoute vers l'environnement sonore extérieur. Des espèces d'arbres variées devaient être plantées pour attirer les oiseaux, et par le bruissement de leurs feuilles, atténuer la profondeur d'une ruelle. Des passages d'entrée traités en matériaux résonnant, comme des planches de bois disposées sur un vide, permettaient une transition pour l'habitant, de l'espace public à l'espace collectif. Le projet proposait également des éléments sonores apparentés au mobilier sonore, tels qu'une cascade visible de loin mais audible de près, un « aquaphone » composé de matériaux différents que la pluie fait tinter, un orgue à vent réagissant à de très faibles tourbillons d'air et des conduits auditifs permettant aux enfants de communiquer d'un endroit à un autre. Un autre élément qui n'a pas été mis en place au final dans le projet était le transfert des sons extérieurs vers le logement à l'aide de haut-parleurs : il s'agissait pour chaque habitant de pouvoir capter trois sources sonores de l'ensemble, de pouvoir les mixer et d'y ajouter une quatrième source sonore étrangère au lieu comme la

---

[1] Jean-Marie Rapin, exposé oral « L'histoire du bruit » durant les 11èmes Rencontres Architecture Écologie Musique à Isérables, août 2008.

mer par exemple. Cette quatrième source permettait d'assurer la diversité sonore et de favoriser l'imagination des habitants selon les concepteurs. Ce projet, présenté par Pierre Mariétan et Jean-Marie Rapin (1981), plus comme la réalisation d'un « *instrument de musique* » que comme l'aménagement d'un espace, était destiné à être pratiqué par les habitants. L'objectif principal était une « *entreprise de sensibilisation auditive* ». Les concepteurs étaient à l'époque conscients que leur projet n'aurait d'intérêt que si les habitants se l'appropriaient et le maîtrisaient. Ce qui n'a pas été le cas... Peut-être parce que toutes les installations n'avaient pas été menées à terme comme le système des haut-parleurs par exemple, peut-être à cause du manque d'intérêt et de culture auditive des habitants, peut-être encore parce que l'intervention a eu lieu en aval du projet construit, et non en amont, et peut-être aussi parce que les habitants n'ont pas été impliqués dans le projet... Mais cette expérience montre bien la difficulté du passage de la théorie à la pratique dans le domaine de l'aménagement de l'environnement sonore, malgré une connaissance pointue de celui-ci par les maîtres d'œuvre.

Un projet de jardin participatif a justement été réalisé en 2010 par l'artiste Lucas Grandin à Bonamouti près de Douala au Cameroun. Il s'agit d'un jardin qui prend la forme d'une structure en bois de près de huit mètres de haut, constituée de sept cubes démontables, dont le concept est basé sur l'histoire de la ville équatoriale de Douala, cité d'eau pluviale et fluviale. Ce jardin sonore de communauté de quartier a pour objectif principal de créer un lieu de cohésion sociale et d'écoute au cœur d'une micro-jungle, maquillant la cacophonie urbaine à l'intérieur de ses parois d'eau, et qui exige des habitants une participation active. La ville de Douala est présentée par le concepteur comme une ville au milieu d'une mangrove originelle trop souvent cachée, où la pluie n'est jamais récupérée et claque sur les toits de tôle d'une mégapole bruyante. Dans le jardin, un système récupère les eaux pluviales et les redistribue via des sondes, au goutte-à-goutte, rythmant la vie quotidienne des habitants qui ont la tâche de le faire vivre et de l'entretenir.

1.2.2.3 Aménagement pérenne de l'espace public et mobilier

Les aménageurs s'interrogent de plus en plus sur le paysage sonore urbain, sur la sensibilité sociale aux phénomènes audibles. Au XIXème siècle, avant l'arrivée de l'acoustique scientifique contemporaine, des utopies fondées sur le confort acoustique ou des représentations sonores de remplacement à la ville bruyante de l'époque sont nées dans l'esprit d'écrivains et d'aménageurs. Il y avait d'un côté les visionnaires du début de l'ère industrielle qui concevaient la ville comme un espace qui devait être calme. Ainsi, Louis-Sébastien Mercier décrit dans un texte, « *Montmartre 2440* », une colline calme, lieu de méditation pour les artistes et les savants, où l'on a aménagé un musée regroupant tous les sons de l'univers. Il oppose dans cette utopie deux visions sonores de la ville, réparties dans l'espace et qui ne se mélangent pas. D'autres imaginent la ville comme un ensemble de lieux sonores animés. C'est le cas de Claude Nicolas Ledoux qui imagine la vie sonore quotidienne aux Salines d'Arc-et-Senans : chaque habitation est conçue différemment, en fonction des activités des habitants, favorisant soit les conditions sonores environnementales propices à la concentration et au travail, soit celles propices au ressourcement et à l'amusement, en particulier dans les espaces publics (Balay, 2003). Ces textes étaient précurseurs des préoccupations concernant l'environnement sonore en ville. Si les réflexions actuelles sur la qualité de l'espace sonore urbain cherchent à introduire des espaces calmes en ville, elles cherchent aussi à créer des espaces sonores stimulants, variés, parfois ludiques, adaptés aux activités qui y sont menées.

Certaines agences construisent du mobilier sonore urbain dans le but de reconstruire des pôles d'intérêts auditifs collectifs et de requalifier l'environnement sonore dans la ville. C'est le cas de l'ACIRENE[1], atelier de traitement culturel et esthétique de l'environnement sonore, créée en 1983 par Elie Tête, qui tente d'apporter des réponses à des espaces qui sont considérés comme paupérisés ou « déséquilibrés » (trop bruyants ou trop calmes) sur le plan auditif, et qui peuvent poser des problèmes d'adaptation pour les habitants, ou de participer simplement à la construction de l'espace en apportant une dimension sonore indispensable selon l'agence à sa définition. Ses membres proposent alors des fontaines à vocation sonore affirmée, des éoliennes pour améliorer l'ordinaire auditif, des sculptures pour enrichir un segment d'espace d'une sonorité structurante, des harpes éoliennes... Ils ont par exemple créé en 1990 à Quétigny, dans la banlieue dijonnaise, dans un parc ouvert de dix hectares entouré d'immeubles, le *Pavillon des guetteurs de son,* qui se présente sous l'aspect d'un « *végétal arti-*

---

[1] www.acirene.com/

ficiel qui aurait cependant la faculté supplémentaire de chanter »[1].

Cette sculpture, sorte de *steel-drum*[2] agrémenté de vélums réagissant aux variations climatiques, se met en mouvement deux heures après l'heure légale[3] de lever du soleil, c'est la phase d'éveil, et n'atteint son régime de fonctionnement qu'au bout de deux autres heures. Puis deux heures avant l'heure légale de coucher du soleil, la sculpture entre en phase d'assoupissement pour ensuite cesser toute activité sonore la nuit. Elle fonctionne par analogie au cycle végétal, de la mi-mars à la mi-novembre.

L'agence Sonic Architecture[4] basée à New-York et dirigée par le couple Bill et Mary Buchen conçoit également du mobilier sonore urbain : en 1997, ils ont réalisé pour le Centre des Sciences d'Arizona à Phoenix, cinq éoliennes musicales de verre et d'acier, générant une ambiance mélodique, contrepoint au fond sonore urbain. Chaque sculpture comporte une hélice qui « *réfléchit le paysage et le ciel et tourne avec le vent* ». Les durées de chaque note et de la séquence musicale sont déterminées par le vent, formant une composition aléatoire.

D'autres projets d'aménagement sonore dépassent la simple implantation de mobiliers sonores et s'intègrent totalement dans le paysage, offrant des interactions autant avec les éléments naturels et environnementaux qu'avec les activités humaines. C'est le cas d'un orgue marin géant à Zadar en Croatie. Partie intégrante de la rive, cet orgue a été construit à proximité d'un débarcadère pour paquebots. On peut s'asseoir sur ses marches qui plongent dans la mer, s'étirant sur environ 70 m et sous lesquelles, au niveau le plus bas à marée basse, ont été placés perpendiculairement à la rive 35 tuyaux de longueurs, de diamètres et d'inclinaisons différents. Chaque tube de l'orgue est approvisionné par une colonne d'air, elle-même poussée par une colonne d'eau de mer à travers un tube

---

[1] Elie Tête, *L'audible dans l'aménagement : le pavillon des guetteurs de son*, communication lors des 7èmes rencontres de Volubilis, novembre 2006.
[2] Le *steel-drum* ou « tambour d'acier » est un instrument de percussion venant des Caraïbes, originellement fabriqué à partir de fûts de stockage métalliques sectionnés et martelés pour y former des facettes fonctionnant comme des cloches, accordées selon une gamme mélodique. Dans le cas du Pavillon des guetteurs de son, ce sont des petites balles de caoutchouc qui viennent frapper les parois intérieures de sortes de grosses cloches.
[3] L'heure légale ou temps légal est l'heure d'usage courant dans un pays. Elle tient compte du fuseau horaire dans le quel se trouve la majeure partie du pays et est calculée à partir de l'heure solaire. Elle change en France depuis 1976 en été (plus une heure).
[4] www.sonicarchitecture.com.

en plastique immergé. Les sons harmoniques de l'orgue qui varient en fonction de la taille et de la vélocité des vagues, émanent de petites fentes percées dans la plus haute marche de l'escalier-promenade.

Figure 13. Photos, plan et détails de l'orgue marin géant à Zadar, Croatie

Source : www.oddmusic.com ; E. Geisler, 2013

L'énergie et la force de la mer étant imprévisible en termes de marées et de vent, l'orgue offre un concert sans fin aux nombreuses variations musicales, dont l'interprète n'est autre que la nature elle-même. Pour les habitants et les touristes, c'est un véritable lieu de relaxation et de rencontre, saluées par ce concert permanent de l'orgue.

On peut aussi relever les travaux d'aménagement de l'artiste sonore suisse Andres Bosshard, entre recherche et action, réalisés le plus souvent en collaboration avec des architectes et urbanistes. Il a réalisé une cartographie sonore, *Choreophonie*, de la ville de Zürich à partir de ses propres parcours et perceptions, dont il fait part dans son livre *Stadt hören* (2009).

L'un de ses projets les plus intéressants, *Wasserspuren* (« Traces d'eau »), car prenant en compte le contexte historique, économique

94

et socio-environnemental du site d'intervention, a été réalisé en 2000 à Münden dans le Sud de la Basse-Saxe en Allemagne. Les responsables locaux de l'urbanisme avaient reconnu qu'une fois la rénovation des anciennes façades à colombage et la canalisation du trafic faites, trois places du centre-ville étaient simplement devenues trop calmes au goût des usagers. En consultant les anciens plans de la ville, A. Bosshard a découvert que les places avaient autrefois accueilli 32 fontaines et a compris que ce qui leur manquait était les sonorités de ces dernières. En collaboration avec des architectes et plasticiens, il a donc réinséré plusieurs fontaines, rigoles et stèles sonores sur et entre ces places, rendant à la vieille ville les repères acoustiques qui orientaient et rythmaient autrefois la vie quotidienne.

Figure 14. Chorégraphie de l'espace (Andres Bosshard) : notation graphique de la 1ère promenade sonore de la *Kunsthaus* jusqu'à *Lindenhof* (à gauche) / en rouge, les cours intérieures du XIXème siècle et en jaune, les labyrinthes des ruelles. Contraste caractéristique des proportions des espaces de résonance respectifs (à droite).

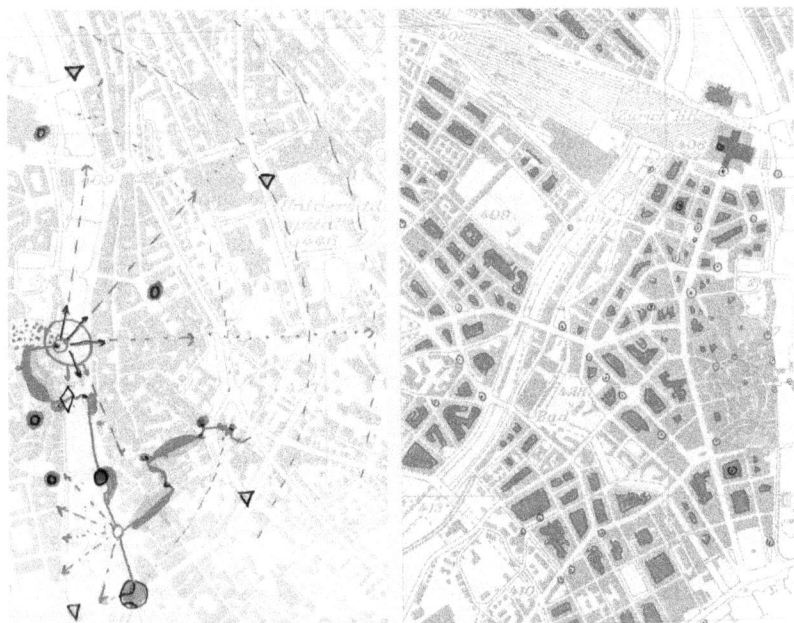

Source : Andres Bosshard, *Stadt hören. Klangspaziergänge durch Zurich*, p. 24 et 114

Cet état de l'art non exhaustif des interventions sur l'environnement sonore nous montre qu'il y a deux attitudes dans la conception sonore paysagère : l'une qui cherche à conserver et mettre en valeur un patrimoine sonore local, et l'autre qui tente de recréer des espaces sonores quotidiens dynamiques et surprenants. La première poursuit les objectifs de l'écologie sonore initiée par R. M. Schafer dans les années 1970 et la seconde hérite de la tentative de conception sonore de la ville inspirée par les travaux de P. Schaeffer. Ces projets nous renseignent sur les attitudes complémentaires à adopter dans la perspective d'une gestion sonore qualitative de l'environnement. On peut alors penser que « l'indispensable lutte contre le trop de bruit pourrait être associée à la recherche d'une qualité sonore de l'environnement qui tiendrait compte de l'idée que tous les bruits ne sont pas à exclure. » (Mariétan, 2005, p. 19). Car comme le dernier exemple nous le montre, trop de silence n'est pas toujours plus agréable que trop de bruit. Ces exemples nous prouvent également que la connaissance d'un site, de ses particularités, est la base indispensable à un projet pérenne, connaissance qui doit aussi prendre en compte le vécu sensoriel individuel et socioculturel des populations qui l'habitent.

2. Le paysage sonore, définition et méthodologie de qualification

Nous proposons ici de clarifier les concepts essentiels à la compréhension de ce travail de recherche, et notamment de revenir sur celui de paysage sonore. Cette notion, très polysémique et pluridisciplinaire, prête souvent à débat et a été plus ou moins délaissée depuis les années 1980 au profit d'autres termes comme l'environnement sonore ou l'ambiance, et ce dans différentes disciplines intéressées par le monde sonore (musique, sciences humaines et sociales, acoustique, etc). Apparue dans les années 1970 en France, d'une traduction du néologisme *soundscape* inventé par le compositeur canadien Murray Schafer, elle est par exemple aujourd'hui très utilisée en Allemagne et dans les pays anglophones dans sa langue d'origine, mais reste boudée en France dans le domaine de l'aménagement de l'espace. Cela peut s'expliquer en partie par la polysémie même du terme « paysage », concept qui reste encore très fortement emprunt de sa définition historique qui place le sujet percevant à distance lorsqu'il admire par le regard un paysage remarquable. Nous verrons donc comment les évolutions récentes du concept de paysage, tant dans la recherche que pour le sens commun, tendant vers l'acceptation d'un paysage ordinaire et expérimenté par tous les sens, nous permettent aujourd'hui de revisiter la notion de paysage sonore et d'en construire une méthodologie de qualification.

2.1 Évolution de la notion de paysage : vers un paysage ordinaire expérimenté par tous les sens

> « Si la notion de paysage mérite d'être honorée, ce n'est pas seulement parce qu'elle se situe de façon exemplaire, à l'entrecroisement de la nature et de la culture, des hasards de la création et de l'univers et du travail des hommes, ce n'est pas seulement parce qu'elle vaut pour l'espace rural et l'espace urbain. C'est essentiellement parce qu'elle nous rappelle que cette terre est la nôtre, que nos pays sont à regarder, à retrouver, qu'ils doivent s'accorder à notre chair, gorger nos sens, répondre de la façon la plus harmonieuse qui soit, à notre attente. »
> (Sansot, 2009, p. 17)

Le paysage comme panorama naturel contemplé à distance, bien que toujours présent dans les expressions idéologiques et marchandes (Besse, 2010), est aujourd'hui remis en cause, tant sur le plan des perceptions et des représentations, que sur celui des réalités et des projets. Le paysage est en effet envisagé aujourd'hui selon des termes qui ne sont pas uniquement esthétiques (au sens du beau), mais aussi écologiques, socio-environnementaux et économiques. Ce qui en fait un terme fortement polysémique, tant du point de vue théorique et conceptuel que de l'usage courant qui en est fait. Encore loin d'être défini de manière univoque et après avoir été délaissé dans les années 1950-60 par les géographes, il est à nouveau l'objet depuis quelques dizaines d'années d'une recherche pluridisciplinaire foisonnante, à la fois théorique et méthodologique, faisant écho à une demande sociale de paysage de plus en plus forte (Luginbühl, 2001).

Aussi, dans ce contexte d'émulation autour de la notion de paysage, il semblait indispensable, avant de préciser notre manière de concevoir et d'appréhender le paysage sonore, d'éclairer le lecteur sur notre propre conception du paysage.

Dans ce dessein, nous allons situer notre démarche dans les grandes évolutions conceptuelles que la notion a connues récemment, considérant le paysage comme une relation dynamique entre sujet et objet, et reconnaissant ainsi ses dimensions à la fois matérielle et immatérielle, relation pouvant avoir lieu au cœur des territoires du quotidien (Di Méo, 2000) lors d'expériences paysagères ordinaires. Dans cette perspective, la relation au paysage n'est plus distante et uniquement visuelle, mais bien immersive et multisensorielle. Nous verrons en ce sens comment la notion de paysage se rapproche ou s'éloigne d'autres notions comme celles d'environnement, de milieu, ou d'ambiance et quel en est l'enjeu dans l'aménagement urbain durable et la recherche de qualité du cadre de vie actuelle.

Il ne s'agit pas de faire un état des lieux exhaustif des approches conceptuelles de la notion de paysage, mais bien de positionner notre démarche et notre problématique par rapport à ce riche domaine de recherche.

2.1.1 Approche interdisciplinaire du paysage : à la fois matériel et immatériel

Bien qu'on compte au moins autant d'approches du concept de paysage que de disciplines qui s'y intéressent, une convergence semble toutefois se dessiner depuis quelques années : le paysage ne serait plus considéré essentiellement comme la résultante de l'action conjointe des sociétés humaines, du monde vivant (animal, végétal, fongique, etc.) et du milieu abiotique, comme le défendent les écologues, ou uniquement une représentation que l'on a de son environnement, comme l'affirment les historiens de l'art, mais bien les deux. Cette vision plus globale du paysage trouve ses origines dans les deux courants de pensée naturaliste et culturaliste.

L'approche naturaliste se construit autour de l'« objet-paysage » qui doit être décrit et analysé objectivement. Elle insiste sur la part matérielle et surtout spatiale du paysage. Ce qui est étudié est donc le phénomène de production d'un territoire par les sociétés humaines, et son résultat, et non sa représentation. Dans cette perspective, le paysage est assimilé soit à l'effet d'un aménagement humain, soit à la réalité naturelle, soit à un produit historique des hommes et de la nature (Besse, 2010). Cette vision naturaliste avait été initiée en Allemagne par le géographe Alexander Humboldt (1769-1859), père de la géographie physique et défendue par les travaux des géographes russes initiés par V. Dokoutchaev (1846-1903) durant toute la durée du XXème siècle. Cette approche, plutôt défendue par les sciences de la terre et les disciplines de l'aménagement, trouve son paroxysme dans la définition qu'en fait l'écologie du paysage (Burel et Baudry, 1999) et selon laquelle il est assimilé à un « écosystème objectivable » dont le sujet est exclu. Les approches systémiques du paysage développées en biogéographie par l'école de Besançon ou par Georges Bertrand, conservent une approche naturaliste du paysage, tout en commençant à le considérer comme un objet hybride, faisant appel à la fois aux sciences naturelles et aux sciences sociales (dans une moindre mesure), créant des concepts comme le « paysage visible » (Wieber, 1984) ou des méthodes d'analyse comme la « géographie traversière » (Bertrand, 2002).

Cette approche du paysage est remise en cause par le courant culturaliste, selon lequel le paysage serait essentiellement de l'ordre de l'immatériel et de la représentation. Selon ce courant de pensée, le paysage n'existe pas en dehors du regard et de la pensée humaines. Puisant dans la peinture comme référent artistique, le paysage est l'expression d'un système culturel général et peut revêtir différentes formes : tableaux, œuvres littéraires, parcs et jardins, etc. L'axe central de cette approche du processus qu'il nomme *artialisation* est défendu par Alain Roger (1997) et consiste pour le sujet à filtrer et transformer la nature par la médiation de l'art. Ainsi, pour passer du *pays* au *paysage*, il faudrait passer par ce processus esthétique. Selon lui, le *pays* est un espace d'usage et un objet de connaissance qui n'a aucune détermination esthétique, alors que le *paysage*, caractérisé par une perspective panoramique distanciée et centrée sur la vision, est lié à une esthétisation du regard influencée par les modèles paysagers générés par les artistes, et plus particulièrement les peintres. Cette vision du paysage va largement s'imposer dans le monde de la recherche. C'est en allant dans ce sens qu'il distingue le paysage, construction de l'esprit de l'environnement, entendu comme un simple état des choses. Mais selon Alain Chouquer (2007), cette définition du paysage restreint la nature à un support matériel, et ne considère pas le paysage comme un environnement dans lequel le sujet agit en interaction avec des processus et phénomènes naturels. En outre, si selon Alain Roger, le paysage serait essentiellement une expérience sensible liée aux aspects formels de l'environnement, Augustin Berque affirme que cette distanciation entre environnement (« fait », objet de la géographie physique) et paysage (rapport « sensible », objet de la phénoménologie) relève davantage d'une position cognitive, inspirée des traditions scientifiques basées sur l'ontologie moderne, que d'une réalité vécue. Pour Augustin Berque (2000), le paysage est la subjectivation du lien visuel et sensible établi par les personnes envers leur environnement matériel. Alain Corbin ajoute qu' *« on ne peut construire un paysage qu'en étant inséré dans un environnement que l'on analyse et que l'on apprécie. »* (Corbin, 2001, p. 42). A. Berque (2000) propose de lier ces deux concepts à travers la *mésologie*, qu'il décrit comme la science du milieu, entendue comme relation d'une société à son environnement, fondée sur la connaissance objet/sujet en mettant en rapport l'environnement en tant que monde physique du domaine des scientifiques avec le sensible du domaine de l'artiste.

À partir des années 1970, avec l'apport notamment de sociologues et de philosophes, une partie de la recherche en paysage, en parallèle au développement des deux approches naturaliste et culturaliste, va tendre à rapprocher ces deux courants de pensée. Sous l'égide d'A. Frémont (2009 -1976-), on voit par exemple apparaître en géographie humaine une réflexion sur l'espace vécu en tant qu'espace tel que les hommes se le représentent et l'investissent psychologiquement, l'espace de vie comme ensemble des lieux fréquentés au quotidien et l'espace social, regroupant l'espace de vie et les relations sociales que les hommes y entretiennent. À la même époque, des recherches sont menées sur les valeurs attribuées par les groupes socioprofessionnels ou les sociétés locales au paysage (Luginbühl, 1981), puis sur les représentations sociales des paysages (Cosgrove, 1998 ; Luginbühl, 1990).

Le paysage est donc à la fois « *une construction sociale qui possède une dimension matérielle où se développent des processus biophysiques et une dimension immatérielle où se situent les représentations sociales, les valeurs esthétiques, affectives et symboliques.* » (Luginbühl, in Fleuret, 2006, p. 58). On peut donc considérer que le paysage est autant lié à un sujet socialisé, « *auteur de postures et de systèmes de représentations et de valeurs paysagères* » (Bigando, 2006, p. 18) que matériel, c'est-à-dire un objet-paysage présentant des matérialités auxquelles le sujet socialisé est sensible, ainsi que l'interaction entre les deux. Le paysage a dorénavant un statut de concept évoquant la relation sensible de la société au cadre de vie qui l'entoure, il n'est plus simplement support ou regard.

2.1.2 Le paysage à l'épreuve de la proximité : entre immersion et distanciation

Nous l'avons vu, le paysage apparaît aujourd'hui de manière plus ou moins consensuelle comme un ensemble de relations entre un individu ou un groupe d'individu à son environnement, qui réunit la connaissance et l'expérience, l'art et la nature. Toutefois, pour aller plus loin, il est intéressant de se pencher sur l'évolution plus récente que connaît le paysage comme étant une expérience quotidienne des territoires ordinaires par tous les sens. Cette évolution s'organise selon nous autour d'un concept récurrent, celui de proximité. Habituellement, le sens commun reconnaît trois types de proximités (Trésor de la Langue Française) : (1) la proximité géographique, qui est la proximité dans l'espace. Il s'agit de la situation d'une chose qui est à faible distance d'une autre chose ou de quelqu'un, de deux ou plusieurs choses qui sont rapprochées ; (2) la proximité temporelle, qui est la proximité dans le temps. C'est le caractère d'un fait, d'un élément qui est rapproché dans le temps passé ou futur ; (3) et enfin, la proximité affective, qui est celle du sens figuré, le caractère de ce qui est proche par les liens du sang ou de rapprochement, d'affinité entre deux choses abstraites, deux entités.

La proximité n'exprime pas la fusion de deux éléments, mais bien un entre-deux, une distance si minime soit-elle entre deux individus ou un individu et son environnement, que l'on peut exprimer pour chacune de ses définitions par un couple de termes contraires : (1) pour la proximité géographique, on peut parler de proche et de lointain, ou encore, en ce qui nous concerne plus précisément d'un rapport d'immersion ou de distanciation par rapport à ce qui nous environne ; (2) pour la proximité temporelle, on peut parler d'évanescence et de constance, ou encore de dynamique et de continuité ; (3) enfin, pour la proximité affective, on peut parler de familier et d'étranger, ou encore d'ordinaire et de remarquable.

2.1.2.1 Du remarquable à l'ordinaire : une expérience quotidienne individuelle et collective

Longtemps, dans la littérature scientifique consacrée aux paysages, et ce depuis la Renaissance, les paysages étaient avant tout synonymes de « paysages remarquables ». Cette conception élitiste était retranscrite à la fois dans le fait que l'expérience paysagère était réservée à des initiés, mais aussi par le nombre restreint de sites jugés aptes à provoquer une émotion paysagère (Bigando, 2006). Pourtant, depuis quelques années, le paysage s'éloigne peu à peu du caractère remarquable pour se rapprocher du cadre de vie et de ses aspects les plus quotidiens (Davodeau, 2005). En témoignent la définition récente du paysage dans la Convention européenne du paysage de 2000, où il apparaît comme une *« partie de territoire telle que perçue par les populations, dont le caractère résulte de l'action de facteurs naturels et/ou humains et de leurs interrelations »* et l'évolution des politiques publiques en matière de paysage (cf. 1.1). D'abord destinées à conserver les monuments historiques et les sites exceptionnels, puis à protéger la nature, elles tendent aujourd'hui à l'amélioration du cadre de vie. En effet, si la loi française de 1930 a permis le classement des paysages les plus exceptionnels au titre des sites, la Loi Paysage de 1993 traduit le glissement d'une protection des paysages remarquables vers celle du « tout » paysage, notamment en modifiant les dispositions législatives en matière d'enquêtes d'utilité publique et en complétant le Code de l'urbanisme avec l'insertion du volet paysager dans le permis de construire.

Les travaux de Gilles Sautter (1979) dans les années 1970 laissaient déjà entrevoir la possibilité d'un « paysagisme ordinaire » parmi les quatre manières selon lui de vivre ou de considérer le paysage (ordinaire, utilitaire, hédoniste et symbolique). Pour lui, ce paysage correspond à celui des « gens ordinaires », dans des situations courantes impliquant un paysage qui s'efface à travers son immédiateté et sa familiarité, et réapparaît dès que quelque chose change ou a changé. Cette vision rapproche fortement la notion de paysage du cadre de vie. D'ailleurs, selon John Brinckerhoff Jackson (1984), le paysage, avant d'être contemplé et apprécié esthétiquement, est produit par les hommes qui organisent collectivement, selon le principe du bien-être ou du « bien vivre ensemble », leur cadre de vie sur Terre. Ainsi, pour lui, le génie du lieu n'est pas lié à des qualités naturelles ou historiques remarquables, mais plutôt à un certain nombre d'événements qu'on y a vécus. En effet, si certains paysages ne comprennent pas forcément de site exceptionnel, ils peuvent néanmoins présenter des qualités appréciables (Dewarrat, 2003). Alors la dimension esthétique du paysage dépasse l'*artialisation* proposée par Alain Roger et fait aussi appel à l'*aisthesis*, c'est-à-dire au vécu et aux émotions des habitants et à des valeurs d'appropriation à une échelle plus familière. On dépasse alors l'échelle globale des modèles paysagers[1] pour prendre en considération celles plus locales des rapports sociaux et de l'individu (Luginbühl, 2007). Le « paysage ordinaire » met en effet en avant une relation « tissée dans la quotidienneté » et renvoie ainsi à une plus grande proximité, une plus grande subjectivité (Bigando, 2006). Mais Eva Bigando dit également que si cette vision du paysage fait la part belle à une pratique individuelle du paysage quotidien, il est indéniable que cette expérience reste influencée par les grands paysages culturels et qu'elle forme des référents paysagers communs lorsque cette expérience est partagée sur un même territoire. La proximité à son environnement n'empêche pas de le mettre en relation avec des cadres cognitifs plus globaux et généraux.

2.1.2.2 Entre distanciation et immersion : une expérience *in situ* multisensorielle

Ce glissement du paysage remarquable au paysage ordinaire est très lié à un passage de l'expérience depuis un point de vue panoramique à une expérience immersive. Parce que porté par le regard et nécessitant une vue d'ensemble, le paysage est historiquement associé à la distanciation, nécessaire à la perception globale et esthétique d'un pays. C'est par la distance que le peintre cadre son tableau, par la *veduta*. Mais plus récemment, certains théoriciens du paysage revendiquent le fait que le sujet ne soit plus

---

[1] Yves Luginbühl (2001) a défini plusieurs modèles paysagers : le bucolique, le pastoral, le sublime, le pittoresque...

un observateur distant, mais réinséré dans le paysage : « *L'homme dans le paysage* » (Corbin, 2001). Cela implique d'une part que l'expérience paysagère est liée au corps en mouvement, et d'autre part qu'elle se fait par tous les sens.

On constate en effet depuis quelques années un élargissement de la perception paysagère aux autres sens. « *Polysensoriel et non seulement visuel, le paysage relève de l'esthétique entendue au sens large d'une culture de la sensibilité qui n'est pas réservée au seul domaine de l'art, mais concerne aussi l'éthique et le mode de vie.* » (Bergé et Collot, 2008, p. 11). Le paysage sonore, par exemple, par sa force affective et sa dimension temporelle, contribue fortement au sentiment d'immersion du sujet percevant. Le paysage s'appréhende donc également en mouvement et plus uniquement depuis un point fixe. On constate une modification des perceptions du paysage à travers l'évolution de nos modes de vie, et notamment nos manières de le parcourir. Ainsi, « *la saisie sensorielle résulte de la vitesse des déplacements, des fatigues éprouvées, de la plus ou moins grande disponibilité procurée par les conditions matérielles. On ne perçoit pas le même paysage lorsqu'on circule à pied, en voiture ou en avion.* » (Corbin, 2001, p. 101). L'approche « phénoménologique » du paysage (Straus, 1935 ; Maldiney, 2003 ; Collot, 1995, 1997 ; Besse, 2000) rompt en effet avec la raison moderne qui dissocie la *res cogitans* (l'esprit) de la *res extensa* (le corps), et réinsère le sujet dans l'espace perçu. Le paysage est alors interprété comme l'expérience sensible du sujet en échange avec ce qui l'entoure. La configuration des lieux et la forme des objets varient selon la position du sujet, en fonction du « Ici-Moi-Maintenant » dont parle Abraham Moles (1996). L'expérience paysagère s'éloigne ici d'une contemplation passive et désengagée et élimine le fort dualisme entre sujet et objet.[1]

Certaines recherches en paysage abordent même cette évolution à travers le concept de paysage multisensoriel[2], comme système

---

[1] Il est toutefois intéressant de noter que récemment, considérant que le paysage restait confiné dans un rapport distancié et uniquement porté par le regard, des philosophes contemporains ont élaboré un nouveau modèle, celui d'une esthétique environnementale. Celle-ci reconnaît que les environnements naturels peuvent être considérés comme des environnements au sein desquels le « sujet esthétique » apprécie la nature comme dynamique changeante et en évolution (Berléant, 1992, 2005 ; Carlson, 2000 ; Brady, 2003 ; Blanc, 2008). L'engagement esthétique ne renvoie pas ici au domaine spécialisé de l'art ou à la philosophie du beau, mais bien à un mode de connaissance active de son milieu.
[2] Voir le projet de recherche PIRVE sous la direction de G. Faburel, 2009, et le travail doctoral en cours de T. Manola sur le paysage multisensoriel comme médiation entre

relationnel entre l'homme (être sensible et actant à part entière) et son environnement physique. Même si dans le sens commun, le paysage reste encore fortement porté par le regard, il semble évident qu'il s'appréhende depuis toujours par tous les sens, même à travers nos représentations les plus communes, puisque les sens sont structurellement ouverts les uns aux autres (Merleau-Ponty, 1985). En effet, quelle serait notre représentation de la mer sans son odeur iodée, sans le bruissement des vagues et la sensation des embruns sur notre peau ? Quelle serait notre représentation de la montagne sans l'écho des cloches des troupeaux dans les alpages ou l'odeur des herbes chauffées au soleil ?

Ces différentes évolutions de la notion de paysage tendent à la rapprocher de celle d'ambiance développée depuis quelques dizaines d'années en sciences de la perception et en sciences sociales[1]. L'assimilation de l'ambiance à l'atmosphère ou au climat rend par exemple bien compte de sa dimension immersive. Grégoire Chelkoff la décrit comme *« un ensemble de facteurs environ-nementaux perceptibles par les sens (lumière, son, température, odeurs, matières tactiles) qui suscite dans un espace social des fragments d'expériences multisensorielles. »* (Sauvageot, 2003, p. 103). Le concept d'ambiance est donc associé à une situation d'immersion et à une dimension diffuse : *« Nous ne sommes conscients de cette perception d'un arrière-plan que de façon subtile, mais nous en sommes néanmoins suffisamment conscients pour rapporter instantanément sa qualité. »* (Damasio, 2001, p. 208). Nous ne sommes ni totalement inconscients ni totalement conscients de l'ambiance, et c'est pour cela qu'elle a une telle emprise sur nous (Sauvageot, 2003). L'ambiance nous englobe, elle est « autour de nous ». Elle suppose une situation particulière, dynamique et est attachée au corps en mouvement. L'opposition entre le concept d'ambiance et la signification historique du paysage pose la question de l'échelle géographique : si l'ambiance est vécue de manière immersive par tous les sens, elle ne peut être expérimentée qu'à une échelle restreinte, celle du corps, où les sens de la proximité (le toucher, le goût, et dans une moindre mesure l'odorat puis l'ouïe) peuvent encore être actifs, ce qui n'est

---

sensible et politique, sous la direction de C. Younès et G. Faburel.
[1] En témoigne par exemple la création au début des années 1990 de l'UMR CNRS n°1563 « Ambiances architecturales et urbaines », rassemblant le CRESSON (Centre de Recherche sur l'Espace SONore et l'environnement urbain) de l'École d'architecture de Grenoble et le CERMA (CEntre de Recherche Méthodologique d'Architecture) de l'École d'architecture de Nantes.

pas le cas du paysage, qui est analysable à différentes échelles et vecteur de représentations.

2.1.2.3 Entre continuité historique et dynamique

L'exploration du corps en mouvement, dans l'immédiateté de ses affects, permet de dépasser le seul niveau du représenté et du symbolique (Sauvageot, 2003). Cette immersion propre à l'ambiance suppose une certaine instantanéité de l'expérience, alors que la distanciation au paysage pris dans son sens classique, le limite à la représentation que l'on s'en fait, supposant une échelle temporelle moins dynamique. Sorte de palimpseste, le paysage est *« une succession de traces, d'empreintes qui se superposent sur le sol, et constituent pour ainsi dire son épaisseur tout à la fois symbolique et matérielle. »* (Besse, 2009, p. 37). Le paysage est donc considéré depuis longtemps comme un lieu de mémoire, au sens que lui donne M. Halbwachs (1997, p. 196), c'est-à-dire un lieu qui *« a reçu l'empreinte du groupe et réciproquement »*. Le paysage, bien plus qu'un spectacle, possède une fonction rassurante puisqu'il offre une certaine stabilité de l'espace, susceptible de contribuer à établir des continuités temporelles : la fonction de mémoire des jardins ou la familiarité d'un pays (Dewarrat, 2003).

Mais certaines recherches sur le paysage revendiquent aujourd'hui aussi un rapport direct, immédiat, physique aux éléments sensibles du monde terrestre (Besse, 2009), le rapprochant de l'ambiance en tant que relation dynamique entre soi et le monde (Tixier, in Amphoux, Thibaud et Chelkoff, 2004). Mais le paysage se comprend et se vit selon différentes temporalités et possède une épaisseur et une matérialité que l'ambiance n'a pas. Selon Augustin Berque *« le paysage est un phénomène de mise en espace d'une histoire singulière. Dans cet espace, toutes les échelles du temps passé se manifestent spatialement au présent, du passé géologique le plus reculé (par exemple les rochers précambriens qui affleurent sur les rives de ce lac) aux événements les plus actuels (par exemple la pluie qui tombe en ce moment). »* (Berque, 1996, p. 106).

Le paysage apparaît alors comme une réalité matérielle produite par des pratiques de fabrication et des modalités d'habitation que l'on peut représenter, mais aussi comme un mode d'expérience, de présence et d'événement (Besse, 2009). Comme le dit Catherine Grout : *« Le paysage n'est pas seulement un ensemble de codes ou d'images fixes. Il est sans doute avant tout une relation au monde situé dans le temps et l'espace et changeante. »* (Grout, 2009, p. 47).

2.1.3 Le paysage, un projet politique ancré sur un territoire

Le paysage est ce qui nous enveloppe, comme l'ambiance, ce qu'on traverse par la marche. Mais si on « y est » comme l'écrit le phénoménologue H. Maldiney (2003), le paysage se différencie de l'ambiance par le fait qu'il est à la fois le résultat d'une culture collective et le projet d'une vision collective (Tiberghien, 2001). Si les paysages remarquables présentent des qualités reconnues (esthétiques, écologiques, patrimoniales) à la fois par les pouvoirs publics et les populations, les paysages ordinaires deviennent de plus en plus des objets et des outils d'amélioration du cadre de vie, notamment en ville, et ce en raison de deux constats :

- tout d'abord, le fait que les politiques de paysage se rapprochent des politiques de développement territoriales ou durables. Elles visent ainsi à améliorer le bien-être des populations, tout en maintenant les conditions écologiques, économiques et sociales qui le permettent (Sgard, Fortin, Peyrache-Gadeau, 2010). En ce sens, le paysage se rapproche fortement de la notion de territoire, en tant que fruit d'une construction sociale et culturelle progressive, résultant d'usages et de pratiques qui forment avec le temps des représentations collectives. L'échelle d'interaction entre la préoccupation paysagère et le projet de territoire est celle du quotidien, de la proximité, de l'interconnaissance et de l'espace vécu par l'individu. Le paysage relève ainsi de la sensibilité des rapports intimes et sociaux que les individus nouent avec leur espace de vie quotidien ;

- mais aussi par le fait qu'à cette échelle, l'évaluation paysagère repose sur les représentations du paysage par les acteurs locaux (habitants, élus) et non l'« analyse surplombante » des experts (Davodeau, 2009). Le paysage est alors un outil de négociation locale favorisant la participation des populations à la gestion des espaces urbains plus particulièrement (cf. 1.1.2.3), et se plaçant donc au centre d'un jeu d'acteurs dont les différents points de vue sont à prendre en compte.

Le paysage est donc un cadre d'interprétation et de prospection qui met en tension des dynamiques d'enjeux territoriaux (Bulot, Veschambre, 2006), mais il est aussi un outil favorisant la participation et la mobilisation des populations. C'est par ce rapprochement des enjeux territoriaux qu'il se distingue également de l'ambiance. Ainsi, le paysage constitue un concept en phase avec la démarche interdisciplinaire et concertée de l'aménagement durable du territoire, apportant en sus la prise en compte du sensible et de ses affects.

Ces évolutions de la notion de paysage permettent d'entrevoir de nouvelles manières de le penser le paysage ainsi que la relation de l'individu (ou d'un groupe d'individus) à son territoire de vie, en se rapprochant de nouveaux modèles comme les ambiances architecturales et urbaines ou l'esthétique environnementale. Toutefois, le paysage se distingue de ces approches par le fait qu'il peut être considéré comme un projet politique. Par politique, nous entendons qu'il est le résultat et le moyen d'une action collective, réfléchie globalement et localement par plusieurs acteurs, qu'il est à la fois l'objet et l'outil d'une volonté d'un « bien vivre ensemble ».

Si la vision classique et historique du paysage persiste encore dans la pensée sociale, les pratiques des paysagistes et les politiques publiques de paysage, « *il est certain que la tendance générale tire le paysage vers une autre conception plus proche d'une construction sociale susceptible d'alimenter la compréhension des relations sociales au cadre de vie.* » (Luginbühl, 2007, p. 187).

2.2 Le paysage sonore revisité : un système relationnel entre un individu ou groupe d'individus et son environnement

Au regard des évolutions que la notion de paysage a connues ces dernières années et de la proximité de sens que les théoriciens et praticiens ont donné à la notion de paysage sonore, la reléguant, autant dans sa signification que dans les approches conceptuelles qu'elle a pu engendrer, à une notion ambivalente et floue, il semble aujourd'hui intéressant de revaloriser cette notion et de voir ce qu'elle peut apporter en termes opérationnels.

Bien que le terme de *soundscape* inventé par R. M. Schafer dans les années 1970 soit à l'origine de nombreuses recherches sur l'environnement sonore et son aménagement, il a également souvent été remis en question, et parfois même vivement critiqué. Certains lui ont en effet reproché son enchâssement dans une vision moderne du paysage, empreinte de naturalisme et une approche esthétisante du monde sonore. Toutefois, le terme peut selon nous être clarifié aujourd'hui en tenant compte de l'évolution de la notion de paysage. Il nous reste alors à justifier cette approche des relations sonores que les habitants tissent avec leur environnement par le paysage, et la focalisation de notre évaluation paysagère sur une seule modalité sensorielle, le sonore, afin de dégager une démarche méthodologique globale de qualification du paysage sonore.

2.2.1 Le soundscape de Schafer : origines et limites

Le néologisme *soundscape* a été inventé de manière parallèle par R. Murray Schafer et Michaël Southworth dans les années 1970 (il semble qu'aucun des deux n'ait eu connaissance des travaux de l'autre à l'époque), alors que l'intérêt des populations pour l'environnement sonore grandissait. La définition donnée par R. M. Schafer a impulsé de nombreuses réflexions sur le sujet, s'appliquant, par analogie, aussi bien à la définition classique du paysage qu'à un espace géographique aux caractéristiques sonores particulières, *« une séquence de temps que la nature présente à l'oreille d'un auditeur »* (Amphoux, 2001, p. 9), qu'à des représentations, constructions abstraites telles que des compositions musicales ou phonographies[1]. Le terme *soundscape* selon Schafer offre ainsi plusieurs dimensions : il est esthétique quand il est l'objet d'écoute et environnement physique quand, préfigurant l'aménagement sonore (*soundscape design*), il s'insère dans ce que Schafer considère comme le domaine d'étude du *soundscape,* l'écologie sonore (*acoustic ecology*).

Le parallèle qu'il fait entre « paysage » (*landscape*) et *soundscape* est implicite. Il s'agit bien à la fois d'une portion de territoire entretenue par un individu ou un groupe (part matérielle) et les relations qu'ils entretiennent avec ce territoire (part immatérielle). Mais selon P. Rodaway (1994), le terme a été détourné petit à petit et s'est référé uniquement avec le temps à un style de représentation du monde, ce qui a généré en France une réticence à utiliser le terme traduit en français par « paysage sonore ». Le terme de *soundscape* est assez communément utilisé dans les pays anglophones, alors que sa traduction française « paysage sonore » ne fait pas l'unanimité, tant dans le milieu des sciences que celui des arts. En réalité, le terme provoque autant de retenue que celui de « paysage », parce qu'étroitement lié à celui-ci, il en devient

---

[1] La phonographie peut être considérée comme une séquence enregistrée, qui à la manière d'une photographie ou une peinture représente un paysage.

extrêmement polysémique et rattaché à la définition historique du paysage selon laquelle le sujet est détaché de l'objet et l'observe depuis un point de vue privilégié. Il est d'ailleurs intéressant de noter que, contrairement à l'anglais, le français et l'allemand ne délaissent pas la composante « Land » ou « pays » du « Klanglandschaft » et du « paysage sonore ». Le fort parallélisme entre le paysage traditionnel (Landschaft) et le paysage sonore (Klanglandschaft)[1] en tant qu'environnement physique perçu par les populations en préfiguration de l'aménagement sonore, semble toutefois poser moins de problèmes en Allemagne (Winkler, 2009) qu'en France.

Pour comprendre l'approche de Schafer, il faut resituer la création du soundscape dans le courant environnementaliste qui a débuté à la fin des années 1960 en Amérique du Nord et en Europe du Nord, et qui confond paysage et nature. C'est à cette époque en France que se développent les politiques de protection des paysages naturels remarquables. Le soundscape selon Schafer est alors une critique du monde moderne selon laquelle les sons de la civilisation postindustrielle sont presque toujours considérés comme négatifs. En effet, selon Schafer (1979), la nature est une immense « composition musicale » et l'on doit pouvoir l'harmoniser en valorisant les sons naturels. Il propose donc d'entendre la réalité comme une œuvre de la nature.

Le concept de Schafer est d'une part critiqué à travers cette approche naturaliste qui exclurait le sujet de sa responsabilité d'écoute, en faisant un sujet passif qui ne ferait que subir son environnement sonore (Chion, 1993). Certains chercheurs comme Paul Rodaway (1994) ont d'ailleurs développé des termes comme celui de « géographie auditive », définissant une science anthropocentrée qui étudie l'expérience sensorielle faite par un individu dans l'environnement et les propriétés acoustiques de cet environnement à travers l'usage du système perceptif auditif. Science qu'il distingue de la « géographie sonore » qui étudierait essentiellement l'organisation spatiale des sons et l'analyse des

---

[1] En allemand, Land signifie le « pays » et Klang « le son » ou le « sonore ». Les Allemands utilisent plusieurs termes pour définir le son et le bruit, qu'ils ne connotent pas forcément respectivement de manière positive et de manière négative. Ainsi, Schall désigne plutôt le phénomène acoustique, l'onde sonore, alors que Klang et Ton désignent le son. Toutefois une valeur plus musicale est donnée à Ton. Quant à Geraüsch et Lärm, ils correspondent à la traduction du bruit, sachant qu'uniquement Lärm est connoté de manière négative. Ainsi, les termes Klang et Geraüsch, bien que traduits littéralement par son et bruit, semblent très proches, et ni connotés négativement, ni associés uniquement au monde musical.

caractéristiques sonores des lieux. Ainsi, l'analyse du paysage sonore passe plutôt pour Rodaway par l'analyse de l'activité d'écoute, qu'elle soit active ou passive. Il a parfois été reproché à Schafer dans sa démarche d'écologie sonore de reproduire paradoxalement l'attitude des ingénieurs acousticiens qu'il rejette pourtant, c'est-à-dire de naturaliser les phénomènes sonores. Les anthropologues lui ont reproché de s'intéresser à la part objective et matérielle du « paysage sonore », supposée perceptible pour tout individu (bien que l'analyse soit faite par un « expert »), plutôt qu'aux variations culturelles qui peuvent affecter l'usage de l'ouïe. Dans le monde des arts sonores, et plus particulièrement de la musique et du cinéma, on a préféré s'emparer de l' « objet sonore » de P. Schaeffer plutôt que du « paysage sonore » de R. M. Schafer, admettant ainsi que le bruit et sa source pouvaient être séparés et que tout bruit pouvait faire l'objet de créations musicales, et pas seulement des sons naturels situés.

Ce parti pris naturaliste est secondé par une approche esthétisante, qui distingue des paysages sonores qui seraient « hi-fi » de qualité et des paysages sonores « lo-fi » (chapitre 1. *2.1.2*), est également fortement critiquée. Elle est erronée selon Francisco Lopez (1997), puisque certains environnements naturels comme la forêt tropicale peuvent être tellement chargés en informations sonores, qu'on pourrait les qualifier de « lo-fi », c'est-à-dire ne présentant aucune valeur esthétique au sens musical du terme. Cette approche sous-entendrait que seuls les paysages naturels remarquables pourraient être appréciés. Cette critique rejoint celle qui dénonce le fait que R. Murray Schafer ait construit le *soundscape* de la même manière que le paysage visuel, selon les principes de la *Gestalt Theorie* et les concepts de fond et de figures, c'est-à-dire une construction liée aux traditions picturales et architecturales, aux idées de perspectives et de scènes composées, dans laquelle le sujet est détaché de l'objet et observe depuis un point de vue privilégié (Augoyard, 1995a). Or, l'espace d'écoute est bien sphérique et donc global, plutôt que perspectiviste, ce qui rend bien sûr son étude différente de celle de l'espace visuel.

Comme pour le terme « paysage », le terme « paysage sonore » est fortement polysémique, et on lui a par exemple souvent préféré les termes de « décor sonore » ou de « création sonore » dans le milieu des arts sonores (Mervant-Roux, 2009). Dans le milieu de l'aménagement, on lui a depuis les années 1980 également préféré le terme d'« environnement sonore », plus « objectif » et prêtant moins à débat ou, plus récemment, celui d' « ambiance ». Ce sont finalement les historiens qui se sont le plus facilement appropriés le terme de « paysage sonore » en France (Gutton, 2000 ; Fritz, 2000 ; Corbin, 2007), faisant référence le plus généralement à un patrimoine sonore disparu.

Malgré les nombreuses critiques portées au néologisme créé par Schafer, ou plus particulièrement à l'attitude vis-à-vis de l'environnement sonore qu'il implique, c'est bien grâce à ce concept que de nombreuses recherches ont été menées depuis, créant un point de rencontre et de débats entre diverses disciplines.

2.2.2 Pourquoi le paysage sonore ?

Au regard de l'évolution qu'ont connue ces dernières années la notion de paysage, les politiques publiques en matière de paysage et les pratiques paysagistes, on peut aujourd'hui se défaire sans complexes du rapport au monde esthétisant, élitiste et distant que suggérait le paysage moderne. La réhabilitation des relations sensibles à l'environnement que l'on observe dans de nombreuses disciplines depuis quelques années, qui étaient jusque-là dissimulées par cette vision ancienne du paysage, met fortement en correspondance vision paysagère et audition paysagère. C'est cette réhabilitation que Jean-François Augoyard (1995a) considérait comme indispensable, mais inexistante il y a plus de quinze ans.

Si notre approche se focalise sur l'aspect sonore du paysage, elle vise toutefois à ne pas user de filtre réducteur. Le concept sert d'abord à nous rappeler que l'expérience paysagère ne fait pas uniquement appel à la vue, mais également à nos autres sens, et plus particulièrement l'ouïe (Rapin, 1994). On pourrait alors plutôt parler de composante sonore du paysage ou de dimension sonore du paysage, mais cela aurait tendance à en segmenter l'étude, ce qui n'aurait pas de sens, car nous l'avons vu, l'expérience paysagère fait appel à tous les sens. Nous verrons d'ailleurs que la première partie de l'enquête menée sur le terrain n'aborde pas directement la question sonore, mais cherche à cadrer de manière plus large les rapports des habitants et des acteurs de projet aux concepts de paysage et d'ambiance notamment. Le terme de paysage sonore convient mieux selon nous à la volonté d'une mise en parallèle avec les questions qui se posent actuellement sur le paysage, mais par une entrée sonore. S'insérant dans une approche globale, le paysage sonore prend tout son sens lorsqu'il sous-entend un système d'interactions signifiant et sensoriel entre un individu ou groupe d'individus et leur environnement quotidien.

Notre choix s'est porté sur une seule modalité sensorielle, l'audition, pour plusieurs raisons : la première est tout simplement l'affinité que nous avons avec cette modalité sensorielle. La seconde est que par son aspect immersif et prégnant, l'oreille est vulnérable, on ne peut pas y échapper. Nous ne pouvons en effet jamais couper nos oreilles de notre environnement sonore, comme on peut le faire en fermant nos paupières. Elle est aussi liée selon J.-F. Augoyard (1995a) à l'expressif et au pathos. Les sons du quotidien peuvent à la fois nous rassurer, nous subjuguer ou nous insupporter. Selon Abraham Moles (1979), la voix au téléphone d'une personne nous renseigne beaucoup plus sur son état « psychologique » qu'une photo. Cette affectivité de l'ouïe peut s'expliquer en partie par la distinction entre ce qui est entendu et ce qui est identifié. En effet, *« l'explosion qui ébranle soudain un quartier tranquille provoque d'abord la colère, mais la vue soudaine en s'approchant de la fenêtre d'un feu d'artifice dont on avait oublié la date modifie radicalement le sens de l'événement. »* (Le Breton, 2009, p. 127). L'ouïe est très affective, et c'est en cela qu'elle est particulièrement utilisée dans le marketing sensoriel[1] et que la *musak* (note p. 38) envahit aujourd'hui les centres commerciaux. C'est aussi pour cela qu'elle est souvent abordée à travers les nuisances sonores et la lutte contre le bruit. Par son côté immersif et prégnant, l'écoute a donc une portée sociale importante, puisqu'elle peut autant fédérer que diviser autour de sujets communs comme par exemple les bruits des avions dans les zones aéroportuaires. Enfin, le sens auditif entretient une forte relation de complémentarité avec la vue par rapport à l'espace et au temps, ce qui nous intéresse particulièrement dans une approche paysagère. En effet, avec la vue, il fait partie des sens les plus liés à notre perception et notre représentation de l'espace : ils sont selon Hegel (1867) les deux sens intellectualisés, car n'impliquant pas de contact direct avec leur objet, les deux *« récepteurs à distance »* selon l'anthropologue Edward T. Hall (1978). L'acuité auditive des aveugles montre bien par exemple que les sons sont indispensables à notre orientation dans l'espace, bien que la vue les rende secondaires. Selon Paul Rodaway (1994), l'expérience auditive joue un rôle majeur dans l'anticipation, la découverte et la mémoire des lieux. Alors que la vue entraîne une distanciation perspectiviste, l'audition nécessite une

---

[1] Voir à ce propos : Agnès Giboreau et Laurence Body, *Le marketing sensoriel : De la stratégie à la mise en œuvre*, 2007.

immersion dans la sphère auditive et une écoute globale. Nous captons instantanément par l'oreille ce que les yeux ne voient pas toujours. Bien qu'on puisse penser que la vue serait alors le sens du lointain et l'ouïe celui de la proximité, Pierre Mariétan nous montre que les deux sens peuvent se compléter mutuellement dans l'espace puisqu'« *un espace clos pour l'œil peut être un espace ouvert pour l'oreille et à l'inverse, un espace ouvert pour l'œil n'offre distinctivement à l'oreille que les sons de proximité.* » (Mariétan, 2008, p. 95). Il l'illustre avec deux expériences vécues en Asie (Mariétan, 2005) : alors qu'une promenade dans la campagne environnante de Hanoï lui avait fait voir un horizon lointain et que contrairement, le son environnant était réduit au milieu proche, il vivait l'expérience inverse dans la cathédrale de Hanoï où l'on pouvait percevoir la rumeur de la ville résonnant dans tout l'édifice alors que la vue était limitée par les murs de celui-ci. Le rapport au temps du sens auditif le rend également complémentaire de la vue dans notre rapport à l'espace notamment. Alors que la perception visuelle est instantanée, la perception auditive est séquentielle, l'expérience se constituant dans une durée pendant laquelle des éléments distinctifs apparaissent et disparaissent (Moles, 1979), ne restant qu'un court instant dans notre mémoire et affectant notre capacité à les hiérarchiser (Augoyard, 1995a). En effet, comme le disait déjà R. Murray Schafer (1979), aucune configuration sonore n'est durable, alors qu'un espace animé de mouvements reste tout de même sous nos yeux. C'est en partie pour cela que l'espace sonore n'implique ni la contiguïté, ni l'homogénéité (Augoyard, 1995a) et qu'il peut être assimilé à un couloir percé de fenêtres comme le décrit Abraham Moles à travers la notion d' « *idéoscène sonore* »[1] (Moles, in Delage et *al.*, 1981).

Après avoir expliqué pourquoi notre approche s'intéresse plus particulièrement à une modalité sensorielle de l'expérience paysagère, nous voulons justifier l'usage du concept de paysage sonore plutôt qu'un autre.

Nous avons déjà expliqué précédemment en quoi le paysage se différencie selon nous de l'ambiance : le paysage permet de relier différentes échelles, qu'elles soient spatiales, temporelles ou affectives : ainsi, il se situe entre l'individuel et le collectif, invoque à

---

[1] Selon A. Moles, lorsqu'un individu se déplace dans un espace, il ne le fait pas dans une transition continue d'un lieu à un autre ou d'un moment à un autre, mais traverse une série d'ensembles plus ou moins fermés et intelligibles, intégrés les uns aux autres dans un *pattern*, dans une *gestalt* globale.

la fois un rapport immersif et distancié à l'environnement, et peut être remarquable, mais aussi ordinaire. En outre, le paysage met en tension des dynamiques d'enjeux liés aux territoires et il est un outil qui favorise la participation et l'intérêt des populations. Le paysage sonore étant une entrée d'évaluation du paysage, il s'en distingue aussi.

Nous l'avons vu, on a souvent défini le paysage comme étant la représentation esthétique (au sens de beau) de l'environnement. Pascal Amphoux (1991), dans son travail sur l'analyse de la qualité sonore des espaces publics dans trois villes suisses, poursuit cette idée en distinguant trois rapports au monde sonore, trois types d'écoute : l'environnement sonore, le milieu sonore et le paysage sonore. Il décrit ainsi l'environnement sonore comme « l'ensemble des faits objectivables » selon une organisation spatio-temporelle dont l'analyse consiste à décrire de manière analytique les sons en termes de qualité acoustique à l'aide de données connues et maîtrisables dans une culture donnée. De la même manière, il définit le milieu sonore comme « l'ensemble des relations fusionnelles, naturelles et vivantes » subjectives que les individus ont avec le Monde sonore. Son objet réside dans les usages et pratiques ordinaires, c'est-à-dire le vécu sonore, et à travers ceux-ci le confort sonore. Enfin, pour lui, le paysage sonore est une approche esthétique, sensible et distanciée du Monde sonore qui sous-tend une écoute contemplative et intentionnelle permettant de déceler la « *beauté phonique* » du Monde sonore. Selon lui (2001), dans une perspective qu'il convient de rapprocher de celle « artialisante » d'Alain Roger, le paysage sonore peut revêtir deux formes : soit *in auditu* (par similitude à la représentation *in visu* d'Alain Roger, 1997) une œuvre sonore ; soit *in situ* une mise en situation particulière d'écoute située, attentive et active, éloignée de la relation sonore que l'on peut avoir avec le monde quotidien.

On peut rapprocher cette vision de celle du musicien Yannick Dauby (2004), audionaturaliste, qui définit d'une part l'environnement sonore comme un espace physique dont les limites ne sont pas forcément prédéfinies, permettant la propagation des sons et accueillant des individus pourvus de capacités auditives. Alors que, selon lui, le paysage sonore repose plutôt sur le principe d'intentionnalité de l'auditeur. C'est en se mettant à écouter de manière intentionnelle que le sujet se fait son propre paysage sonore. Ces approches sont intéressantes dans le sens où elles ne cherchent pas à objectiver le monde sonore, mais en donnent plusieurs aspects, « points de vue » ou types d'écoutes qu'un individu peut avoir de celui-ci.

Luigi Russolo (chapitre 1. *2.1.1*) avait déjà pressenti en 1913 qu'il était inutile de réaliser une typologie des sons sans l'établissement d'une typologie des écoutes. En effet, mettre en place un catalogue systématique des éléments formant un paysage sonore n'aura aucun intérêt, en raison des perceptions et représentations différentes, des cultures et contextes différents, et donc des différentes modalités d'écoute du paysage sonore. Toutefois, bien qu'elles redonnent à l'individu une présence plus ou moins active dans l'environnement sonore, ces définitions, au regard des évolutions assez récentes qu'ont connues les notions d'environnement, de milieu et de paysage, semblent imprécises, confinant notamment l'environnement au domaine du physique et le paysage au domaine de la beauté esthétique.

Tout d'abord, concernant la distinction entre milieu et environnement, si la définition de l'environnement semble plus anthropocentrée, les deux définitions n'offrent pas une distinction très claire. En effet, les deux termes, dans leur évolution, présentent généralement la même ambiguïté de sens, issue de la variabilité de leurs usages, selon les disciplines concernées : ainsi, soit ils sont une représentation hypostasiée et une réalité extérieure à l'homme, soit ils sont un sens relationnel qui les représente plus justement comme perçus, respirés, ingérés, représentés ou imaginés (Emelianoff, in Lévy et Lussault, 2003). Dans le premier cas, on parle d'un espace physique, un support de l'activité humaine, alors que dans le second, milieu et environnement possèdent à la fois une dimension physique et sensible. C'est dans ce sens, que le terme de milieu a été réapproprié par Augustin Berque (2000) comme une relation à la fois physique et phénoménale d'une société à l'espace et à la nature. De la même manière, la psychologie définit aujourd'hui l'environnement *comme « un site pour l'action, composé du produit matériel de l'action humaine en relation avec le produit symbolique des expériences, individuelles et collectives (significations). »* (Ramadier, 1997, in Moser et Weiss, 2003, p. 179). Les deux notions ont ainsi toutes deux pu être définies, soit en tant que « support » de la société, ce qui l'entoure, soit comme ce qui inclut la société, prenant plutôt la forme d'une relation homme-nature-espace. On constate toutefois qu'avec les préoccupations environnementales et les enjeux sociaux actuels, c'est par le terme d'environnement que passe préférentiellement cette nouvelle attention à la nature comme champ d'études et comme concept pour les sciences sociales. Quant au terme de milieu, il se trouve recentré au sein des sciences du vivant, sans rapport particulier avec l'anthropisation (Lévy, 2003). On peut donc penser que le milieu et l'environnement seraient tous deux à la fois conditions et relation de l'homme avec la nature et l'espace, où l'homme aurait une place plus importante dans l'environnement.

En ce qui concerne le paysage sonore, ces visions le limitent à une dimension esthétique, contemplative, remarquable de laquelle, nous avons pu le voir, le paysage est en train tout doucement de s'extirper. Elles s'appuient bien sur le fait qu'il s'agit d'un rapport entre un individu ou groupe d'individus et le monde sonore et qu'il faille ainsi prendre en compte les dimensions matérielles et immatérielles de celui-ci. Mais elles correspondent à une vision ancienne du paysage. Comme le paysage, le paysage sonore se situe au croisement de l'ordinaire et du remarquable, du dynamique et du continu, à la fois immersif et distant, la dimension esthétique du paysage sonore n'étant pas réduite à son aspect remarquable ou à l'essence musicale, mais aussi au sociétal et à l'anthropologique.

Toutefois, cette dimension esthétique (au sens large), voire poétique et poïétique du paysage sonore pourrait le distinguer de l'environnement. Les deux notions sont aujourd'hui communément convoquées dans les discours sur les opérations d'aménagement, et dénotent des enjeux aux valeurs socio-environnementales, économiques et politiques. Toutefois, nous distinguerons les deux dans le sens où l'environnement pourrait être défini comme l'ensemble, à un moment donné, des facteurs physiques, biologiques, mais aussi socio-économiques et éthiques, qui peuvent avoir un effet direct ou indirect sur les espaces, les espèces et les activités humaines, une sorte de constat (souvent négatif), de contexte. Le paysage lui serait un système relationnel entre les hommes et cet environnement dans une perspective de projet collectif puisant autant dans le passé que se projetant vers l'avenir, et ayant trait à l'imaginaire et au poétique, à l'esthétique au sens large.

Figure 15. Le paysage sonore, entre vision historique du paysage et ambiance (Geisler, 2010)

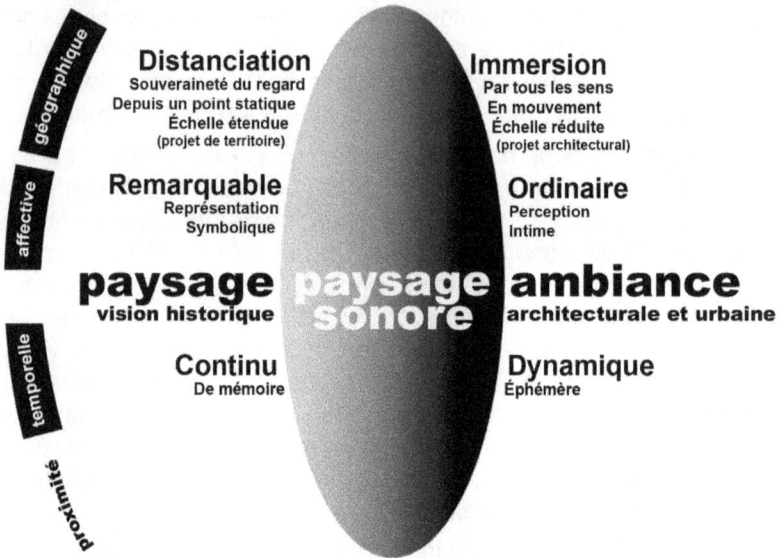

géographique

affective

temporelle

proximité

Distanciation
Souveraineté du regard
Depuis un point statique
Échelle étendue
(projet de territoire)

Immersion
Par tous les sens
En mouvement
Échelle réduite
(projet architectural)

Remarquable
Représentation
Symbolique

Ordinaire
Perception
Intime

paysage
vision historique

paysage sonore

ambiance
architecturale et urbaine

Continu
De mémoire

Dynamique
Éphémère

Conclusion de la première partie

Si l'approche par les pouvoirs publics de la gestion de l'environnement sonore est uniquement dirigée vers un combat contre le bruit, que ce soit de manière curative en réglementant les niveaux d'émission sonore des activités bruyantes, ou de manière préventive à travers la réalisation de cartes de bruit, révélatrices de l'exposition au bruit des populations, la recherche a depuis une quarantaine d'années développé des outils d'analyse et de compréhension de la qualité de l'environnement sonore. Ces recherches ont permis de réintroduire le sujet dans son environnement et de mieux prendre en compte tous les facteurs de qualité de l'environnement sonore. En parallèle, largement initiées notamment par les travaux précurseurs des musiciens R. Murray Schafer au Canada et Pierre Schaeffer en France, malgré un certain désintérêt des pouvoirs publics, des expérimentations de projets de paysage sonore se sont développées de manière isolée dans le monde entier. Ces projets sont généralement menés dans le but, soit de préserver des paysages sonores « patrimoniaux » en voie de disparition (que l'intérêt qu'on leur porte soit écologique ou culturel), soit d'aménager des jardins ou des espaces extérieurs. Ces interventions sont le plus souvent à l'initiative de petites collectivités désireuses de sauvegarder certaines caractéristiques sonores locales et d'attirer les touristes de manière originale, ou d'artistes sensibles et soucieux de sensibiliser les populations aux qualités variées de l'environnement sonore et aux particularités sonores d'un site. Mais si ces projets commencent à s'intéresser à l'aménagement pérenne de l'espace, dépassant la simple performance artistique et s'ils prennent en compte l'essence sonore et le contexte environnemental du site sur lequel ils ont lieu, ils tiennent moins souvent compte de son contexte socioculturel.

C'est aussi ce que l'on peut relever dans certains travaux de recherche sur l'analyse de l'environnement sonore. Nombreux sont ceux qui prennent en compte des éléments sonores du paysage sans prendre en compte les activités, les pratiques et usages qui génèrent ces phénomènes. Or, les premières personnes concernées par la qualité de l'environnement sonore sur un territoire donné, qui participent à la formation du paysage sonore, sont les habitants. Prendre en compte leurs parcours individuels, les relations qu'ils entretiennent les uns avec les autres et avec leur quartier est essentiel pour comprendre leurs expériences sonores quotidiennes. Et si certains travaux prennent en compte ce contexte socioculturel, ils s'inscrivent rarement dans une démarche opérationnelle, et n'intègrent donc pas le contexte projectuel et politique, qui dans notre travail est primordial. Il permet d'établir des liens entre ce qui est projeté (le paysage raisonné), ce qui est (le paysage sonnant) et ce qui est vécu (le paysage auditif).

Pour qualifier de manière complète le paysage sonore, il faut selon nous tenir compte de ses dimensions matérielles et immatérielles, en s'intéressant plus particulièrement au paysage auditif qui englobe l'ensemble des expériences sonores individuelles, situées et socialisées sur un territoire donné, dans un contexte politique et poïétique. Nous entendons le terme « politique » dans sa définition première, c'est-à-dire comme étant la scène d'un jeu d'acteurs aux visions et aux objectifs variés censés mener à bien des projets de manière collective. L'objectif n'est pas de relier des perceptions individuelles « subjectives » à la réalité morphologique « objective », mais de situer ces perceptions, ou plus largement ces expériences (qui intègrent aussi les représentations et les pratiques) dans un contexte environnemental, socioculturel et politique qui dépasse la simple prise en compte de l'environnement physique.

Le paysage sonore, nous l'avons vu, n'est ni uniquement un objet-support, ni uniquement une expérience immersive dans l'environnement, il est un système de relations entre un individu ou groupe d'individus et son environnement sonore. Ce sont moins les événements sonores pour eux-mêmes que nous souhaitons observer que les individus écoutants. Toutefois, le contexte matériel doit être analysé et mis en relation avec le paysage auditif, et pas simplement dans sa dimension acoustique. En effet, le paysage est perceptible par tous les sens, les perceptions sensorielles étant liées les unes aux autres, et le vécu sonore dépend d'autres facteurs non sensoriels comme la qualité environnementale de l'espace, le bagage culturel des individus ou encore les relations sociales qui les lient au territoire qu'ils pratiquent quotidiennement.

Qualifier le paysage sonore ne consiste pas uniquement à analyser les perceptions situées et isolées d'individus, mais plutôt à comprendre leur intersubjectivité, c'est-à-dire la manière dont, à travers leurs expériences sonores paysagères respectives, les habitants développent des relations sociales, des pratiques communes, des sentiments d'appartenance ou d'appropriation, et donnent un sens commun à leur environnement sonore, dans le but de rendre opérationnel le « vivre ensemble ». Cette visée pratique implique de prendre en compte les différents « points de vue » des personnes impliquées. En ce qui nous concerne, il s'agit de croiser les points de vue des collectivités initiatrices de ces projets de quartiers durables à travers le témoignage de concepteurs ayant participé aux projets, et des habitants, premiers concernés par leur cadre de vie.

Notre approche ne part ni d'une attitude épidémiologique de l'environnement sonore (il ne s'agit pas d'aborder le bruit essentiellement de manière négative), ni esthétisante (le paysage n'est ici plus à considérer comme un regard esthétique et distancié porté sur le pays), notre objet étant de comprendre le vécu sonore quotidien des habitants de deux quartiers. Notre démarche est en outre menée dans une optique opérationnelle (bien qu'elle n'implique pas forcément un projet). Il s'agit de comprendre les valeurs que les habitants donnent à leur environnement sonore, les qualités, les atouts, les faiblesses et les limites qu'ils décèlent, dans l'éventualité d'une intervention de préservation, de gestion ou d'aménagement.

Après avoir cadré cette recherche et défini ce que nous entendons par paysage sonore dans cette première partie, nous allons expliciter en détail dans la deuxième partie la démarche méthodologique adoptée et présenter les deux terrains d'étude allemands retenus : Kronsberg à Hanovre et Vauban à Fribourg en Brisgau.

Partie 2 - La qualification du paysage sonore
Une démarche méthodologique interdisciplinaire et qualitative emboîtée

Le champ de l'analyse sensible des rapports à l'espace est habituellement considéré comme instable et peu exploitable par l'action, car trop « subjectif ». Pourtant, nos relations à la dimension sonore, souvent oubliée, méritent notre attention puisqu'elle a fortement à voir avec les espaces naturels et construits, ainsi que les pratiques quotidiennes, et donc l'aménagement de l'espace. Qualifier le paysage sonore, c'est en explorer les différentes facettes, à la fois matérielles et immatérielles, en réintroduisant le sujet dans l'espace qu'il côtoie au quotidien. Étudier cette dialectique complexe nécessite une approche interdisciplinaire et qualitative emboîtée du paysage sonore.

Emboîtée parce qu'elle articule de manière séquencée et progressive plusieurs méthodes complémentaires d'analyse du paysage raisonné, du paysage sonnant et du paysage auditif.

Interdisciplinaire, car la démarche méthodologique que nous proposons consiste à croiser l'approche « classique » des urbanistes, géographes ou paysagistes consistant à cartographier des données morphologiques et socio-économiques, avec une approche plus anthropologique sur le vécu sonore des habitants. À la manière des paysagistes, nous revendiquons l'importance du contexte, et donc l'analyse du « site », dans une histoire et une société donnée, et dans une dynamique de projet, servant la compréhension des perceptions, représentations et pratiques sonores des habitants d'un quartier au quotidien. L'enjeu étant d'essayer de mieux comprendre ce qu'est la qualité sonore pour les habitants de quartiers durables et comment rendre opérationnel le paysage sonore, il ne s'agit pas d'opposer la logique des habitants à celle des concepteurs ou des acteurs de l'aménagement, mais de proposer à ces derniers de ne plus uniquement tenir compte de leurs références professionnelles, d'ailleurs souvent pauvres en matière d'environnement sonore.

Au-delà de l'aspect interdisciplinaire, étudier les relations sonores que les habitants entretiennent avec leur quartier implique une approche qualitative, en raison de la complexité de cet objet de recherche et de l'impossibilité de chiffrer le sensible. L'approche qualitative permet d'être le plus réceptif possible aux spécificités du terrain, de pouvoir réorienter par exemple les protocoles d'enquête en fonction des premiers résultats obtenus et de finaliser la démarche méthodologique en contact avec la réalité du terrain. Elle permet également de laisser une marge de liberté essentielle aux habitants qui sont au centre de notre recherche. En outre, elle consiste à extraire le sens des données recueillies plutôt que d'en faire des statistiques. Elle est aussi qualitative car « *l'ensemble du processus est mené de manière « naturelle », sans appareils sophistiqués ou mises en situation artificielles, selon une logique proche des personnes, de leurs actions et de leurs témoignages.* » (Paillé et Mucchielli, 2010, p. 9).

Enfin, les difficultés rencontrées dans la mise en expression des expériences sensorielles (Faburel et Manola, 2007) nous ont amené à avoir recours à des méthodes d'enquête favorisant l'usage de modes d'expression variés, comme la représentation graphique et la photographie ou encore l'enregistrement audio.

Concrètement, cette démarche méthodologique s'est déroulée en deux phases : l'une avant le terrain, et l'autre, plus conséquente, sur le terrain, en deux temps pour chacun des quartiers :

- à Kronsberg (Hanovre) : du 7 au 10 mai 2009 pour les entretiens exploratoires et un entretien acteur, et du 12 au 23 avril 2010 pour les parcours, les journaux sonores et un entretien acteur ;
- et à Vauban (Fribourg en Brisgau) : les 20 et 28 novembre 2009 pour les entretiens exploratoires, et les 31 mai, 1er, 3, 7 et 11 juin 2010 pour les parcours et les journaux sonores.

Durant ces terrains, nous avons analysé les trois dimensions du paysage sonore suivantes :

- Le **paysage raisonné**, c'est-à-dire la part poïétique (de création) du paysage sonore, ce qui a été projeté par les concepteurs et acteurs de l'aménagement. Cette analyse a pour objet l'*étude de documents écrits* et de plans avant le terrain et la tenue d'*entretiens semi-directifs* auprès de concepteurs ayant participé aux projets.
- Le **paysage sonnant**, soit le socle matériel et social du paysage sonore, ce qui est. Nous avons élaboré un *diagnostic urbanistique et paysager « classique »* sur place à partir de relevés aux thématiques inspirées des objectifs visés en termes de développement durable à Kronsberg et Vauban, et une méthode plus sensible, la *dérive sonore paysagère*, inspirée de pratiques de concepteurs paysagistes notamment.
- Le **paysage auditif**, comme l'ensemble des relations auditives que les habitants entretiennent avec leur espace de vie (perceptions, représentations, pratiques). Cette partie, de loin la plus conséquente, s'appuie sur le croisement de trois méthodes plus ou moins originales :

- L'*entretien semi-directif*, choisi pour sa stabilité scientifique afin de cadrer les méthodes suivantes. Cette méthode d'entretien a déjà été utilisée dans le cadre de recherches sur l'environnement sonore, notamment par le LAM pour son travail sur la qualité sonore des espaces verts de la ville de Paris (Dubois, 1998) ;
- Une adaptation du *parcours commenté*, méthode développée par Jean-Paul Thibaud du CRESSON (2001) qui consiste à recueillir les commentaires d'individus se déplaçant librement dans l'environnement étudié. Cette méthode, bien qu'encore marginale, a déjà fait ses preuves et a notamment été appliquée à l'étude de l'environnement sonore urbain (Raimbault, 2002, Berglund et Nilsson, 2004). Chaque parcours était précédé de l'élaboration d'une carte mentale sonore par les participants, méthode développée par Pascal Amphoux (1991) et adaptée entre autres par Valérie Maffiolo dans sa thèse de doctorat sur l'étude du Paris sonore (1999) ;
- Et le *journal sonore*, méthode plus innovante et expérimentale, que nous avons développée comme une sorte de journal intime ou de carnet de voyage de l'habitant, dédié à ses expériences sonores quotidiennes et permettant divers modes d'expression (écriture, dessin, photographie, enregistrement audio).

En parallèle à ces méthodes d'enquête, nous avons procédé à une observation continue, à la fois distante et active durant laquelle nous avions une expérience directe des phénomènes observés, qu'il faut davantage considérer comme une pratique sociale que comme une méthode scientifique à proprement parler (Arborio et Fournier, 1999). Durant cette phase de terrain, nous étions des témoins actifs de notre objet d'étude et conscients de l'implication possible de cette situation sur notre analyse, mais l'assumons entièrement, visant plutôt l'honnêteté de restitution des propos que l'« objectivité ».

Nous devons enfin préciser que toutes ces méthodes d'enquête ont été menées en allemand (hormis quelques exceptions en anglais et en français), ce qui a bien sûr représenté un investissement supplémentaire de formalisation des protocoles, de traduction et de traitement des données. L'usage de la langue allemande a également pu entraîner un certain biais des informations recueillies, que nous avons tenté de réduire par une recherche en amont du terrain du vocabulaire germanophone approprié à notre thématique, et en diversifiant encore une fois les modes d'expression du paysage auditif.

Pour plus de clarté dans l'ensemble du texte qui suit, nous avons référencé les différents entretiens, parcours sonores et journaux sonores (ou « baluchons multisensoriels ») réalisés à Kronsberg et Vauban, selon la codification suivante :

Entretiens semi-directifs longs avec les acteurs institutionnels :

* À Kronsberg : Karin Rumming, architecte, responsable de l'environnement à la ville de Hanovre, en charge du projet de Kronsberg (K-KR) et Annegret Pfeiffer, paysagiste, responsable des paysages et des espaces verts à la ville de Hanovre, en charge du quartier Kronsberg (K-AP)
* À Vauban : Babette Köhler, paysagiste, responsable des paysages et des espaces verts à la ville de Fribourg en Brisgau, en charge du quartier Vauban (V-BK)

Entretiens exploratoires avec les habitants :

* À Kronsberg : (K-E n° de l'entretien). Ex : (K-E6)
* À Vauban : (V-E n° de l'entretien). Ex : (V-E12)

Parcours sonores avec les habitants :

* À Kronsberg : pour les parcours sonores (K-PCS n° du parcours), pour les parcours multisensoriels (K-PCM n° du parcours)
* À Vauban : (V-PCS n° du parcours)

Journaux sonores des habitants :

* À Kronsberg : pour les journaux sonores (K-JS n° du journal), pour les baluchons multisensoriels (K-BM n° du baluchon)
* À Vauban (V-JS n° du parcours)

Les différentes méthodes utilisées sont présentées de manière détaillée dans le Chapitre 3, et les terrains d'étude, les quartiers Kronsberg à Hanovre et Vauban à Fribourg en Brisgau[1], sont présentés dans le quatrième chapitre à partir de l'analyse du paysage raisonné et du paysage sonnant.

---

[1] Le choix de ces deux quartiers comme terrains d'étude est expliqué dans l'introduction du Chapitre 4.

CHAPITRE 3
ÉLABORATION DE LA DEMARCHE METHODOLOGIQUE

Avant de comprendre comment les habitants des quartiers Kronsberg et Vauban qualifient l'environnement sonore de leur quartier en relation avec leurs pratiques et cheminements quotidiens, il est nécessaire d'installer le contexte, à la fois politique, socio-économique et morphologique du quartier.

Ce troisième chapitre présente donc de manière détaillée les différentes méthodes utilisées, d'une part pour l'analyse du paysage raisonné et du paysage sonnant, respectivement ce qui a été projeté et ce qui est, et d'autre part pour l'analyse du paysage auditif ou l'ensemble des expériences sonores que les habitants de Kronsberg et Vauban entretiennent avec leur quartier.[1]

---

[1] Cette thèse a été menée en parallèle avec la recherche : « Les quartiers durables : moyens de saisir la portée opérationnelle et la faisabilité méthodologique du paysage multisensoriel ? », dirigée par G. Faburel, dans le cadre du Programme Interdisciplinaire de Recherche « Ville et Environnement » (PIRVE, financé par le PUCA et le CNRS). On y retrouve l'usage de méthodes similaires et un terrain commun : Kronsberg à Hanovre. Ce travail de recherche tend à mettre en évidence la portée opérationnelle du paysage multisensoriel comme objet d'intervention des politiques publiques dans les quartiers durables Kronsberg à Hanovre (Allemagne), BO01 et Augustenborg à Malmö (Suède) et Wilhelmina Gasthuis Terrein à Amsterdam (Pays-Bas).

1. La mise en contexte du paysage auditif ou l'analyse du paysage raisonné et du paysage sonnant

La première partie de la démarche adoptée concerne la mise en contexte du paysage auditif, soit l'étude du paysage raisonné et du paysage sonnant. L'objectif de ces analyses est de comprendre les objectifs visés en termes de durabilité, de paysage et d'environnement sonore par les acteurs des projets Kronsberg et Vauban, et de les comparer avec les réalités matérielle et sociale, ainsi que les usages de ces deux quartiers.

Figure 16. Première partie de la démarche méthodologique (Geisler, 2011)

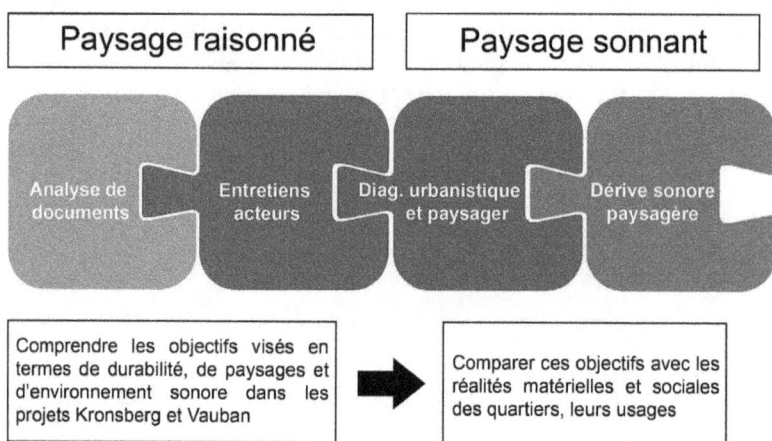

L'analyse du paysage raisonné, qui a été projeté lors de la réalisation du quartier tant en termes de développement durable que de qualité de l'environnement sonore, s'appuie sur l'analyse de documents écrits et de plans, avant et pendant le terrain, ainsi que sur des entretiens avec des acteurs institutionnels ayant participé au projet. L'analyse du paysage sonnant, ensemble des réalités matérielle et sociale du paysage sonore dans ces quartiers, s'appuie sur :

- une méthode « classique » de diagnostic urbanistique et paysager, basée sur la réalisation notamment de cartographies de données morphologiques et socio-économiques ;
- croisée avec une méthode plus sensible inspirée de pratiques de concepteurs, notamment paysagistes, la « dérive sonore

paysagère », permettant d'établir un premier constat non exhaustif de l'environnement sonore de chacun des quartiers.

1.1 Le paysage raisonné : ce qui a été projeté

L'analyse du paysage raisonné consiste à recueillir diverses informations concernant le montage du projet (contexte politique, objectifs, enjeux, etc.) à partir de sources documentaires réunies avant le terrain et récupérées sur place, ainsi que d'entretiens semi-directifs longs avec des acteurs du projet. L'objectif est d'identifier :

• le contexte de réalisation des projets Kronsberg et Vauban (socio-économique, de politique urbaine de la ville) ;
• les objectifs et principes définis en termes de développement durable, de paysage, d'ambiance et de qualité de l'environnement sonore ;
• les acteurs impliqués dans les projets ;
• les thématiques développées ;
• et les caractéristiques physiques et socio-économiques des deux quartiers.

Croiser les discours écrits et oraux d'acteurs institutionnels doit permettre de comparer les propos déjà produits et médiatisés sur les quartiers, permettant d'accéder aux représentations dominantes sur les quartiers durables Kronsberg et Vauban, avec ceux plus spontanés des entretiens qui permettent de voir ce qui est dit ou non, valorisé ou pas.

1.1.1 Recoupement des différentes sources d'information écrites

Nous avons tout d'abord rédigé une synthèse des projets Kronsberg et Vauban à partir de documents écrits de différents types et de plans, récupérés en amont du terrain et *in situ* (annexes 1 et 2) :

• des ouvrages et articles concernant la politique urbaine globale en termes de développement durable, de paysage, d'écologie et d'environnement sonore à Hanovre et Fribourg en Brisgau ;
• des ouvrages et plaquettes adressés plutôt aux acteurs de l'aménagement, expliquant les objectifs, les enjeux et les moyens utilisés lors de la conception et de la réalisation des quartiers Kronsberg et Vauban ;
• des documents plus spécifiques, abordant des détails techniques comme la gestion de l'eau ou l'efficience énergétique dans le bâtiment ;

- des ouvrages grand public, traitant dans les grandes lignes des projets ;
- des plaquettes de communication des municipalités datant de la réalisation des quartiers, destinées à informer les futurs habitants ;
- des plaquettes informatives publicitaires ou socioculturelles, récupérées dans les quartiers (événements sportifs et culturels, horaires du centre socioculturel, etc.) ;
- et des ouvrages ou articles plus critiques sur ces projets et les quartiers durables en général.

1.1.2 Entretiens semi-directifs auprès d'acteurs des projets

Par la suite, sur le terrain, nous avons mené des entretiens semi-directifs longs auprès d'acteurs de l'aménagement qui ont participé à la conception et/ou la réalisation, ainsi qu'au suivi actuel de ces quartiers. Ces entretiens avaient pour objectif de compléter nos informations sur le projet à partir des documents écrits, mais aussi de les croiser avec les informations récoltées auprès des populations. D'une durée moyenne de 1h15, ils avaient pour objectifs de :

- comprendre les terminologies associées aux notions de développement durable, quartier durable, paysage et ambiance ;
- préciser les thématiques récurrentes des projets de quartiers durables ;
- identifier le plus précisément possible les objectifs éventuels en termes de paysages, d'ambiances, de qualité de vie ou de qualité de l'environnement sonore. Il s'agissait de savoir si des réflexions sur la qualité sonore avaient été intégrées au projet ;
- enfin, comprendre les difficultés potentielles que les acteurs interrogés ont pu rencontrer en termes de prise en compte du paysage sonore dans leurs projets de quartiers durables.

Nous avons construit selon ces objectifs une grille (annexe 3) comprenant une trentaine de questions organisées en cinq thématiques (figure 17).

Figure 17. Guide de l'entretien semi-directif auprès des acteurs

Signalétique Identifier les fonctions de la personne interrogée, son ancienneté au sein de la structure ainsi qu'à son poste, et dans quelle mesure les notions de paysage et d'ambiance peuvent constituer ou non des notions directrices de son travail.
Terminologie utilisée Identifier les acceptions et définitions qu'elle donne des notions de développement durable, quartier durable, paysage et ambiance, en essayant de comprendre si et comment le paysage sonore peut participer à la qualité du cadre de vie et s'il est porté, selon eux, par une demande sociale.
Le projet, ses objectifs et ses moyens Entrer dans le détail opérationnel du projet en mettant l'accent sur ses particularités par rapport à d'autres projets urbains.
Le projet à travers le paysage, les ambiances et l'environnement sonore Détailler encore plus précisément les objectifs visés et les moyens éventuellement mis en œuvre en termes de paysages, d'ambiances et de qualité de vie, les acteurs étant relancés sur la dimension sonore du paysage et des ambiances et leur prise en compte dans le projet. Il leur était aussi demandé de décrire les enseignements tirés de ces projets.
Les difficultés pour la prise en compte du paysage sonore Identifier les difficultés rencontrées pour prendre en compte la qualité sonore dans le montage de quartiers durables, ainsi que des améliorations envisageables pour une meilleure intégration du paysage sonore dans la réalisation de projets de ce type.

Si au départ nous avions visé plus d'acteurs, notamment des paysagistes ayant participé à l'aménagement du quartier, la distance géographique de certains d'entre eux et la difficulté que nous avons eue pour retrouver des équipes constituées il y a près de vingt ans, nous ont amenés à restreindre le nombre d'entretiens.

Nous n'avons pas envoyé à l'avance les questions posées, visant la spontanéité des propos. Malgré certaines réticences vis-à-vis de cette procédure de l'une des personnes interrogées, nous avons toutefois mené comme prévu les entretiens avec :

- **Karin Rumming**, architecte de formation, chargée d'étude au département « protection de l'environnement » de la ville de Hanovre depuis 1994. Elle s'est occupée de la construction et de la planification écologiques du quartier Kronsberg dans le cadre de l'organisation de l'Exposition universelle de 2000. Aujourd'hui, elle s'attache à appliquer ce qui a été réalisé à Kronsberg, plus particulièrement en matière énergétique et de gestion de l'eau et

133

des déchets, au reste de la ville. Elle a été l'une des principales communicantes sur le projet au niveau international.

- **Annegret Pfeiffer**, paysagiste de formation, chargée d'étude au département « forêt, espaces paysagers et protection de la nature », responsable du secteur de Kronsberg. Elle coordonne l'entretien du paysage à Kronsberg, celui du *Grüne Ring* (anneau vert)[1], et un programme intitulé « plus de nature dans la ville », dont l'objectif est de renforcer la relation entre l'homme et la nature par des documents pédagogiques et des manifestations.
- **Babette Köhler**, paysagiste de formation, est chargée d'étude au département d'urbanisme de la ville de Fribourg en Brisgau depuis 2005, après avoir travaillé pendant dix ans sur le plan paysager de la ville (*Landschaftsplan*), en relation avec le plan d'occupation des sols (*Flächennutzungsplan*).

Les deux premiers entretiens ont été faits en allemand, le troisième en français. Ils apparaîtront dans le texte ou seront cités selon la codification suivante :

- Karin Rumming pour Kronsberg (K-KR) ;
- Annegret Pfeiffer pour Kronsberg (K-AP) ;
- Et Babette Köhler pour Vauban (V-BK).

1.2 Le paysage sonnant : ce qui est

L'analyse du paysage raisonné est croisée avec l'analyse du paysage sonnant. Il s'agit d'effectuer *in situ* des relevés urbanistiques « classiques », afin d'établir un constat morphologique et socio-économique des deux quartiers, et de mettre à jour les documents récupérés avant la phase de terrain. Ce diagnostic cartographique est complété par une approche plus conceptuelle, la « dérive sonore paysagère », inspirée de pratiques de concepteurs paysagistes, dont l'objectif est de faire ressortir les éléments saillants ou remarquables des paysages sonnants de ces deux quartiers, en préparation des enquêtes auprès des habitants.

---

[1] Le *Grüne Ring* (anneau vert) est un ensemble de sentiers piétonniers et cyclables de 160 kilomètres qui fait le tour de la ville de Hanovre en frange urbaine. Repérable par des signalétiques bleues (poteaux, pierres, clôtures, etc.), il permet de découvrir les paysages périurbains de la ville depuis 1998. Pour plus d'informations : www.hannover.de/region/naherholung/gruenerring/.

1.2.1 La « dérive sonore paysagère » : dépasser l'approche objectivante des relevés urbanistiques classiques

Cette approche sensible du paysage sonore nous a été inspirée par des discussions et des méthodes d'analyse du paysage utilisées par certains concepteurs. Pierre Mariétan, compositeur et pédagogue, nous avait soufflé l'idée de faire l'exercice suivant avant de nous rendre sur un lieu et de l'écouter : imaginer et décrire par l'écriture, d'après son plan sur papier, son environnement sonore. Nous avons couplé ce travail d'anticipation à une sorte d'imprégnation sonore effectuée *in situ* et inspirée de deux méthodes :

• La **dérive paysagère** d'Antoine Bailly qui consiste à se promener une ou deux heures dans un environnement, un paysage que l'on ne connaît pas et de noter ce que l'on perçoit, ce que l'on ressent sur un carnet de bord, avant de réaliser de mémoire une carte mentale de son parcours. La dérive paysagère a pour objectif de révéler la relation qui s'installe entre l'observateur et un paysage qu'il ne connaît pas. L'exercice a forcément lieu individuellement pour faciliter l'« *appréhension directe de cet environnement inconnu, de son ambiance et de sa lisibilité.* » (Bailly, 1990, p. 11).

• Et l'**analyse inventive** de Bernard Lassus (1998) qui consiste à dépasser la méconnaissance première d'un site dans le but de l'appréhender dans sa singularité et ses potentialités dans une sorte d'attention flottante. Cette démarche permet de s'imprégner du site et de ses alentours, de s'informer de l'histoire locale et de chercher des points de vue préférentiels, d'identifier les échelles visuelles et tactiles.

Le but n'est pas de réaliser un constat exhaustif de l'état de l'environnement sonore dans les quartiers étudiés, mais de dépasser l'approche « objectivante » des relevés urbanistiques classiques pour les lier plus sensiblement aux témoignages d'habitants. Il s'agit de compléter notre connaissance des quartiers par nos premières impressions auditives. L'objectif est aussi de comparer l'environnement sonore imaginé à partir de l'analyse du paysage raisonné avec le paysage sonnant *in situ,* mettant en évidence certaines incohérences éventuelles. Nous avons donc dans un premier temps rédigé un texte descriptif du paysage sonnant de Kronsberg et Vauban à partir de leurs plans et des informations recueillies lors du diagnostic précédant le terrain. Dans un second temps, nous avons, le premier jour de terrain, arpenté sans but géographique précis chacun des quartiers, durant une heure ou deux, et porté notre attention « flottante » sur nos premières impressions sensorielles, et plus particulièrement auditives. Après cette marche d'écoute, nous avons rédigé un texte exprimant ces premières impressions (annexes 5 et 6), agrémenté d'un petit plan schématique, localisant les éventuelles descriptions, ou les enrichissant (figures 44 et 61).

1.2.2 Diagnostic urbanistique et paysager thématique

Cette méthode consiste à élaborer des plans à partir des informations recueillies avant le terrain (documents écrits et plans) et de relevés effectués sur place. Cette approche « classique » utilisée généralement par les urbanistes, géographes et paysagistes a pour objectif de cartographier les données sociales, la morphologie et l'offre de services dans les quartiers étudiés, afin de spatialiser les objectifs opérationnels en matière de développement durable et leur réalité physique. Elle consiste également à mettre à jour les plans des quartiers tirés des différents documents étudiés, afin d'être au plus près de l'état morphologique, écologique et socio-économique de chaque quartier au moment de sa qualification sonore par les habitants. Les thématiques sont déterminées à partir des thèmes récurrents invoqués dans les projets de quartiers durables, à la fois urbanistiques, écologiques et sociaux (annexes 7 et 8) :

• les énergies ;
• la biodiversité et la gestion de l'eau ;
• la mobilité ;
• la mixité fonctionnelle ;
• la densité ;
• la mixité sociale ;
• les espaces publics et lieux de sociabilité.

Un dernier plan est réalisé à partir de relevés audio (enregistrements) effectués au moment de la phase de terrain, sorte de carte sonore géolocalisée permettant d'illustrer les analyses des paysages sonnants de Kronsberg et Vauban (annexes 20 et 21). Tous les plans sont agrémentés de photographies illustrant chaque thématique.

Tableau 1. Récapitulatif des méthodes d'analyse du paysage raisonné et du paysage sonnant (Geisler, 2011)

Chronologie	Paysage raisonné	Paysage sonnant
Avant le terrain	Recueillir des informations sur le montage du projet à partir de sources documentaires variées : faire un premier résumé du projet.	Recueillir des informations sur les caractéristiques physiques et socio-économiques du quartier, dégager des thématiques d'actions en termes de développement durable / Imaginer les paysages sonores de Kronsberg et Vauban à partir de leurs plans et des sources documentaires rassemblées.
Sur le terrain	Mener des entretiens auprès d'acteurs des projets. Recueillir des sources documentaires sur place.	Faire des relevés thématiques pour compléter et mettre à jour les informations recueillies avant le terrain / Prises de sons et de vues localisées / Dérive sonore paysagère : confronter la réalité avec ce qui avait été imaginé.
Après le terrain	Analyser les entretiens et dégager les grandes thématiques des projets.	Réaliser des cartes urbanistiques et paysagères thématiques / Réaliser une carte des relevés audio / Réaliser une carte de la « dérive sonore paysagère » (fig. 44 et 61).

2. Recueillir le vécu sonore des habitants : le paysage auditif

Après avoir exposé les méthodes d'analyse du paysage raisonné et du paysage sonnant, nous allons présenter la partie la plus conséquente de notre démarche méthodologique, celle menée auprès des habitants : l'analyse du paysage auditif. Le paysage auditif, tel que nous l'avons défini, englobe l'ensemble des expériences sonores (perceptions, représentations et pratiques) d'un individu ou groupe d'individus, situées et socialisées, sur un territoire donné. Pour pallier les difficultés liées à l'expression du vécu sonore, nous avons combiné trois méthodes qualitatives réalisées *in situ*, aux finalités, aux modes d'expression et aux implications différents :

- L'**entretien exploratoire semi-directif** est une méthode stabilisée par la sociologie depuis plusieurs dizaines d'années qui consiste à mener un entretien avec une personne à partir d'une grille d'entretien thématique. Suffisamment ouverte pour aborder la complexité de notre sujet, et assez construite pour permettre le croisement des données d'un entretien à l'autre, cette méthode nous a permis d'établir un premier contact avec les habitants de Kronsberg et Vauban et de cadrer les deux méthodes suivantes. Une trentaine d'entretiens semi-directifs courts et exploratoires ont été effectués dans la rue dans chacun des quartiers.

- Le **parcours sonore** est une méthode plus marginale, inspirée du parcours commenté, développé par Jean-Paul Thibaud (2001) en sociologie urbaine, croisée avec la méthode de l'itinéraire, et associée à une carte mentale. Cette méthode qui consiste à effectuer un parcours avec la personne interrogée, durant lequel elle raconte ses expériences sonores en direct, nous a permis d'inscrire dans le mouvement le vécu sonore des habitants dans une situation plus proche de leur fréquentation habituelle du quartier. Le parcours commenté permet également de mettre en relation l'espace physique pratiqué dans l'instant et l'espace imaginaire, résultat d'un processus chronologique de sédimentation de récits individuels, qui au fil du temps nourrissent une mémoire collective. 16 parcours sonores ont été effectués à Kronsberg et 10 à Vauban[1].

---

[1] En raison du partage d'un terrain commun, Kronsberg, avec le projet de recherche PIRVE sur le paysage multisensoriel, ainsi que de la proximité des méthodes utilisées pour cette étude et notre propre travail de thèse, nous avons constitué notre corpus de 9 parcours multisensoriels et 7 parcours sonores à Kronsberg (cf. 2).

- Enfin, le **journal sonore** constitue une méthode plus innovante et expérimentale, inspirée de recherches sur l'environnement sonore, de discussions informelles et des journaux intimes. Cette méthode consiste pour le participant à tenir pendant une semaine environ une sorte de carnet de voyage sonore, dans lequel il doit raconter ses expériences sonores au contact de ses cheminements et pratiques quotidiens. Elle permet de recueillir sur une durée plus longue le vécu sonore des habitants et favorise une mise en situation encore plus proche de celle de l'habitant au quotidien, puisque l'enquêteur est absent durant la tenue du journal.[1]

Figure 18. Deuxième partie de la démarche méthodologique (Geisler, 2011)

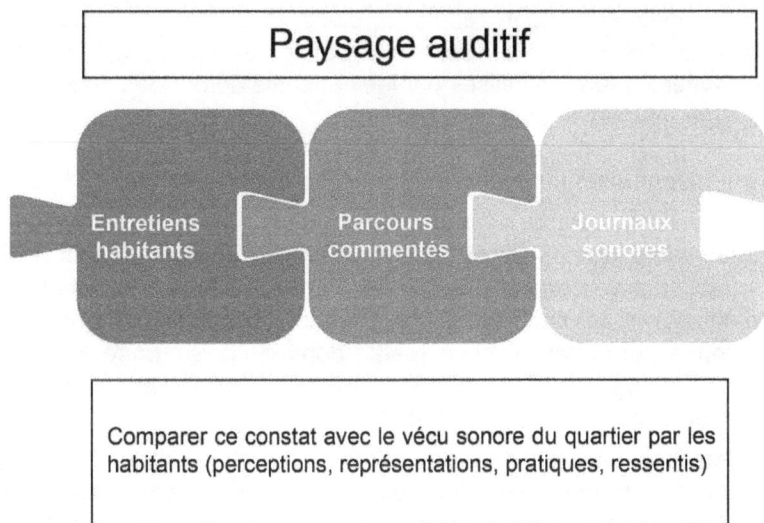

Paysage auditif

Entretiens habitants

Parcours commentés

Journaux sonores

Comparer ce constat avec le vécu sonore du quartier par les habitants (perceptions, représentations, pratiques, ressentis)

2.1 L'entretien exploratoire semi-directif pour cadrer le paysage auditif

L'entretien semi-directif est la première méthode utilisée pour l'analyse du paysage auditif dans les quartiers durables. Ce processus d'interrogation ouvert permet de cadrer les méthodes plus expérimentales du parcours et du journal sonores. Une

---

[1] De la même manière, nous avons analysé pour notre recherche 3 « baluchons multisensoriels » communs au projet de recherche PIRVE et 2 journaux sonores à Kronsberg (cf. 2.3).

trentaine d'entretiens ont été menés dans la rue auprès des habitants de chacun des quartiers afin de compléter les informations déjà recueillies, de connaître la population et de commencer à identifier les liens sensibles tissés entre les habitants et leur quartier.

2.1.1 Choix du type d'entretien et préparation du protocole

Notre choix s'est porté sur l'entretien semi-directif pour sa souplesse et l'ouverture de ses questions, adaptées à la complexité de notre objet d'étude. L'objectif de ces entretiens est surtout d'établir un premier contact avec les habitants de Kronsberg et Vauban, de cadrer la suite de l'étude et de faire évoluer si nécessaire les méthodes d'investigation suivantes (le parcours et le journal sonores). Il s'agit notamment de vérifier les données déjà récoltées à partir des documents écrits et plans récupérés en amont du terrain, et des relevés et observations effectués sur place, ainsi que d'identifier les termes utilisés par les habitants autour des notions de paysage, ambiance et quartier durable.

2.1.1.1 L'entretien semi-directif : entre liberté et directivité

Avant de nous lancer dans l'utilisation d'outils plus expérimentaux ou innovants, il nous fallait d'abord établir un premier contact avec les habitants de chacun des quartiers et recueillir des informations préalables à la finalisation des méthodes suivantes que seul l'entretien permettait. Il nous restait donc à choisir entre les trois grandes catégories d'entretiens classiques, différenciés selon leur degré de directivité (Ghiglione et Matalon, 1998) :

- l'**entretien directif** (ou standardisé), le plus utilisé dans les enquêtes de marketing dont les caractéristiques principales sont la standardisation des questions, posées selon un ordre défini à l'avance, et l'obtention de réponses concises et fermées ;
- l'**entretien non directif** (ou libre) utilisé plus particulièrement par la psychanalyse qui implique l'effacement de l'enquêteur et permet une grande liberté de discours à la personne interrogée, s'adaptant pour le mieux aux récits de vie et introduit le plus souvent par une question générale ;
- et à mi-chemin de chacun, l'**entretien semi-directif**, processus d'interrogation plus souple, qui par des questions ouvertes, oriente la personne interrogée sur des thématiques prédéfinies.

En raison de la complexité de notre objet d'étude et étant donné que nous ne visons pas de résultats statistiques, mais qualitatifs, nous avons opté pour l'entretien semi-directif. En effet, il installe un rapport plus équilibré entre l'enquêteur et l'enquêté. L'information est plus complexe, détaillée et ouverte que celle recueillie lors d'un entretien directif, mais tout de même orientée autour de thématiques précises.

2.1.1.2 Les objectifs de l'entretien : cadrer la suite de l'enquête

L'objectif de cette première série d'entretiens menés auprès des habitants de Kronsberg et Vauban était d'établir un premier contact avec eux, de commencer à vérifier les informations obtenues lors du diagnostic à distance et du diagnostic urbanistique et paysager, et d'adapter les méthodes d'enquête suivantes en fonction des informations recueillies. Nos objectifs étaient alors de :

- collecter des informations sur la personne interviewée et sur sa trajectoire résidentielle afin d'évaluer son ancrage dans le quartier ;
- rassembler des données sur le quartier et le projet en complément de la lecture de documents et du diagnostic urbanistique et paysager ;
- identifier les termes et le vocabulaire utilisés par les habitants autour des notions de paysage, d'ambiance et de quartier durable. Il semblait en effet nécessaire, avant d'interroger de manière frontale les habitants sur le paysage sonore de leur quartier, de connaître leurs propres définitions du paysage et de l'ambiance afin de pouvoir, d'une part comparer celles-ci aux nôtres, et d'autre part cerner leurs discours par rapport à notre objectif de qualification du paysage sonore et notre définition de ce dernier ;
- et enfin, identifier les liens sensibles tissés entre les habitants et leurs quartiers, ainsi que la manière dont ils les qualifient et les apprécient en termes de paysages et d'ambiances. L'objectif étant de distinguer les lieux et les éléments de ces quartiers qui ont une dimension symbolique ou sont pratiqués par l'ensemble des habitants, et ceux qui ont une dimension expérientielle plus personnelle, puis de voir en quoi les valeurs données à ces lieux ou éléments ont un rapport avec le paysage, et plus précisément le paysage sonore.

Nous avons à partir de ces objectifs élaboré un guide d'entretien à la fois suffisamment souple, et structuré, en quatre parties (figure 19). Ce guide a permis d'élaborer une grille d'entretien composée d'une vingtaine de questions, qui ont pu évoluer au fur et à mesure de l'enquête et des participants (annexe 9). À ces questions était ajoutée la photocopie d'un plan de ville comprenant le quartier sur lequel il était demandé aux personnes interrogées de tracer les limites de leur quartier (annexes 10 et 11). L'objectif était de voir si les limites des quartiers tels qu'ils ont été planifiés et construits coïncident avec celles l'espace vécu représenté par les habitants de Kronsberg et Vauban.

Figure 19. Guide de l'entretien semi-directif auprès des habitants (Geisler, 2009)

Signalétique de la personne interrogée
Genre
Âge
Catégorie socioprofessionnelle
Trajectoire résidentielle
Lieu de résidence précédent
Lieu de résidence actuel
Mode d'occupation du logement
Durée d'installation dans le quartier
Raisons du choix de l'installation
Représentations, vécu et pratiques
Délimitation du quartier
Endroits appréciés dans le quartier
Parcours fréquents et préférés
Terminologie, sens du paysage, de l'ambiance et de la durabilité
Définition du paysage et description de ceux du quartier
Définition de l'ambiance et description de celles du quartier
Définition du quartier durable et qualification de la durabilité
Symboles du quartier

2.1.2 Le déroulement des entretiens

Une trentaine d'entretiens ont été menés en allemand (pour quelques-uns en anglais ou en français) dans chacun des quartiers, le contact s'établissant directement dans la rue en cherchant la diversité des personnes interrogées, selon leur âge, genre et catégorie socioprofessionnelle, dans la mesure du possible.

2.1.2.1 L'attitude d'écoute de l'enquêteur

L'enquête était introduite auprès des habitants comme une enquête sur la qualité du cadre de vie afin d'élargir le plus possible notre sujet et d'influencer le moins possible leurs réponses. Bien que l'ordre des questions dans le cadre d'entretiens semi-directifs est élaboré de manière à aborder les sujets des plus simples aux plus pointus, sur le modèle de l'entonnoir (pour que la personne interrogée soit progressivement immergée dans l'objet de la recherche), leur ordre peut varier en fonction de la tournure de l'entretien. En effet, les questions étaient uniquement posées si la personne interrogée n'y avait pas déjà fait allusion ou pour la relancer dans le but d'obtenir plus de précisions.

Si l'usage d'un dictaphone nous aurait permis de conserver des informations plus précises quand à l'attitude des personnes interrogées durant l'entretien, nous avons préféré, également pour ne pas perturber celles-ci, ne pas en utiliser. Nous prenions simplement des notes rapides. Nous avons abordé directement les habitants de Vauban et Kronsberg dans la rue, dans leurs quartiers respectifs. D'une part, ils étaient « chez eux », donc en terrain connu, entourés de personnes familières, ce qui était plus rassurant pour eux, et d'autre part les entretiens étaient menés dans l'environnement sur lequel portaient en partie les questions. Lorsque les personnes étaient réticentes ou occupées, nous leur proposions un rendez-vous dans les jours qui suivaient.

2.1.2.2 Les personnes interrogées : la diversité plutôt que la représentativité

Une démarche d'enquête qualitative favorise le recueil d'infor-mations de qualité, mais limite forcément le nombre de personnes interrogées. Bien que le temps imparti aux entretiens sur place n'ait été en moyenne que de 18 minutes (variant de 10 à 50 minutes), il fallait penser au traitement ultérieur conséquent de leur contenu (sachant qu'il ne s'agit ici que d'une des méthodes utilisées). Si nous nous étions au départ basés sur une quarantaine d'entretiens, nous avons revu à la baisse cet objectif à 30 entretiens par quartier, voyant déjà apparaître sur le terrain des informations récurrentes à partir de 20-25 entretiens. Et comme nous ne cherchions pas la représentativité mais la diversité, ce nombre était suffisant pour percevoir les similitudes et les divergences entre les différents discours. Nous avons donc effectué 29 entretiens dans la rue à

Kronsberg du 7 au 10 mai 2009 entre 10h00 et 19h00 et 30 entretiens à Vauban du 20 au 28 novembre 2009 entre 10h00 et 18h00.

Figure 20. Localisation des entretiens menés dans la rue à Kronsberg (Geisler, 2010)

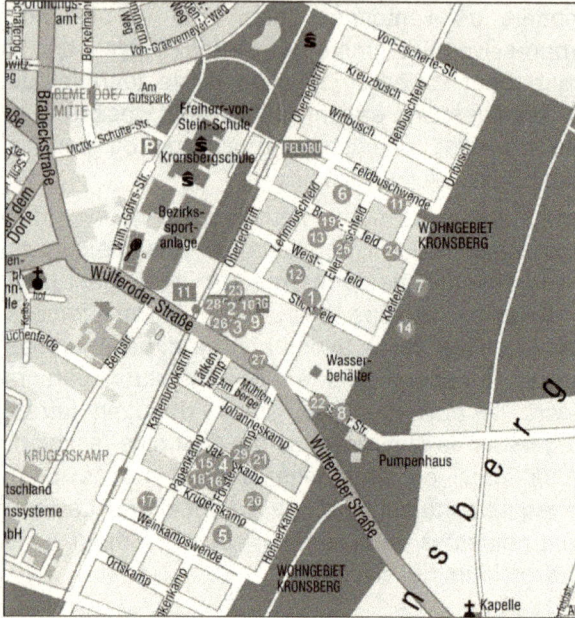

Figure 21. Localisation des entretiens menés dans la rue à Vauban (Geisler, 2010)

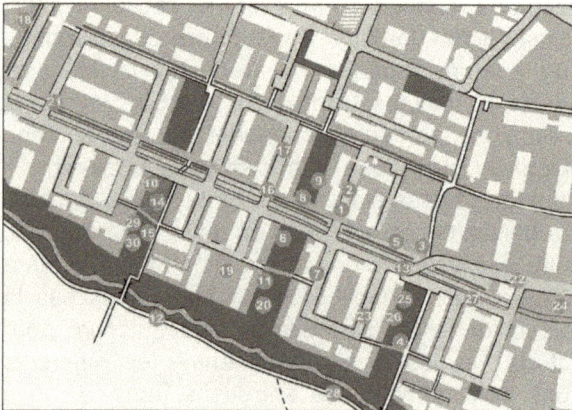

Tableau 2. Personnes interrogées à Kronsberg (Geisler, 2010)

N°	Genre	Âge	Activité	Durée de résidence	Origine résidentielle	Origine
1	F	62	Employée dans l'administration	8	Hanovre	Allemande
2	F	34	Femme au foyer	*USAGÈRE*		Russe
3	H	48	Enseignant vacataire	8	Autre région d'Allemagne	Russe
4	F	34	Femme au foyer	10	Suisse	Allemande
5	F	37	Femme au foyer	11	Quartier proche	Allemande
6	H	44	Électricien	8	Hanovre	Allemande
7	F	57	Retraitée	8	Quartier proche	Allemande
8	H	50	Soudeur	10	Hanovre	Polonaise
9	F	68	Retraitée	8	Hanovre	Allemande
10	H	55	Menuisier	9	Hanovre	Allemande
11	F	47	Éducatrice spécialisée	10	Quartier proche	Allemande
12	H	50	Indépendant	8	Hanovre	Iranienne
13	F	40	Vendeuse agence de voyage	8	Autre région d'Allemagne	Allemande
14	F	50	Caissière	10	Hanovre	Iranienne
15	H	25	Sans emploi	4	Hanovre	Allemande
16	H	43	Employé dans l'administration	9 mois	Quartier proche	Allemande
17	F	33	Femme au foyer	5	Hanovre	Polonaise
18	H	26	Indépendant	10	Hanovre	Iranienne
19	F	45	Secrétaire	10	Hanovre	Allemande
20	F	26	Commerciale	3	Hanovre	Allemande
21	F	27	Femme au foyer	2	Autre région d'Allemagne	Polonaise
22	F	42	Femme au foyer	10	Hanovre	Allemande
23	H	23	Travailleur social	*USAGER*		Africaine
24	H	36	Musicien et écrivain	1	Quartier proche	Africaine
25	H	31	Étudiant en stylisme	8	Hanovre	Africaine
26	F	16	Lycéenne	*USAGÈRE*		Allemande
27	F	18	Lycéenne	14	Hanovre	Allemande
28	H	32	Indépendant	4	Hanovre	Allemande
29	H	42	Pensionnaire handicapé	6	Hanovre	Allemande

Tableau 3. Personnes interrogées à Vauban (Geisler, 2010)

N°	Genre	Âge	Activité	Durée de résidence	Origine résidentielle	Origine
1	H	58	Retraité	2 mois	Fribourg	Allemande
2	F	62	Professeur de musique	10	Fribourg	Allemande
3	F	20	Étudiante en pédagogie	1 mois	Berlin	Allemande
4	F	33	Assistante sociale	*USAGÈRE*		Allemande
5	H	52	Kinésithérapeute	*USAGER*		Allemande
6	F	38	Rédactrice	3	Rieselfeld	Allemande
7	H	50	Maître de conférences	10	Fribourg	Allemande
8	F	45	Employée au parc d'aventures	17	Dans la région	Allemande
9	H	40	Frigoriste	*VISITEUR*		Française
10	F	36	Dans l'événementiel	*USAGÈRE*		Française
11	F	50	Retraitée	11	Fribourg	Allemande
12	F	44	Psychothérapeute	10	Fribourg	Allemande
13	F	48	Libraire	2	Dans la région	Allemande
14	F	28	Professeur en école maternelle	5	Fribourg	Allemande
15	F	32	Psychologue	4	Fribourg	Allemande
16	F	37	Musicienne	5	Fribourg	Allemande
17	H	50	Architecte	10	Fribourg	Allemande
18	H	36	Architecte	6	Autre région d'Allemagne	Allemande
19	F	39	Femme au foyer	7	Fribourg	Allemande
20	H	43	Menuisier	16	Fribourg	Allemande
21	H	34	Fonctionnaire de police	4	Fribourg	Allemande
22	H	35	Étudiant en environnement	*USAGER*		Allemande
23	F	57	Psychologue	10	Fribourg	Allemande
24	H	20	Étudiant	3 mois	Washington	Américaine
25	H	43	Biologiste	*USAGER*		Allemande
26	F	40	Assistante sociale	*USAGÈRE*		Allemande
27	H	54	Biologiste	11	Fribourg	Allemande
28	F	32	Graphiste	*USAGÈRE*		Allemande
29	H	36	Maître de conférences	4	Berlin	Allemande
30	F	22	Éducatrice	3	Fribourg	Allemande

Nous avons ensuite abordé avec le moins d'a priori possible les personnes croisées dans la rue. L'expérience de la prise de contact direct dans l'espace public nous a montré que nous avions au départ tendance à nous adresser à des personnes qui semblaient ouvertes et disponibles, souvent seules (assises sur un banc, en train de se promener, etc.). Mais il s'est avéré que parfois ce sont les personnes qui on l'air les plus pressées et les plus occupées qui sont les plus réceptives à une enquête. Si nous visions en priorité les habitants résidant dans le quartier, nous avons toutefois recueilli les témoignages de quelques usagers et visiteurs (encadré 3), considérant qu'ils pouvaient apporter des informations complémentaires.

Tableau 4. Répartition des entretiens par âges et genres (Geisler, 2010)

Âge	Kronsberg			Vauban		
	Femmes	Hommes	Total	Femmes	Hommes	Total
Moins de 20 ans	2	0	2	0	0	0
20 à 39 ans	6	5	11	10	5	15
40 à 59 ans	6	8	14	6	8	14
60 à 74 ans	2	0	2	1	0	1
75 ans et plus	0	0	0	0	0	0
TOTAL	16	13	29	17	13	30

Bien que nous ne visions pas la représentativité, nous avons cherché à équilibrer nos échantillons d'habitants en fonction de leur genre et de leur âge. À Kronsberg, sur 29 entretiens, 16 ont eu lieu avec des femmes et 13 avec des hommes, et à Vauban 17 avec des femmes et 13 avec des hommes.

Nous avons également cherché à couvrir au maximum l'étendue de notre investigation, et effectué nos prises de contacts dans l'ensemble du quartier. Notre approche directe dans la rue ne permettait pas un échantillonnage selon les catégories sociopro-fessionnelles. Toutefois, après avoir comparé les activités des personnes interrogées et les données démographiques que nous avons pu récupérer à travers la lecture de documents sur les quartiers et les entretiens menés avec les acteurs institutionnels, nous avons pu constater que notre échantillon recouvrait la mixité sociale de chacun des quartiers (plus ou moins forte selon le quartier). À savoir qu'à Kronsberg, nous avons pu avoir des entretiens avec des personnes de classes sociales variées, avec toutefois une majorité de classes moyennes, et à Vauban plutôt avec des personnes issues de classes sociales aisées.

Tableau 5. Répartition des entretiens par catégories sociopro-fessionnelles (Geisler, 2010)

Catégories socioprofessionnelles	Kronsberg	Vauban
Artisans, commerçants, chefs d'entreprises	4	2
Professions intellectuelles supérieures	1	10
Professions intermédiaires	3	9
Employés	6	3
Ouvriers	2	0
Retraités	3	2
Autres inactifs, étudiants	10	4
TOTAL	**29**	**30**

À Kronsberg, sur les 29 personnes interrogées dont 3 ne résidant pas dans le quartier, 3 seulement sont propriétaires d'une maison, la très grande majorité louant un appartement. Il faut préciser que près de 90 % des logements à Kronsberg sont des logements sociaux. À Vauban, sur les 30 personnes interrogées dont 8 ne résidant pas dans le quartier (mais 7 sur les 8 le pratiquant de manière hebdomadaire), 12 sont propriétaires et 10 sont locataires. À Kronsberg comme à Vauban, les habitants viennent en très grande majorité de Hanovre (21 sur 26) et Fribourg en Brisgau (16 sur 22), et quelques-uns du reste de l'Allemagne. À Kronsberg, la majorité des personnes interrogées habite le quartier depuis 8 à 10 ans, ce qui coïncide avec la construction des premiers appartements. À Vauban, la répartition est plus mitigée, avec une majorité des habitants vivant à Vauban depuis 4 à 10 ans (14 sur 22) et 2 habitant le quartier depuis plus de 12 ans.

Cette approche directe des habitants dans la rue entraîne bien sûr un certain nombre de refus et donc un investissement sur le terrain plus long. Mais il permet une entrée en matière rapide, sans passer par une phase de prise de contact laborieuse (par téléphone par exemple), surtout lorsqu'on ne connaît pas le quartier et que l'on n'a jamais eu de contact avec sa population avant le terrain.

2.2 Le parcours sonore ou le vécu auditif en mouvement et sur le vif

Le parcours sonore vient compléter l'entretien semi-directif dans le sens où il propose une mise en situation plus proche des pratiques quotidiennes de l'habitant, notamment par la situation du corps en mouvement, et qu'il met en exergue l'instantanéité de la perception sonore, tout en faisant appel à la mémoire et aux représentations du quartier. Ce type de méthode d'enquête déambulatoire inspirée du parcours commenté, bien qu'encore assez marginal, a déjà fait ses preuves dans plusieurs travaux d'analyse du vécu sonore, et plus largement multisensoriel en milieu urbain (Augoyard, 1979 ; Thibaud, 2001 ; Petiteau et Pasquier, in Thibaud et Grosjean, 2001).

Kronsberg étant le terrain commun au projet de recherche PIRVE et à notre propre travail de recherche, nous avons effectué des parcours sonores et des parcours multisensoriels de manière simultanée sur place. Nous nous sommes rendus compte que la quantité et la qualité d'informations recueillies sur les perceptions sonores et visuelles semblaient identiques pour les parcours multisensoriels et pour les parcours sonores. Devant à la fois gérer une présence courte sur place, ainsi que la difficulté à trouver des participants pour les parcours, nous avons favorisé la tenue des parcours multisensoriels plutôt que sonores, retournant cette difficulté de terrain à notre avantage pour en profiter et comparer les variations de protocoles[1] de ces deux méthodes, ainsi que leur efficacité respective. Si nous nous étions au départ fixé 10 parcours sonores par quartier, nous avons donc finalement effectué 9 parcours multisensoriels et 7 parcours sonores à Kronsberg, et 10 parcours sonores à Vauban.

On retrouvera dans le texte les références à ces parcours selon la codification suivante :

- À Kronsberg : pour les parcours sonores (K-PCS1 à K-PCS7), pour les parcours multisensoriels (K-PCM8 à K-PCM16).
- À Vauban : (V-PCS1 à V-PCS10).

---

[1] Si lors du parcours sonore, il était demandé aux personnes interrogées de dessiner une carte mentale sonore de leur quartier avant d'effectuer le parcours à proprement parler, lors du parcours multisensoriel, il leur était simplement demandé de situer sur un plan les lieux représentatifs du quartier d'un point de vue sensoriel.

Encadré 3 L'habitant (résident et usager) et le visiteur

Sans entrer dans le débat autour de la notion de l'« habiter » (voir à ce propos Paquot, Lussault et Younès (dir.), 2007), nous définissons le statut que nous donnons à l'habitant dans cette étude.

Tout d'abord, habiter n'est pas seulement résider : *« Le verbe « habiter » est riche [...] Son sens ne se limite aucunement à l'action d'être logé, mais déborde de tous les côtés de l' « habitation » et de l' « être », au point que l'on ne peut penser l'un sans l'autre »* (Paquot, 2005, p. 113).

Maurice Le Lannou proposait déjà dans les années 1950 une nouvelle géographie qui serait la *« science de l'homme-habitant »*, étudiant les multiples relations entre les hommes et les lieux où ils vivent. Ces relations délimitent son enracinement culturel, relation privilégiée qui n'exclut pas d'autres échelles spatiales correspondant à un ensemble d'activités (Berthemont et Commerçon, 1993). Heidegger disait aussi que l'habitant a un rapport poétique au Monde qui va au-delà de se loger, qui est un simple acte fonctionnel (Lévy et Lussault (dir.), 2003). En outre, l'espace vécu par l'habitant dépasse donc l'espace privé. En effet, *« que veulent les êtres humains, par essence sociaux dans l'habiter ? Ils veulent un espace souple, appropriable, aussi bien à l'échelle de la vie privée qu'à celle de la vie publique, de l'agglomération et du paysage »* (H. Lefebvre cité par Lussault, in Paquot, Lussault et Younès (dir.), 2007, p. 41).

L'habitant n'est donc pas réduit ici au résident. Il intègre toutes les personnes qui pratiquent de manière régulière le quartier, qu'elles soient résidentes (c'est-à-dire que leur logement est situé dans le quartier mais qu'elles n'y travaillent pas forcément) ou usagers (ceux qui pratiquent le quartier de manière quasi-quotidienne, y travaillent, viennent y faire leurs courses, amener leurs enfants à l'école, s'y promener, mais n'y résident pas), en bref ceux qui par leur expérience courante du lieu développent des pratiques quotidiennes socialisées et un attachement particulier à ce quartier.

Le visiteur quant à lui est toute personne qui pratique le quartier de manière occasionnelle, que ce soit dans une perspective touristique ou familiale. Il peut développer certaines sensibilités, certaines attaches au lieu, mais ne le pratique pas quotidiennement et n'y est donc pas autant impliqué que l'habitant.

2.2.1 La complémentarité de la carte mentale et du parcours sonore

Pour la deuxième étape de l'étude du paysage auditif, nous avons couplé deux méthodes complémentaires que nous avons adaptées à notre problématique : la carte mentale ou image cognitive, et le parcours sonore.

2.2.1.1 La carte mentale comme déclencheur distancié du discours[1]

La carte mentale consiste à faire dessiner, le plus souvent à des habitants, une carte de leurs espaces perçus et pratiqués, partant de l'idée que « *[...] ni les caractéristiques des individus, ni celles du milieu physique ne peuvent expliquer séparément les représentations spatiales, car c'est à la jonction de ces deux entités qu'elles sont générées.* » (Ramadier, 2003, p. 178). Explorée par des géographes et urbanistes anglo-saxons, elle a surtout été retransmise par Kevin Lynch (1960) à travers son ouvrage *L'image de la cité* dans lequel il l'a codifiée et en a formalisé le protocole d'utilisation. Les travaux de K. Lynch ont permis de montrer l'importance du point de vue des populations face à celui des concepteurs et des décideurs pour penser l'espace urbain et orienter les projets d'aménagement futurs. Bien que cette méthode ait été sujette à débat, notamment parce que les résultats obtenus peuvent parfois faire l'objet d'interprétations abusives, elle est considérée comme « *un point de départ solide et valide* » pour comprendre les perceptions et les représentations de l'environnement, basées sur les rapports que les individus entretiennent avec les espaces et les territoires (Uzzell et Romice, 2003). C'est un point de départ, car elle est généralement complétée par un entretien, afin de dépasser l'aspect descriptif de la représentation cognitive, et d'aller vers une analyse plus approfondie des comportements et pratiques des habitants. Dans notre cas, la carte mentale sert surtout d'amorce au parcours sonore, le dessin permettant de dépasser la difficulté à parler du son, ou du moins à le représenter (Amphoux, 1993). Cette représentation cognitive distanciée permet selon nous de déclencher par la suite le discours de la personne interrogée lors du parcours.

La représentation cognitive qu'implique la carte mentale a permis de coder et de simplifier l'aménagement de notre environnement spatial (Kitchin, 1994), et ce à différentes échelles, que ce soit celle d'une salle de classe, d'un quartier ou d'une ville, pouvant aller de la représentation de l'espace personnel à des espaces plus éloignés (Ramadier, 2003). Il est aujourd'hui convenu que la représentation cognitive obtenue est de double nature : à la fois analogique comme le défendent les associationnistes (Kosslyn & Pomerantz, cités par

---

[1] En ce qui concerne les parcours multisensoriels, cette partie de la méthode était remplacée par la situation d'éléments sensoriels ou de lieux représentatifs du quartier d'un point de vue sensoriel sur un plan.

Ramadier, 2003) et conceptuelle (ou propositionnelle) comme le défendent les béhavioristes (Pylhyshyn, cité par Ramadier, 2003). Ce double codage montre que ces deux modes de représentation de l'espace s'enchevêtrent. En effet, ils s'appuient, soit sur l'expérience perceptive de l'environnement et se réfèrent à des objets ou des événements concrets (« après le magasin de vélo, prenez à droite la petite ruelle pavée, puis... »), soit sur une expérience langagière et symbolique (« il se situe au nord-ouest de la ville, rue de l'Oreille »).

Le « décodage » de ces cartes peut se faire selon Kevin Lynch (1960) à partir de cinq éléments descriptifs plus ou moins prédominants selon la personne interrogée :

- **les voies**, le long desquelles l'individu se déplace plus ou moins habituellement (rues, allées piétonnières, canaux, etc.) ;
- **les limites**, éléments linéaires qui ne sont pas des voies et marquent des frontières ;
- **les quartiers**, en tant que parties de la ville ;
- **les nœuds**, points ou lieux stratégiques d'une ville, expérimentés par l'individu qui peuvent être des points de connexion (du réseau de transports par exemple) ou de rassemblement lorsqu'ils concentrent certaines fonctions ou certaines caractéristiques physiques ;
- **les points de repères**, qui sont des points externes à l'espace pratiqué par l'individu, des objets éloignés dont la nature est d'être vu et dont le caractère est essentiellement fonctionnel ou symbolique.

Gärling *et al.* (1984) ajoutent à ces éléments d'analyse les relations sociales qui existent entre les différents lieux représentés, qui peuvent être soit de l'ordre de l'inclusion, soit d'ordre métrique (distance et direction), soit encore de proximité par rapport à un autre lieu.

Pascal Amphoux (1993) a adapté la carte mentale à la problématique sonore, mettant toutefois en avant que la lisibilité sonore diffère de la lisibilité visuelle : les rapports notamment de limites, d'inclusion ou de proximité diffèrent selon que la modalité sensorielle utilisée est visuelle ou auditive (chapitre 2. 2.2.2). Cependant, la carte mentale sonore permet d'observer sur un échantillon d'habitants les redondances de certains éléments sonores ou lieux particuliers, et permet d'introduire le choix d'un parcours représentatif des caractéristiques sonores du quartier et le discours de la personne enquêtée durant le cheminement effectué. Cette cartographie distanciée permet également de mettre en relation les informations obtenues lors des entretiens semi-directifs dans la rue et lors de l'expérience sonore dynamique et située du parcours sonore.

Figure 22. Carte mentale du parcours sonore n°1 à Vauban (V-PCS1)

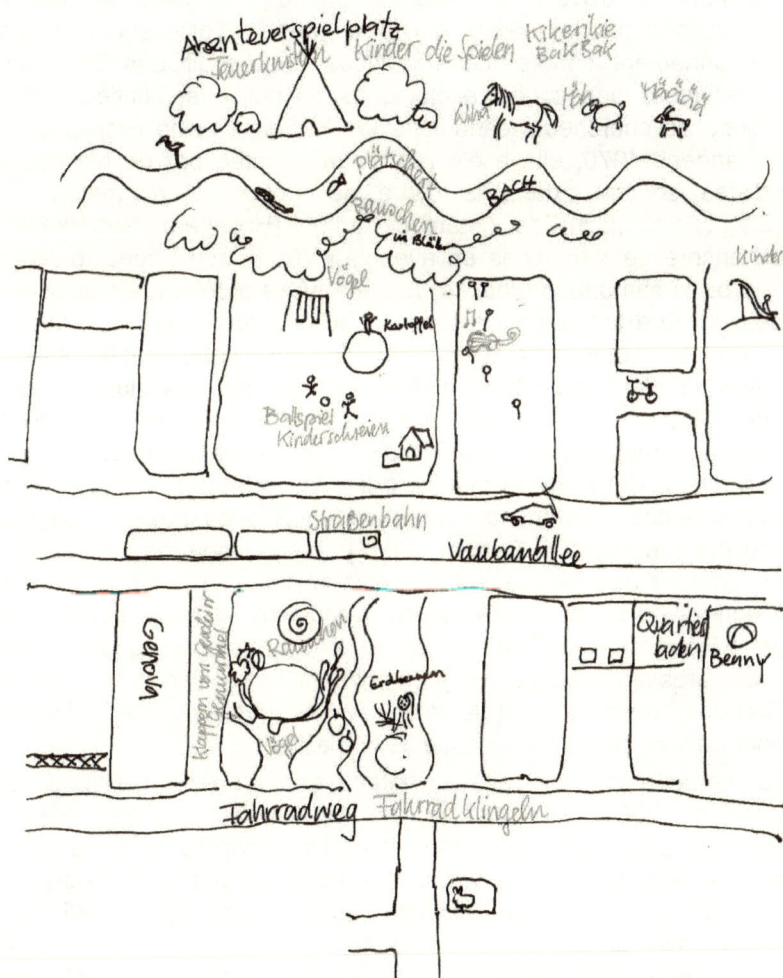

2.2.1.2 Le parcours sonore, récit de vie dynamique en contexte

Nous avons ensuite utilisé une adaptation du parcours commenté développé par Jean-Paul Thibaud du CRESSON, également inspiré du *soundwalking* (littéralement « marche sonore ») ou de la méthode des itinéraires.

Le *soundwalking* est une pratique de recherche et de création qui implique une écoute attentive (et parfois l'enregistrement) en marchant à travers un lieu déterminé (Mc Cartney, 2011). Préoccupée par la relation qui existe entre le promeneur et son environnement sonore, cette pratique peut avoir des intentions esthétiques, didactiques, écologiques ou politiques. Initiée par le groupe de chercheurs canadiens *World Soundscape Project* dans les années 1970, elle a été reprise et adaptée par de nombreux artistes sonores, dans le cadre de « marches magnétiques » (Christina Kubisch), de « marches radio » (Hildegard Westerkamp) ou encore de « marches en aveugle » (Francisco Lopez) dans la ville ou la campagne (chapitre 2. *1.2.1*). Ces promenades auditives peuvent être faites individuellement ou en groupe, et enregistrées ou non. Si certaines de ces promenades ont uniquement un objectif artistique, d'autres sont organisées dans des territoires quotidiens et effectuées par des « autochtones » dans un objectif d'évaluation de l'environnement sonore, afin de mettre en relief les enjeux locaux qu'il révèle. À travers la marche ordinaire, le *soundwalking* met en évidence des événements sonores, des pratiques et des processus souvent ignorés (Mc Cartney, 2011). La pratique de l'écoute en marchant a une longue histoire dans la philosophie de la marche (Thoreau, 1862) et a été mise en avant dans le travail doctoral de Jean-François Augoyard (1979) sur le cheminement quotidien en milieu urbain, et plus particulièrement dans le quartier de l'Arlequin à Grenoble, dans lequel il se réfère aux témoignages des habitants pour développer une rhétorique de la marche.

La méthode des itinéraires (Petiteau et Pasquier, in Thibaud et Grosjean, 2001), également basée sur la marche, a été mise au point elle aussi dans les années 1970. Non adaptée au domaine du sonore, elle a été l'une des premières méthodes à considérer le discours des habitants comme aussi valide que celui des « experts » dans la réflexion sur l'espace urbain et son aménagement. En effet, elle suppose que « *la parole de quelqu'un, si elle interroge ses propres références, est une analyse en tant que telle dont la valeur et la cohérence ont autant de pouvoir et d'intérêt que celles de n'importe quel spécialiste* » (Petiteau et Pasquier, in

Thibaud et Grosjean, 2001, p. 63) et affirme que la lecture de l'espace public ne peut pas être dissociée de la notion de parcours. Tout comme pour le parcours commenté et le *soundwalking*, elle implique le mouvement du corps en immersion dans l'environnement physique et une action à la fois perceptive et cognitive.

La méthode du parcours commenté a pour objectif de mettre à jour les qualités sensorielles des espaces publics de l'habitat à travers l'expérience sensible de leurs trajets quotidiens. Il consiste à accompagner un individu ou un groupe d'individus, souvent des concepteurs, en leur demandant de verbaliser les sensations éprouvées, d'indiquer les choix opérés et de préciser la nature des différents lieux traversés.

Les parcours commentés (Thibaud, 2001) reposent sur trois hypothèses centrales :

- **l'impossibilité d'une position de surplomb du chercheur**. L'observation phénoménologique doit être contextualisée, réalisée *in situ*, car la perception doit être rapportée aux qualités propres du site étudié. Ce qui est analysé n'est ni la perception du sujet seul, ni l'objet environnement, mais bien le couple sujet/objet. Il s'agit de « passer d'une description savante et distanciée à une description ordinaire et engagée » (Thibaud, 2001 p. 82) ;

- **l'entrelacs du dire et du percevoir**. La tradition philosophique occidentale tend à opposer le sensible et l'intelligible, avec d'un côté le percept et l'autre le concept. Des approches contemporaines défendent au contraire l'hypothèse qu'il existe des liens étroits entre ces deux registres (P. Ricoeur, M. Foucault). Le sensible est alors considéré comme « embrayeur de parole » (Thibaud, 2001). La relation est directe entre les manières de décrire et les manières de percevoir ;

- et **l'inévitable « bougé » de la perception**. Que ce soit en phénoménologie (E. Straus, 1935 ; M. Merleau-Ponty, 1945) ou en écologie de la perception (Gibson, 1986), il a été montré que la perception ne pouvait pas être dissociée du mouvement.

La mise en contexte, tant écologique que pragmatique de ces méthodes, favorise la mise en discours de perceptions, de représentations et de pratiques quotidiennes, la personne interrogée articulant ses références personnelles avec les pratiques sociales repérables dans l'espace. Cette action simultanée du percevoir et du dire est due en partie à la réactivation de la mémoire en contexte. Et ce n'est pas uniquement l'acte de marcher qui permet cette réactivation, mais l'immersion du corps dans l'environnement. David Howes invoque à ce propos la notion d'« *emplacement* » qui suggère l'interrelation sensible du corps, de l'esprit et de l'environnement qui va au-delà de l' « *embodiment* » qui implique uniquement l'intégration de l'esprit et du corps (Howes, 2005).

La grille d'analyse utilisée par Jean-Paul Thibaud (2001) est basée sur la redondance des contenus et la diversité des registres de descriptions, qu'il s'agisse d'associations spatio-temporelles (ex : hall de gare, piscine, etc.), de transitions perceptives (ex : c'est plus clair, c'est plus calme, etc.), du champ verbal de l'apparence (ex : contraster, émerger, se détacher) ou encore de formulations descriptives (j'hésite, je suis attiré par..., je lève la tête, etc.).

Notre adaptation de la méthode du parcours commenté, le parcours sonore, est aussi inspirée de celle du *soundwalking* et de la méthode des itinéraires faisant appel au récit de vie : elle s'adresse uniquement aux habitants des quartiers étudiés et est pratiquée par un seul habitant accompagné de l'enquêteur. Notre objectif était moins de décrire de manière précise les différentes séquences sonores au moment présent de la marche que de déclencher le discours situé de l'individu vis-à-vis de perceptions sonores ordinaires en des lieux donnés, répétées et socialisées, discours basé sur le moment présent, mais aussi la mémoire d'expériences passées, voire d'une projection future.

2.2.2 Le déroulement des parcours

Accostés dans la rue pour la majorité, et après une prise de rendez-vous, chaque participant avait pour consigne de dessiner une carte mentale sonore de son quartier en y distinguant les éléments et les lieux sonores représentatifs de ce dernier, de choisir un parcours nous permettant de traverser ces lieux ou de percevoir ces éléments, puis de répondre à quelques questions destinées à préciser ou compléter son discours.

2.2.2.1 Le protocole : carte mentale, parcours et entretien court

Comme pour les entretiens semi-directifs menés quelques mois auparavant, l'enquête a été introduite auprès des habitants comme une étude sur la qualité du cadre de vie.

Avant le parcours, il leur était demandé de dessiner la carte mentale de leur quartier sur une feuille A4 vierge, puis d'y ajouter les éléments sonores caractéristiques du quartier ou des lieux qu'ils y apprécient particulièrement ou non en fonction de leur environnement sonore.[1]

Il leur était ensuite demandé de nous conduire dans le quartier et de nous parler de leur paysage auditif, de nous décrire d'un point de vue acoustique les lieux traversés et les raisons de leur choix[2]. Avant de démarrer, nous demandions aux personnes interrogées de tracer le parcours choisi sur un plan et d'expliquer leur choix. L'analyse du parcours, avant même l'analyse du discours, permet déjà de distinguer les éléments sonores paysagers ou les lieux particuliers à forte valeur positive ou négative.

Ensuite, nous partions en marchant à travers le quartier, guidé par le participant dont les commentaires étaient enregistrés à l'aide d'un enregistreur numérique (Zoom H4N) accroché autour du cou, afin de retranscrire le discours dans son entièreté par la suite. La consigne de départ était : « J'aimerais maintenant que vous me décriviez les différents paysages sonores, les différentes ambiances sonores des lieux que nous allons traverser. Dites-moi ce que vous y appréciez ou pas et ce qui est caractéristique de Kronsberg / Vauban ». Durant le parcours, la personne était unique-ment relancée ou recadrée à l'aide de quelques questions :

• Comment décririez-vous l'ambiance sonore de ce lieu ?
• Comment la qualifieriez-vous ? Agréable ? Désagréable ? Pourquoi ?
• Est-ce que cette ambiance évolue en fonction du moment de la journée, de la semaine ou de l'année ?
• Quels sont les usages et les pratiques qui participent à cette ambiance sonore ?
• Est-ce que cet endroit évoque un autre lieu dans la ville, un paysage ou un souvenir particuliers ?

Ces questions étaient uniquement posées si la personne interrogée montrait une certaine difficulté à s'exprimer directement sur son

---

[1] Pour les parcours multisensoriels menés dans le cadre de la recherche PIRVE, il leur était demandé d'annoter un plan de ville photocopié du quartier élargi avec les différents éléments sensoriels caractéristiques et de distinguer des lieux particuliers, appréciés ou non, plutôt que de dessiner le quartier préalablement.
[2] Pour l'approche multisensorielle menée dans le cadre de la recherche PIRVE, cette consigne était bien sûr élargie à tous les sens.

expérience auditive des lieux traversés ou pour la recadrer lorsqu'elle s'éloignait trop du sujet qui nous intéresse. Sinon, elles étaient utilisées lors du court entretien qui suivait pour préciser les informations obtenues sur certains lieux traversés. Le parcours, précédé de l'élaboration de la carte mentale, du choix du parcours, et suivi d'un court entretien, a duré en moyenne 30 à 40 minutes, mais a pu atteindre jusqu'à deux heures.

Généralement, dans le cadre de ce type de méthode (parcours commenté ou méthode des itinéraires), un relevé minutieux du parcours est effectué par une tierce personne durant cet entretien mobile entre l'enquêteur et l'enquêté. Des photos et des notes, parfois des images filmées, sont prises afin de témoigner des modifications du parcours, des temps d'arrêt, des variations du mouvement, car l'expérience est unique et non reproductible. Menant ces enquêtes individuellement, ne voulant pas perturber la personne interrogée et souhaitant lui prêter toute notre attention, nous n'avons pris que quelques notes, retraçant notamment sur un plan le parcours réellement effectué, afin de le comparer avec celui précédemment annoncé par le participant. Nous n'avons pas considéré qu'il était indispensable de resituer précisément les différentes perceptions spatialement car :

• nous ne cherchions pas à objectiver des perceptions situées, mais à éveiller la mémoire des pratiques quotidiennes et des perceptions socialisées en des lieux déterminés et nommés par l'habitant lui-même ;
• et nous avions déjà effectué un relevé (diagnostic thématique, relevé photo et enregistrements audio) du quartier nous permettant de resituer a posteriori, lors de l'analyse, le parcours en y ajoutant les informations climatiques et temporelles relatives à ce dernier (conditions climatiques, date, heure).

Enfin, pour terminer le parcours, quelques questions supplémentaires étaient posées au participant s'il n'y avait pas déjà répondu durant le cheminement :

• Pensez-vous que le paysage sonore de Vauban est différent de celui d'autres quartiers ? Pourquoi ?
• Est-ce que le paysage sonore de Vauban varie en fonction du moment de la journée, de la semaine ou de l'année ?
• Est-ce que les sons participent à la qualité de vie ?

- Pensez-vous que les ambiances sonores de Vauban ont été planifiées par quelqu'un ?
- Y a-t-il différentes ambiances sonores à Vauban ?
- Quel serait pour vous le quartier idéal ?
- Quel serait pour vous le paysage sonore idéal ?

Ces questions permettaient aux participants de ressaisir une évaluation globale du paysage sonore du quartier, après l'avoir analysé de manière séquentielle tout au long du parcours et de synthétiser ce qu'ils avaient exprimé auparavant.

2.2.2.2 Les personnes interrogées : les habitants qui pratiquent le plus le quartier

Nous avons mené 16 parcours à Kronsberg du 12 au 23 avril 2010 (9 multisensoriels dans le cadre du PIRVE, et 7 sonores) et 10 parcours sonores à Vauban du 31 mai au 11 juin.

Figure 23. Superposition des tracés des parcours réalisés à Vauban (Geisler, 2010)

Préalablement au terrain, nous avons repris contact avec les habitants questionnés dans la rue en mai 2009 à Kronsberg et en novembre 2009 à Vauban, qui s'étaient dit intéressés pour participer à la seconde phase de l'enquête et nous avaient laissé leur contact. Mais une seule personne a répondu de manière positive à Kronsberg et deux à Vauban. À Kronsberg, où la prise de contact dans la rue était plus difficile qu'à Vauban, nous avons également bénéficié du concours de Antje Kaul, travailleuse sociale au centre de quartier Krokus. Elle nous a fait entrer en relation avec plusieurs habitants du quartier. Nous avons à chaque fois pris rendez-vous, le parcours sonore étant assez gourmand en temps.

Tableau 6. Parcours effectués à Vauban (Geisler, 2010)

N°	Genre	Âge	Activité	Durée de résidence	Origine résidentielle	Origine
1	F+H	40 + 44	Artistes plasticiens	1 an et demi	Fribourg	Allemande
2	H	35	Fonctionnaire de police	4	Fribourg	Allemande
3	F	44	Assistante sociale	9	Fribourg	Allemande
4	H	33	Homme au foyer	4	Berlin	Allemande
5	F	69	Retraitée	4	Fribourg	Allemande
6	F	75	Retraitée	9	Fribourg	Allemande
7	H	46	Assistant social	6 mois	Fribourg	Allemande
8	F	27	Aide maternelle	1	Dans un autre Land	Allemande
9	H	44	Menuisier	17	Fribourg	Allemande
10	F	41	Indépendante	11	Fribourg	Brésilienne

Figure 24. Superposition des tracés des parcours réalisés à Kronsberg (Geisler, 2010)

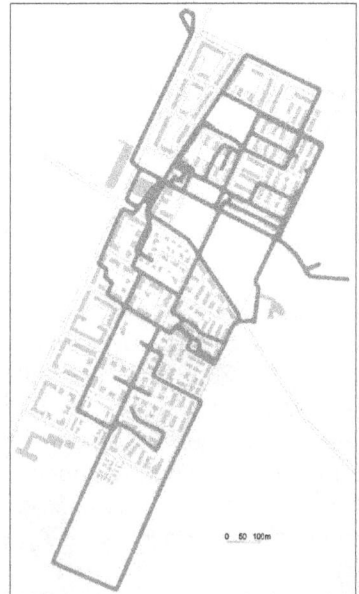

Tableau 7. Parcours effectués à Kronsberg (Geisler, 2010)

N°	Genre	Âge	Activité	Durée de résidence	Origine résidentielle	Origine
1	F	75	Retraitée	10	Hanovre	Allemande
2	F	36	Femme au foyer	9	Hanovre	Russe
3	F	40	Employée dans un bureau	5	Hanovre	Allemande
4	F	30	Femme au foyer	4	Hanovre	Argentine
5	F	45	Femme au foyer	9	Hanovre	Iranienne
6	F	43	Médecin	10	Hanovre	Ukrainienne
7	H	45	Ingénieur / Conseiller municipal	10	Hanovre	Allemande
8	F	33	Professeur d'accordéon	9	Hanovre	Russe
9	F	36	Designer de mode	10	Hanovre	Polonaise
10	F	32	Comptable	1 an et demi	Quartier proche	Allemande
11	H	43	Architecte	4	Hanovre	Allemande
12	H	45	Mathématicien	7	Hanovre	Allemande
13	H	42	Médecin	5 ans et demi	Dans le même *Land*	Allemande
14	F	72	Retraitée	10	Hanovre	Allemande
15	F	46	Fonctionnaire Telecom	11	Dans le même *Land*	Allemande
16	F	44	Assistante médicale	11	Hanovre	Allemande

(de 1 à 7 : parcours sonores, de 8 à 16 : parcours multisensoriels)

À Kronsberg, il était difficile de trouver des hommes durant la journée. Ils étaient la plupart du temps au travail ou plus méfiants que les femmes. Nous avons donc un certain déséquilibre de répartition des genres à Kronsberg. Mais les femmes étant celles qui expérimentent le plus le quartier à toutes les heures de la journée et à toutes les périodes de l'année, nous n'avons pas considéré ce déséquilibre comme un biais, d'autant plus que nous travaillons sur un échantillon très restreint. La plupart des habitants nous donnaient rendez-vous chez eux ou à proximité de leur domicile, ce qui nous a permis de varier les parcours, de couvrir la quasi-totalité des surfaces des quartiers et de varier le contexte temporel (jour de la semaine, heure de la journée). À Vauban, nous avons obtenu une certaine parité des personnes interrogées.

Tableau 8. Répartition des parcours par âges et genres (Geisler, 2010)

Âge	Kronsberg			Vauban		
	Femmes	Hommes	Total	Femmes	Hommes	Total
Moins de 20 ans	0	0	0	0	0	0
20 à 39 ans	5	0	5	1	2	3
40 à 59 ans	4	4	8	3	3	6
60 à 74 ans	1	0	1	1	0	1
75 ans et plus	1	0	1	1	0	1
TOTAL	11	4	15	6	5	11

Tableau 9. Répartition des parcours par catégories sociopro-fessionnelles (Geisler, 2010)

Catégories socioprofessionnelles	Kronsberg	Vauban
Artisans, commerçants, chefs d'entreprises	0	2
Professions intellectuelles supérieures	4	0
Professions intermédiaires	4	6
Employés	2	0
Ouvriers	0	0
Retraités	1	2
Autres inactifs, étudiants	4	1
TOTAL	15	11

2.3 Le journal sonore ou le témoignage du vécu sonore sur la durée

Le journal sonore constitue la dernière méthode d'analyse du paysage auditif, et la plus expérimentale. Cette méthode, que nous avons testée, vient compléter l'entretien semi-directif et le parcours sonore en plusieurs points : (1) le journal sonore permet un recueil du vécu sonore quotidien à plus long terme, puisqu'il n'exige pas la présence constante de l'enquêteur, (2) il multiplie les modes d'expression, (3) et il favorise l'intimité de l'habitant durant la tenue de son journal. Mais c'est également une méthode contraignante pour la personne qui accepte de s'y plier, puisqu'elle demande un investissement temporel, intellectuel et affectif plus poussé que pour les deux autres méthodes utilisées.

2.3.1 Une méthode originale

La méthode du journal sonore, plus expérimentale que l'entretien exploratoire et que le parcours sonore, consiste pour les participants à tenir une sorte de carnet de voyage ou de journal intime pendant une période assez longue (environ sept jours) et d'y raconter leurs expériences auditives au contact de leurs pratiques et de leurs trajets quotidiens. Cette méthode est inspirée en partie des journaux tenus par le *World Soundscape Project* dans les années 1970 dans le cadre du projet de recherche *Five Village Soundscapes,* qui consistaient à décrire les environnements sonores de cinq villages européens (voir Chapitre 2. *2.1.3*). Elle est également inspirée d'une rencontre avec Victor Flusser, initiateur du projet Musique à l'hôpital, qui a fait tenir à ses étudiants de l'Université de Strasbourg dans les années 1980 des journaux sonores. Ces journaux étaient tenus par des élèves musiciens et exigeaient une description très détaillée des environnements sonores, avec une rigueur assimilable à l'écriture d'une partition.

Dans notre cas, ce ne sont ni des musiciens, ni des chercheurs qui tiennent ces carnets, mais des habitants dont l'objectif est d'y consigner, d'y raconter leurs expériences sonores quotidiennes. Cette méthode répond aux mêmes hypothèses que le parcours sonore, si ce n'est que la transmission du paysage auditif ne se fait plus uniquement par la verbalisation, mais aussi par d'autres moyens d'expression comme le dessin, la photo ou l'enregistrement, ceci afin de pallier les difficultés possibles liées à l'écriture, et plus largement à la mise en langage de l'expérience sensorielle. En effet, la communication des expériences sonores, et plus largement sensibles, ainsi que le langage utilisé pour y parvenir, sont un problème inhérent à notre travail. Certains travaux ont montré lors d'enquêtes auprès d'habitants que ces derniers éprouvaient certaines difficultés à parler de leurs expériences sensibles (Faburel et Manola, 2007). Comme d'autres travaux ont pu le montrer également (Grosjean et Thibaud, 2001 ; Blanc et *al.*, 2004 ; Grésillon, in Fleuret, 2006, etc.), traiter du sensible touche à l'intimité des individus, ce qui peut favoriser une certaine gêne de la personne interrogée qui se traduit généralement par :

• une plus grande facilité à parler plutôt de ce qui est négatif dans le sensible que de ce qui est positif (par exemple les nuisances sonores) ;

• un repli sur des notions communes, et donc l'usage d'un vocabulaire assez pauvre.

Ces difficultés des habitants à s'exprimer sur leurs expériences sensibles s'expliquent en partie par les limites de la langue française dans l'expression des perceptions sensorielles (cf. travaux de Danièle Dubois). On constate par exemple l'usage en français de caractéristiques visuelles pour décrire des éléments sonores, ce qui montre encore la primauté de la vue dans nos sociétés occidentales et la pauvreté de la langue française pour décrire ce qui a trait au monde sonore : on parle par exemple en acoustique de bruits blanc, rose, rouge et bleu ou de grain[1], ou en musique de blanche et de noire pour les valeurs de notes. L'usage de la photographie par les habitants pour accéder à leurs représentations paysagères avait été utilisée par Yves Michelin (1998) dans les années 1990. Il avait montré qu'en réalisant des entretiens *in situ* et en demandant aux habitants de présenter leur propre regard à partir de photographies prises à l'aide d'appareils photo jetables, il obtenait des informations beaucoup plus riches sur les rapports que les habitants entretiennent avec leur espace qu'une enquête uniquement basée sur le discours. Nous n'utilisons pas l'enregistrement audio dans la même perspective, la pratique de la prise de son étant beaucoup moins répandue et « maîtrisée » que celle de la photographie, et une séquence sonore beaucoup plus difficile à décrire pour toutes les raisons déjà énoncées précédemment. Le but de la présence de l'enregistreur était plutôt de servir de déclencheur à l'écoute, ou de medium entre l'habitant et son environnement sonore quotidien. Nous avons effectivement pu constater lors d'interventions auprès

---

[1] À l'instar de la lumière blanche qui mélange toutes les couleurs, le bruit blanc est composé de toutes les fréquences, chaque fréquence ayant la même énergie. Le bruit rouge est tout son dont la densité de puissance diminue lorsque la fréquence augmente, le bruit rose est un mélange entre le bruit blanc et le bruit rouge et le bruit bleu est tout son de puissance sonore minimale à basse fréquence qui ne présente aucun pic lorsque la fréquence augmente. Quant au grain, il détermine de manière métaphorique la qualité rugueuse d'un son.

notamment d'enfants[1], que passer par une étape d'enregistrement favorise la concentration et permet une prise de conscience de notre environnement sonore.

Outre la multiplication des modes d'expression, l'une des particularités du journal sonore est aussi de récolter des informations plus régulières, à différents moments de la journée et de la semaine, par différentes conditions météorologiques, par une même personne, et d'engager les habitants dans une véritable réflexion sur la qualification de leur environnement sonore. Elle permet d'accéder à des expériences vécues à des moments et en des lieux que l'enquêteur ne peut pas forcément partager sans commettre une intrusion dans la vie de l'individu. Les habitants deviennent par cette méthode « acteurs-habitants » du quartier.

2.3.2 Protocole et déroulement

Les journaux sonores et baluchons multisensoriels ont été donnés aux personnes qui avaient déjà effectué des parcours, et qui étaient désireuses de poursuivre l'aventure. Durant une semaine environ, cinq personnes ont pu exprimer de diverses manières leurs expériences sonores ou multisensorielles au contact de leurs pratiques et cheminements quotidiens dans chacun des quartiers étudiés.

2.3.2.1 Une consigne simple pour cadrer une pratique libre

À chaque participant était donné un carnet de format A5 intitulé « Klangerfahrungen-Tagebuch » (journal d'expériences sonores) dans lequel il pouvait décrire durant environ une semaine toutes ses expériences auditives au contact de ses pratiques et cheminements quotidiens, avec pour consigne :

Beschreiben Sie während einer Woche so genau wie möglich Ihre Klangerfahrung in Ihrem Stadtteil, bezeichnen Sie die Klangstimmung unterschiedlicher außerlicher Raüme, die Kronsberg/Vauban bilden.

Pendant une semaine, décrivez le plus précisément possible votre expérience sonore dans votre quartier, qualifiez les ambiances sonores des différents espaces extérieurs qui constituent votre Kronsberg/Vauban.

---

[1] Interventions menées par l'association de sensibilisation à l'environnement sonore et de création sonore Le Pince Oreille, dans des écoles primaires de Strasbourg en 2010-2011.

Il était également précisé aux participants qu'ils pouvaient :

- écrire, dessiner, faire des schémas ;
- prendre des photos avec leur propre appareil photo ou leur téléphone portable (puis les envoyer sur une boîte email : klanglandschaft@gmail.com) ;
- faire des enregistrements audio à l'aide de l'enregistreur fourni avec le carnet ;
- etc.

Un mode d'emploi de l'enregistreur numérique était fourni dans le carnet, et pour chaque jour étaient assignées plusieurs pages vierges, un inventaire des cheminements, des photographies et des enregistrements audio effectués, ainsi qu'un plan du quartier pour les situer.

La personne qui acceptait de tenir un journal sonore pouvait le garder autant de jours qu'elle le désirait, puis nous organisions un rendez-vous dans le quartier pour le récupérer. Entre temps, elle pouvait nous joindre par mail pour d'éventuelles questions.

Figure 25. Journal sonore (Geisler, 2010)

En ce qui concerne Kronsberg, 3 journaux sonores étaient en fait des baluchons multisensoriels effectués dans le cadre du PIRVE. Menant en parallèle les enquêtes de terrain pour le compte du PIRVE sur le paysage multisensoriel et pour notre travail de thèse sur le paysage sonore à Kronsberg, et éprouvant des difficultés à trouver des volontaires, nous avons donné des baluchons multisensoriels en priorité, contenant au moins autant d'informations sur le vécu sonore. Le protocole était approximativement le même, si ce n'est que les participants recevaient le carnet et l'enregistreur numérique dans un sac de tissu, avec en prime un appareil photo jetable et une enveloppe pour y récolter des objets dans le quartier.

On retrouvera dans le texte les références faites aux journaux sonores selon la codification suivante :

- À Kronsberg : pour les journaux sonores (K-JS1 et K-JS2), pour les « baluchons multisensoriels » (K-BM3 à K-BM5).
- À Vauban (V-JS1 à V-JS5).

2.3.2.2 Les personnes interrogées : les plus disponibles

En ce qui concerne les journaux sonores, nous avons essayé les premiers jours de terrain d'en donner à des personnes qui n'avaient pas fait le parcours auparavant, mais ça n'a pas fonctionné. Les habitants avaient d'abord besoin d'expérimenter la chose à travers le parcours, avant de s'aventurer plus loin.

Figure 26. Répartition des journaux sonores et baluchons multisensoriels à Kronsberg (Geisler, 2010)

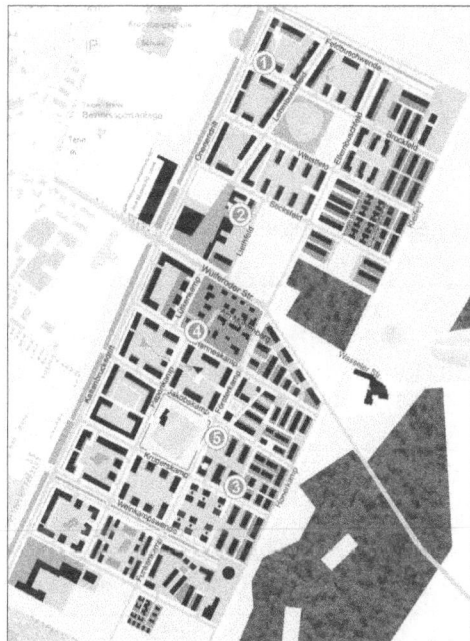

À chaque personne ayant effectué un parcours, nous avons proposé de poursuivre avec le journal sonore : à Kronsberg, 8 personnes ont répondu de manière positive et ont pris le carnet, mais trois l'ont rendu vierge, faute de temps. À Vauban, sur les 10 personnes ayant fait le parcours sonore, la moitié a bien voulu tenter l'expérience du journal sonore. Pour celles ayant refusé, les arguments étaient les suivants : mauvaise maîtrise de l'écriture en allemand, pas d'envie d'écrire, pas de temps pour le faire, ou manque d'organisation personnelle, etc. Finalement, nous avons récupéré 5 journaux, 2 sonores et 3 multisensoriels, à Kronsberg, et 5 journaux sonores à Vauban.

Figure 27. Répartition des journaux sonores à Vauban (Geisler, 2010)

Tableau 10. Journaux sonores et baluchons multisensoriels tenus à Kronsberg (Geisler, 2010)

N°	Genre	Âge	Activité	Durée de résidence	Origine résidentielle	Origine
1	F	53	Travailleuse sociale	12	Hanovre	Allemande
2	F	30	Femme au foyer	4	Hanovre	Argentine
3	F	32	Comptable	2	Quartier proche	Allemande
4	H	45	Mathémati-cien	7	Hanovre	Allemande
5	F	36	Designer de mode	10	Hanovre	Polonaise

(de 1 à 2 : journaux sonores, de 3 à 5 : baluchons multisensoriels)

Tableau 11. Journaux sonores tenus à Vauban (Geisler, 2010)

N°	Genre	Âge	Activité	Durée de résidence	Origine résidentielle	Origine
1	F	40	Artiste plasticienne	2	Fribourg	Allemande
2	H	35	Fonctionnaire de police	4 ans et demi	Fribourg	Allemande
3	F	44	Assistante sociale	9	Fribourg	Allemande
4	H	34	Homme au foyer	4	Berlin	Allemande
5	F	69	Retraitée	4	Fribourg	Allemande

Tableau 12. Répartition des journaux sonores et baluchons multi-sensoriels par âges et genres (Geisler, 2010)

Âge	Kronsberg			Vauban		
	Femmes	Hommes	Total	Femmes	Hommes	Total
Moins de 20 ans	0	0	0	0	0	0
20 à 39 ans	3	0	3	0	0	2
40 à 59 ans	1	1	2	2	0	2
60 à 74 ans	0	0	0	1	0	1
75 ans et plus	0	0	0	0	0	0
TOTAL	4	1	5	3	2	5

Tableau 13. Répartition des journaux sonores et baluchons multisensoriels par catégories socioprofessionnelles (Geisler, 2010)

Catégories socioprofessionnelles	Kronsberg	Vauban
Artisans, commerçants, chefs d'entreprises	0	0
Professions intellectuelles supérieures	1	0
Professions intermédiaires	1	3
Employés	2	0
Ouvriers	0	0
Retraités	0	1
Autres inactifs, étudiants	1	1
TOTAL	5	5

Pour résumer, nous avons récolté des discours écrits, oraux et des représentations graphiques sur le paysage auditif des habitants de Kronsberg et Vauban à partir de ces trois méthodes dont les résultats sont traités et croisés avec les analyses du paysage raisonné et du paysage sonnant dans la troisième et dernière partie.

Tableau 14. Résumé des trois méthodes utilisées pour l'analyse du paysage auditif (Geisler, 2011)

Méthode	Informations visées	Quantité	Durée moyenne	Présence sur place	Modes d'expression
Entretien exploratoire semi-drectif	Données sur le projet et le quartier Termes utilisés autour des notions de paysage, ambiance et quartier durable Lieux et éléments représentatifs du quartier	29 à K et 30 à V	15 à 20 minutes	4 jours environ	Discours oral Limites graphiques du quartier sur plan
Parcours sonore / multisen-soriel	Vécu sonore en mouvement et *in situ* faisant aussi appel à la mémoire Description sonore des lieux traversés	17 à K (9 multi et 7 sonores) et 10 à V	30 à 40 minutes	7 jours à Kronsberg et 5 jours à Vauban	Discours oral Carte mentale
Journal sonore	Récit « libre » *in situ* du vécu sonore sur une plus grande durée	5 à K (3 multi et 2 sonores) et 5 à V	6 jours	10 jours environ	Discours écrit Dessin Collage Enregistre-ment audio Photo

Figure 28. Démarche méthodologique de qualification du paysage sonore (Geisler, 2011)

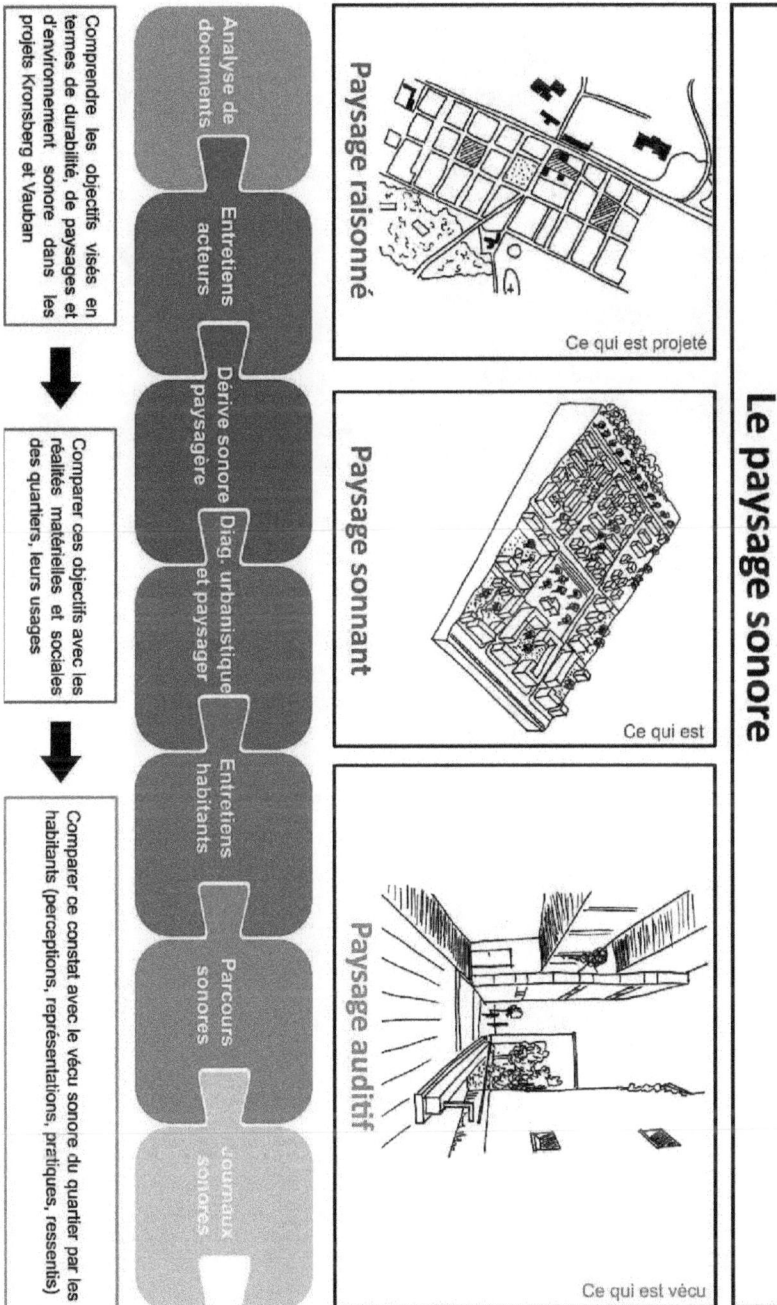

CHAPITRE 4

KRONSBERG ET VAUBAN, DEUX QUARTIERS DURABLES
ALLEMANDS AUX PAYSAGES RAISONNES PROCHES
ET AUX PAYSAGES SONNANTS SPECIFIQUES

Nous avons choisi de mener cette étude sur le paysage sonore dans deux quartiers : Kronsberg et Vauban. Ces deux opérations urbaines allemandes font partie de la première vague de quartiers durables construits en Europe du Nord et hissés au statut de modèles en la matière au début des années 2000. Au commencement de notre travail, il n'existait pas encore de quartier durable français « habité », et c'est une des raisons pour lesquelles nous nous sommes orientés vers ces deux quartiers allemands. Nous les avons aussi choisis parce qu'ils semblaient avoir pris en compte de manière plus ou moins équilibrée les trois dimensions du développement durable, la croissance et l'efficacité économique, la préservation et l'amélioration de l'environnement et des ressources naturelles sur le long terme, ainsi que l'équité et la cohésion sociales. Car si dans la théorie, les quartiers durables sont une traduction opérationnelle du développement durable et se basent généralement sur des thématiques et objectifs communs comme l'économie d'énergie ou la gestion des eaux de pluie, ils prennent différentes formes, qui, dans certains cas, tendent à favoriser les avancées éco-technologiques, au détriment des aspects sociaux et humains.

Le quartier Kronsberg a été construit sur d'anciennes terres agricoles en périphérie de la ville de Hanovre en Basse-Saxe, à l'occasion de l'Exposition universelle de 2000. L'une de ses particularités découle de la réflexion qui a été menée sur la cohabitation de trois fonctions du paysage en frange de ville : la préservation écologique, le maintien de l'activité agricole et le développement des loisirs. Aujourd'hui, le quartier accueille près de 7000 habitants de 26 nationalités différentes, surtout des jeunes couples avec enfants, aux situations sociales assez variées.

Le quartier Vauban quant à lui a été conçu et réalisé à peu près à la même époque, à trois kilomètres du centre-ville de Fribourg en Brisgau dans le Bade-Wurtemberg sur d'anciennes casernes militaires quittées par les troupes françaises au début des années 1990, suite à la chute du mur de Berlin. La grande particularité de

Vauban est le processus de participation des habitants qui a été rapidement mis en place, à l'initiative de squatteurs, militants écologiques, qui ont poussé certains objectifs de la municipalité à leur paroxysme, obtenant par exemple le rejet presque total de la voiture dans le quartier. Aujourd'hui, Vauban compte 5200 habitants, surtout des jeunes couples aisés avec enfants, pour la majorité originaires de Fribourg.

Figure 29. Plan de situation des deux quartiers en Europe (Geisler, 2009)

Tableau 15. Projets Kronsberg et Vauban (Geisler, 2010)

	Kronsberg (Hanovre)	Vauban (Fribourg en Brisgau)
Dates	Début réflexion : 1990 1ère phase travaux : 1996-2000 2ème phase travaux : en cours	Début réflexion : 1993 1ère phase travaux : 1993-2005 2ème phase travaux : en cours
Élément déclencheur	Exposition universelle 2000	Retrait de l'armée française
Situation	en frange de ville, au sud-est de Hanovre	à 3 km du centre-ville au Sud de Fribourg
Site	anciennes terres agricoles	anciennes casernes militaires
Surface	70 hectares, dont 2,6 d'espaces verts (7%)	40 hectares, dont 26 d'espaces verts (37%)
Maîtrise d'ouvrage	Ville de Hanovre	Ville de Fribourg
Logements	3000	2300
Habitants	7000 (15000 à terme)	5200
Densité	100 habitants/hectare	130 habitants/hectare

1. Les quartiers durables : expérimentations multiples du développement durable à l'échelle locale

Les quartiers durables font l'objet depuis plusieurs dizaines d'années d'un intérêt grandissant, concentrant des tentatives de réponses aux problématiques urbaines actuelles comme l'étalement urbain, le zonage fonctionnel, la nature en ville ou encore la demande sociale de qualité du cadre de vie urbain. Des projets de quartiers comme BO01 à Malmö, BedZED dans la banlieue de Londres, ou Vauban à Fribourg en Brisgau ont vu le jour à partir du début des années 1990, et ont rapidement été érigés en « modèles à suivre ». Toutefois, on constate que ces quartiers sont souvent issus de démarches, bien que menées généralement sous le sceau du développement durable, pour le moins variables, faisant la part plus ou moins belle aux dimensions écologique, sociale ou économique du développement durable.

C'est en partie la raison pour laquelle il n'existe pas de définition officielle du quartier durable ou de l'écoquartier, terme finalement choisi par le Ministère de l'Écologie, de l'Énergie, du Développement Durable, et de l'Aménagement du Territoire (MEEDDAT) en 2008, à l'époque du premier appel à projet ÉcoQuartiers. Toutefois, quelques objectifs récurrents semblent marquer les projets de quartiers durables en France et dans le reste de l'Europe, comme la gestion de l'eau et des dépenses énergétiques ou le développement des transports en commun et des circulations douces, faisant pencher la balance vers une approche éco-technologique de la construction urbaine. Cette approche, que l'on peut qualifier de techniciste, semble parfois négliger les dimensions sociales et sensibles de la qualité du cadre de vie, et notamment la qualité de l'environnement sonore.

1.1 La naissance des quartiers durables en Europe du Nord

Ces dernières années, une double évolution de l'action publique en matière d'urbanisme, d'aménagement et d'environnement a eu lieu : d'une part une territorialisation des actions à l'échelle locale (Ascher, 2001), et d'autre part l'affirmation du développement durable comme cadre programmatique (Godard, 1996) pour l'aménagement de l'espace. Cette deuxième évolution marque une rupture avec les politiques environnementales menées dans les années 1970 et 1980 puisqu'elle tend à réconcilier la ville avec l'environnement (Souami, 2009). Peu à peu, l'urbanisme durable s'impose dans des contextes et selon des modalités variés. En effet, la multiplication des Agendas 21[1], des chartes territoriales de développement durable, et plus récemment des projets de quartiers durables, témoigne de l'intérêt véhiculé par la mise en politique du développement durable.

Ces nouveaux quartiers, héritiers directs des premiers « éco-villages » (Emelianoff, 2007), affichent surtout une préoccupation environnementale, avec l'objectif d'offrir une bonne qualité de vie aux populations et de freiner l'étalement urbain. De manière plus générale, les quartiers durables sont présentés en totale opposition avec les réalisations de l'urbanisme du XXème siècle, puisqu'ils *« cristallisent en effet une partie des interrogations sur la capacité des villes actuelles à répondre aux problématiques politiques et économiques, mais aussi aux attentes et aux désirs des sociétés contemporaines. Ils représentent un terrain d'application pour la mise en débat et l'expérimentation de solutions nouvelles, après la remise en cause, au tournant des années 1980 et 1990, des finalités, des fondements et des modèles de l'urbanisme classique. »* (Souami, 2011, p. 5).

Les premiers exemples de quartiers durables ont vu le jour à partir des années 1990 en Europe du Nord, plus particulièrement en Allemagne (Vauban et Rieselfeld à Fribourg-en-Brisgau, Kronsberg à Hanovre) et en Scandinavie (BO01 et Augustenborg à Malmö, Vesterbro à Copenhague, Hammarby Sjöstad à Stockholm), servant aujourd'hui de références. Parfois réalisés, comme nous l'avons déjà dit, à l'occasion d'expositions internationales garantes de financements et de représentativité (Kronsberg à Hanovre pour l'exposition universelle de 2000, BO01 à Malmö pour l'exposition de l'habitat de 2011), les premiers quartiers durables ont aussi souvent été réalisés en parallèle à la construction de politiques locales de développement durable, notamment avec la mise en place d'Agendas 21 locaux. Ce sont généralement des quartiers aux densités importantes, localisés en périphérie ou sur d'anciennes friches industrielles, dont les financeurs sont le plus souvent issus du service public, bien que le secteur privé fasse aussi son apparition dans certains projets, en partenariat ou en solo comme à BedZED dans la banlieue londonienne.

---

[1] L'Agenda 21 est un projet politique pour un territoire (souvent une ville ou une agglomération, mais aussi une intercommunalité, un département ou une région) qui se présente sous la forme d'un programme d'action répondant aux finalités, principes et défis du développement durable. Ce type de document peut s'avérer utile en matière d'urbanisme, s'il est porté par une politique dynamique et qu'il aborde la transversalité du développement durable.

Inconnus il y a un peu plus de dix ans, les quartiers durables, préconisés dans le cadre du Grenelle de l'environnement, abondent aujourd'hui sur le territoire français. L'ensemble des professionnels tente de répondre aux nouvelles attentes des élus, qui cherchent eux-mêmes à s'adapter aux exigences de leurs concitoyens : celles de voir émerger des lieux où le souci de la qualité de vie est forte. En France, les communes de plus de 100 000 habitants doivent ainsi d'ici 2012 construire « leur » quartier durable. Des appels à projets comme celui des ÉcoQuartiers, lancé par le MEEDDAT en 2008-2009, relancé par le Ministère de l'Écologie, du Développement Durable, des Transports et du Logement (MEDDTL) en 2011, ou celui plus local des « Quartiers durables de Rhône-Alpes » diffusé en 2009, montrent la volonté des collectivités territoriales de soutenir des démarches de quartiers durables.

1.2 Quelle définition du quartier durable ? Des intérêts théoriques communs, mais des applications variées

L'urbanisme durable étant lui-même un courant urbanistique peu théorisé (Emelianoff, 2007) qui « n'obéit à aucune norme stricte » (ARENE, 2005, p. 9), il n'existe actuellement pas de définition officielle du quartier durable. En effet, plutôt de l'ordre de l'expérimental, l'urbanisme durable donne lieu à des expériences pilotes et démonstratives aux facettes variées. Si, en théorie, les quartiers durables doivent être conçus et réalisés en abordant de manière transversale les trois piliers du développement durable, on constate que dans la pratique, les quartiers durables sont protéiformes. Cyria Emellanoff (2007)[1] distingue à ce propos quatre types de montage de projets de quartiers « durables » :

• les « quartiers vitrines », créés à l'occasion de grands événements internationaux (BO01 à Malmö et Kronsberg à Hanovre) ;

• les « quartiers manifestes », issus d'une politique volontariste de développement durable des villes (Hammarby Sjöstad à Stockholm et Vikki à Helsinki) ;

• les quartiers « clefs en main » réalisés par des promoteurs privés (BedZED) ;

---

[1] Voir aussi à propos des typologies de quartiers durables : T. Souami, *Écoquartiers, secrets de fabrication. Analyse critique d'exemples européens*, 2009, et L. Heland, *Le quartier comme lieu d'émergence, d'expérimentation et d'appropriation du développement durable*, 2008.

- et des quartiers initiés par les habitants (Vauban à Fribourg-en-Brisgau et Eva-Lanxmeer à Culemborg).

De manière théorique, le « quartier durable », terme issu de la langue anglo-saxonne et plus utilisé à l'étranger, intègre les paramètres de l'économie et du social, alors que l' « écoquartier », terme plus utilisé en France, reste centré sur les enjeux environnementaux. La distinction établie généralement entre écoquartier et quartier durable restreint effectivement l'emploi du premier terme à des objectifs essentiellement écologiques et techniques quantifiables, alors que la notion de quartier durable est davantage élargie et repose sur l'application plus complète du développement durable. Elle viserait également l'environnement local et la qualité de vie, l'intégration du quartier dans la ville avec la densité, les mixités fonctionnelle et sociale, les déplacements, la participation des habitants et l'économie de projet (Charlot-Valdieu et Outrequin, 2009). Comme le souligne Michel Sabard, « *d'un point de vue sémantique, l'adjectif « durable » fait référence au temps, soit à la vie quotidienne, au foisonnement des usages, à la réversibilité et à la déconstruction, à la flexibilité et à l'adaptation, à la mixité générale »*[1]. C'est pourquoi nous utilisons de préférence le terme « quartier durable », bien que nous convenions de la limite floue que les deux termes connaissent en termes d'application opérationnelle aujourd'hui. Le MEDDTL a d'ailleurs longtemps hésité entre plusieurs termes, et après avoir commencé par utiliser le terme de « proto-quartier » comme étant le « *laboratoire de ce que pourraient être nos modes de vie futurs »,* il a aujourd'hui labellisé le terme d' « écoquartier », majoritairement utilisé en France, pour désigner tout projet inscrit dans une approche de développement durable. On peut supposer que cette labellisation risque d'institutionnaliser et de normaliser la recette de l'écoquartier, plutôt que de favoriser la recherche de solutions locales mieux adaptées (Lefèvre et Sabard, 2009). En effet, l'une des premières caractérisations d'un quartier durable est qu'il est différent de tous les autres puisqu'il doit être défini en fonction d'un contexte géographique, historique et social unique et qu'une marge de participation et de co-décision doit être laissée aux habitants ou futurs habitants.

---

[1] Michel Sabard, intervention « Les éco-quartiers : principes, description et exemples », dans le cadre de la conférence *Vers une ville durable : l'approche française*, donnée à l'Institut de formation de l'environnement le 23 juin 2008.

1.3 Des objectifs écologiques et urbanistiques communs

Dans la théorie, les quartiers durables ou écoquartiers doivent donc être élaborés de manière à prendre en compte transversalement toutes les dimensions du développement durable : écologique, en préservant les ressources et en s'adaptant au changement climatique, urbanistique et économique en favorisant un développement territorial cohérent, et sociale et humaine, en favorisant un cadre de vie agréable.

Sur le terrain, ces objectifs généraux prennent diverses formes, dont certaines sont très récurrentes, la **dimension écologique** étant majoritairement prise en compte dans la totalité des projets. En effet, la grande majorité des quartiers durables tend à réduire les émissions de gaz à effet de serre et minimiser l'empreinte écologique, et ce à travers différentes actions :

- La **gestion alternative de l'eau.** L'urbanisation des territoires s'est traduite par l'imperméabilisation des sols : les nappes phréatiques ne sont plus alimentées naturellement et les risques d'inondation ou de saturation des stations d'épuration sont démultipliés. Les enjeux qui concernent l'eau en milieu urbain sont donc la récupération des eaux pluviales et la renaturalisation des sols, ainsi que l'économie de l'eau potable et le traitement des eaux usagées.

- La **préservation et la mise en valeur de la biodiversité.** Jusqu'à un passé récent, l'urbanisation s'est développée en périphérie des villes au détriment des espaces agricoles et naturels. L'engagement d'une politique de lutte contre l'étalement urbain constitue un frein à la destruction des richesses écologiques et il apparaît également que le milieu urbain recèle lui-même une large biodiversité. Les Anglais ont été les premiers à constater que la biodiversité s'était réfugiée en ville, fuyant l'agriculture industrielle des campagnes et ses traitements chimiques (Lefèvre et Sabard, 2009). Dans les quartiers durables, on passe ainsi à une gestion « différenciée » plus naturaliste des espaces verts.

- L'**efficacité énergétique**. L'objectif est de réduire les émissions de CO_2 par rapport aux normes conventionnelles de construction, à travers l'innovation technologique et l'expérimentation de maisons à basse consommation d'énergie, voire de maisons passives ou positives, de relier l'ensemble des logements d'un quartier à des réseaux de chauffage collectifs et de développer les énergies renouvelables (solaire, éolienne, géothermique, biogaz).

* La **gestion des déchets**, qui consiste à en minimiser la production et à favoriser leur tri sélectif et leur recyclage, autant pour les déchets des chantiers durant la construction du quartier, qu'ensuite pour les déchets ménagers quotidiens.

Des objectifs récurrents observés dans la quasi-totalité des quartiers durables européens et français sont liés au **développement du territoire**, à la conception d'une nouvelle morphologie urbaine qui se traduit notamment par :

* La **gestion des flux et des transports**. La congestion croissante des villes et des agglomérations entraîne la mobilité et augmente les coûts de l'activité économique. L'enjeu pour les quartiers durables est donc de favoriser les transports publics et de les rendre plus attractifs, de réduire l'usage de la voiture individuelle, ou encore de développer les déplacements doux et non polluants comme le vélo ou la marche.

* La **mixité fonctionnelle.** Elle consiste notamment à implanter des équipements et services publics de proximité dans le quartier et de créer des emplois sur place. Cette multifonctionnalité recentre le fonctionnement de l'entité sur elle-même et redonne une place importante à l'environnement immédiat et la qualité de vie au sein du quartier. L'organisation des déplacements devient alors encore plus importante pour ne pas isoler le quartier, ou morceler l'espace.

* La **densification de la ville.** Elle consiste à reconstruire la ville sur la ville, à limiter l'étalement urbain, et s'appuie généralement sur les notions de ville « aux trajets courts » ou de « ville compacte ».

1.4 Une approche techniciste qui a tendance à oublier les dimensions sociales et sensibles de la qualité du cadre de vie

Malgré le fait que ces objectifs semblent communément indispensables aujourd'hui, des questionnements récurrents apparaissent sur les retours d'expériences, concernant la durabilité transversale de ces quartiers. En effet, si les premiers retours d'expériences européennes semblent être exemplaires d'un point de vue écologique, certains doutes quant à la prise en compte du volet social du développement durable persistent, en particulier sur l'aspect ségrégatif que les quartiers durables pourraient revêtir.

Selon la théorie du développement durable, la durabilité est atteinte dans sa dimension sociale en favorisant la **mixité sociale, générationnelle et culturelle** à travers une offre variée de logements, compatible avec les revenus de chacun et des situations familiales différentes (familles avec enfants, personnes âgées, étudiants) et l'accessibilité aux personnes à mobilité réduite. Certains quartiers devenus attractifs ne sont aujourd'hui plus accessibles financièrement à tous, et ne peuvent donc pas prétendre être des quartiers durables (Emelianoff, 2007). Les questions des modes de production et de pérennisation de la mixité sociale se posent alors : est-ce que les politiques de quotas permettent de conserver la mixité sociale à long terme ? Pour bénéficier d'un tel cadre de vie, faut-il nécessairement appartenir aux classes aisées ? Ne risque-t-on pas de créer des ghettos pour populations privilégiées ?

La question de l'implication de la population dans la constitution et la gestion du quartier se pose aussi. On constate effectivement dans certains projets l'absence de véritables **processus participatifs,** ce qui remet également en cause la durabilité de certains de ces quartiers. Dans la théorie, la population doit être consultée ou participer à l'aménagement, depuis la conception jusqu'à la gestion et la vie dans le quartier. En effet, certains entretiens de dispositifs environnementaux, tout comme l'entretien de l'identité et de la solidarité au sein du quartier, exigent la participation constante et l'adhésion des habitants (Souami, 2009). Il apparaît encore une fois plusieurs modalités de participation : certaines prennent la forme de véritables co-conceptions, mais d'autres peuvent prendre la forme de simple consultation ou de communication auprès des habitants, afin de leur expliquer en quelque sorte une bonne ligne de conduite écologique à adopter dans ces quartiers. Les diverses applications qui peuvent être faites de la participation en montrent certaines limites. En effet, la participation peut par exemple ne pas être représentative des souhaits de la population, elle peut aussi favoriser des intérêts particuliers, ou encore constituer un alibi à des décisions prédéfinies.

On constate également que l'approche du paysage dans les quartiers durables est le plus souvent technique, ou du moins qu'elle donne lieu à des paysages très architecturés qui laissent parfois peu de place à leur appropriation par les habitants.

Ces interrogations ou difficultés ont bien été illustrées, entre autres, par le premier concours ÉcoQuartiers lancé par le MEEDDAT en 2008, dont la « non durabilité » de certains quartiers promus avait été vivement critiquée, notamment à travers la dénonciation de l'absence de la participation des habitants aux projets et d'une surenchère du marketing urbain et du *greenwashing*[1]. L'appel à projet s'articulait alors autour de sept cibles indicatives : l'eau, les déchets, la biodiversité, la mobilité, la sobriété énergétique et les énergies renouvelables, la densité et les formes urbaines, et l'éco-construction. Les critères de sélection du nouvel appel à projets de 2011 ont donc été plus orientés vers la gouvernance participative, impliquant les habitants ou futurs habitants, et se sont appuyés sur quatre dimensions destinées à être prises en compte de manière transversale et interactive : (1) démarches et processus (gouvernance), (2) cadre de vie et usages (social), (3) développement territorial (économique) et (4) préservation des ressources et adaptation du changement climatique (environnemental). Reste à voir comment ces nouvelles propositions seront intégrées ou non par les initiateurs des futurs projets.

Le risque de l'approche techniciste est à mettre notamment en relation avec les limites de la vision du quartier durable comme une machine à habiter écologique, au détriment des aspects sociaux et humains. Cette vision réduirait la qualité du cadre de vie à des normes éco-technologiques et des quotas de mixité sociale, délaissant ses dimensions sensibles et affectives. Pourtant, de nombreux termes liés à ces dimensions sensibles et affectives de la qualité de vie apparaissent de manière plus ou moins furtive et inégale dans les objectifs de certains projets de quartiers durables : « *assurer le bien-être* », « *valoriser le patrimoine local* », « *renforcer l'identité* », « *favoriser les lieux de sociabilité* », « *des modes de vie nouveaux* », « *favoriser l'appropriation des lieux par les habitants* », « *le sentiment de sécurité* », « *travailler sur les ambiances et les paysages* ».

Un doute existe encore sur la capacité de ces quartiers à servir de déclencheurs ou à accompagner une politique durable globale de la ville. Car un quartier peut-il être durable si les quartiers qui

---

[1] Le terme « *greenwashing* » est un terme anglophone qui pourrait être traduit par « verdissement d'image ». Il désigne les efforts de communication réalisés, à l'origine par une entreprise, mais qui peut être appliqué par extension à une collectivité territoriale dans le cadre de projets urbains, sur les avancées en termes de développement durable et de protection de l'environnement, alors que ces efforts ne sont pas réels ou moins poussés que ce qu'il en est communiqué.

l'entourent et la ville à laquelle il appartient ne le sont pas ? La question de l'échelle se pose : « *En matière d'environnement ou de développement socio-économique, les quartiers durables initient des changements qui trouvent leurs limites dans l'échelle même du quartier, trop petit et trop restreint.* » (Lefèvre et Sabard, 2009, p. 106). En outre, en quoi les procédures et techniques utilisées dans la réalisation des quartiers durables sont-elles applicables aux espaces construits déjà existants, chargés de valeurs sémiotiques et symboliques par leurs habitants ? (Matthey, 2005). Il y a un risque à répliquer des modèles sans comprendre comment les différents éléments structurants pourront être appropriés par les habitants. En effet, le modèle techniciste risque d'effacer la socialité (Bonard et Matthey, 2010). Il semble donc important, plutôt que de créer des référentiels et des labels, de valoriser les caractéristiques de chaque territoire, dans un positionnement qui part du local (Magnaghi, 2003), de ce qui fait son épaisseur morphologique, sémiotique et symbolique, en d'autres termes de ce qu'on nous désignons ici comme paysage[1] :

> « *Si un modèle urbain émerge, [...] sa particularité est de se décliner avec une grande diversité d'une ville à une autre. Le développement durable de la ville est aussi le développement du caractère de chaque ville. Il valorise potentiellement ce qui fait leur relief, leur climat, leur ambiance, ce que l'on aime en elles. Chaque ville a une biographie en propre, un caractère. Un projet bien compris de la ville durable ne peut que prendre appui sur ces spécificités, sur le sens de l'urbanité porté par les habitants, dans une optique de réappropriation de la ville. Ce chantier-là n'a pas encore été ouvert, et fait partie des nombreux impensés politiques qui caractérisent le champ de la ville durable.* » (Emelianoff, 2004, p. 34)

1.5 La quasi-absence des questions relatives à la qualité de l'environnement sonore

Pour finir, il est intéressant de noter que dans la littérature parue sur le sujet et toujours dans cette même logique, le travail sur les ambiances sonores, et encore plus surprenant, le traitement du bruit dans les quartiers durables, ne sont que rarement cités et pris en compte. Alors qu'ils sont censés représenter « *en une même vision idéalisée de la ville future toutes les améliorations qu'il est possible d'imaginer, aujourd'hui, pour réaliser les conditions du bien-être en ville* » (Lefèvre et Sabard, 2009, p. 7) et que la prise en compte de la dimension sonore fait partie intégrante des objectifs de

---

[1] À noter que les 4èmes Assises Européennes du Paysage organisées en octobre 2009 à Strasbourg, s'interrogeaient justement sur les répercutions du développement durable sur les esthétiques paysagères.

planification et d'aménagement spatial aujourd'hui, on n'agit pas sur la qualité de l'environnement sonore de manière volontaire et affichée dans ces quartiers. Le terme de « nuisance sonore » apparaît quelquefois de manière plus ou moins floue dans certains cahiers des charges. Ces quartiers étant généralement éloignés des grands axes de circulation et des infrastructures aéroportuaires, ils ne font pas l'objet de mesures particulières concernant le bruit.

Lorsqu'il y a prise en compte de l'environnement sonore, c'est le plus souvent de manière curative, par la construction de murs anti-bruit le long des grands axes. On constate toutefois dans certains projets de quartiers durables, notamment français, la prise en compte des zones calmes et la définition d'objectifs acoustiques pour les concepteurs en phase « concours », notamment afin qu'ils réfléchissent en amont à l'implantation du bâti et à la protection acoustique éventuelle par la construction de fronts bâtis ou à la diminution du trafic automobile (Carlier, 2010)[1]. En France, la prise en compte des problématiques liées à l'environnement sonore est parfois intégrée à une AEU (Approche Environnementale de l'Urbanisme)[2], dans le contexte réglementaire de la loi SRU (Solidarité et Renouvellement Urbain) qui impose le développement durable comme enjeu fondamental commun à tous les documents et projets d'urbanisme. On constate que lorsque des objectifs en termes acoustiques sont définis dans le cadre de projets de quartiers durables, ils sont toujours abordés sous le sceau du piler environnemental (souvent réduit à sa part écologique et « sanitaire »), alors que cette problématique a au moins autant à voir avec la dimension sociale du développement durable. De plus, ces diagnostics acoustiques, lorsqu'ils sont faits, sont essentiellement réalisés à l'aide de mesures d'exposition au bruit faites par des experts-acousticiens, aucune démarche participative n'associant les habitants à la qualification de leur environnement sonore quotidien.

Il est intéressant, après avoir constaté la manière dont se conçoivent de façon générale les quartiers durables aujourd'hui, d'appliquer cette analyse critique aux deux quartiers qui nous

---

[1] Ludivine Carlier, « L'éco-quartier de la gare en cours d'aménagement à Pantin », intervention dans le cadre des 6èmes Assises nationales de la qualité de l'environnement sonore organisées par le CIDB, 14-15-16 décembre 2010.
[2] En 1996, dans le but de favoriser la prise en compte des enjeux énergétiques et environnementaux dans les opérations d'urbanisme opérationnel et les démarches de planification, l'ADEME a développé une méthodologie d'approche environnementale à l'échelle des projets d'aménagement ou de planification locale.

intéressent plus particulièrement : Kronsberg à Hanovre et Vauban à Fribourg en Brisgau, afin de pouvoir comparer les objectifs annoncés par leurs initiateurs lors de la conception et la réalité du quartier telle qu'elle est aujourd'hui en termes de durabilité et d'environnement sonore.

Tableau 16. Thématiques abordées dans le cadre de projets de quartiers durables (Geisler, 2009)

Thèmes	Thématiques	Actions
Aménagement	Insertion	liens et continuité avec les quartiers limitrophes, maillage des espaces verts et publics, de la voirie. anticipation des éventuelles densification ou extensions. construction en fonction de la topologie et de la géographie.
	Densité	utilisation économe du foncier. libération de grands espaces publics et verts.
	Mobilité	transports en commun. circulations douces (vélo, marche). auto-partage. desserte et stationnement. quartier sans voiture.
	Mixité fonctionnelle	mixité à l'îlot, à la parcelle, au bâtiment (commerces, logements, emplois).
Écologie	Énergies	énergies renouvelables (solaire actif et passif, géothermie, éolien, énergie bois, biogaz). chauffage collectif (cogénération). constructions à faible consommation d'énergie, maisons passives, maisons positives.
	Gestion de l'eau	récupération des eaux pluviales. économie de la consommation d'eau potable. traitement des eaux usées.

		gestion différenciée des espaces verts.
	Biodiversité	protection et prolongation du milieu naturel existant.
		utilisation d'essences locales adaptées.
		écomatériaux (composants et circuits de distribution courts).
	Gestion des déchets	tri sélectif sur les chantiers et des déchets ménagers.
		compostage.
	Lutte contre le bruit	écrans anti-bruit.
		implantation du bâti.
		diminution du trafic automobile.
Social	Mixité sociale, générationnelle et culturelle	types, tailles et statuts différents de logements.
		autopromotion et autoconstruction.
		logements adaptés pour les personnes à mobilité réduite.
	Équipements et services	commerces et services de proximité.
		équipements socioculturels.
		écoles, jardins d'enfants.
	Espaces de sociabilité	lieux culturels.
		grands espaces récréatifs.
Gouvernance et participation	Démarche DD	insertion du projet dans une politique de développement durable à l'échelle de la ville.
	Codécision	associer les acteurs publics, privés et les citoyens.
	Communication	concertation des habitants.
		documents de communication.
		réunions publiques.

En noir : les thématiques abordées dans la très grande majorité des projets de quartiers durables

En gris : les thématiques ou actions abordées dans certains projets seulement

2. Kronsberg : mutltifonctionnalité du paysage et mixité culturelle en frange de ville

La ville de Hanovre s'est engagée depuis le début des années 1990 dans une politique de développement urbain durable dont elle a testé une partie des objectifs, tant écologiques et urbanistiques que sociaux, à travers le projet du nouveau quartier Kronsberg. Le quartier présente des normes écologiques de construction pour l'époque novatrices, une mixité culturelle importante et des espaces ouverts divers et imposants. En ce qui concerne la question de la qualité de l'environnement sonore, elle n'a pas réellement été abordée lors de la réalisation du projet.

Figure 30. Situation du nouveau quartier Kronsberg en périphérie de Hanovre (E.Geisler, 2009)

2.1 Une politique urbaine durable développée en parallèle à la construction du nouveau quartier

La ville de Hanovre, plus grande ville du *Land* de Basse-Saxe, a été pratiquement reconstruite dans sa totalité après la Seconde Guerre Mondiale, ce qui lui a permis de se développer selon un plan aéré, composé d'un réseau important d'espaces verts. Lorsqu'elle décroche l'organisation de l'Exposition universelle de 2000 au début des années 1990, la municipalité de Hanovre décide d'amorcer une politique de développement urbain durable dont elle teste une partie des objectifs dans la réalisation du quartier Kronsberg. Afin d'offrir un cadre de vie urbain agréable pour retenir sa population en son sein, la ville se développe selon un modèle multipolaire favorisant les « trajets courts » et la concentration des fonctions urbaines, et donne une importance prioritaire à la préservation et au développement des paysages. Si la politique urbaine de la Ville de Hanovre cherche à croiser différentes approches, qu'elles soient écologiques, urbanistiques et sociales, la question de l'environnement sonore reste traitée à travers les nuisances sonores et de manière isolée ou en relation seulement avec les politiques de transports. Le paysage sonnant de Kronsberg paraît au premier abord assez homogène et apaisé, en raison notamment de la présence quasiment constante du vent qui descend de la colline et s'engouffre dans les larges rues et rafraîchit la ville. À partir de la dérive sonore paysagère et du diagnostic thématique, nous avons dégagé quelques éléments de description et de réflexion sur le paysage sonnant de Kronsberg qui ont permis de cadrer le propos des habitants par la suite. Si aucune réflexion n'a été menée par la maîtrise d'œuvre concernant la qualité de l'environnement sonore à Kronsberg, plusieurs objectifs propres aux projets de quartiers durables semblent avoir des répercutions sur ses caractéristiques sonores.

2.1.1 Rapprochement des préoccupations urbanistiques et environnementales

Hanovre, capitale du *Land* de Basse-Saxe, se situe dans le centre Nord de l'Allemagne, dans une grande plaine près des monts de la Weser et du Harz, entourée de 650 hectares de forêts, véritable ceinture verte de la ville. Cité industrielle et commerciale de 516 000 habitants (1 116 000 dans l'agglomération), elle est la plus grande ville du *Land* et la troisième plus grande ville du Nord de l'Allemagne après Hambourg et Brême.

Détruite à 90% pendant la Seconde Guerre Mondiale, Hanovre a été reconstruite selon un plan très aéré, accordant une grande place aux espaces verts, formant un réseau de forêts comme la forêt urbaine du Eilenriede, de parcs et jardins historiques, de cimetières, d'espaces publics et de lieux de détente et de loisirs. Dans les années 1960, suite au développement périurbain incontrôlé de la ville de Hanovre durant les années 1950, la municipalité décide de coordonner la stratégie entre ville et agglomération pour une régulation efficace de l'étalement urbain. Dans le contexte d'une politique urbaine particulièrement orientée vers la protection de la nature et des espaces verts, elle lance en 1967 le premier programme de développement territorial de la ville. Mais c'est dans les années 1990, que va naître, en parallèle au projet du nouveau quartier sur la colline de Kronsberg, une politique urbaine basée sur le rapprochement de deux enjeux de la ville vivement opposés : l'urbanisme et l'environnement (Souami, 2009). À l'époque, la ville de Hanovre est économiquement prospère et victime de la baisse du taux de natalité, ainsi que de la fuite des classes moyennes en périphérie. L'un des enjeux majeurs de la ville alors, afin de maintenir sa dynamique de développement et de s'affirmer dans la concurrence entre métropoles, réside dans la redynamisation de sa démographie. Cela consiste d'une part à retenir les classes moyennes, et d'autre part à accueillir correctement les populations immigrées représentant 20% de la population totale de la ville, en proposant à l'ensemble de la population de Hanovre un cadre de vie de qualité.

Lorsque Hanovre obtient l'organisation de l'Exposition universelle de 2000 au début des années 1990, elle saisit l'opportunité pour créer un nouveau quartier sur la base d'un « village expo » sur le site de la colline de Kronsberg. En parallèle, elle initie une politique de développement durable qui sera officiellement lancée avec la signature de la Charte d'Aalborg en 1995 et la constitution d'un Agenda 21 local en 1998, basé sur des thèmes d'action environnementaux, économiques et sociaux. En annonçant au monde entier à travers l'Exposition universelle de 2000 son engagement politique pour le développement urbain durable, la ville de Hanovre s'engage à tenir ses promesses. Dès 1992, elle lance le « concept énergétique » de la ville de Hanovre dans lequel elle vise la réduction de 25% des émissions de CO_2 dans l'ensemble de la ville d'ici 2005.

Mais c'est en 1999 que le Conseil municipal de Hanovre définit clairement le développement durable en tant que modèle de développement urbain selon les objectifs suivants (Mönninghoff, 2008) :

- accueillir les populations immigrées afin de maintenir un taux de natalité stable et retenir les populations de classe moyenne qui partent habiter en périphérie, en offrant un nombre suffisant d'emplois et un cadre de vie de qualité ;
- et continuer à gérer au niveau local les ressources naturelles et les espaces vitaux pour la faune et la flore qui représentent 20% de la superficie totale de la ville, mais en valorisant leurs usages divers, c'est-à-dire en maintenant la biodiversité, mais aussi l'activité agricole et en développant les loisirs.

Figure 31. Répartition des espaces bâtis et non bâtis à Hanovre (2005)

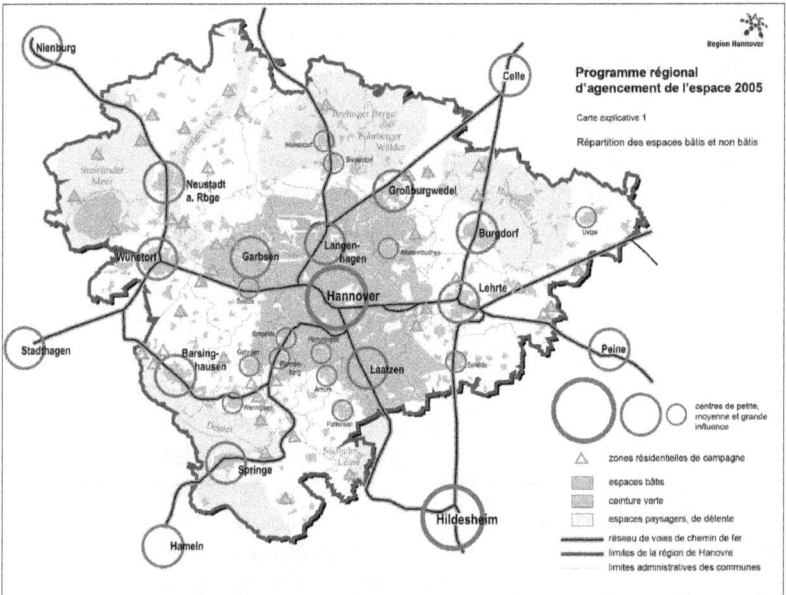

Source : www.hannover.de (traduction des titres et de la légende : E.Geisler, 2011)

2.1.2 Développement d'une ville multipolaire aux « trajets courts »

La ville se développe alors selon le modèle de la « ville des trajets courts » (*Stadt der Kurzen Wege*) dont les objectifs sont à la fois de permettre l'accessibilité pour tous aux équipements et aux services, et de réduire les besoins de déplacements afin de préserver l'environnement. Ce modèle vise à créer une ville compacte où se mélangent les différentes fonctions urbaines (résidentielles, économiques, commerciales et de loisirs) et les différents groupes sociaux, à petite échelle, autour des pôles de transports publics. Ce qui rejoint le concept de « ville des lieux centraux » (*Stadt der Zentralen Orte*) dont la stratégie est le développement multipolaire, regroupant ces différentes fonctions dans les lieux centraux pour freiner l'étalement urbain, protéger la nature et les espaces non urbanisés, promouvoir les transports publics et éviter la croissance incontrôlée des zones de faible centralité comme les villages ruraux. Dans la lignée de ces politiques, et suite à la création de l'agence de protection de l'environnement de la région de Hanovre (*Klimaschutzagentur REGION Hannover*) en 2001, le nouveau programme d'aménagement de 2005 lance un programme de protection du climat. Celui-ci vise à réduire de 40% les émissions de CO_2 à Hanovre d'ici 2020, en renonçant totalement à l'électricité produite par l'énergie atomique, en développant notamment les énergies renouvelables (éolien, solaire, culture de plantes produisant du biogaz), des techniques énergétiques de haut niveau dans les bâtiments communaux et la sensibilisation et la formation des populations, en commençant par les enfants. Le nouveau programme d'aménagement de 2005 comprend également un plan spécifique dédié aux transports qui vise à moderniser les extensions des lignes de tramway sur le territoire intercommunal, développer le réseau intercommunal paysager de sentiers piétonniers et de pistes cyclables appelé « anneau vert » (*Grüne Ring*), les zones 30 dans les quartiers résidentiels et les liaisons tram-train-bus à l'échelle de la région.

2.1.3 La préservation des paysages et le développement des usages récréatifs : une priorité

En termes de paysage, le nouveau plan développé dans le cadre de la préparation de l'Exposition universelle de 2000 poursuit les évolutions de la politique urbaine générale de la ville de Hanovre. En effet, si le Plan vert de Hanovre (*Grünordnungsplan*) visait uniquement la protection des espaces naturels, en 1990, le Plan paysager cadre (*Landschaftsrahmenplan*) reconnaît l'existence des loisirs et de la détente comme l'une des fonctions des espaces naturels et des paysages. Quant au concept général de « préservation et de développement des espaces paysagers » (*Leitkonzept zur Sicherung und Entwicklung von Landschafts-raümen*), il cherche à établir un équilibre entre espaces construits et non construits, tout en assurant la liaison et la marquage identitaire des différents paysages traités dans le Programme régional d'agencement de l'espace (*Raumordnungsprogramm*) (Wittenberg-Markus, 1993). L'un des enjeux forts de cette politique est également de définir clairement les limites entre ville et campagne, afin de limiter l'urbanisation périphérique.

Dans le cadre de l'Exposition universelle de 2000, des objectifs concernant les paysages ont été visés à travers des projets comme « la ville est un jardin » (*Stadt als Garten*) qui comprenait plusieurs interventions d'aménagement et de mise en valeur dans les jardins historiques, des jardins privés, des espaces publics du centre-ville, ainsi que le développement de l'agriculture biologique et l'aménagement paysager du nouveau quartier Kronsberg.

Figure 32. Préservation des espaces naturels et paysagers de la ville de Hanovre (2005)

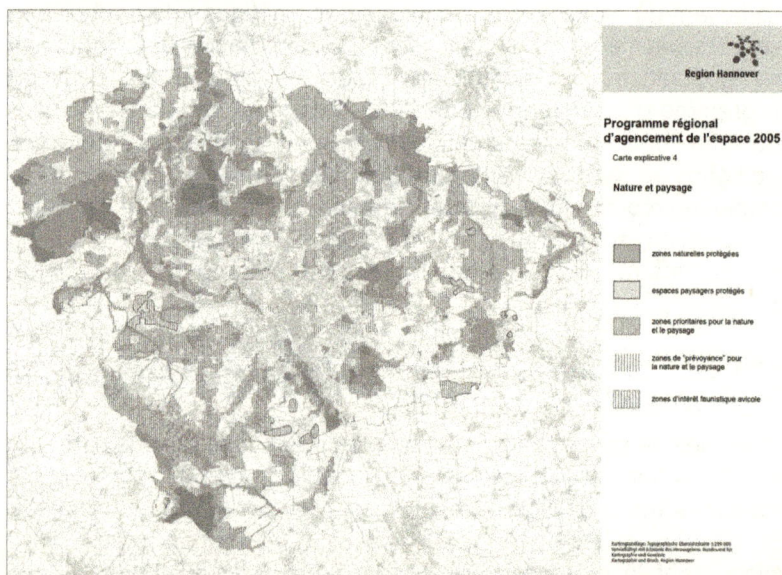

Source : www.hannover.de (traduction des titres et de la légende : E.Geisler, 2011)

2.1.4 Une approche de l'environnement sonore dissociée de la politique urbaine durable

En ce qui concerne l'approche de l'environnement sonore, suite à la Directive européenne de 2002 sur le bruit, la ville de Hanovre a lancé un « Plan d'action bruit » (*Lärmaktionsplan*), suite à l'élaboration de la carte de bruits de l'agglomération réactualisée en 2007. Ce plan d'action définit des stratégies essentiellement liées à l'évitement, au déplacement et à la diminution du bruit lié aux transports et à la sensibilisation des populations à de bonnes pratiques de circulation.

On trouve toutefois un plan intéressant dans le document élaboré par Astrid Wittenberg-Markus sur la politique menée en matière de paysages au moment du montage de l'Exposition universelle de 2000 au début des années 1990. En effet, celui-ci, dédié aux conflits d'usage des paysages, met en parallèle les notions d'accessibilité aux espaces naturels et paysagers et les nuisances sonores.

Tableau 17. Stratégies et mesures pour la diminution du bruit (traduit de l'allemand : *Strategien und geeignete Maßnahmen zur Lärmminderung*) - Plan d'action bruit de la Ville de Hanovre (traduction Geisler, 2011)

Éviter l'émission de bruit	- Planification urbaine (favoriser les livraisons centra-lisées, ville des trajets courts). - Améliorer les pistes cyclables. - Améliorer l'offre des transports en commun. - Management de mobilité (exploitation des parkings, auto-partage).
Déplacer les émissions de bruit	- Circulation automobile (déplacement de parties du réseau routier, système de déplacement doux). - Circulation des poids lourds (direction et instruc-tions d'itinéraires, restriction du trafic).
Diminuer les émissions de bruit	- Réduction de la vitesse de circulation. - Régulation des flux de circulation (coordination des feux). - Rénovation de la chaussée. - Réduction du bruit par l'agencement des rues (terre-pleins , réduction de la largeur des bandes de circulation, rétrécissements ponc-tuels, réduction du nombre de voies, aména-gement de pistes cyclables).
Relations publiques	- Rédaction d'un guide de conduite moins bruyante. - Conduite adaptée au contexte. - Prise en considération du « repos nocturne ». - Indicateurs en temps réel de vitesse et de niveau sonore.

Source : K. Kaminski, T. Leidinger, H. Mazur, 2009

Bien que le paysage soit abordé uniquement en tant qu'espace naturel et l'environnement sonore en termes de nuisances, cette mise en relation qui date des années 1990 est intéressante, puisqu'elle met en correspondance les aménités que représentent les paysages, avec la dimension sonore. Cette approche n'est pas sans rappeler celle menée par plusieurs pays européens à propos des zones calmes (chapitre 1 - *1.2.2*) définies par la Directive européenne sur le bruit comme des zones où le calme règne (ou devrait être protégé d'une augmentation du niveau sonore), le calme devenant un élément de qualité environnementale et paysagère. Toutefois, il semble qu'aucun travail n'ait été poursuivi à partir de cette carte par la ville de Hanovre.

On constate en effet que l'approche sonore du paysage, au-delà des nuisances sonores, ne semble pas menée par la *REGION Hannover*, et si on parle de marquage identitaire fort des paysages dans la politique urbaine de la ville, il n'est pas clairement transmis ou valorisé par sa dimension sonore.

Figure 33. Conflits - *Konflikte* (traduction Geisler, 2011)

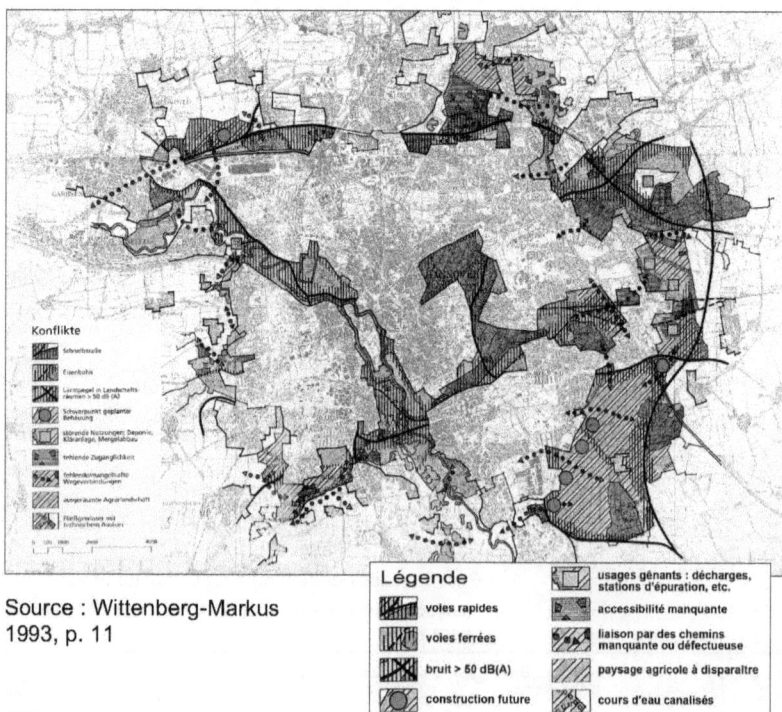

Source : Wittenberg-Markus
1993, p. 11

2.2 Un quartier très orienté vers les enjeux environnementaux, mais prenant aussi en compte les enjeux socio-économiques

Le quartier Kronsberg a été construit dans le contexte de l'organisation de l'Exposition universelle de 2000 à Hanovre, sur d'anciennes terres agricoles en périphérie de la ville, dans l'arrondissement Kirchrode-Bemerode-Wülferode.

Figure 34. L'arrondissement Kirchrode-Bemerode-Wülferode dans la ville de Hanovre (Geisler, 2011)

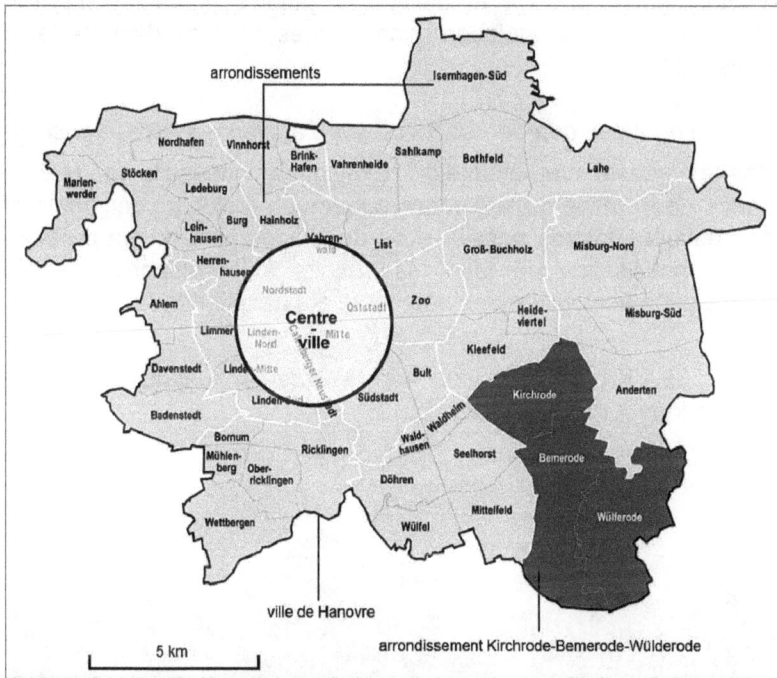

La municipalité de Hanovre avait pour objectif d'y tester de nouvelles approches du développement urbain durable en mettant notamment en avant la construction écologique, la mixité sociale et la multifonctionnalité des paysages. Elle a également mis en place un processus participatif basé sur la formation des professionnels participant au projet et l'information des habitants en matière d'écologie. Ce travail d'équipe a abouti à la construction d'un quartier aux normes éco-technologiques devenues pour la majeure partie aujourd'hui des standards dans la construction neuve en Allemagne et à une recherche d'équilibre entre espaces ouverts et espaces construits, préoccupation forte de la municipalité à l'échelle de toute la ville. Aucune démarche particulière n'y a été menée en matière de qualité de l'environnement sonore, si ce n'est à travers l'aménagement de quelques sculptures sonores discrètes (les « mâts-épouvantails » dans la prairie et l'installation résonnant avec les gouttes de pluie dans le Square Nord) et la construction d'un front bâti sur la rue accueillant le tramway, faisant office de mur anti-bruit pour les constructions situées à l'arrière. Le paysage sonnant de Kronsberg s'avère assez homogène, notamment en raison de l'omniprésence du vent et d'espaces publics qui semblent trop vastes, mais cache quelques microcosmes sonores dans certains cœurs d'îlots.

2.2.1 Un nouveau quartier, construit sur d'anciennes terres agricoles

Dans le contexte international de l'Exposition universelle de 2000, le quartier de Kronsberg a été conçu comme un prototype démonstratif des nouvelles formes possibles de développement urbain durable, par la mobilisation de tous les savoirs alors disponibles pour l'optimisation écologique des bâtiments et habitations.

Figure 35. Kronsberg : vue sur le quartier depuis la colline panoramique K118 (E.Geisler, 2010)

Le quartier a clairement affiché des performances en termes de respect de l'environnement et de mixité sociale. Quatre principes généraux relayés à l'échelle de l'agglomération ont été à l'origine du projet (Rumming, 2003) :

• concevoir un nouveau quartier urbain assurant une mixité fonctionnelle, architecturale et sociale ;

- créer un paysage harmonieux autour d'intérêts variés : les loisirs, la protection de l'environnement et l'agriculture ;
- assurer un équilibre de densité entre les espaces construits et les espaces ouverts ;
- enfin, aménager un réseau express régional ferroviaire.

Le nouveau quartier et le site de l'Exposition universelle de 2000 ont été construits au sud-est de la ville de Hanovre, en continuité d'un tissu urbain dense, sur d'anciennes terres agricoles périphériques destinées depuis une vingtaine d'années au développement urbain.

Kronsberg s'appuie sur un léger relief à l'est, la colline de Kronsberg, dont il tire le nom, et fait le lien entre les quartiers plus anciens de Bemerode et Mittelfeld, et le site de l'Exposition au sud-ouest. Il englobe également en son sein un ancien quartier de maisons individuelles construit dans les années 1960 : le Mühlenberg. Il accueillait en 2010 près de 7000 habitants dans 2600 logements.

Figure 36. Kronsberg : un quartier périphérique traversant (E.Geisler, 2010)

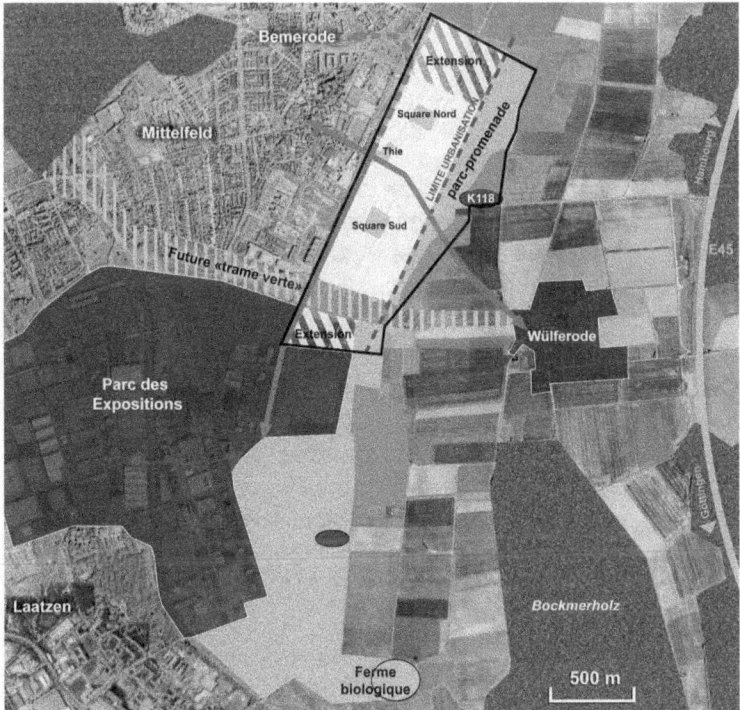

2.2.2 Un projet top-down, avec formation des experts et information des futurs habitants

Une mise en réseau des différents acteurs du projet (services techniques de la ville, promoteurs, concepteurs, artisans, associations environnementales) s'est faite autour d'une équipe municipale très déterminée et prônant l'interdisciplinarité. En raison de la nouveauté des méthodes de construction et des techniques utilisées, les partenaires de cette coopération ont proposé différentes « mesures de qualification » destinées aux aménageurs, architectes, ouvriers et habitants, ces mesures visant à permettre à ces quatre groupes cibles d'acquérir des qualifications, principalement dans le domaine des techniques écologiques.

Ce processus de qualification a pris la forme de discussions sur le chantier, de formations-éclair ou d'excursions, généralement encadrées par la KUKA (*Kronsberg Umwelt Kommunikations Agentur*). Créée en 1997 et dissoute en 2001, cette association à but non lucratif, séparée des différents départements administratifs de la ville, a été établie pour coordonner et soutenir l'ensemble du processus, développer différentes initiatives et gérer la stratégie de relations publiques du nouveau quartier.

Située sur le site même de Kronsberg, elle avait pour objet d'informer et de convaincre par consensus, afin de faire émerger une identité institutionnelle forte, de la part des acteurs concernés (promoteurs, concepteurs et artisans), mais aussi des habitants. Ses champs d'action, centrés sur l'énergie, l'eau, les déchets, le sol, le paysage et l'agriculture, se sont aussi traduits par l'organisation de conférences, la réalisation de documents d'information, l'éducation à l'environnement, des visites guidées du quartier et de la campagne environnante, etc. Il ne s'agissait pas d'une communication à but commercial, mais plutôt visant à favoriser le dialogue entre les participants.

Une autre entité, la Commission consultative de Kronsberg, composée d'enseignants, de chercheurs et de délégués d'associations de protection du paysage, a été créée par la municipalité afin de la conseiller sur toutes les questions relatives aux projets de construction et de sélectionner les promoteurs immobiliers. Un coordinateur a également été chargé de superviser la coopération avec les promoteurs à l'échelle de l'ensemble du quartier.

On peut toutefois regretter le manque de participation et d'interaction des habitants qui ont simplement été sensibilisés par la KUKA à des bonnes pratiques écologiques[1], sans être réellement impliqués dans les processus de conception. Depuis sa dissolution en 2001, les missions de la KUKA ont été relayées par le centre socioculturel *Krokus* et certains des premiers habitants du quartier, sortes de guides pour les nouveaux arrivants, les *Lotsen*[2] (K-KR).

Encadré 4 Dates clés de la réalisation du quartier Kronsberg et de la politique urbaine globale de la ville de Hanovre (Geisler, 2010)

Politique globale de Hanovre		Réalisation du quartier Kronsberg
Plan d'aménagement paysager de Hanovre	**2011**	
		2010 Réaménagement de la place centrale (Thie)
Plan bruit de la Ville de Hanovre	**2009**	**2009** Début de la deuxième tranche des travaux
Nouveau programme d'aménagement du territoire	**2005**	
Création de la REGION Hannover	**2001**	**2001** Dissolution de l'agence KUKA
		2000 Ouverture de l'Exposition universelle
		1999 Ouverture de la ligne de tramway
Adoption d'un Agenda 21 local	**1998**	**1998** Fin des travaux du « village expo »
		1997 Création de l'agence de communication KUKA
Signature de la charte d'Aalborg	**1995**	**1995** Début de la planification et de la construction. Réalisation du « village expo »
		1994 Modification du POS
		1993 Concours de planification urbanistique pour Bemerode Est
Concept énergétique de la Ville de Hanovre	**1992**	**1992** Concours de planification urbanistique et paysag pour la totalité du site
Initiation par la Ville d'une politique de développement durable	**1990**	**1990** Hanovre est sélectionnée pour accueillir l'Exposit universelle de 2000
		1988 La Municipalité de Hanovre décide de développer la ville
		1987 Plan paysager de Kronsberg
1er programme de développement territorial	**1967**	

---

[1] Ils ont été informés et sensibilisés par la KUKA dans le cadre de débats, de séminaires et ateliers, de visites guidées, de sessions de formation, de conseils personnalisés, essentiellement focalisés sur la gestion de l'eau et des énergies.
[2] Le terme *« Lotsen »* désigne en allemand à la fois les petits bateaux-pilotes qui guident les grands bateaux à l'entrée des ports, et les écoliers plus âgés qui assuraient la sécurité des plus jeunes sur les passages piétons (K-KR).

2.2.3 Des normes éco-technologiques devenues pour certaines des standards dans la construction neuve en Allemagne

Deux objectifs majeurs se dégagent du projet de Kronsberg : le développement économe de l'espace et la diminution de l'empreinte écologique. L'optimisation écologique de Kronsberg a été basée sur l'application de toutes les connaissances disponibles lors de sa réalisation en matière de construction optimisée sur le plan écologique : gestion écologiquement responsable des sols, phasage des périodes de construction, méthodes de construction économes en énergie pour tous les bâtiments, gestion des déchets et de traitement de l'eau, avec un système semi-naturel de traitement des eaux pluviales et des mesures d'économie de l'eau potable. Jardins privés et jardins familiaux, parcs de proximité et espaces verts publics ont été planifiés en amont, ainsi que la plantation d'espaces boisés et l'implantation d'espaces de loisirs. La planification écologique de Kronsberg prend aussi en considération l'amélioration de la campagne adjacente. Divers habitats pour plantes sauvages et animaux ont été créés aux alentours et les terres agricoles ont été conservées.

2.2.3.1 Réduction de la consommation énergétique et développement des énergies renouvelables

Une norme de construction, la norme « Kronsberg », a été appliquée à toutes les constructions et à tous les espaces non bâtis, et reprise dans le Plan d'Aménagement de Zone, les contrats de cession de terrain, les différents arrêtés et réglementations applicables en la matière. Elle impose une restriction de consommation d'énergie de 55kWh/m^2/an pour les constructions neuves.

Le projet « Optimisation écologique de Kronsberg » est l'un des trois projets décentralisés menés à Konsberg par la Municipalité de Hanovre dans le cadre de l'Exposition universelle de 2000. Cette optimisation est basée sur une application globale et acceptable par les promoteurs et les habitants. Elle s'inscrit dans la politique énergétique de Hanovre et son programme de protection du climat. L'objectif est de réduire d'au moins 60 % l'émission de CO_2 pour le quartier par rapport aux normes conventionnelles de constructions. Concrètement, le projet est à l'origine de la construction de « maisons à basse énergie », la construction de 32 maisons passives, la liaison de toutes les constructions au réseau de chauffage du quartier (deux unités de cogénération au gaz) et le développement des énergies renouvelables. Trois éoliennes ont été installées au sud-est du quartier, vers l'autoroute, et sont censées réduire de 20 % supplémentaires les émissions de CO_2 du quartier ; des panneaux photovoltaïques alimentent la Solarcity (une cité solaire de 90 logements sociaux), l'école élémentaire, le centre KroKus et le centre commercial, et des mâts solaires ont été installés sur le parvis de la *Gesamtschule*[1] (annexe 7).

2.2.3.2 La gestion alternative de l'eau : des installations imposantes qui pourraient prendre en compte le potentiel sonore de l'eau

Un plan concerté de gestion des eaux de pluie a été mis en place et a donné naissance à un système de drainage semi-naturel, afin de limiter les impacts du quartier sur l'équilibre naturel des ressources en eau et permettre un ruissellement comparable à ce qu'il était avant urbanisation. Un réseau de fossés et de trous d'infiltration assez imposant, le *Mulden-Rigolen System,* a été creusé de chaque côté de la chaussée dans tout le quartier. Il limite les risques de pollution en drainant les eaux pluviales des voiries vers des bassins de rétention, afin de les filtrer et de les rejeter dans le circuit « classique ». Ce système permet également l'alimentation des chasses d'eau des toilettes du centre socioculturel Krokus et de l'école élémentaire.

Des mesures ont aussi été prises pour favoriser l'économie en eau potable, comme la pose de canalisations d'alimentation de petit diamètre et des robinets économes en eau, des programmes de formation et de sensibilisation ayant été initiés par l'agence KUKA à ce sujet. L'eau à Kronsberg n'a pas seulement une vocation écologique, elle a aussi a été utilisée par les concepteurs comme élément de composition urbaine. On la retrouve dans les cours intérieures d'immeubles, dans les rues sous la forme de systèmes d'infiltration des eaux de pluie, dans les espaces plantés sous la forme d'étangs et de ruisseaux, ou encore dans les jardins publics sous forme de fontaines, de pompes à eau et de sculpture sonore.

L'eau marque acoustiquement certains lieux particuliers comme le petit « cloître » derrière l'église (annexe 20, piste 13). L'espace, clos, à l'abri des regards et du vent, accueille une fontaine au

---

[1] La *Gesamtschule* est une école du secondaire qui regroupe les trois types d'écoles du système scolaire classique allemand (*Hauptschule, Realschule, Gymnasium*) qui livrent respectivement des enseignements du plus professionnel au plus général. Plus récente, elle permet ainsi aux élèves de bénéficier de passerelles d'un type d'enseignement à l'autre selon leurs résultats.

bruissement discret et doit être agréable pour se reposer quand il fait beau. On trouve aussi une petite cascade dans la cour intérieure de l'opération Mikro-Klima (annexe 20, piste 1). Deux pompes à eau ont également été installées dans la partie sud-est du quartier. Des documents révèlent la présence d'une sculpture sonore aquatique dans le Square Nord, censée interagir avec la pluie. Mais la seule installation volontairement sonore du quartier fonctionne mal par temps pluvieux. En ce qui concerne l'installation conséquente de fossés d'infiltration des eaux, si on pouvait penser qu'ils puissent être sources de bruit, même par forte pluie, l'eau est directement absorbée et ne forme pas un petit cours d'eau.

Figure 37. Fontaine dans le « cloître » de l'église, cascade dans l'îlot Mikro-Klima, système d'infiltration des eaux de pluie à l'entrée d'un immeuble, fontaine sur la place centrale (Geisler, 2009)

2.2.3.3 Le maintien de la biodiversité (et de sa richesse sonore)

À Kronsberg, le maintien de la biodiversité a été particulièrement visé dans la prairie qui sert de zone tampon entre l'espace urbanisé et la campagne environnante : « *l'objectif est qu'elle se développe* [...] *en assurant la richesse des espèces* » (K-AP).

Figure 38. Plan thématique de la biodiversité et de la gestion alternative de l'eau à Kronsberg (Geisler, 2010)

parcs

espaces verts «sauvages», friches

espaces verts collectifs

jardins privés

fossés d'infiltration des eaux de pluie

chênes

sycomores

cerisiers

robiniers (faux acacias)

frênes

tilleuls

alisiers blancs

charmes

Les espèces végétales et animales indigènes y sont préservées, et des plantes rares ont été insérées sur le flanc sud de la colline panoramique Kronsberg 118 (K-AP). Une règle relative à l'ensemble de la ville de Hanovre intime les propriétaires de chiens à les tenir en laisse durant les périodes de reproduction des oiseaux. On rencontre de nombreuses espèces d'oiseaux aux chants variés dans tout le quartier (merles, alouettes, corneilles, bergeronnettes, moineaux, bruants etc.), avec toutefois quelques points de concentration le long de la limite entre la partie construite et la prairie, sur la friche près des maisons passives qui accueille de nombreux épineux et dans la partie préexistante au quartier, le Mühlenberge, où l'on trouve des arbres plus anciens.

Hormis la présence d'animaux sauvages (renards, lièvres, rongeurs) dans la prairie et celle de chiens dans tout le quartier, des moutons menés par leur berger viennent entretenir la prairie deux fois dans l'année, bouleversant durant quelques jours le paysage sonnant de ce vaste espace vert par leur bêlement et le tintement de leurs clochettes (annexe 20, piste 18).

Figure 39. Entretien de la prairie par les moutons et arbres anciens attirant les oiseaux au Mühlenberge (Geisler, 2009)

2.2.3.4 Exporter au minimum les déchets du quartier

Afin d'éviter le déplacement des terres excavées lors des travaux, coûteux en énergie et polluant, les terres de qualité ont été conservées sur place afin de :

• créer deux collines panoramiques offrant des points de vue sur le quartier et la campagne à l'est, dont la plus célèbre est Kronsberg 118 qui domine le quartier au nord ;

- construire un merlon anti-bruit le long de l'autoroute E45, à l'est du quartier ;
- combler une ancienne décharge ;
- et établir une ferme agricole biologique, la Hermannsdorfer Landwerkstätten, couvrant cent hectares au sud du quartier, chargée également d'entretenir les espaces verts publics du quartier.

Un plan de gestion des déchets a été élaboré afin d'éviter de produire des déchets et de recycler sur place ceux qui peuvent l'être, selon deux volets : (1) un plan de gestion des déchets de construction (soit 40 % de la production en déchets de la ville de Hanovre) qui impose l'usage par les promoteurs de matériaux de construction respectueux de l'environnement ; et (2) un plan de gestion des déchets domestiques et commerciaux à l'origine de l'installation de containers à proximité des habitations, de tri direct par des poubelles encastrées dans certains logements, de la construction d'un centre de recyclage, ou de l'installation par endroits de bacs de compostage. Le tri sélectif était à l'époque de la construction de Kronsberg très innovant. Il a depuis été étendu au reste de la ville (K-KR).

À Kronsberg, le bilan énergétique et de consommation d'eau est très bon selon la Municipalité, même si après la dissolution de la KUKA, la population est moins bien informée en termes de « bonne pratiques écologiques » et ne développe pas des modes de vie adaptés au quartier durable, la voiture restant par exemple omniprésente.

2.2.4 Chercher l'équilibre entre espaces ouverts et construits

La question de l'équilibre entre espaces ouverts, le plus souvent verts à Kronsberg, et espaces urbanisés est une des réflexions majeures menées par la ville, à travers notamment son développement multipolaire. Cet équilibre est recherché par le développement de transports en commun efficaces et respectueux de l'environnement, la concentration de différentes fonctions urbaines afin d'éviter les déplacements et de permettre plusieurs usages d'un même espace, ou encore le maintien d'une certaine densité en frange de ville.

·

2.2.4.1 Le développement de transports respectueux de l'environnement (sonore)

Il s'agissait pour la municipalité de Hanovre de favoriser les transports en commun et les circulations douces, de réduire les distances des parcours quotidiens et de restreindre l'usage de la voiture particulière à l'intérieur du quartier, et ceci par plusieurs moyens (annexe 7) :

- La desserte du quartier par les transports publics locaux comme les bus et le tramway, reliant Kronsberg au centre-ville en près de 15 minutes. Trois arrêts de tram ont été construits tout au long de la rue principale, de sorte qu'aucun logement ne se trouve à plus de 600 mètres d'un arrêt.

- La canalisation de la circulation automobile sur la route principale à l'ouest, le long de la voie du tramway, et la circulation limitée aux résidents à l'intérieur du quartier (rues limitées à 30 km/h : construites étroites, avec des étranglements de voie, des priorités à droite) ont pour but de dissuader le trafic de transit et de minimiser les nuisances notamment sonores causées par les véhicules.

- La diminution du nombre de places de stationnement privé à 0,8 par logement, le déficit étant compensé par des places de stationnement public sur la rue (20 %). Les espaces de parking sont en partie souterrains et pour le reste plus restreints en surface. Exploitant la topographie locale, ces espaces sont souvent dissimulés dans la colline et donc visuellement bien intégrés. La voiture reste toutefois omniprésente dans le quartier.

- L'aménagement d'une piste cyclable qui traverse la totalité du quartier dans un axe nord-sud et d'un large réseau piétonnier, vers la ville et vers la campagne (allées piétonnières, sentiers de randonnée, etc.), coupant les cours intérieures des bâtiments et les différentes zones du quartier. Tous les cheminements piétonniers de la zone résidentielle donnent accès au réseau de chemins piétonniers et de pistes cyclables dans la campagne environnante. La piste cyclable à l'intérieur de la zone construite semble toutefois très peu utilisée par les cyclistes qu'on observe plutôt sur l'allée-promenade qui délimite la zone construite de la prairie.

Malgré l'omniprésence des voitures dans le quartier et un nombre important de parkings en surface, les bruits de voitures sont plutôt discrets et rares. On peut supposer que ce calme relatif est dû à la limitation de l'ensemble du quartier à 30 km/h et au fait qu'il n'est traversé que par une seule route menant vers la campagne. Le tramway et la circulation automobile marquent essentiellement le paysage sonnant de la rue Oheriendrift/Kattenbrucksdrift et du croisement avec la Wülferoder Straße (annexe 20, pistes 4 et 14). En ce qui concerne les piétons et les cyclistes, on les entend principalement le long de l'allée longeant la prairie à l'est.

Figure 40. Cohabitation des transports publics (tramway) et de l'automobile (Geisler, 2009)

2.2.4.2 Une mixité fonctionnelle peu attractive à l'échelle de la ville

Le quartier Kronsberg accueille de nombreux équipements publics et de services (annexe 7) :
- des infrastructures communales : trois jardins d'enfants, une école élémentaire, une *Gesamtschule*, un centre socioculturel (Krokus), une maison de jeux pour les enfants et leurs familles (Krokulino), ainsi qu'une église évangélique ;
- un centre médico-social ;
- et des commerces et services de proximité : un centre commercial, une supérette, une banque, une auto-école, un coiffeur, un boulanger, un fleuriste, deux restaurants, un café, un tabac et un glacier. Ceux-ci sont essentiellement situés le long de la Wülferoder Straße et sur la place centrale appelée Thie.

Des réserves foncières disséminées dans le quartier sont destinées à pallier les manques éventuels en infrastructures communales, comme des jardins d'enfants, une maison de retraite ou un gymnase. Enfin, afin d'assurer une viabilité économique et sociale du quartier, environ 2000 emplois ont été créés à proximité (K-KR), en particulier dans le secteur des entreprises de services, et cela de manière simultanée avec le processus de construction.

Malgré cette mixité fonctionnelle apparente, le quartier attire peu de citadins du reste de la ville. La rue principale qui longe le quartier à l'ouest (Oheriendrift) est plus petite que ce que l'on aurait pu imaginer, présentant un front bâti d'un seul côté à l'est, avec peu de commerces et d'activités. Les habitants de Kronsberg ne semblent pas s'y promener, mais uniquement la pratiquer pour rentrer chez eux depuis l'un des arrêts de tramway.

Figure 41. Place centrale (Thie) et Oheriendrift (Geisler, 2009)

2.2.4.3 Un plan paysager précédant le plan d'urbanisme : favoriser des paysages multifonctionnels

La planification des espaces non bâtis à Kronsberg s'est basée sur le plan paysager de la zone approuvé en 1987. Celui-ci consistait à aménager une campagne structurée et variée pour favoriser la vocation récréative du site, tout en conservant l'activité agricole préexistante et les biotopes. Au début des années 1990, le plan paysager a été adapté au contexte de l'Exposition universelle et la construction de Kronsberg s'est appuyée sur l'aménagement d'un espace paysager entièrement artificiel où devaient se mêler différents intérêts : loisirs, protection de l'environnement et agriculture (K-AP).

Un premier concours international de planification urbaine et paysagère a été lancé en 1992 et comprenait le réaménagement du site après l'Exposition universelle, selon un concept écologiquement viable, et afin de mettre en valeur les qualités naturelles du paysage et permettre la transition vers une agriculture écologiquement responsable. La municipalité s'est inspirée de plusieurs travaux d'agences, et plus particulièrement des deux premiers lauréats : les architectes Raffaele Cavadini et Michele Arnaboldi de Zürich, et le paysagiste Guido Hager de Zürich, ont proposé un concept, volontariste et économe en espace. Ils projetaient trois espaces urbanisés autonomes (le site de l'Exposition universelle, le nouveau quartier et la zone commerciale d'Anderten au nord) séparés par des espaces naturels. Le jury s'est servi de cette base et des idées développées dans d'autres projets, comme celui de l'équipe de San Remo ayant obtenu le second prix. Ils proposaient la création d'un « axe végétatif naturel » au sommet de la colline, sous la forme d'une « promenade nature » avec des zones aux thématiques différentes.

Finalement, l'aménagement paysager de Kronsberg a été fait selon plusieurs critères :

• la protection et le développement de la végétation d'intérêt floristique : des plantes rares ont été plantées sur le versant sud de la colline panoramique Kronsberg 118, des espèces autochtones comme le pissenlit et le coquelicot ont été semées dans la prairie et se ressèment aujourd'hui naturellement dans tout le quartier. Plusieurs essences d'arbres ont été plantées dans le quartier, favorisant la diversité écologique, visuelle et olfactive : chênes, sycomores, cerisiers, robiniers, frênes, tilleuls, alisiers blancs et charmes ;

• la valorisation de la prairie entre le bois (des arbres ont été plantés sur le sommet de Kronsberg et formeront un bois à long terme) et la zone urbanisée. Cet espace non bâti sert à la fois de zone tampon écologique, entretenue par des moutons, et d'espace public dédié aux loisirs et à la détente : *« Une fois par an a lieu une fête des cerfs-volants et des gens viennent de partout, il y a des championnats »* (K-AP) ;

• l'établissement d'une limite claire entre espaces bâtis et non bâtis : *« Il y a cette limite stricte entre terrain bâti et paysage, ça a été prévu comme cela volontairement. Cette allée forme la frontière entre les habitations et la nature, pour que les habitations ne débordent pas sur le paysage »* (K-AP)

• l'aménagement de sentiers de grande randonnée au sud-est, ainsi que l'extension des cheminements piétonniers ;

• la réservation d'emplacements pour des zones humides, en raison de l'agriculture intensive menée localement.

Dans le cadre de l'Exposition universelle de 2000, l'un des trois projets décentralisés menés à Kronsberg, intitulé « La ville est un jardin », a également consisté à traiter les espaces non bâtis au sein du nouveau quartier, à modeler et valoriser le milieu naturel. Parmi les projets importants, on compte l'aménagement de la prairie qui longe le quartier avec sa colline panoramique, le Kronsberg 118, et l'aménagement du parc agricole au sud, accueillant la ferme biologique Hermannsdorfer Landwerkstätten. Cette ferme a pour objet de proposer une alternative à la spécialisation et l'industrialisation de la production agricole, tout en essayant de combler le fossé qui grandit entre agriculture et économies régionales. Les fermiers vendent leurs produits dans les environs et assurent l'entretien paysager des espaces verts publics situés dans la campagne de Kronsberg.

2.2.4.4 Essayer de mettre en œuvre une forte densité en frange de ville

Un concours d'urbanisme pour tout Bemerode Est a été lancé en 1993, avec un cahier des charges en matière de planification sociale et écologique rédigé par un groupe d'experts. Ce cahier imposait de concevoir un quartier à forte densité intégrant la dimension écologique au processus de planification, assurer une offre variée de logements, garantissant la proximité des équipements, valorisant l'identité distinctive et multifonctionnelle du quartier, incluant des mesures de ralentissement de la circulation dans les zones résidentielles, tenant compte de la nouvelle ligne de tramway et prévoyant un réseau de pistes cyclables et des cheminements piétonniers. Le premier prix a été décerné à l'équipe Welp/Welp et Sawadda de Braunschweig. Celle-ci a proposé un plan simple, quadrillé, formé d'îlots d'habitation de 75 mètres de côté, ce qui a permis notamment de libérer le sommet de la colline, mais a aussi imposé une morphologie architecturale répétitive.

Les constructions, afin de limiter l'emprise au sol, ont été voulues denses et compactes, en alignement de rue. Toutes les parcelles en coin de rues sont construites et les bâtiments ne dépassent pas le R+5 (le dernier prenant généralement la forme d'un attique). Cette densité et ces hauteurs de bâtiments s'estompent d'ouest en est, vers la campagne et le sommet de la colline pour devenir très faible en frange de ville : de bâtiments en R+4 et R+5, on passe à des immeubles en R+2, jusqu'à des maisons en bande sur l'allée bordant la prairie. Au total, 90% des constructions sont des immeubles collectifs et 10% des maisons en bande.

Figure 42. Plan thématique de la densité construite à Kronsberg (Geisler, 2010)

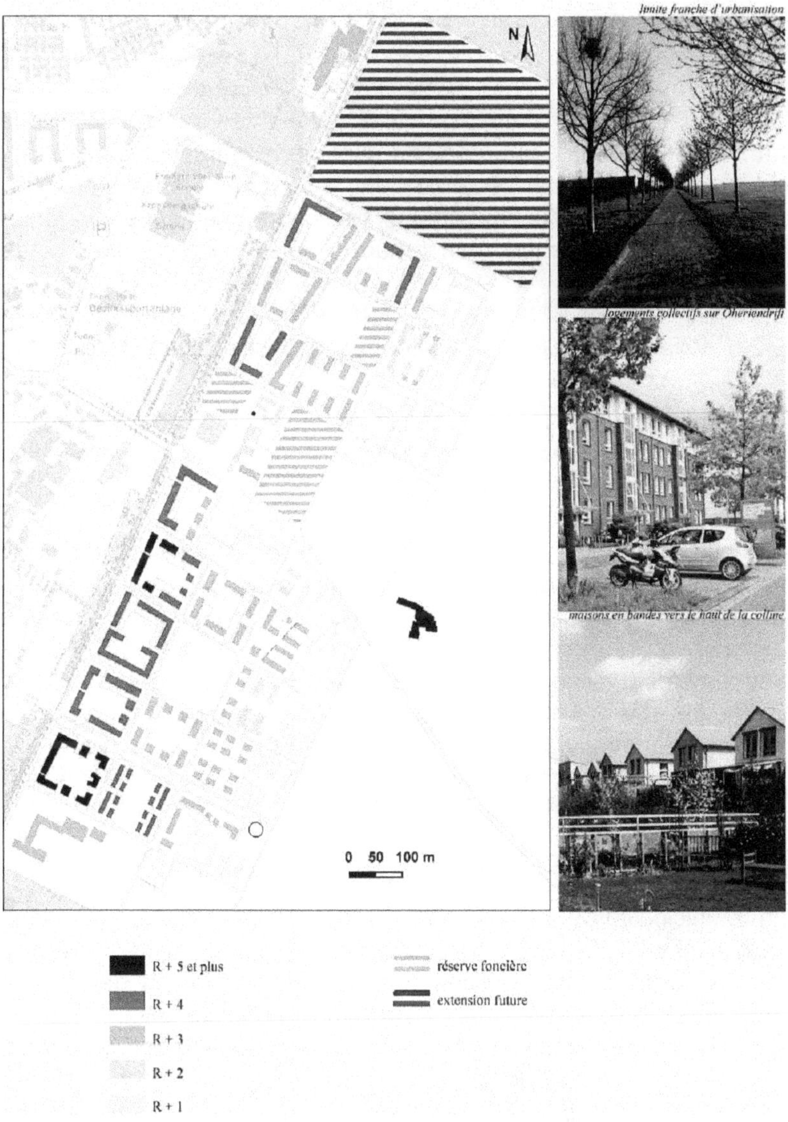

R + 5 et plus

R + 4

R + 3

R + 2

R + 1

réserve foncière

extension future

Sur les 70 hectares du site (pour la première tranche du quartier résidentiel), près de 20% restent dédiés aux espaces publics. Malgré cette forte densité bien réelle, le quartier n'en donne pas le sentiment, certainement en raison de la faible emprise au sol des bâtiments et de la grande proportion d'espaces verts. Les espaces publics paraissent disproportionnés, les rues sont longues, larges et rectilignes, et les sons semblent un peu se perdre dans ces espaces uniformisés.

Bien qu'une quarantaine d'agences d'architecture et de paysagisme aient travaillé sur le projet, ce qui a permis des approches et des propositions variées, une certaine homogénéité transparaît en effet dans la morphologie générale, en raison très certainement du recours récurrent à l'îlot ouvert, aux règles d'alignement et au cahier des charges commun concernant l'aménagement des cours intérieures.

2.2.5 Mixité culturelle et variété des espaces de détente et de loisirs : favoriser la diversité sonore ?

D'un point de vue social, l'objectif de la municipalité de Hanovre était d'apporter des solutions aux situations conflictuelles récurrentes dans les grandes villes et de les appliquer dans les stratégies de planification : assurer la mixité sociale et culturelle à l'échelle du quartier et du bâtiment, développer des infrastructures socioculturelles et des services simultanément avec les logements. Un programme de subventions pour le développement des logements a été financé par le *Land* de Basse-Saxe, le gouvernement allemand et la ville de Hanovre, dans le but de permettre une mixité sociale stable des résidents au sein du nouveau quartier. Ce programme a permis de mettre en place plusieurs types de primes pour les constructeurs de logements, sur la vente et la location.

2.2.5.1 Favoriser la mixité sociale par quotas

La municipalité a imposé aux promoteurs la construction dans chaque immeuble de logements de types différents pour assurer une flexibilité de leur utilisation selon les besoins et désirs des locataires. Ils ont également instauré la pluralité des modes de financement : 400 maisons individuelles en propriété, des logements locatifs privés et des logements sociaux. En ce qui concerne les logements sociaux, les plafonds de revenus classiques en

Allemagne ont été doublés pour atteindre 30 000 euros de revenus annuels afin de favoriser la mixité sociale (K-KR).

Le projet « Ville et habitat social », l'un des trois programmes décentralisés menés à Kronsberg par la municipalité de Hanovre dans le cadre de l'Exposition universelle de 2000, a également été à l'origine de trois projets favorisant la mixité sociale et culturelle (annexe 7) :

• l'ouverture d'un centre socioculturel, le KroKus. Il s'agit d'un espace de rencontre pour les habitants de Kronsberg et d'un forum central pour le réseau des services communautaires. À l'intérieur, on trouve une bibliothèque, un centre d'information pour les jeunes, une salle de réunion, un atelier, un cinéma et un studio. Enfants et adultes peuvent y suivre des cours de danse, de musique ou de sport. Des cours d'allemand sont également dispensés aux parents étrangers ;

• le projet de logement social FOKUS est un projet qui permet aux personnes à mobilité réduite de vivre de manière indépendante dans le quartier, en favorisant un équilibre entre indépendance et assistance dans les activités quotidiennes. Ainsi, ces logements sont répartis dans tout le quartier, à proximité de points d'aide. C'est une dimension du quartier qui se remarque dès les premiers pas que l'on y fait : de nombreux habitants de tous âges se déplacent en fauteuils roulants, voire en lits médicalisés motorisés dans la rue ;

• et le projet Habitat international. Ce projet a pour but de promouvoir la cohabitation de familles immigrantes et de familles allemandes (au sein du même voisinage). L'organisation des espaces prend en compte les besoins des différentes cultures, proposant des appartements du T1 au T7. 10 % de logements ont été conçus selon les coutumes et modes de vie musulmans, proposant par exemple une pièce centrale orientée vers La Mecque. Le programme d'habitation impose un quota d'un tiers de couples allemands, un tiers de couples étrangers et un tiers de couples mixtes.

La mixité sociale et culturelle est assez bien réussie à Kronsberg, bien qu'on constate une certaine répartition au sein même du quartier : les propriétaires dans le « haut du quartier », le long de la prairie, dans les maisons en bandes, et les locataires dans « le bas du quartier », dans les immeubles collectifs plus à l'ouest. Le quartier accueille près de 26 nationalités différentes : majoritairement des Allemands, puis en grande partie des Turcs et des Russes. Près de la moitié des habitants perçoit des allocations logement tandis que l'autre moitié appartient à la classe moyenne (K-KR). Pour ce qui est de la mixité générationnelle, le quartier est majoritairement habité par des jeunes couples avec enfants, ce qui n'est pas étonnant, vu la politique volontariste de la municipalité de Hanovre en faveur des plus jeunes à Kronsberg.

Cette mixité culturelle et cette répartition sociale se lisent parfois à travers le paysage sonnant du quartier. L'ancien quartier Mühlenberge est par exemple un espace plus confiné, avec beaucoup plus d'oiseaux, en raison d'une végétation plus luxuriante et ancienne. On y entend aussi beaucoup plus de moteurs de tondeuses et de bruits de bricolage, les habitants de cette partie du quartier bénéficiant de grands jardins. Hormis cette distinction nette, le paysage sonnant semble assez homogène dans le quartier, que ce soit à proximité des immeubles collectifs ou des maisons en bandes par exemple. Toutefois, on entend parler différentes langues dans les rues et les nombreux terrains de jeux, ce qui semble être une particularité sonore de Kronsberg.

2.2.5.2 Un réseau d'espaces ouverts important, mais pas toujours appropriés

Hormis la prairie à l'est du quartier, servant de zone tampon entre la ville et la campagne, Kronsberg accueille un réseau important d'espaces ouverts aux formes et aux fonctions variées qui organisent la trame du quartier (annexe 7).

Deux allées plantées traversent le quartier d'ouest en est pour gravir la colline jusqu'à la partie boisée en son sommet et assurer une liaison avec la campagne environnante. Ce sont elles qui définissent les différentes sections du quartier (marquées par des essences d'arbres différentes). À plus long terme, un parc devrait assurer la liaison entre le parc au sud-ouest du quartier et la prairie de Kronsberg, et compléter la trame verte de la ville de Hanovre.

Au-delà de l'allée de limite d'urbanisation à l'est du quartier, une double rangée d'arbres (des tilleuls côté urbanisation et des cerisiers sauvages côté prairie) marque la limite avec la vaste prairie servant de pâturage aux moutons de la ferme biologique. À travers cette prairie, on peut accéder par des chemins piétonniers à des points de vue panoramiques (l'un au nord, le Kronsberg 118, dominant la partie existante du quartier, et l'autre au sud offrant un panorama sur l'extension future).

Les vastes Squares Nord et Sud, symétriquement situés par rapport à la Wülferoder Straße, accueillent des aires de jeux très grandes en épousant la pente du terrain. Le Square Sud qui accueille un jardin d'enfants semble plus pratiqué que le Square Nord.

Chaque îlot d'habitation accueille une cour intérieure ouverte, mais dont l'accès est plus ou moins toléré selon les îlots (voire pour certains comme l'îlot Mikro-Klima, contrôlé par des clôtures ajoutées). Chaque appartement est accessible depuis ces cours. Pour les appartements en rez-de-chaussée, dans la plupart des cours, une bande de verdure peut être appropriée par les locataires. Chacune de ces cours comporte un terrain de jeux sécurisé pour les enfants et pour la plupart un bassin de rétention d'eau, relié à des petits cours d'eau ou agrémenté de cascades. Mais si l'espace semble fortement pratiqué par les enfants, les adultes semblent peu s'y aventurer.

Enfin, les jardins privés des maisons en bandes constituent également une part importante du quartier, mais sont le plus souvent clôturés et ne participent pas, comme à Vauban, à l'impression générale de verdure.

En ce qui concerne les espaces publics, ils sont nombreux dans le quartier et présentent certaines particularités sonores. La place centrale, par exemple, qui devrait être un « haut lieu sonore », lieu de rencontre, d'interconnexions, est peu animée, et ce à toute heure de la journée (annexe 18, piste 10). Elle était lors de notre deuxième phase de terrain en cours de réaménagement. Très ouvert sur la Wülferoder Straße et au nord, le Thie de Kronsberg donne en effet une impression de vide sonore. Deux points un peu plus animés marquent toutefois la place : le parvis du centre socioculturel Krokus et la terrasse du snack turc. On peut supposer que des événements particuliers durant l'année la rendent plus vivante.

Les Squares Nord et Sud laissent ce même sentiment d'absence de vie. Le Square Nord accueille rarement des habitants (annexe 20, piste 16), et le Square Sud est investi dès le début d'après-midi par des familles avec des enfants, mais qui ont du mal à remplir ce vaste espace (annexe 20, piste 2). Les sons ont tendance à s'y perdre, plus particulièrement quand il y a du vent.

Dans les cours intérieures, à l'abri du vent, le paysage sonnant révèle une échelle plus humaine de ces espaces : on entend des enfants qui y jouent en sécurité dans les terrains de jeux (annexe 20, piste 3). Toutefois, ces espaces semblent peu appropriés par les adultes.

Figure 43. Centre socioculturel Krokus sur le Thie et « mât-épouvantail » sonore (Geisler, 2009)

Enfin, la prairie semble le lieu le plus animé du quartier, si l'on excepte le terrain de jeux au nord, aménagé pour des enfants plus grands (annexe 18, piste 17). On y croise de nombreux promeneurs avec des chiens, des joggers et des personnes qui font du cerf-volant. Si quelques oiseaux se font entendre, c'est le souffle du vent qui prédomine dans cet espace dédié aux loisirs et sur la colline panoramique, portant parfois le bruit d'une sirène de pompiers ou celui de l'autoroute à l'est (annexe 18, piste 8). On y trouve une sculpture sonore, des sortes de mâts-épouvantails dotés de bandelettes de plastique et de grelots, excités par le vent qui matérialisent ce dernier par la vue et le son (annexe 18, piste 9).

Figure 44. Le paysage sonnant de Kronsberg, peu animé et dominé par le vent : celui d'un quartier résidentiel périphérique ? (Geisler, 2009) - Plan issu de la dérive sonore paysagère (chapitre 3. *1.2.1*)

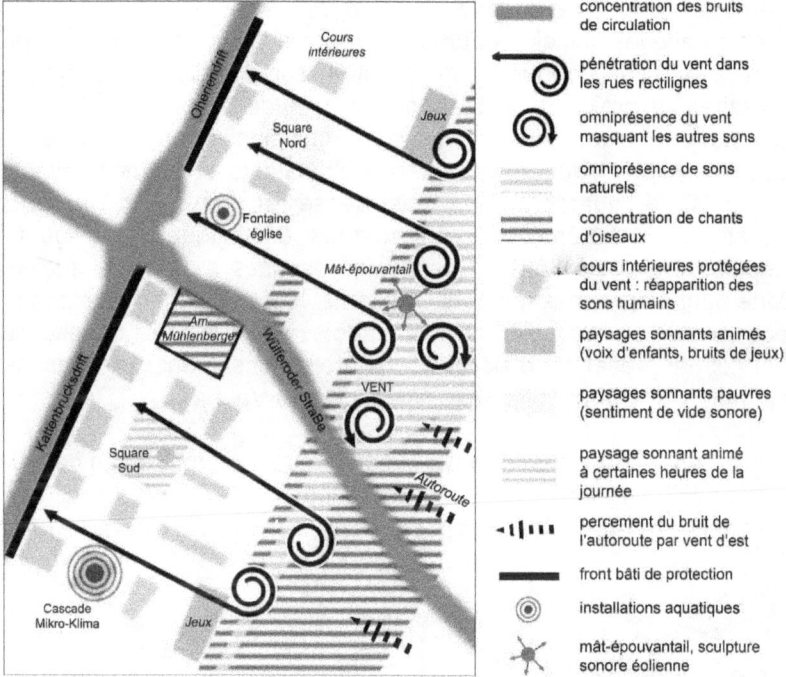

Légende :
- concentration des bruits de circulation
- pénétration du vent dans les rues rectilignes
- omniprésence du vent masquant les autres sons
- omniprésence de sons naturels
- concentration de chants d'oiseaux
- cours intérieures protégées du vent : réapparition des sons humains
- paysages sonnants animés (voix d'enfants, bruits de jeux)
- paysages sonnants pauvres (sentiment de vide sonore)
- paysage sonnant animé à certaines heures de la journée
- percement du bruit de l'autoroute par vent d'est
- front bâti de protection
- installations aquatiques
- mât-épouvantail, sculpture sonore éolienne

3. Vauban : densité « positive » et implication des habitants

La Ville de Fribourg mène depuis plusieurs années une politique écologique qui se réclame depuis le début des années 2000 d'une politique urbaine durable, prenant aussi en compte les problématiques sociales et de gouvernance. C'est dans ce contexte que le quartier Vauban a été construit sur d'anciennes casernes militaires, à proximité du centre-ville, afin de répondre à la forte demande de logements. Conçu par la municipalité, en collaboration avec le Forum Vauban, association d'habitants et futurs habitants engagés, le quartier, à la fois dense et vert, accueille des constructions hétéroclites, aux normes écologiques en vigueur depuis dans toute l'Allemagne et des espaces publics de qualité, fortement appropriés par les habitants. La population composée pour près d'un tiers d'enfants et d'adolescents, la forte densité du bâti et la présence d'éléments naturels constituent un paysage sonnant varié, pouvant parfois être bruyant à Vauban.

Figure 45. Situation du quartier Vauban à trois kilomètres du centre-ville de Fribourg en Brisgau (Geisler, 2009)

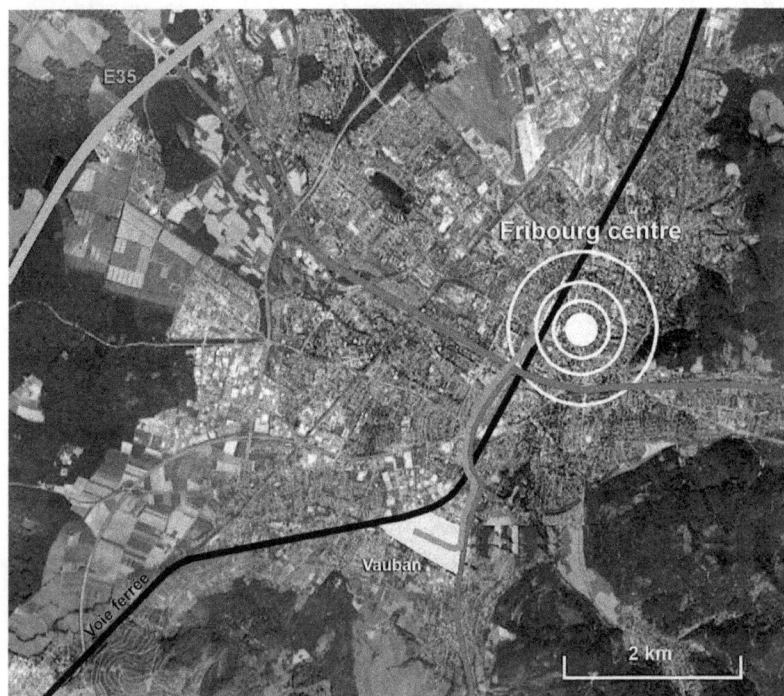

3.1 Une politique urbaine écologique précoce

Fribourg en Brisgau, la ville la plus ensoleillée d'Allemagne, a très tôt été le lieu d'une politique urbaine écologique. La municipalité a mis en place dès la fin des années 1960 un Plan Général des Transports et commencé à développer les énergies renouvelables (plus particulièrement solaire et photovoltaïque) à partir des années 1980. Officiellement engagée dans une politique urbaine durable avec la signature de la Charte d'Aalborg en 2006, la Ville de Fribourg mène une politique paysagère en faveur de la protection de l'environnement, mais aussi de la valorisation et la diversification des paysages, tant « naturels » que « culturels ». En matière d'environnement sonore, conformément à la Directive européenne sur le bruit, elle a mis en place un plan d'action contre le bruit au début des années 2000.

3.1.1 Fribourg en Brisgau, la ville solaire

La ville de Fribourg en Brisgau se situe dans le Land du Bade-Wurtemberg, au sud-ouest de l'Allemagne, à 55 kilomètres de Mulhouse, 20 kilomètres de la frontière française et accueille aujourd'hui plus de 200 000 habitants (600 000 avec l'agglomération) et 27 000 étudiants. Fondée par les Ducs de Zähringen, elle se situe au croisement de deux voies historiques : la voie romaine et la route du sel. Elle est une des rares villes d'Allemagne à offrir un paysage montagneux. En effet, la plaine du Brisgau donnant sur le Rhin est entourée par les reliefs de la Forêt-Noire.

Figure 46. Vue depuis les toits sur le quartier Vauban à Fribourg (Geisler, 2010)

De nombreux espaces verts aèrent le tissu urbain. Parmi les plus importants, on compte le Mooswald, l'aéroport et le cimetière, formant une trame verte de la périphérie jusqu'au centre-ville. Ils constituent un élément primordial du maintien du microclimat fribourgeois, en particulier l'été. En effet, le soir, le vent souffle de la montagne et rafraîchit la ville chauffée par le soleil tout au long de la journée. C'est pourquoi, la hauteur des bâtiments en ville est limitée et la création de couloirs à vent est favorisée. La ville est divisée en deux parties : la première à l'est, où se trouve le quartier Vauban, aux pieds des montagnes, où siège la ville ancienne, est assez convoitée. La partie de l'autre côté de la voie ferrée, à l'ouest, où se trouve le quartier Rieselfeld (quartier « durable » construit aussi dans les années 1990 sur une ancienne zone d'épandage des boues de stations d'épuration) et où les logements sont moins chers, est une zone moins prisée.

3.1.2 Une politique urbaine orientée très tôt vers le développement durable

Les principes du développement durable sont depuis longtemps une préoccupation des élus et des habitants de la ville de Fribourg. Si cette dernière a signé la Charte d'Aalborg en 2006, s'engageant à élaborer un Agenda 21 local, favorisé par la création d'un Conseil de Durabilité, son engagement pour un développement urbain respectueux de l'environnement est bien plus ancien. En effet, Fribourg est devenue grâce à son ensoleillement exceptionnel une ville écologique avant-gardiste et une référence incontournable en matière de développement durable. Elle abrite l'une des principales usines européennes de production de panneaux photovoltaïques et a procédé à de nombreuses installations d'éoliennes sur les collines environnantes. La ville a élaboré dès 1969 son premier « Plan général des Transports » qui définit aujourd'hui cinq objectifs : encourager les déplacements à vélo, réduire le trafic automobile et la pollution sonore, développer les transports publics, aménager des places de stationnement en limite des zones piétonnières et canaliser le trafic automobile.

La première zone piétonnière fribourgeoise a été réalisée en 1973 et depuis quelques années un service d'auto-partage est accessible dans toute la ville. Aujourd'hui, la moitié des déplacements à Fribourg se fait de manière « douce », à pied, à vélo, en tramway, en bus ou en train régional. En matière d'énergies, le Conseil municipal de Fribourg a élaboré dès 1986 une démarche autour de trois points : la maîtrise de l'énergie, le développement des énergies renouvelables et l'adoption de technologies énergétiques efficaces. Aujourd'hui, un ménage fribourgeois consomme en moyenne trois fois moins d'énergie qu'un ménage français et près de 50% de l'électricité consommée par la ville est produite par des centrales de co-génération électricité/chaleur (Dallmann, 2008). Depuis plusieurs dizaines d'années, le plan d'urbanisation de la ville poursuit quatre orientations : la planification du développement spatial de la ville, ainsi que des objectifs environnementaux (prenant en compte les paysages et la nature), économiques, culturels et sociaux. La ville envisage par exemple dans une dizaine d'années d'interdire toute nouvelle construction sur son territoire et ainsi de bloquer l'étalement urbain de manière définitive (Lefèvre et Sabard, 2009). Elle vise également à préserver les espaces verts, entretenus depuis plus de vingt ans selon des principes naturels, et à diversifier les paysages et les biotopes. 46 % de la superficie de Fribourg sont des sites naturels protégés (Dallmann, 2008). Plus récemment, le Plan Paysager 2020 a pour objectif d'élargir les « *espaces de vie précieux pour les humains et la faune* » et de les relier par « une trame verte » étendue à l'ensemble de la ville, mais aussi de valoriser les identités historiques, culturelles et esthétiques des espaces urbains ouverts et de les relier. Au début des années 2000, des démarches vis-à-vis de la gestion de l'eau et de la qualité de l'air ont été initiées, conformément aux directives-cadres nationales et européennes. Enfin, d'un point de vue participatif, la pédagogie environnementale débute dès la maternelle et le PLU 2020 a été élaboré à partir d'objectifs directeurs définis en 2003 par des groupes de citoyens organisés sur des thématiques telles que la justice sociale ou la rationalité économique.

3.1.3 Le plan paysager 2020 : lier protection de l'environnement et valorisation et diversification des paysages

La ville de Fribourg bénéficie d'un cadre naturel assez exceptionnel pour l'Allemagne : au pied de la Forêt Noire, elle accueille la plus grande forêt communale du pays, dont 90% sont classés en sites naturels protégés. Elle est également entourée d'une « ceinture verte » de 500 hectares (parcs, sites et espaces naturels protégés, jardins familiaux, terrains de jeux, cimetières), héritée du « plan en cinq doigts », le *Fünffingerplan*, élaboré au cours des années 1980. Ce plan prévoyait la pénétration de cinq espaces verts dans la ville : le Mooswald près de l'aérodrome, le Schlossberg / Rosskopf, le Sternwald, le Schönberg et la Dreisam. Ce modèle a été ensuite complété par la « ceinture verte » entourant le territoire communal. Petit à petit, à l'intérieur de la ceinture et le long des « doigts verts », ont été aménagés des parcs de proximité ou des liaisons vertes comme le Seepark. Mais depuis quelques années, ce modèle est remis en cause, notamment en raison de l'apparition de nouvelles zones résidentielles sur l'étendue des « doigts verts » et la non prise en compte des espaces libres situés en périphérie de la ville. C'est dans ce contexte que le Plan paysager 2020 (*Landschaftsplan 2020*) a vu le jour, suite à la révision du Plan d'occupation des sols (*Flächennutzungsplan*), lancée par la municipalité de Fribourg en 2003. L'élaboration du Plan paysager s'appuie essentiellement sur la loi fédérale de protection de la nature et la loi de protection de la nature du Bade-Wurtemberg. Il vise à assurer un équilibre entre les espaces construits et non construits, et à concilier le caractère écologique des paysages avec leurs différents usages (agriculture, loisirs et détente). En remaniant à travers le Plan d'occupation des sols et le Plan paysager le concept d'espaces ouverts au sein de la ville et avec la ville elle-même, la municipalité tend à créer une trame verte étendue à l'ensemble de la ville, qui redessinera le futur paysage urbain de Fribourg.

Figure 47. Plan paysager 2020 de la ville de Fribourg en Brisgau

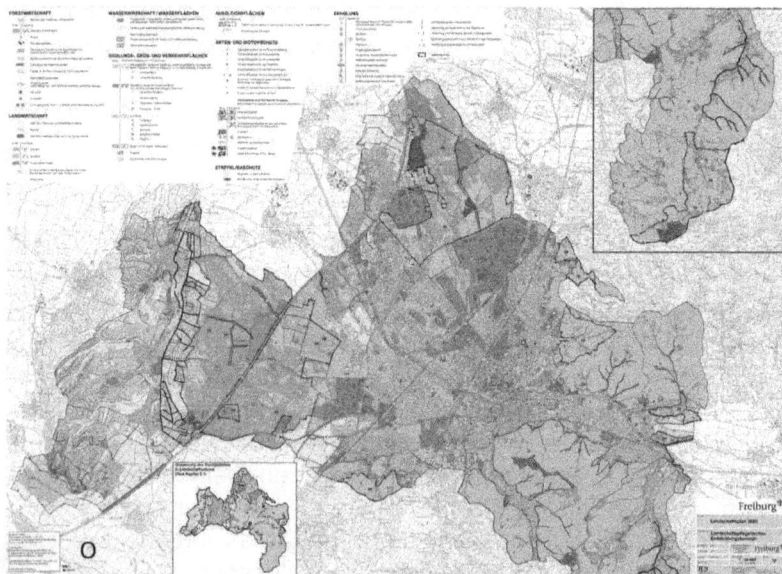

Source : www.freiburg.de

Plus précisément, les objectifs du plan sont les suivants (Weibel, dir., 2006) :

- protéger certains espaces naturels. Actuellement, 7016 hectares, soit 46% de la superficie de Fribourg sont classés sites naturels protégés et 662 hectares en réserves naturelles (Dallmann, 2008) ;
- permettre la régénération et l'utilisation des ressources naturelles à long terme (eau, air, climat, faune et flore) ;
- favoriser la diversité biologique des milieux naturels : on trouve à Fribourg les prairies et forêts de montagne du Schauinsland, les biotopes chauds et secs du Tuinberg et des forêts alluviales ;
- mais aussi favoriser la diversité, les particularités, et la valeur de repos de la nature et des paysages.

Cette préservation et valorisation des paysages ne concerne pas uniquement les espaces naturels, mais aussi des éléments « culturels », témoins de l'histoire de la ville et de ses usages pour certains disparus comme les lieux sacrés (églises, cimetières, chapelles, chemins de croix, etc.), des bâtiments et paysages urbains comme les remparts de la vieille ville, ou encore des éléments liés à des activités artisanales ou à l'utilisation du territoire comme les ruisseaux et canaux pour l'industrie, les champs d'épandage ou encore les carrières de pierre. Si les influences de l'homme sur le paysage sont considérées de manière positive et enrichissante dans le Plan paysager 2020, on constate aussi certaines influences négatives qu'il faut pallier, comme le morcellement des paysages et le bruit occasionné par les routes, ainsi que leur mitage par des zones résidentielles mal intégrées et les aménagements qui en découlent (installations sportives, commerces).

Le Plan paysager 2020 prévoit également de faire participer la population aux décisions, et bien que son approche du paysage soit essentiellement écologique, il laisse entrevoir une dimension plus culturelle et sensible du paysage :

« Les différents aspects du paysage sont perçus par les individus de manières diverses (représentation de la ville, du paysage). En sus de la perception visuelle de la diversité, des particularités et de la beauté des paysages, d'autres perceptions sensorielles, comme par exemple les bruits et les odeurs, caractérisent également l'effet

d'ensemble et l'aspect reposant du paysage. » (Weibel, dir., 2006, p. 66)[1]

La dimension sonore du paysage est ici reconnue, mais il semble qu'aucune démarche concrète ne soit entreprise par la municipalité de Fribourg pour la valoriser, si ce n'est encore la lutte contre les nuisances sonores.

3.1.4 Une approche de l'environnement sonore non intégrée à la politique urbaine durable

En ce qui concerne l'environnement sonore, la ville a en effet mis en place, conformément à la législation européenne, un plan d'action du bruit qui a pour objet de formuler des stratégies et d'effectuer des mesures pour minimiser le bruit et protéger les zones calmes à Fribourg. Les mesures prises par la ville, moins innovantes que pour les points vus précédemment, sont essentiellement basées sur la réduction de la circulation automobile, le développement des modes de déplacements doux, la construction de murs anti-bruit de manière curative et la construction de fronts bâtis en amont des projets urbains, ainsi que l'information des citoyens sur leur exposition au bruit. Dans ce cadre et d'ici 2012, la ville de Fribourg s'est donnée pour objectif de s'occuper des voies de circulation accueillant plus de 4000 voitures par jour, des voies ferrées accueillant plus de 82 trains par jour, de l'aérodrome de Fribourg, ainsi que d'environ dix infrastructures industrielles repérées sur les cartes de bruit. Aucune approche plus qualitative ne semble menée vis-à-vis de l'environnement sonore à l'échelle de la ville.

3.2 Le quartier Vauban, un quartier communautaire dense

Le quartier Vauban a été construit sur d'anciennes casernes militaires, à proximité du centre-ville, afin de répondre à la forte demande de logements. Un groupe de personnes engagées a rapidement montré son intérêt pour le projet initié par la municipalité au début des années 1990 pour construire un nouveau quartier selon des préceptes écologiques. L'association Forum Vauban a eu une influence certaine sur le projet, notamment concernant

---

[1] Die verschiedenen Erscheinungsformen der Landschaft werden durch den Menschen unterschiedlich wahrgenommen (Landschafts-/ Stadtbild). Neben der visuellen Wahrnehmung von Vielfalt, Eigenart und Schönheit prägen auch andere sinnliche Wahrnehmungen, wie z. B. Geräusche und Gerüche den Gesamteindruck und die Erholungseignung der Landschaft mit.

l'éradication quasi totale de la voiture du quartier. Vauban est aujourd'hui extrêmement dense et connu pour son architecture hétéroclite et sa végétation abondante qui contribuent à en faire un quartier vivant et chaleureux. Toutefois, la mixité sociale reste relative à Vauban, puisque la majeure partie de la population est assez aisée et composée de couples avec de jeunes enfants. Les espaces publics et espaces verts, pour certains réalisés avec les habitants, sont fortement pratiqués et les jeux d'enfants envahissent même les rues sécurisées du quartier. Des espaces de convivialité et de rencontres, comme la place Alfred Döblin ou l'allée principale, concentrent les commerces et services et sont des lieux qui accueillent des événements réguliers ou particuliers, comme le marché ou des fêtes. D'autres espaces du quartier comme le ruisseau permettent un contact, malgré la forte densité de population, avec un paysage sonnant « naturel ».

Aucun texte parmi les documents que nous avons étudiés ne parle explicitement d'objectifs en termes de qualité sonore de l'environnement, ou même de lutte contre les nuisances sonores à Vauban. Comme nous l'avons fait pour Kronsberg, nous avons tout de même tenté de croiser les objectifs de durabilité visés à Vauban avec nos premières impressions sonores du quartier.

3.2.1 Un quartier neuf et réhabilité sur d'anciennes casernes militaires

En périphérie de Fribourg, à trois kilomètres du centre-ville, le quartier Vauban a été installé sur d'anciennes casernes militaires occupées à tour de rôle par les Nazis puis par l'armée française, casernes réalisées par Sébastien le Prest de Vauban (1633-1707), grand architecte de Louis XIV. Lorsque l'armée française quitte la ville en 1992, suite à la réunification de l'Allemagne, la municipalité a l'opportunité de réinvestir cette grande friche dont certaines bâtisses sont occupées par des squatteurs, dont de nombreux étudiants.

En décembre 1993, poussée par le besoin de répondre à la demande de logements, la ville de Fribourg lance le projet du nouveau quartier Vauban à travers un concours de planification urbaine et paysagère, gagné par l'équipe Kohloff et Kohloff de Stuttgart. Les squatteurs des casernes et quelques habitants du quartier Wiehre, porteurs de valeurs écologistes et communautaires, forment une association composée de personnes engagées et intéressées par la construction de ce nouveau quartier. Ils rejoignent rapidement la démarche d'aménagement lancée par la ville, qui initie en 1995 un processus de participation citoyenne et reconnaît l'association Forum Vauban comme entité de gestion et de coordination de ce processus.

Le quartier, situé au sud-ouest du centre-ville, s'étend sur une quarantaine d'hectares, perpendiculairement à la Merzhauser Straße, l'une des trois voies structurantes du Sud de la ville, et est délimité par des frontières physiques fortes : la Wiesentalstraße au nord, le Dorfbach (littéralement, ruisseau de village) au sud et la voie de chemin de fer Bâle-Fribourg à l'ouest. En outre, le quartier n'est traversé par aucune voie de circulation et n'est pas construit en continuité avec le tissu urbain environnant, ce qui accentue son aspect refermé sur lui-même. Le quartier accueille aujourd'hui plus de 5000 habitants répartis dans près de 2000 logements collectifs et individuels, et 600 emplois.

Figure 48. Le quartier Vauban à Fribourg (Geisler, 2009)

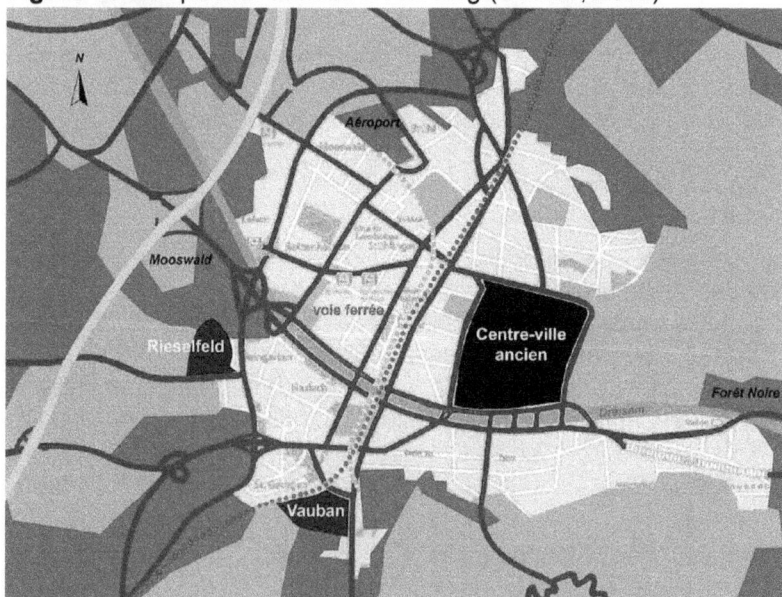

Les objectifs du projet fixés par la Ville étaient dès 1993 (Barrère, 2004) :

• la construction d'un nouveau quartier urbain à proximité du centre-ville destiné à accueillir des logements et des emplois ;

- la recherche de mixité sociale et la création d'une offre résidentielle attractive pour les familles afin de contrebalancer celle des communes périphériques ;
- la réalisation d'un cadre urbain de qualité, diversifié sur le plan architectural et s'appuyant sur le patrimoine arboré déjà existant ;
- la mise en œuvre d'un urbanisme écologique (promotion du vélo, des transports publics, etc.) ;
- et la mise en œuvre d'une démarche participative forte.

Figure 49. Vauban, un quartier intégré dans le tissu urbain, mais replié sur lui-même (Geisler, 2010)

3.2.2 Un processus de participation citoyenne original

La ville a confié dès 1995 au Forum Vauban l'animation de la démarche participative liée à l'aménagement du quartier et l'a associé aux réflexions de planification. La participation des habitants du quartier Vauban a été constante pendant cinq ans, depuis le concours d'architectes jusqu'aux travaux. Au départ, la concertation a surtout intéressé les squatteurs déjà présents sur le site dans les casernes non démolies, puis s'est élargie progressivement aux organismes écologiques, puis aux acquéreurs potentiels.

Un groupe de travail communal, le *Gemeinderatliche Arbeitsgruppe*, composé de représentants de la Ville et de ses services techniques, a également été formé afin d'aider le Conseil municipal à faire des choix judicieux en partenariat avec le Forum Vauban concernant le quartier (V-BK).

Figure 50. Prospectus du Forum Vauban : « *So kann es werden, wenn Bürger mitplanen* » (voilà ce que ça peut donner quand les habitants participent à la conception)

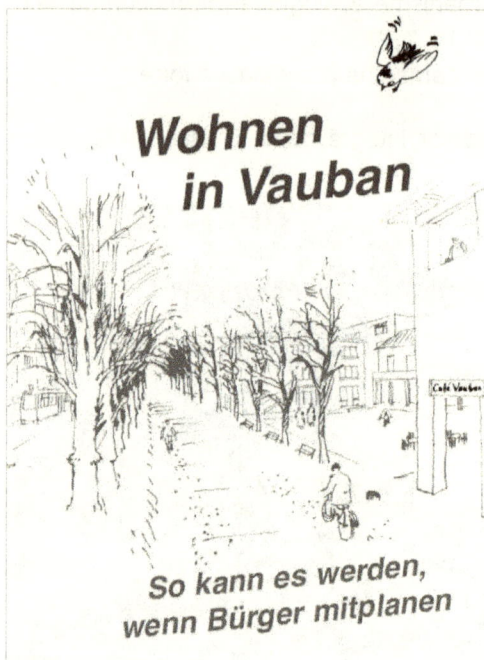

Source : Sperling, 1999, p.35

Le Forum Vauban a joué au sein de cette équipe le rôle d'agitateur d'idées, provoquant parfois des débats houleux avec la municipalité[1]. Il a favorisé la diffusion de l'image de Vauban comme « quartier écologique modèle » et influencé de nombreuses décisions de la Ville, notamment à travers plusieurs volontés (Sperling, 1999) :

- faire un quartier d'habitat dense, dans lequel on trouve « *beaucoup de choses des besoins quotidiens* », bien connecté aux transports publics, afin de réduire l'étalement urbain : « *un*

---

[1] Les membres du *Forum Vauban* se sont confrontés à la municipalité, notamment au sujet de la présence de véhicules motorisés : ils voulaient un quartier sans voitures, alors que la municipalité leur soutenait que c'était impossible. Un compromis a été trouvé, et une partie du quartier aménagée sans voiture.

228

quartier des trajets courts » (« *Stadtteil der kurzen Wege* ») ;

- construire des logements non surdimensionnés, et donc accessibles financièrement, modulables dans le temps, avec un espace privé pour chacun ;
- permettre une cohabitation entre le besoin de communication et de contacts (espaces publics et collectifs) et celui de calme et d'isolement ;
- faire un quartier sans voiture, pour les piétons, avec des espaces publics et des espaces verts où les enfants peuvent jouer en sécurité ;
- et économiser les énergies et les ressources, construire et habiter écologique.

Il a également impulsé la réalisation d'une maison des citoyens, la Haus 037, dans l'ancien mess des officiers voué à la démolition, l'aménagement du petit ruisseau au sud du quartier (V-BK), la réalisation d'une place centrale, la Alfred-Döblin-Platz (ou place du marché), ou encore la mise en œuvre des ateliers de conception participatifs des *Grünespange* (espaces verts). Il a également créé en 1997 la coopérative GENOVA qui a été à l'origine de la construction de 80 logements écologiques et économiques, faisant la part belle à la mixité générationnelle dans quatre immeubles.

Figure 51. Une des casernes rénovées par la S.U.S.I., à l'entrée du quartier, avec la devise de Fifi Brindacier et de la S.U.S.I. : « Nous faisons le monde de façon qu'il nous plaise » (Geisler, 2009)

En parallèle, et dès 1990, la *S.U.S.I.* (*Selbstorganisierte Unabhängige Siedlungs-Initiative*), initiative de logements autogérée et indépendante, formée par des personnes à faible revenu (étudiants, chômeurs, parents isolés, etc.), a fini par acquérir quatre anciens bâtiments de la caserne voués par la municipalité à la démolition, qu'elle a transformés en logements locatifs bon marché. Le projet met en avant une forte dimension sociale et collective qui s'inscrit dans la « scène alternative » allemande (Barrère, 2004). 45 grands appartements communautaires (*Wohngemeinschaften*) accueillent ainsi près de 250 locataires qui partagent cuisines et salles de bain, et s'engagent en arrivant à fournir une centaine d'heures de travail d'entretien et d'administration de l'immeuble.

La réussite du projet tient à l'utilisation de matériaux écologiques, recyclés et peu onéreux, et à la gestion d'un café et d'une petite restauration ouverts au public, des ateliers artisanaux et artistiques, ou encore la gestion d'une crèche, d'une bibliothèque et d'une coopérative bio. Le projet S.U.S.I. accueille aussi des publics fragiles comme d'anciens toxicomanes et des roulottes ou camions aménagés dans lesquels résident une quinzaine de personnes.

Cette manière de construire la ville avec les habitants a été selon Babette Köhler, responsable de l'urbanisme et du plan paysager de la Ville de Fribourg, extrêmement innovante, malgré la culture fribourgeoise des groupes d'intérêts et l'engagement général des citoyens fribourgeois dans le développement de la ville, et leur a permis de bâtir « *une culture du dialogue entre la ville et les gens* » (V-BK).

3.2.3 Objectifs urbanistiques et environnementaux : la vision sans concession de militants

La réaffectation du site des casernes s'est inscrite à Vauban dans un cadre juridique similaire à celui des ZAC. La collectivité acquiert l'ensemble des parcelles et les revend pour couvrir les coûts d'aménagement, d'équipements et de requalification (Barrère, 2004). Ce processus a permis à la municipalité d'imposer certaines règles d'aménagement et de construction aux promoteurs, et de favoriser la constitution de groupes de construction (*Baugruppen*) engagés et qui expérimentent de nouvelles manières de construire et de vivre ensemble.

3.2.3.1 L'innovation technologique au service de l'écologie

La politique environnementale menée à Vauban a particulièrement été centrée sur l'innovation technologique en matière de maîtrise de la consommation énergétique à travers notamment la promotion de standards de construction et le développement des énergies solaires thermiques (essentiellement pour la production d'eau chaude sanitaire : équipement standard de tous les immeubles à Vauban) et photovoltaïque (production d'électricité). Toutes les constructions neuves du quartier répondent au minimum au standard de « basse consommation énergétique » (*Niedrigenergie-bauweise*) qui définit une consommation maximale de 65 kWh/m^2/an. Cette labellisation était exceptionnelle à l'époque, alors qu'elle apparaît aujourd'hui en Allemagne comme un standard dans la construction (V-BK). La construction du quartier a également coïncidé avec l'arrivée de l'habitat passif en Allemagne, qui, défendu par le Forum Vauban, a suscité de nombreux projets de « *Passivhaus* » portés par des groupes de construction ambitieux, n'excédant pas une consommation de 15 kWh/m^2/an.

Encadré 5 Dates clés de la réalisation du quartier Vauban et de la politique urbaine globale de la Ville de Fribourg (Geisler, 2010)

Politique globale de Fribourg		Réalisation du quartier Vauban
		2011 Fin des travaux
		2007 Fête d'inauguration de la place du marché
Signature de la Charte d'Aalborg Plan Paysager 2020	**2006**	**2006** Ouverture officielle de la ligne de tram n°3
		2005 Création de la Stadtteilverein (association de quartier)
Plan d'action Bruit	**2002**	**2002** Aménagement de la maison de quartier Haus 037
		2001 Début de la deuxième tranche d'aménagement
		1998 Réalisation des premières opérations d'habitations Arrivée des premiers habitants
		1997 Travaux de restructuration et de viabilisation
Plan global de protection du climat	**1996**	**1996** Début de la première tranche d'aménagement Formation des premiers Baugruppen et de GENOVA
		1995 Engagement de la Ville dans une démarche participative
		1994 Création de l'association Forum Vauban
		1993 Décision de la Ville d'aménager un nouveau quartie
		1992 Départ des troupes françaises
		1990 Fondation de S.U.S.I.
Limitation à 30 km/h sur les axes principaux	**1989**	
Politique en faveur des énergies renouvelables (surtout solaire)	**1986**	
Première zone piétonnière à Fribourg	**1973**	
1er plan de de transports écologiques (tram, vélo, marche)	**1969**	
		1952 Prise de contrôle des casernes par l'armée française qui leur attribue le nom de Vauban
		1935 Construction des casernes militaires

Allant plus loin encore, certaines maisons dans le quartier ont été labellisées « *Plusenergiehaus* » ou maisons « positives », dans le sens où elles produisent plus d'énergie qu'elles n'en consomment. Initiés par l'architecte fribourgeois Rolf Disch à travers la *Solarsiedlung* (cité solaire) qui comporte 58 maisons accolées toutes équipées de capteurs photovoltaïques, d'autres bâtiments produisent de l'énergie photovoltaïque dans le quartier comme le *Solargarage* (parking solaire) sur la Merzhauser Straße ou la maison de quartier Haus 037 (annexe 8).

Une centrale de cogénération[1] aux copeaux de bois issus de la Forêt-Noire a également été installée et fournit tout le quartier en chauffage, hormis les maisons passives. Entre l'énergie photovoltaïque et la centrale de cogénération, 65 % des besoins électriques du quartier sont couverts.

Figure 52. La *Solarsiedlung* (cité solaire) conçue par Rolf Disch

Source : Glatz, Schenck, Schepers, Schubert, Schuster, 2007, p. 47

3.2.3.2 La gestion des eaux pluviales à ciel ouvert

À Vauban, en ce qui concerne la récupération des eaux pluviales, le PLU impose la végétalisation des toitures dont la pente est inférieure à 10°. Ces toitures végétalisées, très présentes dans le quartier, retiennent 70 à 100 % des eaux de pluie qui sont soit utilisées par les plantes, soit directement évaporées. De nombreux bâtiments sont également équipés de citernes de récupération des eaux de pluie pour fournir les chasses d'eau et machines à laver. Le reste est recueilli par un parcours de l'eau à l'air libre aménagé sur les espaces publics et privés, reconnaissable par le traitement spécifique des revêtements de sols.

---

[1] La « cogénération » produit simultanément de l'électricité et de la chaleur. Dans une centrale classique, les gaz d'échappement sont directement évacués par la cheminée, alors qu'en cogénération, ils sont d'abord refroidis dans un « échangeur de récupération », où leur énergie est cédée à un circuit eau chaude/vapeur. Les gaz refroidis passent ensuite par la cheminée. La centrale de Vauban est alimentée à 80 % par des copeaux de bois et à 20 % par du gaz naturel.

L'ensemble des eaux de pluie ainsi collectées sont dirigées vers une grande noue d'infiltration engazonnée, aménagée sur toute la longueur de la Vaubanallee, entre la voie du tram et la bande piétonnière, connectée au ruisseau qui délimite le quartier au sud en cas de fortes précipitations. On trouve aussi dans le quartier quelques fontaines et pompes à eau, mises en service à partir de début juin, destinées aux jeux et au rafraîchissement.

Figure 53. Noue d'infiltration engazonnée sur la Vaubanallee, pompe à eau dans le parc 5 et parcours de l'eau sur une propriété privée (Geisler, 2009)

3.2.3.3 Système de tri sélectif draconien et expérimentations

Le système de tri sélectif a été mis en place dans le quartier, et la grande majorité des habitants pratiquent le compostage. Un projet singulier a été réalisé dans le quartier, notamment par son approche de la gestion des eaux usées. Le *Baugruppe « Wohnen und arbeiten »* (le groupe de construction « résider et travailler ») a testé la faisabilité d'un assainissement autonome à l'échelle d'un immeuble. Ils avaient à l'époque de la conception tenté de convaincre la municipalité de le mettre en œuvre à l'échelle du quartier, mais sans succès (V-BK). Le concept consiste à récupérer séparément les eaux grises (cuisine et salle de bain) et à les micro-filtrer par un dispositif de membranes, puis de les réutiliser pour les chasses d'eau et l'arrosage des jardins. Les toilettes de l'immeuble sont également équipées d'un dispositif de dépression qui réduit la consommation d'eau à un litre par chasse. Enfin, un digesteur installé en sous-sol assure la méthanisation conjointe des eaux-vannes et des déchets de cuisine, et produit en continu du biogaz utilisé directement dans les cuisinières, le résidu de méthanisation étant utilisé comme engrais.

3.2.3.4 La préservation de la biodiversité : des éléments sonores naturels préexistant au projet

L'un des premiers objectifs communs à la municipalité de Fribourg et au Forum Vauban était le respect de la biodiversité, des éléments qui préexistaient au quartier, et la création d'espaces verts de qualité. On a donc végétalisé la majorité des toitures comme le PLU l'impose, conservé 70 arbres de haute tige pour certains âgés de plus de 70 ans et réaménagé les bords du ruisseau Dorfbach. Une friche appartenant à l'association *Autofreies Wohnen* (Habitat sans voiture), à vocation de réserve foncière pour la construction éventuelle d'un parking supplémentaire, a été aménagée en un petit parc assez sauvage accueillant le *Weidenpalast* (palais de saule). Tous ces biotopes ont été reliés les uns aux autres par l'intermédiaire des noues et de cinq espaces verts appelés *Grünespange* (littéralement « agrafes vertes » ou « bandes vertes »), formant une trame verte à l'échelle du quartier, favorable à la petite faune sauvage (oiseaux, hérissons, renards, etc.) et facilitant l'apport quotidien d'air frais venant des reliefs situés au Sud. Les espaces verts publics représentent six hectares, soit 14% de la superficie totale du quartier (annexe 8).

Figure 54. Bords du ruisseau et centre équestre (Geisler, 2010)

Le ruisseau (annexe 21, piste 1) semble être un endroit très prisé : l'eau y revêt diverses formes sonores au cours de son cheminement. On y croise beaucoup de promeneurs avec leurs chiens, des parents avec des poussettes, des joggers et des

234

cavaliers. En été, tous les enfants du quartier viennent s'y baigner, lui donnant les ambiances sonores d'une plage. À proximité du ruisseau se trouve aussi un centre équestre et le parc aventures (*Abenteuerspielplatz*) qui accueille des animaux de la ferme, dont les cris respectifs intermittents pénètrent la partie sud du quartier (annexe 21, piste 3). Les oiseaux sont comme à Kronsberg très présents dans le quartier, et plus particulièrement aux abords du ruisseau et à quelques autres endroits où des arbres anciens ont été conservés.

3.2.3.5 Un quartier sans voitures isolé en partie du bruit de circulation

La problématique de l'automobile a fait l'objet d'un grand débat entre la municipalité de Fribourg et le Forum Vauban qui défendait un quartier sans voiture. Un compromis a été trouvé, permettant l'approche des logements en voiture tout en faisant de la circulation automobile un événement rare sur l'espace public du quartier, tant sur l'axe principal qu'est la Vaubanallee, qui reçoit quelques places de stationnement pour permettre l'accès aux commerces aux citadins extérieurs au quartier et est limitée à 30 km/h, que sur les rues de desserte, organisées en U afin de réduire la circulation et limitées à 10 km/h. Le choix a également été laissé aux ménages de posséder une voiture ou non, mais de faire supporter aux ménages motorisés des coûts plus élevés, proportionnels aux coûts d'infrastructure engendrés par leur choix pour la collectivité. Des parkings collectifs sont situés à l'entrée du quartier et prennent la forme de deux grands silos de 240 places, dotés d'un système de rangement automatique. Les places de stationnement y ont un prix de vente dissuasif (17 500 euros la place) et les visiteurs peuvent y accéder moyennant finance. À Vauban, on compte une voiture pour six habitants environ, alors que la moyenne nationale est d'une voiture pour deux personnes. Les habitants ont également recours à un service officiel d'auto-partage, le *Carfrei,* qui met à leur disposition une douzaine de véhicules, et pratiquent pour certains un auto-partage informel. Enfin, il s'agissait de permettre des adaptations ultérieures en fonction de l'évolution possible des pratiques, d'où la réserve foncière près de la zone de retournement du tram pour la construction éventuelle d'un garage supplémentaire.

Ce qui frappe en entrant dans le quartier Vauban, c'est l'absence de bruits de voitures. À l'entrée, on trouve un parking avec des camping-cars et de vieux camions, le *Wagenburg*, quelques places de stationnement au début de la Vaubanallee, puis plus rien. Cela joue bien sûr beaucoup sur les caractéristiques sonores du quartier, laissant la place à d'autres sonorités. Le tramway, par exemple, est très présent dans la partie centrale du quartier (annexe 21, piste 10). En frange du quartier, les axes routiers Merzhauser Straße et Wiesentalstraße peuvent être assez bruyants aux heures de pointe (annexe 21, piste 16), mais le bruit automobile pénètre peu dans le quartier. L'entretien avec Babette Köhler (V-BK) nous a appris que le *Sonnenschiff,* grand bâtiment longeant la Merzhauser Straße à l'est, et le *Solargarage* ont été construits comme des murs anti-bruit pour protéger la cité solaire et l'entrée du quartier Vauban. Le passage de trains à l'ouest rythme cette partie du quartier, et plus particulièrement la zone d'activités (annexe 21, piste 2).

De manière générale, le quartier semble assez isolé et préservé des bruits de circulation. Par contre, les bruits des cyclistes (roulement, sonnettes, etc.) sont omniprésents à Vauban.

3.2.3.6 Favoriser les transports en commun et les trajets de courte distance

À l'image de la politique de transports de la Ville de Fribourg, la conception du quartier incite à la pratique de la marche et du vélo puisqu'elle permet des trajets de courte distance, la distance moyenne entre un logement et un commerce, une école ou un service étant de 300 mètres, et la distance maximale à parcourir d'un bout à l'autre du quartier de 700 mètres. Un réseau important d'allées piétonnières et de pistes cyclables dessert l'ensemble du quartier et une grande bande de six mètres de large est réservée aux piétons et cyclistes le long de l'axe principal, la Vaubanallee. Le centre-ville est accessible à vélo en moins de quinze minutes. La ligne 3 du tramway relie le quartier au centre-ville en dix minutes et au réseau ferroviaire régional, et trois lignes de bus de la ville et un bus régional desservent le quartier.

3.2.3.7 Une mixité fonctionnelle à l'échelle du quartier et du bâtiment

La mixité fonctionnelle à Vauban semble selon nous assez bien réussie, tant à l'échelle du quartier qu'à l'échelle du bâtiment. En effet, en dehors des logements, le quartier accueille une zone d'activités, des infrastructures communales comme une école élémentaire, deux jardins d'enfants et la maison de quartier située dans l'ancien mess des officiers sur la place Alfred Döblin. On compte également à Vauban de nombreux commerces de proximité : un supermarché et trois supérettes (dont deux bio), une banque, une pharmacie, un kebab, un glacier, une librairie, un magasin de fleurs, un magasin de vêtements écologiques, un salon de massages, un magasin de vélos, etc.

Figure 55. Plan thématique de la mobilité à Vauban (Geisler, 2010)

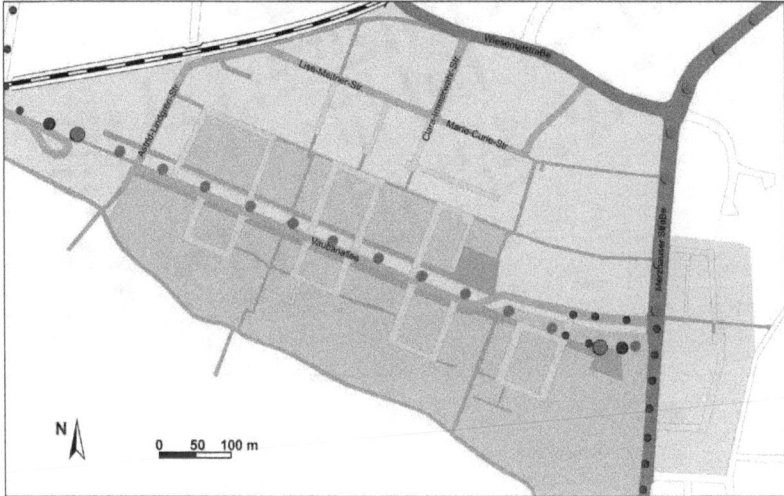

zone avec voitures et stationnement	cheminements piétonniers et cyclables
zone sans voitures : *Autofrei*	ligne de tramway n°3
axes automobiles principaux	lignes de bus
axes automobiles secondaires	
rues de desserte	

Stationnement de vélos dans les rues sans voitures

Circulation automobile sur la Merzhauser Straße

Allée piétonnière et cyclable

Ligne 3 du tramway

Figure 56. Plan thématique de la mixité fonctionnelle à Vauban (Geisler, 2010)

■ logements		■ infrastructures socioculturelles	
■ commerces et services		■ garages	
■ logement + travail		A	*Wohnen und arbeiten* (habiter et travailler)
■ zone d'activités		B	*Karoline Kaspar Schule* (école)
■ établissements scolaires, garderies		C	maison de quartier et restaurant *Süden*

Ce qui est plus surprenant, c'est que de nombreuses personnes résident et travaillent à Vauban : des professions libérales (architectes, dentistes, médecins) qui ont leurs cabinets ou agences accolés à leurs logements, des artistes, des professeurs de musique, de danse ou de yoga, etc. Deux bâtiments sont d'ailleurs conçus pour permettre cette cohabitation : le Wohnen + arbeiten et la Villa Ban. La Vaubanallee qui regroupe la grande majorité des commerces et services est un lieu très animé où se côtoient le tramway, les piétons et cyclistes et où se greffent des lieux de convivialité comme la place centrale ou les cinq espaces verts du quartier (annexe 21, pistes 4, 5, 8 et 11). La zone d'activités au nord présente un tout autre paysage sonnant, dominé au moment de notre enquête par les bruits des chantiers de la dernière phase de construction qui envahissent la partie nord du quartier et masquent le bruit de la Wiesentalstraße au nord (annexe 21, piste 6).

3.2.3.8 Densité positive et architecture hétéroclite

Le plan-masse dessiné par l'agence Kohloff & Kohloff montre une structure simple, la volonté des concepteurs étant que celle-ci s'enrichisse par la parcellisation du terrain. En effet, les parcelles, sur le modèle de la ville ancienne, ont été vendues à :

- des particuliers qui pouvaient acheter des parcelles de six mètres de façade pour des constructions en R+3 maximum et qui pouvaient acquérir plusieurs terrains ;
- des coopératives de constructions ou *Baugruppen* qui regroupent des particuliers autour d'un projet commun, une même coopérative pouvant construire sur plusieurs parcelles disjointes ;
- et des promoteurs « classiques », encouragés à éviter les constructions monolithiques, en construisant sur des parcelles séparées.

Figure 57. Architecture hétéroclite des maisons en bandes et *Wagenburg* à l'entrée du quartier (Geisler, 2009)

La multiplicité des intervenants et des investisseurs a favorisé une variété de constructions, allant de la maison en bande aux habitats collectifs ou semi-collectifs (annexe 8). Seules quelques prescriptions esthétiques apparaissent dans le cahier des charges, comme l'alignement et le gabarit maximum des constructions. Chaque maison en bande accueille une ou plusieurs familles. Sur chaque parcelle, des constructions légères en métal ou en bois abritent les vélos, les poubelles et l'outillage de jardin. Un *Wagenburg* à l'entrée du quartier, à proximité de la S.U.S.I., accueille également des campings cars et caravanes qui pour certains sont habités, diversifiant encore la typologie d'habitations. La densité construite forte du quartier est très perceptible et les parcs, espaces de respiration, ainsi que la végétation foisonnante dans tout le quartier, rendent cette densité « vivable ». On peut toutefois s'interroger sur l'attitude des habitants quant à la proximité avec les sons des voisins, d'autant plus que les bruits de circulation à Vauban n'opèrent pas de rôle masquant comme c'est souvent le cas en ville. En effet, si l'isolation acoustique des bâtiments a été très travaillée, la proximité des espaces privés extérieurs les uns avec les autres permettent difficilement l'intimité.

3.2.4 Une communauté « écolo » soudée

Le quartier Vauban est un lieu de bonne entente entre voisins. La population y est dans l'ensemble assez homogène et écologiquement engagée. Sa participation à la conception et à la réalisation du quartier semble avoir eu notamment des répercussions sur sa manière de s'approprier les espaces publics. Ce qui frappe la première fois que l'on arrive à Vauban, c'est le sentiment d'un quartier très dense au niveau du bâti et de la population (130 habitants/hectare), ce qui ne semble pas nuire à la qualité de vie, bien au contraire. Contrairement à Kronsberg, les sons y sont concentrés, et des espaces aux paysages sonnants différents se distinguent plus clairement.

3.2.4.1 Entre - soi et tentative de mixité générationnelle

La mixité sociale à Vauban est souvent montrée du doigt par les chercheurs et les concepteurs, car on y rencontre essentiellement des familles assez aisées allemandes, près de 75% de la population étant des cadres supérieurs ou des professions libérales : « *Vauban, c'est un quartier de classes moyennes qui ont du temps et de l'argent »*[1]. Si le prix du foncier est comparable aux autres quartiers de Fribourg, soit 435 €/m², le prix des logements est bien supérieur, de l'ordre de 2200-3500 €/m² (Thomann et Bochet, 2007). En outre, il s'agit d'une population assez cultivée et partageant une orientation politique commune : *« C'est très différent du reste de la ville. Les gens qui habitent Vauban votent pour une grande majorité pour le parti écologiste. C'est une tendance générale à Fribourg, mais à Vauban c'est une grande majorité. C'est dans les 80-90% et à Fribourg en général, on est dans les 30 à 40%. Ce qui est déjà beaucoup. »* (V-BK). On compte sur les 2000 logements du quartier 600 logements étudiants et seulement 209 logements sociaux. En ce qui concerne la mixité générationnelle, malgré les efforts réalisés par la coopérative de construction GENOVA pour permettre à plusieurs générations de vivre « sous le même toit », la majorité des adultes a entre 35 et 45 ans, près d'un tiers de la population sont des enfants et seulement 2,2% des habitants ont plus de 60 ans (Glatz, Schenck, Schepers, Schubert, Schuster, 2007). Cette composition de la population pose bien sûr des questions quant à l'évolution démographique du quartier. Bien que le manque de mixité sociale soit critiquable, il est également certain que la réussite du projet Vauban, ou du moins son « jusqu'auboutisme » est dû à cet entre - soi qui a permis l'engagement de personnes désireuses de créer de nouveaux modes de vie en ville, respectueux de l'environnement et basés sur des liens sociaux forts.

On retrouve des paysages sonnants différents selon la répartition sociale dans le quartier : la cité étudiante et la cité solaire (annexe 21, piste 17), par exemple, sont beaucoup plus silencieuses que le reste du quartier, tant le jour qu'en soirée. En ce qui concerne la cité étudiante, on peut supposer que les étudiants n'y viennent que pour dormir. La S.U.S.I. est elle très refermée sur elle-même, mais si le regard y pénètre difficilement, quelques bruits de bricolages sont parfois audibles aux abords (scies, marteaux, etc.).

3.2.4.2 Les *Baugruppen*, fédérateurs de liens sociaux

Les *Baugruppen* ont largement été développés à Vauban, à une époque où la démarche était encore peu connue. Il s'agit de « groupes de construction » ou « coopératives de construction »,

---

[1] L'architecte et urbaniste Jürgen Hartwig, cité par Sandra Moati, « Leçons de ville », 2006.

composés de particuliers qui se réunissent pour définir en autopromotion l'organisation d'un l'îlot ou d'un immeuble au cours de multiples réunions précédant la transmission de leur projet à un maître d'œuvre. Ces « groupes de constructions » apportent des avantages par rapport à d'autres démarches classiques, comme la réduction des coûts de construction ou la possibilité de mettre en commun certains équipements afin de réduire les coûts, mais aussi la création de relations de voisinage antérieures à la construction de l'habitat, créant des liens sociaux forts entre les habitants.

3.2.4.3 Favoriser des lieux de sociabilité et l'appropriation des espaces publics

Les concepteurs ont aménagé des lieux favorisant les échanges : cinq parcs plantés avec des jeux, les *Grünespangen,* orientés nord-sud, offrant ainsi à tous une vue sur le paysage, des espaces communs de rencontre et des couloirs à vent pour assainir l'air (annexe 8).

La place du marché, dont la réalisation a été vivement défendue par les futurs habitants du Forum Vauban est un véritable centre vivant du quartier qui accueille toutes les semaines un marché de petits producteurs locaux, le centre socioculturel du quartier et le restaurant Süden qui attire de nombreuses personnes extérieures au quartier. Des fêtes y ont lieu plusieurs fois dans l'année.

Figure 58. Deux appropriations de l'espace public par les habitants de Vauban : l'installation d'un poulailler et la construction d'une cabane dans un arbre (Geisler, 2009)

Les espaces ont été conçus pour favoriser leur appropriation par les habitants, notamment à travers la réalisation d'ateliers participatifs pour la conception des parcs[1], mais aussi par l'absence de clôtures sur les espaces privatifs qui a été en partie rendue possible par les liens entre voisins développés dès le début du projet.

Des artistes squattent une parcelle vouée à la construction à l'entrée du quartier, le Kommando-Rhino, et offrent aux habitants et visiteurs des expositions et des manifestations régulières.

Figure 59. Plan du parc 2 réalisé par l'agence Freiraum en collaboration avec les habitants de Vauban lors d'ateliers organisés de 1999 et 2003

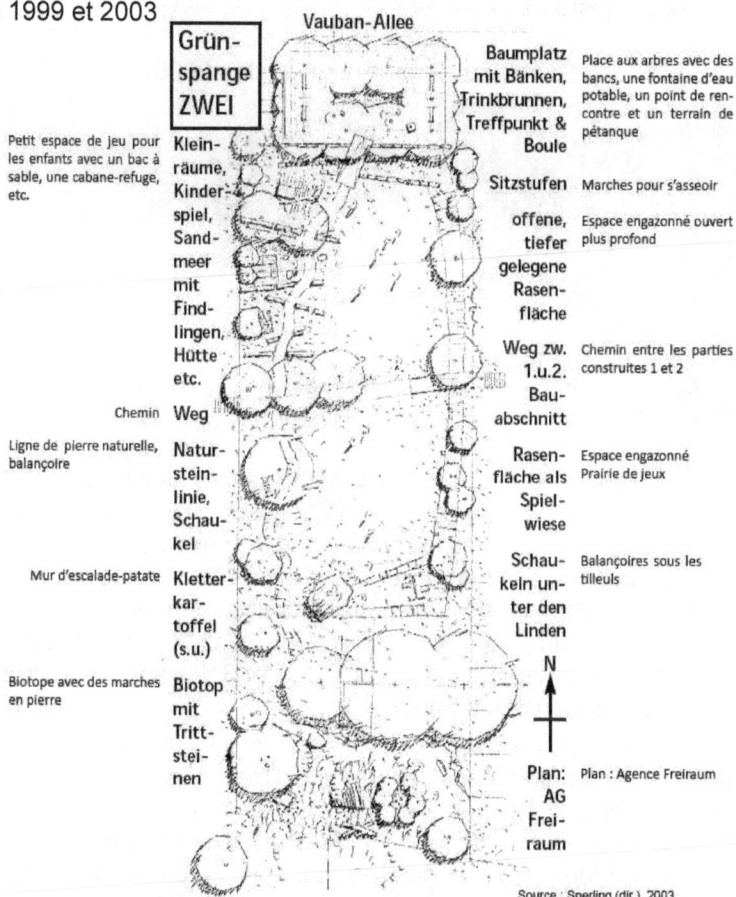

Vauban-Allee

Grün-
spange
ZWEI

Petit espace de jeu pour les enfants avec un bac à sable, une cabane-refuge, etc. — Klein-räume, Kinderspiel, Sandmeer mit Findlingen, Hütte etc.

Chemin — Weg

Ligne de pierre naturelle, balançoire — Naturstein-linie, Schaukel

Mur d'escalade-patate — Kletter-kartoffel (s.u.)

Biotope avec des marches en pierre — Biotop mit Tritt-steinen

Baumplatz mit Bänken, Trinkbrunnen, Treffpunkt & Boule — Place aux arbres avec des bancs, une fontaine d'eau potable, un point de rencontre et un terrain de pétanque

Sitzstufen — Marches pour s'asseoir

offene, tiefer gelegene Rasen-fläche — Espace engazonné ouvert plus profond

Weg zw. 1.u.2. Bau-abschnitt — Chemin entre les parties construites 1 et 2

Rasen-fläche als Spiel-wiese — Espace engazonné Prairie de jeux

Schau-keln un-ter den Linden — Balançoires sous les tilleuls

N

Plan: AG Frei-raum — Plan : Agence Freiraum

Source : Sperling (dir.), 2003

[1] 15% du budget dédié aux espaces verts par les équipes de paysagistes chargés de leur aménagement devaient être réservés à l'emploi d'un sociologue ou d'un pédagogue pour organiser ces ateliers avec les habitants.

Outre les bords du ruisseau, les espaces publics de Vauban présentent des qualités sonores variables. La place centrale semble être un véritable cœur de quartier rythmé par les déplacements doux sur la Vaubanallee et les heures des repas durant lesquelles les habitants et des personnes extérieures au quartier discutent sur la terrasse du restaurant Süden (annexe 21, piste 12). Le lieu est très animé, sans être saturé. Les sons se réverbèrent sur les façades et le traitement très minéral de la place. Ils contrastent avec les sonorités de la place Paula Modersohn, qui est essentiellement un lieu de passage et d'attente du bus ou du tramway. On y trouve toutefois à certaines heures de la journée des jeunes *skaters* (annexe 21, piste 15).

Figure 60. Jeux d'enfants dans la rue (Geisler, 2009)

Ces paysages sonnants contrastent avec celui des parcs (*Grünespangen*), également très pratiqués par des familles avec leurs enfants, surtout dans leur partie sud (annexe 21, pistes 4 et 8). En ce qui concerne les deux les parcs situés au nord, la végétation plus foisonnante du parc 5 et le traitement du sol très vallonné du parc 4, se prêtent moins aux jeux des enfants et constituent des espaces plus calmes. Dans les parcs 1, 2 et 3, les sons « naturels » venant du ruisseau restent audibles.

Enfin, l'une des particularités sonores fortes de Vauban est la présence des enfants dans les rues en U désertées par les voitures et qui constituent de véritables espaces de jeux publics. Des sons habituels des terrains de jeux et de sport s'y côtoient : balles de basket et de foot, jeux de marelles, cris, pleurs, etc. À ces sons se mêlent ceux des espaces intérieurs, quand s'échappe d'une fenêtre le son d'un instrument de musique ou d'une discussion (annexe 21, piste 13).

Figure 61. Le paysage sonnant de Vauban, animé et varié : celui d'un quartier attractif ? (Geisler, 2009) - Plan réalisé à partie de la dérive sonore paysagère (chapitre 3. *1.2.1*)

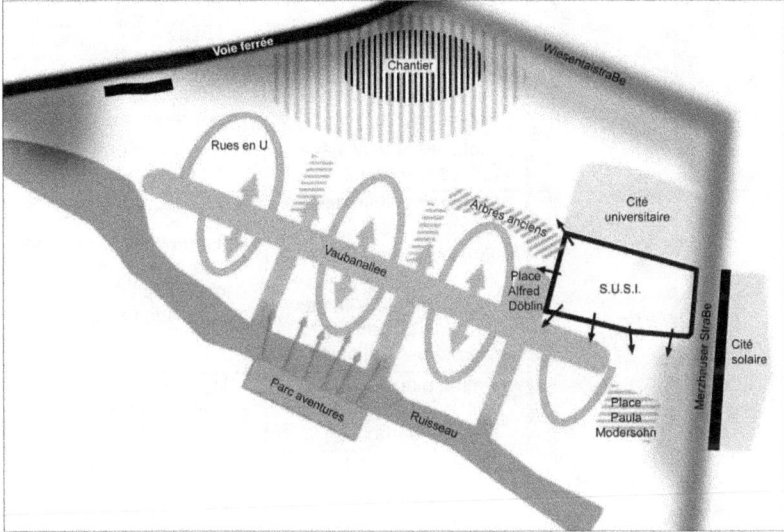

passage régulier de trains

concentration des bruits de circulation

omniprésence de sons naturels

concentration de chants d'oiseaux

paysage sonnant du ruisseau

paysages sonnants animés (voix d'enfants, bruits de jeux)

paysages sonnants pauvres (sentiment de vide sonore)

paysage sonnant mixte très animé

paysage sonnant animé à certaine heures de la journée

front bâti de protection au bruit

bruits de chantier la journée

sons intermittents d'animaux domestiques de bricolage

Tableau 18. Éléments issus des objectifs visés en termes de développement durable, ayant des répercussions sur ou participant aux paysages sonnants de Kronsberg et Vauban (Geisler, 2011)

Aménagement	Quartier	
	Kronsberg	Vauban
Insertion	En frange de ville, dans un tissu urbain moyennement dense	Proche du centre-ville, dans un tissu urbain moyennement dense
	Relié au réseau viaire environnant	Isolé du réseau viaire environnant
Densité	Surtout des immeubles collectifs assez hauts, organisés autour de cours à l'ouest	Constructions denses de hauteur moyenne d'immeubles collectifs et de maisons en bandes
	Plus faible densité des maisons en bandes en limite d'urbanisation à l'est	
	Emprise au sol du bâti faible : 37% d'espaces verts	Emprise au sol du bâti importante : 7% d'espaces verts
Mobilité	Desserte par les transports en commun : tramway et bus	
	Réseau de pistes cyclables et cheminement piétonniers reliés au tissu urbain environnant	
	Présence forte de la voiture	Absence de voitures dans la partie sud du quartier
	Nombreux parkings en surface	Parkings silos en périphérie du quartier
Mixité fonctionnelle	Mixité fonctionnelle à l'échelle du quartier : surtout des logements, quelques commerces de proximité et des infrastructures communales (centre socioculturel, écoles, garderies)	Mixité à l'échelle du quartier (zone résidentielle et zone d'activités) et du bâtiment (logements et commerces, logements et bureaux, services, artisanat), infrastructures communales (écoles, garderies)

Écologie	Quartier	
	Kronsberg	Vauban
Gestion de l'eau	Système de rigoles d'infiltration des eaux de pluie, pompes à eau	
	Bassin de récupération des eaux de pluie	Ruisseau au sud du quartier
	Fontaines et cascades	Mare près de la cité solaire

Biodiversité	Présence de mammifères sauvages dans la prairie Présence de chiens Essences d'arbres variées Plantes autochtones et plantes rares ressemées naturellement Friches avec végétation sauvage (réserves foncières) Bassins Forte présence d'oiseaux	Présence d'animaux domestiques dans le parc aventures (chevaux, chèvres, etc.) et dans l'espace public (poules) Arbres anciens conservés Plantes autochtones ressemées naturellement Biotope du ruisseau conservé Friche avec végétation sauvage (réserve foncière)
Bruit	Construction d'un front bâti le long de voies de circulation bruyantes Limitation de la circulation à 30 km/h dans le quartier	
	Mur anti-bruit vers l'autoroute à l'est	–

Social	Quartier	
	Kronsberg	Vauban
Paysages	Croisement de différentes fonctions des paysages de frange de ville : préservation écologique, agriculture et loisirs. Homogénéité des matériaux utilisés dans les espaces publics Grandes rues rectilignes, couloirs à vent	Ouverture de vues vers les reliefs de la Forêt-Noire Architecture hétéroclite Parcs faisant office de couloirs à vent Conservation d'arbres anciens
Mixité sociale	Majorité de jeunes couples avec enfants	
	Près de 26 nationalités différentes Majorité de logements sociaux Habitat international	Surtout des Allemands Majorité de logements privés S.U.S.I., Genova, résidence étudiante
Espaces de sociabilité	Une vaste prairie pratiquée par l'ensemble de la ville Une place centrale fonctionnelle (concentrant les commerces et services), mais froide et vaste Une rue principale excentrée Des squares peu	Un réseau d'espaces verts conçus avec l'aide des habitants Un véritable cœur de quartier : la place du marché Une rue principale centrale et animée : Vaubanallee Une place fonctionnelle :

	pratiqués	Paul-Modersohn-Platz
	Des cours intérieures sécurisées pour les enfants, mais peu pratiquées par les adultes	Un grand espace public sécurisé pour les enfants : la rue
Gouvernance	Conception du quartier par la municipalité en concertation avec les concepteurs, promoteurs, associations de défense de l'environnement et artisans Informations aux habitants	Conception du quartier en collaboration avec les habitants montés en association

Conclusion de la deuxième partie

Bien que Kronsberg et Vauban montrent des similitudes morphologiques, paysagères et sonores, notamment en raison d'objectifs technico-environnementaux communs comme la gestion de l'eau, la préservation de la biodiversité ou encore le développement des circulations douces face à l'usage de l'automobile, ils se distinguent par leur situation dans la ville, leur population, l'implication des habitants au moment de la conception des quartiers, ou encore par la proportion relative d'espaces construits et non construits.

Certaines particularités ressortent fortement de ces quartiers, tant dans le discours des acteurs institutionnels que dans nos observations faites sur place. Par exemple, à Vauban, la participation des habitants au montage du projet a poussé à l'extrême certaines visions écologiques de la ville, comme l'éradication quasi totale de la voiture, et a favorisé une entente sociale dès les débuts, notamment grâce à la constitution de groupes de construction ou encore à l'organisation d'ateliers avec les habitants pour concevoir les espaces verts du quartier. Cette participation à la conception, la forte densité du bâti et l'absence de la voiture favorisent la vie en extérieur à Vauban et créent un paysage sonnant général particulièrement vivant. Cet aspect communautaire est aussi parfois montré du doigt. En effet, malgré la présence de populations d'âges différents ou de situations sociales différentes, la population reste majoritairement composée de jeunes couples aisés avec de jeunes enfants, et est dans l'ensemble assez cultivée et engagée écologiquement, se démarquant du reste de la ville. À Vauban, la densité, l'absence de la voiture, la présence de nature et la composition démographique du quartier semblent avoir des répercussions positives sur le paysage sonnant du quartier.

Le quartier Kronsberg se différencie par le triple usage de la prairie aménagée comme zone tampon entre la campagne et la partie construite du quartier à l'est, permettant le maintien de l'activité agricole, la préservation et le développement de la petite faune sauvage et de la flore locale en périphérie urbaine, ainsi que le développement des loisirs. L'une de ses grandes richesses est aussi sa mixité culturelle, puisqu'il accueille des familles de près de 26 nationalités différentes. Toutefois, comme à Vauban, la majorité des habitants ayant emménagé à Kronsberg sont en couple avec de jeunes enfants. La proximité de la campagne, malgré la présence de voitures, confère à Kronsberg un paysage sonnant très apaisé. Mais l'omniprésence du vent, favorisée par la dimension des espaces publics peut parfois donner un sentiment de vide, tant visuel que sonore.

Si la mixité fonctionnelle répond à une volonté de limiter les déplacements subis en offrant à proximité des services et infrastructures du quotidien, elle devrait aussi créer, par les interactions des individus avec les lieux, un espace urbain vivant, loin du modèle des cités dortoirs, attractif à l'échelle de la ville, ce qui semble être moins le cas de Kronsberg que celui de Vauban.

Après avoir effectué une description analytique et comparative des paysages raisonnés et sonnants des deux quartiers étudiés à partir de documents et d'observations effectuées sur place dans cette deuxième partie, nous consacrerons la troisième et dernière partie de ce mémoire à l'ensemble des résultats obtenus en confrontant ce constat aux paysages auditifs, c'est-à-dire à l'étude du vécu sonore des habitants de Kronsberg et de Vauban.

Partie 3 - Le paysage sonore, un outil opérationnel

État des paysages sonores de Kronsberg et Vauban et retour sur les méthodes

Cette troisième et dernière partie regroupe l'ensemble des résultats obtenus grâce à la méthodologie de qualification du paysage sonore testée dans les quartiers durables Kronsberg et Vauban.

Le premier chapitre, plus théorique, et tiré des entretiens exploratoires avec les habitants, éclaire la manière dont les habitants définissent le paysage, l'ambiance et la durabilité, et si ces derniers sont des facteurs d'ancrage et de qualité de vie dans les quartiers durables. Certains aspects des définitions « classiques » du paysage et de l'ambiance y sont remis en cause.

Le deuxième chapitre, plutôt orienté vers la conception, fait un état des paysages sonores de Kronsberg et Vauban à travers la formalisation de trois outils de qualification sonore, tirés des enquêtes auprès des habitants : les marqueurs sonores, les indicateurs de qualité sonore et les lieux sonores. Ces outils introduisent des réflexions sur l'identité sonore des quartiers durables et l'éventuelle normalisation sonore de ces derniers, sur des critères de qualité qui vont au-delà du dualisme bruit-calme et sur la pertinence de l'échelle du quartier dans l'analyse du paysage sonore.

Enfin, le dernier chapitre offre un retour critique sur la démarche méthodologique utilisée et sa rigueur, ainsi que sur la complémentarité des méthodes d'analyse du paysage auditif, leurs apports, limites et évolutions possibles.

CHAPITRE 5

LES MOTS DES HABITANTS POUR DEFINIR LE PAYSAGE, L'AMBIANCE ET LE QUARTIER DURABLE

Avant d'entrer dans le vif du vécu sonore et de le spatialiser à l'aide des méthodes du parcours et du journal sonores, il nous fallait, grâce à l'entretien exploratoire dans la rue, connaître les définitions et les conceptions du paysage, de l'ambiance et du quartier durable des habitants de Kronsberg et Vauban. Cette première étape de l'analyse du paysage auditif nous a servi, d'une part à savoir quels termes utiliser pour faire exprimer les habitants sur leur vécu sonore dans leur quartier, et d'autre part à vérifier si notre propre définition du paysage sonore pouvait refléter ce qu'ils expriment à l'encontre du paysage et de l'ambiance.

1. Le paysage : entre idéalisation de la nature et projet de l'homme

De manière générale, le paysage est décrit par les personnes interrogées à Kronsberg et Vauban selon deux conceptions :

- la première, la plus communément répandue, et aussi la plus souvent citée par les habitants et usagers des deux quartiers, qui considère le paysage comme une sorte d'idéal de nature où la présence de l'homme est quasiment inexistante ;
- et la deuxième, moins conventionnelle, qui envisage le paysage comme produit de l'homme, mêlant à la fois urbanité et naturalité, et pouvant accueillir des activités économiques et de loisirs.

Si le paysage pour les habitants de ces deux quartiers renvoie majoritairement à des expériences visuelles, il est aussi constitué pour certains d'expériences sonores.

1.1 Le paysage comme idéalisation de la nature

La première définition du paysage comme idéal naturel évoque une vision idyllique d'un rapport à une nature pure : *« Les paysages décrivent la nature. »*[1] (V-E3). Que ce soit à Kronsberg ou à Vauban, le paysage, c'est quelque chose de *« vert »*[2] (K-E1, E5), lié à la nature : *« le sentiment de nature »*[3] (K-E4). C'est un paysage à protéger qui est unanimement considéré comme positif et étroitement lié à la qualité environnementale et à l'écologie (K-E14). Ce sont surtout des paysages hors de la ville, en dehors du quartier, qui peuvent évoquer les grands paysages comme la mer ou la montagne, mais aussi des éléments naturels à l'intérieur du quartier. Le plus souvent objets de contemplation, ils sont liés à la beauté, d'abord à regarder, mais aussi à entendre.

1.1.1 Le paysage, directement lié à des éléments naturels

Le paysage, c'est alors soit la nature elle-même, soit les plantes, la forêt, les arbres, les oiseaux, soit quelque chose *« proche de la nature »*[4] (V-E27) ou en contact avec la nature. À Vauban, le paysage est constitué d'après les habitants d'éléments naturels internes au quartier comme les vieux arbres conservés depuis

---

[1] Die Landschaften beschreiben die Natur.
[2] Grün.
[3] Das Naturgefühl.
[4] Naturnah.

256

l'époque des casernes. Dans le cas de Kronsberg, c'est avant tout un paysage à protéger des activités humaines, un patrimoine commun offrant une biodiversité positive : *« c'est la flore et la faune. »* (V-E20), un espace *« où il y a des arbres et des animaux comme des moutons »*[1] (K-E18). Le paysage peut aussi se référer au climat, et notamment à la qualité de l'air (K-E14) pour certains. Les habitants de Vauban font également appel dans la même logique à des éléments sonores naturels pour décrire le paysage, comme le chant des oiseaux (V-E3, 13, K-E28) ou le calme de la nature (K-E24).

1.1.2 Le paysage, en référence à des espaces naturels

Le paysage se retrouve aussi régulièrement illustré par les habitants à travers la description d'espaces dits naturels situés à l'extérieur du quartier et faisant référence aux « grands » paysages comme la montagne, la mer et le désert (V-E2, 17, 19, 22, K-E10, 24, 27, 28).

Figure 62. Vue sur un « grand paysage » : la Forêt-Noire depuis Vauban (Geisler, 2009)

À Vauban, le paysage est en partie représenté par le mont Schönberg, situé à l'extérieur de la ville, que l'on peut voir depuis le quartier et auquel on peut accéder à pied pour aller se ressourcer. À Kronsberg, la colline panoramique, à 118 mètres d'altitude, totalement artificielle, est pourtant considérée comme une véritable montagne dans cette région aux reliefs rares de l'Allemagne. La topographie apparaît d'ailleurs comme un élément fort du paysage, celui de Kronsberg étant *« vallonné »* (K-E1) et *« pas trop plat »* (K-E3), voire *« plat »*[2] (V-E3).

---

[1] Das ist Flora und Fauna / Wo es Baüme und Tiere, wie Schafe gibt.
[2] Hügelig / Nicht zu flach / Flach.

Figure 63. La colline panoramique de Kronsberg, un relief « naturel » artificiel (Geisler, 2009)

1.1.3 Une naturalité du paysage qui peut être opposée à l'espace urbanisé

Cette naturalité du paysage peut être parfois opposée à l'espace urbain et aux activités humaines qui y ont lieu, ainsi qu'aux nuisances qu'elles peuvent générer : « *Il n'y a pas de fumée et d'industries.* » (K-E10), « *Ce n'est pas dans la ville.* »[1] (K-E28).

Mais la nature peut aussi devenir un élément qui participe à l'acception du paysage en tant qu'espace urbain. Elle peut être aménagée par l'homme et s'insérer dans la ville, faisant alors le lien entre nature idéalisée et paysage urbain, prenant la forme de parcs et de jardins par exemple.

1.2 Le paysage habité par l'homme, à la fois urbain et naturel

Cette seconde définition du paysage englobe à la fois les éléments naturels, architecturaux et urbanistiques. C'est une vision plus socialisée qui envisage le paysage comme un espace aménagé et pratiqué par l'homme, plus proche des habitants et du quartier. Il les entoure, voire les englobe de manière directe et est lié aux activités de la vie quotidienne. Il peut être également révélateur de typicités régionales et locales et fait plus l'objet d'un regard critique que le paysage naturel.

1.2.1 Le paysage urbain des quartiers durables

Le terme, parfois directement cité par les personnes interrogées, « *paysage urbain* »[2] (V-E5), fait référence notamment à l'architec-

---

[1] Es gibt keine Rauch und Industrien / Das ist nicht in der Stadt.
[2] Stadtlandschaft.

ture et aux constructions. À Kronsberg, les habitants décrivent cette architecture comme moderne et différente des anciennes constructions du centre-ville (K-E4). À Vauban, le paysage se réfère à l'architecture hétéroclite, colorée, dense et parfois chaotique du quartier, ainsi qu'aux anciennes casernes : « c'est coloré » (V-E10, 14, 28), « un terrain densément construit, mais aussi de belles constructions anciennes. »[1] (V-E21). Il fait aussi référence à l'espace public : « beaucoup de places »[2] (K-E2).

Figure 64. Architecture colorée de la cité solaire à Vauban (Geisler, 2010)

1.2.2 Des espaces ouverts, respirations de la ville

Cet espace bâti, considéré comme dense à Vauban, intègre des espaces ouverts plus étendus et plutôt appréciés dans les deux quartiers : « beaucoup d'espaces ouverts »[3] (K-E2), morceaux de nature aménagés par l'homme, espaces de respiration de la ville liés à la liberté (K-E1), à l'horizon (V-E27) : « très ouvert, des clôtures basses »[4] (V-E4). À Vauban, ces espaces ouverts sont surtout représentés par les cinq parcs ou « Grünespangen » (littéralement « agrafes vertes »), reliés au ruisseau et qui accueillent notamment des terrains de jeux pour les enfants. Ces espaces assurent la liaison entre la ville et la nature, ce sont les espaces verts de la ville, les jardins, et parfois les places : « un paysage urbain très vert » (V-E5), « des parcs dans la ville » (V-

---

[1] Es ist bunt / Dicht bebaute Abschnitte und auch schöne alte Bauen.
[2] Viele Plätze.
[3] Viele offene Raüme.
[4] Sehr geöffnet, niedrige Zaüne.

E20), « *lié à la nature* » (V-E23), « *ce sont aussi les jardins* »[1] (V-E29). À Kronsberg, c'est surtout la prairie à l'est du quartier et les champs alentour : « *beaucoup de champs* »[2] (K-E6). De nombreux habitants de Kronsberg et Vauban décrivent les paysages de leurs quartiers comme à la fois « *verts et urbains* » (V-E27), voire comme « *une île verte juste à côté des maisons* »[3] (V-E25). Ils s'y sentent à la fois à la ville et à la campagne (V-E14), comme dans un village (K-E18).

1.2.3 Un paysage qui inclut l'homme et la société

Ces espaces ouverts sont bien sûr les lieux de nombreuses activités économiques et de loisirs. À Kronsberg, ce sont les paysages agricoles en limite d'urbanisation qui dominent les discours : « *beaucoup de champs et de fermes* »[4] (K-E15). Mais ils sont aussi cités à Vauban : « *des prairies vertes, des fermes, campagnard* »[5] (V-E1). La prairie située à l'est de Kronsberg est un espace dédié aux loisirs qui offre la possibilité de se promener (K-E1, 8, 11, 12), de pique-niquer (K-E12), de faire du vélo (K-E11, 16), un véritable espace récréatif (K-E28).

Figure 65. Cerfs-volants omniprésents dans la prairie de Kronsberg (Geisler, 2009)

Dans les deux quartiers, ce sont aussi les aménagements pour les enfants qui sont très présents : « *Il y a beaucoup de terrains de jeux pour les enfants.* »[6] (K-E1, V-E1). Les populations qui vivent dans

---

[1] Sehr grüne Stadtlandschaft / Grünespangen in der Stadt / Naturgebunden / Es sind auch die Gärten.
[2] Viele felder.
[3] Grün und städtisch / Eine grüne Insel direkt bei den Haüsern.
[4] Viele Felder und Bauernhöfe.
[5] Grüne Wiesen, Bauernhaüser, ländlich.
[6] Es gibt viele Spielplätze für die Kinder.

ces quartiers participent au paysage au même titre que les éléments de nature et les espaces construits. Ainsi, pour une petite partie des habitants, la présence des enfants (K-E1, V-E13) et les relations entre les voisins font aussi partie du paysage : « *une réelle cohésion entre voisins* » (V-E4), « *une grande communauté* »[1] (V-E26).

1.2.4 Le paysage comme projet

Le paysage peut aussi être perçu comme une création de l'homme, faisant notamment référence à l'espace construit et au *design* des espaces publics. C'est un paysage modifié et habité par l'homme (K-E3), « *un terrain peuplé ou non peuplé* »[2] (V-E25), entre nature et culture : « *des espaces naturels et culturels avec des formes et des couleurs différentes* » (V-E7), une « *nature sauvage ou planifiée* »[3] (V-E16). C'est un paysage dont l'aménagement fait par l'homme peut être critiqué : « *aménagé de façon artificielle* » (K-E19), « *un aménagement de l'espace avec la nature, des maisons et des rues* » (V-E28), « *plus ennuyeux que la montagne ou la mer* » (K-E7), « *vraiment beaux, différents de ceux que l'on voit ailleurs* » (K-E9), « *un peu vides* »[4] (K-E21). Les cours intérieures à Kronsberg sont citées par quelques habitants comme étant toutes différentes et bien aménagées.

Figure 66. Aménagement travaillé et unique d'une cour intérieure à Kronsberg (Geisler, 2009)

Le paysage comme projet différencie le quartier d'autres endroits de la ville : par exemple, à Kronsberg, le quartier est beaucoup plus

---

[1] Eine Zusammengehörigkeit zwischen den Nachbarn / Große Gemeinschaft.
[2] Ein Geländeabschnitt, besiedelt oder unbesiedelt.
[3] Natur- und Kulturraüme mit verschiedenen Formen und Farben / Frei Natur oder geplant.
[4] Künstlich angelegt / Eine raümliche Anordnung mit Natur, Haüsern und Straßen / Langweiliger als die Berge oder das Meer / Wirklich schön, unterschiedlich, die man nirgendwoanders sieht / Ein bisschen leer.

moderne et propre et se démarque d'autres quartiers de la ville par sa qualité environnementale (K-E14). Cette vision du paysage comme projet ne met pas seulement en exergue sa conception et son aménagement, mais aussi sa gestion par la suite. Il est par exemple considéré comme bien entretenu à Kronsberg (K-E23). Il peut faire l'objet de valeurs esthétiques, mais aussi éthiques, notamment à travers le souci écologique cité par quelques habitants (K-E14, 29, V-E13, 14).

1.3 Le paysage, surtout porté par le regard, mais faisant aussi référence aux sons

Le paysage, ce qui ne surprend pas, est surtout selon les habitants de Kronsberg et Vauban, quelque chose à voir, que l'on regarde (K-E7, 17, 27, 28, 29, V-E2, 8, 9, 12, 21). Il est lié à l'apparence visuelle : *« c'est ce qu'on voit lorsqu'on est en contact avec la nature »* (K-E27), *« ce à quoi notre environnement ressemble »* (V-E16), *« la manière dont je vois ce qui m'entoure »* (K-E24), *« ce qui a un visage »*[1] (V-E29). Il est l'objet du regard : *« le regard »* (V-E8), *« l'optique, ce que voient mes yeux »*[2] (V-E21).

Mais il peut aussi être du domaine du sonore pour certains (K-E8, 24, 28, V-E1, 2, 3, 4, 5, 7, 13, 15, 23), être à la fois *« des vues et des sons »*[3] (V-E7) puisqu'il fait référence au silence et au calme : *« le silence »* (K-E24, V-E23), *« une petite île calme »* (V-E4), *« calme »*[4] (V-E5, 13, K-E8). Il renvoie surtout aux sons de la nature et des grands paysages : *« inspiration de la nature »* (V-E1), *« les oiseaux dans les arbres »*[5] (K-E28, V-E3). Mais il peut aussi avoir à faire avec les sons du quotidien, les sons humains de la proximité : *« les voix d'enfants »* (V-E2), *« les enfants dans les terrains de jeux »*[6] (V-E4). Les sons peuvent être typiques de certains paysages : ceux de la nature ou ceux de la ville (V-E25). Mais les sons qui participent au paysage sont toujours qualifiés positivement par les habitants.

---

[1] Das ist was man sieht, wenn man in Kontakt mit der Natur ist / Wie halt die Umgebung aussieht / Wie ich die Umgebung sehe / Was ein Gesicht hat.
[2] Der Anblick / Die Optik, was meine Augen sehen.
[3] Blicke und Klänge.
[4] Die Stille / Eine kleine ruhige Insel / Ruhig.
[5] Inspiration zur Natur / Vögel in Baümen.
[6] Kinderstimmen / Die Kinder auf Spielplätzen.

2. L'ambiance, avant tout sociale

L'ambiance, à travers le discours des habitants de Kronsberg et Vauban, semble également définie de plusieurs manières, trois exactement, non contradictoires, et qui peuvent même se compléter :

- l'ambiance sociale, qui est à la fois la composition de la population, du voisinage, et les relations qu'ils génèrent. C'est la définition la plus largement citée par les habitants dans les deux quartiers ;
- l'ambiance matérielle, liée au cadre construit et aux conditions atmosphériques ;
- et l'ambiance comme sentiment, ressenti impalpable mais englobant.

2.1 L'ambiance, liée aux « gens » et aux rapports sociaux avant tout

L'ambiance est avant tout « *sociale* »[1] (V-E30), c'est cette définition qui domine largement dans les deux quartiers. Ce sont d'abord les « gens » qui font l'ambiance, les relations qu'ils entretiennent de manière générale : « *la manière dont les gens se comportent entre eux* » (V-E2), « *la façon d'être des gens* »[2] (V-E25). Plus localement, elle fait référence à la composition sociale et aux relations de voisinage à Kronsberg et Vauban. Elle est également liée au sentiment d'appartenance à un groupe des habitants.

2.1.1 L'ambiance décrite par la composition sociale du quartier

Les habitants évoquent la composition démographique de leurs quartiers et, bien que la majorité de la population des deux quartiers soit des familles avec jeunes enfants, cette particularité est surtout mise en avant par les habitants de Vauban : « *vraiment beaucoup d'enfants* » (V-E5, 25), « *beaucoup de familles* » (V-E10, 23), « *jeune* »[3] (V-E10, 25). Ce qui en fait un quartier très « *vivant* » (V-E18, 19, 20) : « *en été, les enfants jouent longtemps dehors, parfois jusqu'à 22h00* »[4] (V-E15). À Kronsberg, c'est la mixité culturelle qui est mise en avant : « *il y a différentes nationalités* » (K-E1, 11, 13,

---

[1] Gesellschaftlich.
[2] Wie die Leute miteinander umgehen / Art der Menschen.
[3] Ganz viele Kinder / Viele Familien / Jung.
[4] Lebendig / Die Kinder im Sommer spielen lange draußen, manchmal bis 10:00 Uhr abends.

16), « *c'est multiculturel* »[1] (K-E15, 27, 28). Les habitants apprécient cette mixité, bien qu'elle puisse poser des problèmes selon certains (K-E28). En outre, si la majorité des endroits du quartier sont plutôt calmes, d'autres sont plus tendus à cause du racisme (K-E13). Mais de manière générale, la composition de la population des deux quartiers est plutôt présentée de façon positive.

2.1.2 Les bonnes relations de voisinage au sein du quartier

Un autre élément important qui apparaît dans le discours des habitants de Kronsberg et Vauban quand on leur demande ce qu'est l'ambiance pour eux, ce sont les relations de voisinage, souvent basées sur l'entraide et donnant au quartier ou à certaines parties du quartier une « ambiance de village » et un sentiment général de sécurité. De la même manière dans les deux quartiers, on met en valeur la bonne entente : « *ce bon voisinage, ça n'existe pas dans d'autres quartiers* » (V-E2), « *une bonne entente entre les voisins* » (K-E11, 16), « *ici c'est amical : les gens se saluent* » (K-E15, V-E12), « *accueillant* »[2] (V-E3). À Vauban, beaucoup d'activités sont proposées pour que les voisins et les familles se rencontrent : « *il y a beaucoup d'actions pour les familles et les enfants : faire de la randonnée, faire du pain dans le parc, le marché le mercredi* »[3] (V-E1). À Kronsberg, on met aussi en avant les fêtes de quartier, favorisant la rencontre entre voisins, comme la fête de l'été ou la fête de Pâques (K-E24).

Ce bon voisinage est même vecteur d'entraide et de solidarité dans la partie sans voitures[4] à Vauban et dans la partie nord-est de Kronsberg, où les familles habitant dans les maisons en bandes sont aujourd'hui très familières et ont des pratiques et habitudes communes : « *les gens s'entraident* » (V-E1), « *les gens s'entendent bien et ont les mêmes hobbies* »[5] (K-E24). Certains assimilent même l'ambiance de leur quartier à celle d'un village : « *c'est plus une ambiance de campagne que de la ville* »[6] (K-E19). Bon voisinage qui véhicule aussi dans l'ensemble du quartier un

---

[1] Es gibt verschiedene Nationalitäten/ Es ist multikulti.
[2] Diese gute Nachbarschaft, das existiert nicht in andere Stadtteile / Ein gutes Einvernehmen zwischen den Nachbarn / Hier ist es freundlich : die Menschen grüßen sich / Gastfreundlich.
[3] Es gibt vele Aktionen für Familien und Kinder : Wanderungen machen, Brot in der Grünespange machen, der Markt am Mittwoch.
[4] Voir Fig. 54.
[5] Die Leute helfen sich / Die Leute verstehen sich gut und haben die selben Hobbies.
[6] Das ist mehr eine Atmosphäre des Landes als der Stadt.

sentiment de sécurité : « *on se sent en sécurité : les enfants peuvent rentrer tous seuls de l'école.* »[1] (K-E12). À Kronsberg, on tient d'ailleurs à différencier l'ambiance du quartier de celles d'autres quartiers ou de ghettos, appuyant sur le fait que la population y est « *sans problèmes* » (K-E14), « *sans personnes bizarres* »[2] (K-E15).

Figure 67. Le marché du mercredi sur la place Alfred Döblin à Vauban : un lieu et un moment d'échanges (Geisler, 2009)

2.1.3 Appartenir à un groupe

Cette bonne entente entraîne pour certains un sentiment fort d'appartenance à un groupe différent de ceux des autres quartiers, ou différent au sein même du quartier. Ce sont des gens qui ont les mêmes intérêts, la même manière de vivre et les mêmes idéologies, plus particulièrement à Vauban : « *beaucoup de gens qui ont les mêmes intérêts* »[3] (V-E1). Ils se démarquent des autres créant une ambiance « *alternative* » (V-E26, 28), « *non conventionnelle* » (V-E5), « *ouverte* »[4] (V-E21). Ils se différencient surtout par leur engagement écologique, étant des « *gens qui sont écolos et engagés* »[5] (V-E5), à l'origine d'une ambiance « *écologique* » (V-E6, 10), « *soucieuse de l'environnement* »[6] (K-E6). Pour certains, cette forte cohésion rend le quartier plus dynamique : « *un quartier plus vivant* » (K-E13, K-E17), « *très actif* »[7] (V-E16).

---

[1] Man fühlt sich in Sicherheit : die Kinder könnnen alleine von der Schule zurückkommen.
[2] Ohne Probleme / Ohne komische Leute.
[3] Viele Menschen, die die gleichen Interessen haben.
[4] Alternativ / Unkonventionell / Offen.
[5] Menschen, die Öko und engagiert sind.
[6] Ökologisch / Umweltbewusst.
[7] Ein lebendiger Stadtteil / Sehr aktiv.

2.2 L'ambiance, un sentiment englobant

L'ambiance peut aussi revêtir un aspect sensible, non palpable (V-E10), c'est alors un sentiment, une impression (V-E21), ce qu'on ressent (K-E2, 12, 13, 14, 27, V-E9, 12, 15, 18, 21, 22, 24). C'est quelque chose de flou qui participe au bien-être et permet de se sentir chez soi : *« être à la maison »*[1] (V-E13). C'est aussi pour certains un sentiment lié à un espace plus ou moins large : *« venir dans un endroit et s'y sentir bien »* (K-E4), *« le sentiment qu'on a lorsqu'on est à un endroit »* (V-E24), *« le monde sensible »* (VE21), *« un espace chargé en énergie »*[2] (V-E30). C'est aussi quelque chose qui entoure, qui englobe, organisé autour de l'individu qui ressent : *« ce qui entoure »* (K-E5), *« ce qu'il y a autour d'un point central »* (K-E7), *« l'environnement »*[3] (V-E16). C'est aussi quelque chose qui peut changer : *« un sentiment qui oscille »*[4] (V-E8).

2.3 Une part matérielle secondaire

Mais l'ambiance peut aussi être définie, de manière moins prononcée chez les habitants de Kronsberg et Vauban par sa dimension matérielle, liée à l'espace environnant, à la fois naturel et construit, et aux conditions atmosphériques.

2.3.1 La nature comme source d'ambiance

Cette vision de l'ambiance implique un rapport fort de celle-ci avec les éléments naturels, le climat et les saisons à Vauban : *« il fait 30°C quand le soleil brille et froid près du ruisseau en hiver »*[5] (V-E25). À Kronsberg, elle semble à la fois proche, à l'échelle du quartier, et plus globale lorsqu'elle fait référence au climat en Allemagne et à la qualité de l'air : *« l'air frais »* (K-E25), *« l'ambiance, c'est dans l'air : le temps est dégueulasse en Allemagne »* (K-E18), *« c'est l'air qu'on respire »*[6] (K-E3). Cette ambiance naturelle n'empêche pas la présence de l'homme :

---

[1] Zu Hause sein.
[2] Irgendwohin kommen und sich gut fühlen / The feeling you have when you are in a place / Die Gefühlswelt / Ein energiegeladener Raum.
[3] Der Umkreis / Was es um einen zentralen Punkt gibt / Die Umgebung.
[4] Eine Gefühlschwingung.
[5] Es ist 30°C wenn die Sonne scheint und kühl neben dem Bach im Winter.
[6] Frische Luft / Die Atmosphäre, das ist in der Luft : das Wetter ist in Deutschland beschissen / Das ist die Luft, die man einatmet.

« *l'ambiance est liée à la nature et aux activités de loisirs, comme se promener et faire du vélo* »[1] (K-E28).

2.3.2 Ambiance et espace construit

Mais l'ambiance pour quelques habitants de Vauban seulement renvoie également à l'espace construit, à la ville, faisant notamment référence à l'architecture et à ses couleurs, ainsi qu'aux espaces verts : « *les maisons, les espaces verts* » (V-E20), « *les constructions, un peu chaotiques* » (V-E23), « *les couleurs et les formes* »[2] (V-E20, 25). L'ambiance est encore une fois assimilée à celle d'un village, dans son aspect social, mais aussi spatial : « *c'est comme un village : petit, beau, vert et calme* »[3] (V-E23).

2.4 L'ambiance, la dimension sociale du paysage sonore ?

L'ambiance est plus facilement mise en relation par les habitants des deux quartiers avec le monde sonore que le paysage, à travers ses différentes facettes, et bien sûr sa dimension sociale, la plus marquée. Ainsi, les personnes interrogées décrivent les ambiances grâce à des éléments sonores humains, plus particulièrement à Vauban où la présence des enfants est fortement mise en avant : « *les rires d'enfants* » (V-E3, 14, 25), « *les jeux d'enfants* » (V-E27), « *des voix humaines* » (V-E5, 6), « *bruits de pas* »[4] (V-E6). Si dans sa définition générale, la dimension matérielle de l'ambiance, à la fois naturelle et urbaine, est en retrait, dans la description sonore qu'en font les interviewés, elle prend autant d'importance que sa dimension sociale. Ainsi, tant à Vauban qu'à Kronsberg, on cite les oiseaux (V-E1, 13, K-E25) ou le chant des oiseaux (V-E27), « *le souffle du vent dans les arbres* »[5] (V-E25) comme participant à une ambiance de qualité dans le quartier. On évoque aussi l'absence de voitures et donc de bruits de voitures (V-E2, 14) comme bénéfique, et ceux des vélos (V-E6) et du tramway (V-E10, 15) comme faisant partie de l'identité du quartier.

L'ambiance est décrite de manière générale comme très « *calme* »[6] (V-E4, K-E25) et de manière plutôt positive dans les deux quartiers, certains habitants insistant sur le fait qu'il n'y a pas de nuisances

---

[1] Die Atmosphäre hat etwas mit der Natur und den Freizeittätigkeiten zu tun, wie spazieren gehen und Rad fahren.
[2] Haüser, grüne Flächen / die Gebaüde, ein bisschen chaotisch / Farben und Formen.
[3] Es ist wie ein Dorf : klein, schön, grün und ruhig.
[4] Die Kinderlachen / Die Kinderspiele / Stimmen von Menschen / Schrittegeraüsche.
[5] Das Rauschen des Windes in den Baümen.
[6] Ruhig.

sonores, *« pas de bruits industriels ou automobiles »*[1] (V-E5). Certains expriment toutefois quelques critiques, comme le fait que *« le tramway est dangereux parce qu'il roule trop vite et que son klaxon n'est pas assez fort »*[2] (V-E10) ou encore que c'est plus calme pendant les vacances (V-E6), lorsque qu'une partie des enfants a quitté le quartier.

En résumé, l'ambiance est décrite à Kronsberg de manière positive, comme une ambiance « de village », où l'air est pur et où règne le calme. Elle fait appel à d'autres sens que la vue, à travers la qualité de l'air ou le chant des oiseaux. À Vauban, elle est décrite comme à la fois calme et vivante, avec des événements marquants comme le marché hebdomadaire (V-E7), à la fois décontractée et active, comme dans un village également, et peut faire parfois penser au Sud l'été lorsque les enfants restent jouer sur les terrains de jeux le soir (V-E15).

Tableau 19. Principaux éléments de définition et de qualification du(des) paysage(s) et de(s) l'ambiance(s) par les habitants de Kronsberg et Vauban (Geisler, 2010).

Paysage	Ambiance
Matérialité/spatialité *naturelle* *urbaine*	**Social** *composition sociale* *relations de voisinage* *appartenance à un groupe*
Projet *identité/identification*	Sentiment diffus
Social *activités économiques et de loisirs*	Matérialité *naturelle - urbaine*
Vue **Ouïe** *éléments sonores naturels et urbains*	**Vue** **Ouïe** *éléments sonores naturels et urbains*

---

[1] Keine Industrie- oder Autogeraüsche.
[2] Die Straßenbahn ist gefährlich, weil die zu schnell fährt und ihre Huppe nicht laut genug ist.

Bien que l'ambiance soit clairement définie par les habitants de Kronsberg et Vauban comme issue d'une construction sociale et que le paysage soit plutôt assimilé à la nature et la matérialité des lieux, quelques porosités semblent exister entre les deux notions. Si on peut se poser la question des liens qui existent entre l'ambiance et le paysage, en se demandant par exemple dans quelle mesure « l'ambiance fait le paysage » ou « *le paysage fait l'ambiance* »[1] (K-E23), les deux notions semblent complémentaires dans la compréhension des rapports sensibles que les habitants entretiennent avec leur quartier. En effet, si l'ambiance semble pouvoir être à l'origine d'un sentiment d'appartenance sociale, d'identification à un groupe donné, le paysage, lui, semble donner une certaine identité au quartier, en comparaison à d'autres, et notamment par l'intermédiaire du projet. Les deux notions semblent également se compléter dans les valeurs qu'elles invoquent, plutôt sociales et affectives pour l'ambiance, et écologiques, esthétiques et politiques (au sens du projet) pour le paysage, les deux invoquant des valeurs sensibles.

Pour conclure sur ces définitions, il est intéressant de les comparer avec celles données par les acteurs de l'aménagement interrogés et de constater qu'elles sont assez proches. L'ambiance est unanimement définie comme étant liée au social, facteur d'urbanité, par les trois conceptrices interrogées. En effet, Babette Köhler définit l'ambiance comme étant « *la vie dans la ville, la vie sociale, les activités des habitants* » (V-BK) et Annegret Pfeiffer insiste sur le fait qu'elle diffère de la campagne à la ville par la présence plus forte de réseaux, de gens, de communications et de vie en ville (K-AP). En ce qui concerne le paysage, on retrouve dans les discours des acteurs trois niveaux de définition également prégnants chez les habitants, et vraisemblablement assez dépendants de leurs activités professionnelles respectives :

- une vision du paysage très naturaliste par Karin Rumming, architecte plutôt orientée vers les technologies environnementales dans la construction et en urbanisme, peu familière de cette thématique opérationnelle ;
- une vision du paysage entre nature et culture par Annegret Pfeiffer, paysagiste chargée de la gestion des paysages de Kronsberg à Hanovre. Elle s'avoue prisonnière des images

---

[1] Die Landschaft macht die Atmopshäre.

classiques du paysage liées à la nature, à ce qui est beau, à ce qui a une histoire et laisse donc sous-entendre que le paysage pourrait être aussi autre chose. Elle se pose d'ailleurs la question suivante : « *C'est très difficile de définir le paysage : est-ce que par exemple les éoliennes sont du paysage ? »*[1] (K-AP).

* et enfin une vision plus large, plus urbaine et plus sensorielle du paysage par Babette Köhler. D'abord paysagiste préoccupée par la protection de l'environnement, elle s'intéresse plus particulièrement aujourd'hui aux liens que les citadins entretiennent avec la ville et le paysage. Elle définit le paysage comme tout ce qui nous entoure, à la fois la nature et la ville, quelque chose de surtout visuel, mais qui peut aussi être fait de bruits, du climat, des sons de la nature, des odeurs... (V-BK).

Elle précise également que « *le paysage, c'est plus une ressource et moins ce qui est utilisé ou actuel dans cette ressource* » (V-BK), qui correspondrait plus selon elle à l'ambiance, qui est « *plus quelque chose qui se passe que ce que l'on voit* » (V-BK). Les deux sont alors extrêmement liés et dépendent l'un de l'autre, bien que paysage de qualité ne rime pas avec ambiance de qualité et inversement : « *En Alsace, il y a des villes très belles, de beaux paysages urbains, mais sans ambiance, sans urbanité, parce qu'il n'y a personne* » et « *il y a des endroits en ville où on a une vie urbaine très intéressante et où il y a des déficits dans le paysage ou dans les espaces extérieurs de la ville.* » (V-BK).

Les relations sensibles, et plus particulièrement sonores que les habitants entretiennent avec leur quartier, semblent bien se situer à l'intersection des deux notions, du paysage et de l'ambiance, ce que révèlent également les définitions des acteurs.

---

[1] Das ist sehr schwierig, die Landschaft zu definieren : sind zum Beispiel die Windmühlen Landschaft ?

3. Le(s) paysage(s) et l'(les) ambiance(s) à l'épreuve de la durabilité

Bien qu'ils habitent des quartiers étiquetés « quartiers durables » par les institutions, les habitants des deux quartiers étudiés, et plus particulièrement de Kronsberg, ne connaissent pas toujours ce terme. Et lorsqu'ils le connaissent, ils le lient surtout à des préoccupations environnementales et aux éco-technologies, qui ne semblent par ailleurs pas être les raisons fondamentales de leur ancrage dans ces quartiers.

3.1 Le quartier durable et le développement durable, des notions pas toujours connues par les habitants

Lors des entretiens exploratoires, la question : « On m'a dit que ce quartier est un quartier durable, qu'est-ce qu'un quartier durable pour vous ? »[1] a été posée aux habitants de Kronsberg et Vauban. On a pu constater que la notion « quartier durable »[2] n'est pas toujours connue par les habitants, plus particulièrement à Kronsberg. En effet, sur 29 personnes interrogées dans le nouveau quartier de Hanovre, 5 seulement ont pu répondre directement à la question et 16 ont répondu suite à l'explication suivante : « un quartier durable est un quartier que l'on réalise et entretient avec des objectifs écologiques, sociaux et économiques »[3]. À Vauban, sur les 30 personnes interrogées, 5 ne savaient pas ce qu'est un quartier durable, mais toutes ont fini par répondre. À Kronsberg, les habitants semblent beaucoup moins conscients d'habiter dans un quartier durable, même s'ils décrivent leur quartier comme un quartier différent des autres, alors qu'à Vauban, la grande majorité sait de quoi elle parle et certains habitants parlent même de Vauban comme d'un quartier modèle.

3.2 Des quartiers considérés comme durables par les habitants

Pour la plupart des habitants qui ont pu répondre, Kronsberg et Vauban sont des quartiers durables : pour 26 personnes sur 27 à Vauban (3 n'ayant pas répondu) et 20 personnes sur 22 à Kronsberg (7 n'ayant pas répondu). Toutefois, quelques critiques ont pu être exprimées par les habitants quant à la durabilité de ces

---

[1] Es heißt, dass dieser Stadtteil nachhaltig ist. Was ist für Sie ein nachhaltiger Stadtteil?
[2] Nachhaltiger Stadtteil.
[3] Ein nachhaltiger Stadtteil ist ein Stadtteil, den man mit ökologischen, sozialen und wirtschaftlichen Zielen realisiert und in Stand hält.

quartiers, notamment concernant le manque de mixité sociale à Vauban, l'évolution du parc de logements sociaux ou la mauvaise information des habitants quant aux pratiques écologiques à adopter à Kronsberg. Mais lorsqu'ils décrivent ce qui en fait des quartiers durables selon eux, ils le font avant tout par une entrée écologique et éco-technologique, puis dans une moindre mesure sociale, la dimension économique du développement durable étant quasiment absente de leurs discours. À Vauban, les habitants lient également la notion de quartier durable à celle du temps qui passe et à l'avenir.

3.2.1 Une durabilité surtout portée par l'écologie et les préoccupations environnementales

Dans leur définition du quartier durable, les habitants donnent une place très importante à l'écologie et aux technologies innovantes de construction qui y sont liées, tant dans le bâtiment que dans l'aménagement des espaces extérieurs. Un quartier durable, c'est avant tout selon eux « *un quartier qui a moins d'empreinte écologique sur l'environnement* »[1] (V-E9). D'après eux, il s'agit surtout dans ces quartiers de minimiser l'usage des énergies (K-E11, V-E11, 16, 17, 25) et des ressources naturelles (V-E13), en développant les énergies renouvelables comme le solaire et le photovoltaïque (K-E1, V-E2, 4, 24) ou en préservant l'eau potable et en récupérant l'eau de pluie (K-E3, 5, 11, V-E4, 25).

Ce sont aussi des quartiers où on utilise des méthodes de construction écologiques (K-E11, V-E14) en bâtissant des « *maisons passives* » (K-E4) ou des « *maisons à basse consommation d'énergie* »[2] (K-E1, 13, 18) et en utilisant des matériaux recyclés et durables (V-E7) comme le bois (V-E1).

À Vauban plus particulièrement, un élément de durabilité du quartier souvent cité est le plan de circulation où la voiture a moins de place et les circulations douces sont privilégiées : « *peu de voitures* » (V-E14, 17, 21, 25), « *le plan de circulation avec les transports publics de proximité, les vélos et la marche* » (V-E7), « *trajets courts* »[3] (V-E11, 16). En ce qui concerne encore l'urbanisme, un second élément, moins cité, est aussi facteur de durabilité à Vauban : la densité (V-E17).

---

[1] Ein Stadtteil, der weniger ökologische Abdruck auf die Umwelt hat.
[2] Passivhaüser / Niedrigenergiehaüser.
[3] Wenig Autos / Das Verkehrskonzept mit öffentlichem Nahverkehr, mit Fahrrädern und dem Gehen / Kurzen Wege.

Toujours, dans cet axe écologique, le rapport à la nature est également cité par les habitants des deux quartiers comme critère de durabilité, à travers la présence de végétation : « vert » (K-E5, 17, 28), « les arbres » (K-E25, V-E28), « la végétation a bien poussé en douze ans, ça c'est durable. Et dans dix ans, ce sera encore mieux »[1] (V-E28).

La dimension écologique de la durabilité est entre autres liée à sa dimension sociale dans le discours de certains habitants à travers des pratiques écologiques comme le tri sélectif ou le compostage (K-E11, 24).

3.2.2 Une durabilité révélée aussi par la mixité sociale

Pour les habitants de Kronsberg et Vauban, la durabilité d'un quartier durable est assurée par la composition de la population, et notamment sa mixité. À Kronsberg, la population est décrite comme mixte (K-E9, 14, 17), avec « beaucoup de nationalités »[2] (K-E1, 3, 19, 21) et plusieurs classes sociales (K-E24). Les habitants citent la mixité générationnelle comme un élément important de la durabilité, bien qu'elle soit faible à Vauban : « un quartier qui offre une qualité de vie pour tous les âges » (V-E19), « où les gens, jeunes et vieux, peuvent se sentir bien »[3] (V-E1), comme la mixité socioprofessionnelle : « ce n'est pas vraiment mélangé : des familles avec des enfants, des vieux, et surtout des Allemands » (V-E16), « une classe moyenne alternative »[4] (V-E5). Et pour certains, s'il n'y a pas beaucoup d'étrangers et de gens à bas revenus, ce n'est pas forcément négatif (V-E20). À Vauban, quelques habitants insistent sur le fait que « différentes formes de vie sont possibles »[5] (K-E7), notamment à travers S.U.SI., le campement de camping-cars ou encore la résidence étudiante (V-E2).

3.2.3 Une relation forte au temps qui passe pour définir la durabilité à Vauban

Alors qu'il n'apparaît pas dans le discours des habitants de Kronsberg (il faut toutefois rappeler que la notion de quartier durable

---

[1] Grün / Die Baüme / Die Vegetation ist im Laufe von zwölf Jahren gut gewachsen, und das ist nachhaltig. Und in zehn Jahren wird es noch besser sein.
[2] Viele Nationalitäten.
[3] Ein Stadtteil, der eine Lebensqualität für alle Alter anbietet / Wo sich die Leute, jung und alt, wohl fühlen können.
[4] Das ist nicht wirklich gemischt : Familien mit Kindern, Alte, und vor allem Deutsche / Ein alternativer Mittelstand.
[5] Verschiedene Lebensformen sind möglich.

leur était pour beaucoup étrangère), le rapport de la durabilité au temps est souvent cité par les habitants de Vauban. Il s'agit à la fois de conserver ce qui mérite de l'être, comme les anciennes casernes (V-E11), de résister aux changements (V-E29), en pensant aux conséquences pour le futur (V-E12), tout en étant tourné vers l'avenir (V-E29), le développement (V-E30), en étant prévoyant et en prenant le temps de construire les choses petit à petit (V-E13, 20).

Tableau 20. Éléments de durabilité cités par les habitants de Kronsberg et Vauban relatifs au paysage et à l'ambiance tels qu'ils les définissent (Geisler, 2011)

	Kronsberg	Vauban
Paysage	Énergies et ressources naturelles Constructions écologiques Connexion à la nature	Énergies et ressources naturelles Plan de circulation Constructions écologiques Connexion à la nature
Ambiance	Mixité culturelle Mixité sociale Faible mixité générationnelle	Faible mixité sociale Faible mixité générationnelle

3.3 Le paysage et l'ambiance, des facteurs d'ancrage dans les quartiers durables

Il est important de comprendre les raisons pour lesquelles les habitants de Kronsberg et Vauban sont venus habiter ces quartiers, ainsi que les raisons pour lesquelles ils y restent, et de voir notamment si le paysage et l'ambiance sont des critères d'ancrage dans les quartiers.

3.3.1 Trajectoires résidentielles et ancrage dans les quartiers

À Kronsberg, sur 29 personnes interrogées dont 3 ne résidant pas dans le quartier, 3 seulement sont propriétaires de maisons, la très grande majorité louant un appartement. Toutefois, il faut rappeler que ce constat n'est pas significatif d'un non ancrage de la population, mais qu'il dépend de l'offre de logements qui est composée à près de 90 % de logements sociaux. Une grande majorité des habitants vient de Hanovre (21 sur 26) et la majorité habite le quartier depuis 8 à 10 ans, ce qui coïncide avec la construction des premiers appartements. Certains habitants nous ont confirmé qu'il y a peu de déménagements à Kronsberg, et que lorsqu'il y en a, ce sont souvent des déménagements internes au quartier. Quelques habitants résidant dans des appartements en location sont en train de faire construire des maisons dans l'extension nord, afin de rester dans le quartier. Ce fort ancrage de la population à Kronsberg est un peu moins marqué à Vauban, bien que sur les 30 personnes interrogées, la moitié des personnes résidant à Vauban soit propriétaire d'un appartement ou d'une maison. La grande majorité vient de Fribourg en Brisgau (16 sur 22) et la majorité habite depuis 4 à 10 ans dans le quartier. Le quartier accueille une population assez ancrée, engagée écologiquement et politiquement, principalement regroupée dans la *S.U.S.I.* et les maisons en bandes de la partie sans voitures, construites pour beaucoup en *Baugruppen,* et une population plus changeante, des étudiants notamment. La majorité des habitants de Kronsberg et Vauban se voit bien vieillir dans le quartier, bien que certains affirment être surtout là pour leurs enfants et projeter de déménager vers le centre-ville et ses commodités lorsque leurs enfants seront plus grands.

3.3.2 Les raisons de venir et de rester à Kronsberg et Vauban : des logements accessibles et une qualité de vie adaptée aux familles avec enfants

Lorsqu'on interroge les habitants des deux quartiers étudiés sur les raisons de leur venue dans le quartier et ce qu'ils y apprécient le plus et les fait donc rester, on distingue quatre types de raisons :

- les raisons financières, qui concernent surtout l'accessibilité à des logements de qualité et à moindre coût ;
- les raisons paysagères, qui regroupent les aménités dues à l'aménagement des espaces extérieurs et à la présence de nature ;
- les raisons pratiques ou fonctionnelles, qui regroupent l'accessibilité aux services et la proximité du lieu de travail ou du centre-ville ;
- et les raisons sociales, qui rassemblent les sociabilités dues au voisinage et le sentiment d'appartenance à un groupe donné.

Si la qualité sonore n'est pas directement exprimée par les habitants comme une raison de rester, et donc comme un facteur de qualité de vie dans ces quartiers, elle se retrouve bien sûr indirectement citée dans les raisons paysagères, fonctionnelles et sociales.

3.3.2.1 Les raisons financières : des logements peu chers ou la possibilité de construire

À Kronsberg comme à Vauban, ce sont les raisons financières qui sont le plus souvent citées dans le choix du quartier. À Kronsberg, les habitants mettent souvent en avant les prix peu élevés des loyers (K-E3, 8, 21), le fait qu'il s'agisse de logements sociaux (K-E9) ou qu'on leur ait alloué des subventions pour construire une maison (K-E11, 19). À Vauban, les habitants disent qu'il est très difficile de trouver un logement à Fribourg (V-E6, 18) qui est une ville où les loyers sont chers, et qu'on trouve à Vauban des logements aux loyers moins chers que dans le centre-ville (V-E7). Une particularité de Vauban pour ses habitants est aussi la *« possibilité de construire soi-même »*[1] (V-E16).

3.3.2.2 Les raisons paysagères : la connexion à la nature et des aménagements de qualité

En se basant sur les définitions que les habitants de Kronsberg et Vauban donnent du paysage, on constate que les raisons paysagères entrent en deuxième position dans le choix de venue dans le quartier et en première position dans les choix de rester, notamment en raison de la possibilité d'être connecté à la nature : *« nous voulions habiter dans le vert »* (K-E4), *« le plus beau, c'est la nature »* (K-E9), *« le quartier est très vert »* (K-E9, 16, 22, 24, 26), *« la proximité de la nature »* (V-E3, 5, 27), *« vite dans la Forêt-Noire »*[2] (V-E1, 5). Ces raisons de venir et de rester dans le quartier sont aussi liées au sentiment d'espace (K-E24) et aux activités de loisirs et de détente qui sont liées au paysage : *« un lieu de ressourcement proche »* (V-E2), *« je peux facilement me promener ou courir dans la nature »* (V-E23), *« mes petits-enfants apprennent à reconnaître certaines plantes à Kronsberg »*[3] (K-E9). Ils citent également comme critère de qualité paysagère et d'ancrage dans le quartier les qualités de l'aménagement et la modernité des constructions : *« de beaux aménagements »* (K-E4, 24, 25, V-E13),

---

[1] Die Möglichkeit selbst zu bauen.
[2] Wir wollten im Grünen wohnen / Das schönste ist die Natur / Der Stadtteil ist sehr grün / Die Nähe zur Natur / Schnell im Schwarzwald.
[3] Nahes Erholungsgebiet / Ich kann einfach in der Natur spazierengehen oder rennen / Meine Enkel lernen in Kronsberg einige Pflanzen erkennen.

« *bien aménagé* » (V-E14), « *beaucoup d'espaces verts* » (K-E15, 24, V-E30), « *beaucoup de maisons neuves, tout est neuf* », « *moderne* » (K-E2, 3, 15, 16, 17, V-E17, 22), « *une architecture colorée* » (V-E2, 3, 21), « *la qualité de l'espace de la rue : les enfants peuvent jouer dehors* »[1] (V-E17).

Ces raisons paysagères font de Kronsberg et Vauban pour de nombreuses personnes interrogées des quartiers particulièrement adaptés aux enfants : « *de grands espaces entre les maisons* » (V-E6), « *pas trop de circulation pour les petits* » (K-E4, 24, V-E4, 6), « *construit de manière accueillante pour les familles* » (K-E6, V-E4, 18), « *les enfants peuvent aller jouer tous seuls dehors* » (V-E6, 15), « *une bonne qualité de vie avec des enfants* »[2] (V-E19). Un habitant va jusqu'à différencier la qualité de vie à Vauban de celle de la ville : « *c'est important pour les enfants de ne pas habiter en ville* »[3] (V-E4).

3.3.2.3 Les raisons fonctionnelles : la connexion au reste de la ville et les services

À Kronsberg et à Vauban, les habitants évoquent également des raisons de venir et de rester dans ces deux quartiers pratiques et fonctionnelles, comme la présence de services de proximité, surtout à Vauban, qui offre les mêmes services que le centre-ville : « *beaucoup d'écoles et de jardins d'enfants* » (K-E2, 3, 9, 12, 21, V-E1, 6, 10, 26), « *on a tout ici* » (K-E3), « *les possibilités de faire les courses* »[4] (K-E4, 8, 14, 16, 17, 21, 22, V-E5, 14, 15, 23, 26). Vauban offre également des services qui attirent les personnes qui ne résident pas dans le quartier, pour « *manger une glace* » (V-E4), « *boire un café* » (V-E22), « *aller manger* »[5] (V-E25, 26).

Parmi les raisons fonctionnelles sont aussi citées la connexion au reste de la ville par les transports publics notamment, et la proximité géographique du centre-ville ou du lieu de travail : « *près de la ville* » (V-E4, 9, 14), « *proche du centre* » (V-E12, 19, 23, 25, 30) « *très central* » (V-E5, 16), « *une bonne connexion aux transports*

---

[1] Schöne Anlagen / Schön angelegt / Viele Grünflächen / Viele neue Haüser, alles ist neu / Modern / Bunte Architektur / Die Qualität des Straßenraums : die Kinder können draußen spielen.
[2] Große Flächen zwischen den Haüsern / Nicht zuviel Verkehr für die Kleinen / Familienfreundlich gebaut / Die Kinder können allein draußen spielen / Eine gute Lebensqualität mit Kindern.
[3] Es ist wichtig für die Kinder nicht in der Stadt zu wohnen.
[4] Viele Schulen und Kindergärten / Wir haben hier alles / Die Einkaufsmöglichkeiten.
[5] Ein Eis essen / Kaffee trinken / Essen gehen.

en commun » (K-E8, 14, 16, 17, 21, 22, 28, V-E1, 7, 16, 23, 25),
« on est très vite en ville avec le tramway » (K-E9, V-E6, 15, 22),
« pas loin du travail » (K-E8, V-E23), *« de bonnes connexions avec le vélo »[1]* (V-E4).

3.3.2.4 Les raisons sociales : de bons contacts et une implication politique

Les raisons sociales font aussi partie à Vauban des raisons de venue dans le quartier, notamment dans la perspective de l'adhésion à un engagement politique écologique : *« soucieux de l'environnement »* (V-E2, 12), *« un peu écolo »* (V-E3), *« orienté vers l'écologie »* (V-E16, 22), *« l'écologie joue un grand rôle »[2]* (V-E19). Mais aussi un engagement social : certains sont venus pour la *S.U.S.I.* (V-E8, 20, 22) ou parce qu'on trouve à Vauban *« beaucoup d'habitants actifs »* (V-E16) et que c'est un quartier *« très équilibré sur le plan social »[3]* (V-E19).

Si aucune raison sociale n'est citée par les habitants de Kronsberg comme élément de choix de résidence dans le quartier, la composition sociale et les bonnes relations entre voisins font partie des raisons d'y rester. À Kronsberg, la mixité culturelle et sociale est mise en avant comme un élément positif du quartier : *« beaucoup d'étrangers, bien ensemble »* (K-E1, 18), *« très multiculturel »* (K-E13), *« plusieurs classes sociales qui habitent ensemble »[4]* (K-E19). À Kronsberg comme à Vauban, l'entente entre voisins est citée comme une raison de rester dans le quartier : *« de bons contacts »* (K-E11, V-E2), *« des gens gentils »* (K-E18, V-E7, 15, 20, 21, 22), *« des gens biens »* (V-E5), *« de bons voisins »* (K-E25, 29), *« un réseau social comme dans un village »* (V-E19), *« une superbe ambiance entre voisins »[5]* (V-E27).

---

[1] Nah der Stadt / Nah des Zentrums / Optimal zentral / Gute Verkehrsanbindung / Man ist mit der Straßenbahn sehr schnell in der Stadt / Nicht weit von der Arbeit / Gute Anbindung mit dem Fahrrad.
[2] Ökologisch bewusst / Ein bisschen öko / Ökologisch orientiert / Ökologie spielt eine große Role.
[3] Viele aktive Bewohner / Sozial sehr ausgeglichen.
[4] Viele Ausländer, gut zusammen / Sehr multikulti / Verschiedene Sozialklassen, die zusammen wohnen.
[5] Gute Kontakte / Nette Menschen / Gute Menschen / Gute Nachbarn / Ein Sozialnetz wie in einem Dorf / Die geile nachbarschaftliche Atmospäre.

Figure 68. Des critères paysagers et sociaux comme raisons de rester à Vauban et Kronsberg (par occurrence de citations) (Geisler, 2011)

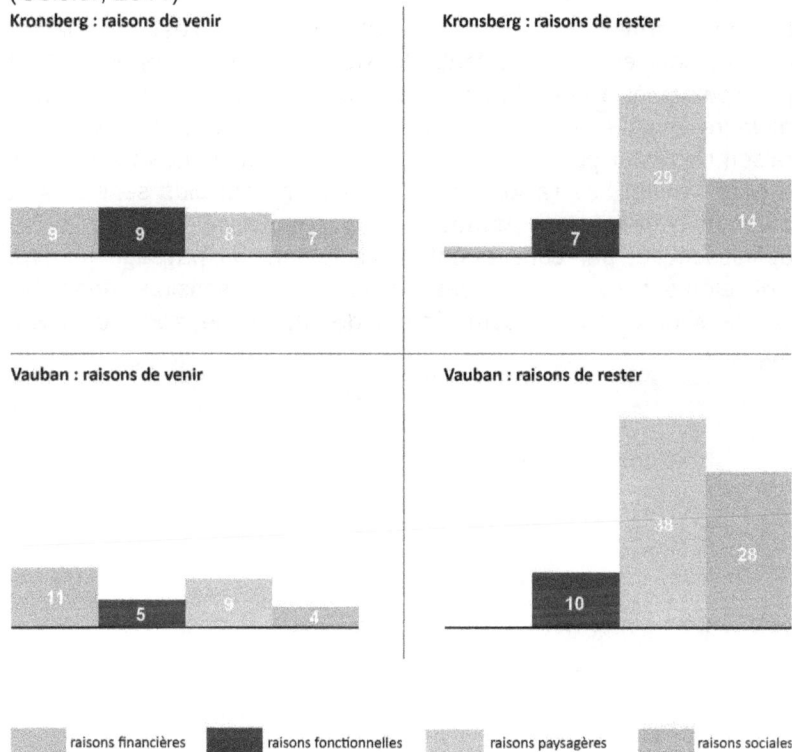

Les définitions du paysage et de l'ambiance données par les habitants remettent quelque peu en cause les définitions « classiques ». En effet, si le paysage semble défini de manière assez conventionnelle comme fortement lié à la nature et à la campagne, l'idée de paysage urbain fait son apparition dans certains discours de personnes interrogées dans les deux quartiers. Quant à l'ambiance, elle est majoritairement définie, et de manière assez étonnante, à travers sa dimension sociale, les habitants délaissant quelque peu sa dimension matérielle. Les relations sensibles, et plus particulièrement sonores, que les habitants entretiennent avec leur quartier, semblent se situer à l'intersection du paysage, plutôt lié à l'espace, à la nature et à la matérialité, et de l'ambiance, plutôt liée aux gens et à l'immatérialité. C'est à cette intersection que nous situons le paysage sonore, comme l'ensemble des rapports sonores qu'entretient un individu ou un groupe d'individu avec un territoire donné.

Lorsqu'ils arrivent à définir la durabilité et ce qu'est un quartier durable pour eux, les habitants de Kronsberg et Vauban les relient principalement à leur dimension éco-technologique, puis dans une moindre mesure sociale. Mais ces éléments sont rarement une raison de rester pour eux dans le quartier, et donc des facteurs de qualité de vie. Les raisons qu'ils invoquent sont plus sensibles et notamment liées au paysage et à l'ambiance tels qu'ils les définissent, et par conséquent indirectement au paysage sonore. Cet élément montre l'intérêt de l'approche sensible dans les quartiers durables, en complément de l'approche très techniciste actuelle.

CHAPITRE 6
QUALIFIER ET SPATIALISER LE PAYSAGE SONORE

Dans le chapitre précédent, nous avons pu éclairer la manière dont les habitants de Kronsberg et Vauban définissent le paysage, l'ambiance et la durabilité. Nous avons également pu relever que ce qui fait qualité de vie dans les deux quartiers durables étudiés est moins basé sur les aspects éco-technologiques que paysagers et ambiantaux, puisque les premières raisons de rester des habitants à Kronsberg et Vauban sont paysagères et sociales. Si les habitants n'expriment pas directement que la qualité sonore participe de ces raisons paysagères et ambiantales de rester dans le quartier, les descriptions sonores et la manière dont ils qualifient leur quartier sont fortement liées à des éléments ou des notions proches des définitions qu'ils donnent du paysage et de l'ambiance.

Mais restait à savoir ce qu'est la qualité sonore pour eux. À travers le témoignage des habitants de Kronsberg et Vauban et par l'intermédiaire des trois méthodes utilisées pour analyser leurs paysages auditifs, nous avons distingué trois types d'éléments utilisés par les habitants pour qualifier ces derniers et les spatialiser :

• des éléments sonores spécifiques et reconnaissables, plus ou moins localisés : les marqueurs sonores ;
• des qualificatifs amenant à un jugement positif ou négatif général du quartier ou de lieux spécifiques dans le quartier : les indicateurs de qualité sonore ;
• et une typologie des lieux avec lesquels les habitants entretiennent des rapports sonores, et plus largement sensibles, différents : les lieux communs, les lieux partagés, les lieux intimes et les lieux délaissés.

1. Les marqueurs sonores, des éléments représentatifs d'un quartier à une période donnée

Nous utilisons le terme de marqueur sonore, en partie dans le sens du *soundmark*, traduit de l'anglais par « empreinte sonore », et utilisé par Murray Schafer pour désigner un son caractéristique d'un endroit à une période donnée et qui en forme l'identité acoustique pour la communauté qui y vit. La définition exacte qu'il en donne englobe les *« sons d'une communauté uniques ou possédant des qualités qui les font reconnaître des membres de cette communauté, ou ont pour eux un écho particulier »* (Schafer, 1979, p. 374). Toutefois, nous ne lui conférons pas la portée patrimoniale et écologique que Murray Schafer lui donne[1], mais plutôt une valeur représentative d'un quartier et de la communauté qui y habite, de ses modes de vie et pratiques quotidiennes à un endroit donné et à une période donnée. Un marqueur sonore peut être à la fois le son produit, la source sonore qui le produit, les pratiques qui y sont liées et les représentations que le tout génère. Certains de ces marqueurs sonores, lorsqu'ils font l'objet d'un jugement positif commun, peuvent être vecteurs d'un sentiment identitaire, lié à un quartier, voire d'appartenance à une communauté.

Les marqueurs sonores ne sont pas de l'ordre du remarquable, au sens extraordinaire, puisqu'au contraire ils font référence à des éléments sonores du quotidien. Si l'empreinte sonore de Schafer a une valeur historique à préserver, on peut difficilement parler de patrimoine sonore dans des quartiers habités depuis à peine plus de dix ans. Toutefois, les marqueurs sonores ont une signification culturelle et une valeur esthétique, parfois éthique et politique pour les habitants des quartiers étudiés.

À partir des discours oraux, écrits, et des cartes mentales réalisées par les habitants de Kronsberg et Vauban, recueillis lors des entretiens exploratoires, des parcours et des journaux sonores, deux types de marqueurs sonores sont ressortis :

• des marqueurs sonores communs aux deux quartiers ;

• et des marqueurs sonores spécifiques à chacun des quartiers.

Ces marqueurs sonores, qu'ils soient communs ou spécifiques à chacun des quartiers, se répartissent selon trois catégories :

---

[1] Le *soundmark* de Schafer est dérivé du terme *Landmark*, que l'on peut traduire par « monument » ou « point de repère ».

- les marqueurs sonores de la naturalité, cette dernière renvoyant à la perception de la nature, c'est-à-dire essentiellement au monde végétal et animal. Elle renvoie également à la présence d'eau et aux conditions météorologiques (pluie, vent, etc.) ;
- les marqueurs sonores de la sociabilité, celle-ci faisant référence à l'ensemble des relations interpersonnelles et des pratiques sociales qui existent ou se créent dans les quartiers étudiés. Elles dépendent de la mixité sociale, des lieux favorisant la sociabilité et des manières de pratiquer et de s'approprier l'espace ;
- Et enfin, les marqueurs sonores de la mobilité, celle-ci représentant l'ensemble à la fois des infrastructures de transports et des pratiques de déplacements en ville.

Figure 69. Les éléments sonores de Kronsberg et Vauban (par occurrence de citations) (Geisler, 2011)

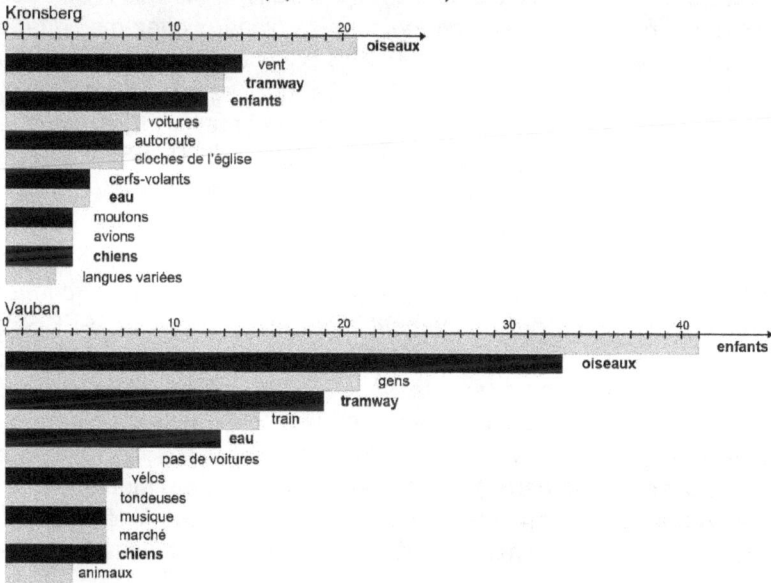

En gras, les marqueurs sonores communs aux deux quartiers

1.1 Les marqueurs sonores communs à Kronsberg et Vauban : des marqueurs sonores communs aux quartiers durables ?

Parmi les quatre éléments sonores les plus cités dans chacun des quartiers, trois sont communs à Kronsberg et Vauban : les enfants (sociabilité), le tramway (mobilité) et les oiseaux (naturalité). Le quatrième marqueur sonore commun, l'eau (naturalité), moins cité, ne semble néanmoins pas moins représentatif des deux quartiers. Les oiseaux et l'eau sont des marqueurs sonores fortement appréciés pour leurs qualités reposantes et surprenantes dans les deux quartiers, alors que les enfants, s'ils sont le plus généralement appréciés, révèlent parfois quelques conflits à Vauban. Quant au tramway, il est toléré car il représente un moyen de transport pratique et une alternative à l'usage de la voiture. Ce marqueur sonore, à défaut d'une valeur esthétique, possède une valeur fonctionnelle et éthique.

1.1.1 Les oiseaux : un marqueur saisonnier fortement apprécié, identitaire à Kronsberg

Les oiseaux sont très nombreux à Kronsberg et Vauban et leurs chants très présents dans l'ensemble de chacun des quartiers : « *Partout des gazouillis d'oiseaux.* » (V-PCS1), « *Bien qu'il y ait des avions qui passent, on entend toujours les oiseaux chez moi, quand je laisse la fenêtre ouverte.* » (K-PCS5), « *On entend les oiseaux ici la plupart du temps.* »[1] (K-PCM8). Ce qui, selon les habitants, distingue Kronsberg et Vauban d'autres quartiers : « *Dans d'autres quartiers, on n'entend pas autant les oiseaux.* » (K-PCS6), « *Quand je vais en ville, je n'entends pas de gazouillis d'oiseaux.* »[2] (V-PCS8).

Ce marqueur sonore est fortement lié à l'idée de nature et à la présence de végétation : « *Quand je pense à la nature, je pense aux gazouillis des oiseaux.* » (V-E13), « *C'est vraiment étonnant comme les plantes ont doucement attiré les oiseaux.* » (V-PCS5), « *Ici il y a beaucoup de grands et vieux arbres [...] Et de nombreux oiseaux viennent bien sûr là.* »[3] (K-PCS6). Bien qu'ils soient présents dans tout le quartier, les oiseaux se concentrent en général dans les espaces verts ou boisés : à Kronsberg, dans la prairie, les friches avec des épineux et dans l'ancien quartier, am Mühlenberge, et à Vauban, près du ruisseau et du Weidenpalast (littéralement, Palais de saules), ainsi que là où les arbres anciens ont été conservés.

---

[1] Überall Vogelgezwitscher / Trotz der Flugzeuge, die vorbei fliegen, hört man immer die Vögel bei mir, wenn ich das Fenster geöffnet lasse / Meistens hört man hier die Vögel.
[2] In andere Stadtteile hört man nicht so viel die Vögel / Wenn ich in die Stadt gehe, höre ich kein Vogelgezwitscher.
[3] Wenn ich an die Natur denke, denke ich an Vogelgezwitscher / Es ist schon erstaunlich wie die Pflanzen so langsam die Vögel angezogen haben / Hier sind viele große alte Baüme [...] Und da kommen natürlich viele Vögel.

Ces chants d'oiseaux sont très variés, à Vauban comme à Kronsberg, et représentatifs en partie de la biodiversité : « *Je crois qu'elles* [les alouettes] *chantent jusqu'en juillet, puis c'est fini.* » (K-PCM15), « *Ici à nouveau les merles.* » (V-PCS1), « *À chaque saison, les chants d'oiseaux sont différents.* » (K-PCM13), « *Ah, nous avons aussi des corneilles ici.* » (K-PCM12), « *Le son du rossignol est aussi joli.* » (V-PCS1), « *Les oies sauvages font étape ici lors de leur migration, dans les parages. Ce sont des choses qu'on ne peut pas voir ou entendre en ville.* »[1] (V-PCS1).

Outre les variations dues aux différentes espèces d'oiseaux présentes, le quartier est rythmé par ces chants au fur et à mesure des saisons et des heures de la journée, avec une concentration au printemps, le matin et le soir : « *On entend beaucoup plus les oiseaux au printemps.* » (V-PCS3), « *Le jour débute avec de nombreux chants d'oiseaux* » (K-BM2), « *Tôt le matin, on entend les oiseaux.* » (K-PCS2), « *Et bien, je crois qu'on remarque surtout les oiseaux quand le soleil se couche, et ils deviennent autrement plus forts.* » (K-PCS5), « *On entend plus les oiseaux le matin et le soir.* »[2] (V-PCS3). Ils peuvent même servir de référentiel temporel : « *Le chant des oiseaux donne aux enfants l'heure de rentrer à la maison pour dormir.* »[3] (K-PCS6).

Le chant des oiseaux est pour les habitants des deux quartiers, par sa relation à la nature et les variations qu'il offre, un marqueur sonore apprécié : « *J'aime beaucoup les chants d'oiseaux qui m'accompagnent quand je rentre chez moi.* » (K-PCM9), « *Le chant des oiseaux, ça me calme, m'apaise.* »[4] (K-PCS5). Pour certains habitants de Kronsberg, il est même très représentatif du quartier : « *Ce qui représente tout Hanovre, et plus particulièrement Kronsberg, ce sont les oiseaux.* » (K-PCM12), « *Les oiseaux, de février à octobre. Kronsberg est réputé pour ça.* »[5] (K-PCM15).

---

[1] Ich glaube, dass die [die Lerchen] bis Juli singen, und dann ist es fertig / Hier wieder die Amsel / In jeder Jahreszeit sind die Vogelgesänge unterschiedlich / Ah, wir haben auch Krähen hier / Das Geräusch des Nachtigalls ist auch schön / Die Wildgänse machen hier während ihrer Migration eine Pause, in der Gegend. Es sind Dinge, die man nicht in der Stadt sehen oder hören kann.

[2] Im Frühling hört man immer öfter Vögel / Der Tag fängt mit vielen Vogelgesängen an / Früh am Morgen hört man die Vögel / Also, ich glaube, die Vögel, merkt man besonders, wenn die Sonne untergeht, und die werden dann viel lauter / Man hört mehr die Vögel am Morgen und am Abend.

[3] Der Vogelgesang gibt die Zeit an für die Kinder zurückzukehren, um zu schlafen.

[4] Ich habe sehr gerne die Vogelgesänge, die mich begleiten, wenn ich nach Hause zurückkehre / Die Vögelgesänge, das macht mich ruhig, friedlich.

[5] Was Hannover, und besonders Kronsberg darstellt, sind die Vögel / Die Vögel, von Februar bis Oktober. Kronsberg ist dafür bekannt.

1.1.2 L'eau : un marqueur sonore a la fois reposant et ludique
(annexe 20, pistes 1 et 13, annexe 21, pistes 1 et 9)

L'eau, qui fait l'objet d'attentions particulières quant à sa gestion dans les quartiers durables, est très présente à Kronsberg et Vauban, sous différentes formes offrant des sonorités variées. On retrouve par exemple dans les deux quartiers des pompes à eau qui confèrent à ce marqueur sonore une connotation vivante et ludique : « *Dans certaines cours, il y a des pompes avec lesquelles les enfants peuvent jouer, et les adultes aussi* » (K-PCM10), « *Il y a des pompes à eau dans tout le quartier. Quand on se promenait avec mon fils, c'était toujours sympa, les sons des pompes à eau.* » (K-PCM16), « *En principe, ici, sur le terrain de jeux il y a une fontaine à pompe qui fait « muhii, muhii ! » et l'eau gargouille.* »[1] (V-PCS1).

On trouve également des fontaines aux sonorités plus apaisantes et des bassins avec des petites cascades : « *Il y a une fontaine qu'on entend très bien depuis la fenêtre de notre cuisine et c'est super, ce bruit de l'eau.* » (K-PCM11), « *On peut un peu entendre la chute d'eau ici.* » (V-PCS10), « *Voilà un exemple d'initiative privée : un monsieur a installé une fontaine dans son jardin et on profite maintenant du bruit de l'eau.* » (K-PCM9), « *Là-bas devant à Augustinum, il y a un petit bassin avec un jet d'eau, j'aime aussi m'y asseoir des fois.* »[2] (V-PCS7).

Enfin, à Vauban, on la retrouve sous la forme d'un ruisseau : « *Et le plus beau ce sont les différentes séquences du ruisseau, comme il sonne.* »[3] (V-PCS1).

Le bruit de l'eau pour les habitants de Kronsberg et Vauban est très apprécié, à la fois apaisant et amusant : « *L'eau qui coule, c'est toujours quelque chose d'apaisant.* » (K-PCM15), « *Je trouve ça super, le murmure du ruisseau, ça m'apaise.* » (V-PCS7), « *Le ruisseau murmure. Je trouve ça toujours apaisant et agréable.* » (V-PCS2), « *Oui, les clapotis ! Et bien, c'est une musique que j'apprécie particulièrement.* » (V-PCS5), « *Parfois, il y a de l'eau qui*

---

[1] In bestimmten Höfe gibt es Wasserpumpen, mit denen die Kinder spielen können, und die Erwachsenen auch / Es gibt Wasserpumpen im ganzen Stadtteil. Wenn wir mit meinem Sohn spazieren gingen, war das immer schön die Geräusche von den Wasserpumpen / Eigentlich ist hier auf dem Spielplatz ein Pumpebrunnen, der macht immer « muhii, muhii ! » und das Wasser plätschert.
[2] Es gibt einen Brunnen, den man von dem Fenster unserer Küche sehr gut hört und das ist toll, dieses Wassergeräusch / Hier kann man ein bisschen vom Wasserfall hören / Das ist ein Beispiel von Privatinitiative : ein Mann hat einen Brunnen in seinem Garten aufgestellt und man nützt jetzt den Wasserklang aus / Da vorne in Augustinum ist so ein Teich mit Springbrunnen, da sitze ich mal auch gerne.
[3] Und am schönsten sind die verschiedenen Abschnitte des Baches, wie er klingt.

coule dans ce truc, et là les enfants crient, et c'est sympa. »[1] (K-PCS4).

1.1.3 Le tramway : un marqueur sonore toléré
(annexe 20, piste 14, annexe 21, piste 10)

Le tramway est un marqueur sonore important pour les habitants de Kronsberg et Vauban : « *On entend partiellement le tramway. Il roule toutes les dix minutes en journée.* » (K-BM2), « *Je viens d'entendre le tramway.* »[2] (V-PCS1). Bien que certains le trouvent « *désagréable la nuit* »[3] (K-PCS1), la majorité le trouve silencieux et moderne, ou en tolère les éventuels désagréments sonores en contrepartie des services qu'il offre : « *Il y a bien sûr la tramway. Il ne roule pas si fréquemment et on ne l'entend pas vraiment.* » (K-PCM15), « *Là-bas il y a le tramway, mais il est silencieux.* » (K-PCS4), « *Je ne le trouve pas gênant, enfin, ce bruissement régulier.* » (V-PCS2), « *Le tramway est silencieux, je trouve, mais je crois qu'on cherche communément à les construire silencieux.* » (V-PCS4), « *Il est relativement silencieux, il est moderne.* » (K-PCS5), « *Il y a bien le tramway qui fait du bruit, mais c'est pour moi qui suis âgée, l'assurance de pouvoir aller chercher de l'aide en cas de besoin.* »[4] (K-PCS1).

1.1.4 Les enfants : un marqueur sonore fort mais pouvant porter à conflit (annexe 20, pistes 2, 3, 15 et 16, annexe 21, pistes 4, 8 et 11)

En Allemagne, le taux de fécondité est parmi les plus faibles d'Europe, il était de 1,4 en 2009, contre 2 pour la France (INSEE, 2009). Kronsberg et Vauban sont à ce titre des quartiers exceptionnels, où les enfants sont majoritaires et constituent un marqueur sonore prégnant : « *On entend partout les rires des enfants, des enfants qui jouent.* » (K-PCM10), « *Ce qu'on entend le*

---

[1] Das Wasser, das fließt, das ist immer was Beruhigendes / Das finde ich ganz toll, also das Plätschern des Baches, das beruhigt mich / Der Bach plätschert. Das finde ich immer beruhigend und angenehm / Ja, Plätschern ! Also, das ist eine Musik, die ich besonders gerne habe / Manchmal gibt es Wasser, das in diesem Ding fließt, und dann schreien die Kinder und das ist schön.
[2] Man hört teilweise die Straßenbahn. Die fährt alle zehn Minuten am Tag / Da habe ich gerade die Straßenbahn gehört.
[3] In der Nacht unangenehm.
[4] Es gibt natürlich die Straßenbahn. Die fährt so haüfig nicht und man hört die nicht so richtig / Dort ist die Straßenbahn, aber die ist leise / Ich finde die nicht störend, also dieses gleichmäßige Rauschen / Die Straßenbahn ist leise, finde ich, aber ich glaube, das ist gemein, dass man versucht die leise zu bauen / Die ist relativ leise. Die ist modern gebaut / Es gibt ja die Straßenbahn, die Lärm macht, aber das ist für mich, die ich alt bin, die Versicherung, notfalls Hilfe holen zu können.

plus fort ce sont toujours les enfants. C'est comme une sorte de mer, qui murmure en permanence. » (V-PCS1), « *Je crois qu'il n'y a pas d'autre endroit en Allemagne où il y a autant d'enfants qui habitent.* » (V-PCS8), « *Ici, il y a énormément d'enfants et de jeunes, il y a un quart d'adultes. La plupart des familles ont deux ou trois enfants.* »[1] (K-PCS1).

Les habitants l'expriment d'ailleurs dans leur choix de venir habiter à Kronsberg et Vauban, il s'agit de quartiers faits pour les enfants, avec beaucoup de terrains de jeux et d'infrastructures dédiés aux plus jeunes. Certaines mesures sont d'ailleurs prises en leur faveur : à Kronsberg, au sein de l'opération Habitat International par exemple, « *le bailleur a intégré dans le contrat de location le fait que les bruits des enfants font partie des clauses.* »[2] (K-PCM9).

Ce marqueur sonore des enfants est perçu par la grande majorité des habitants comme une aubaine et un signe de vie : « *Ici c'est incroyablement sympathique : les enfants qui crient et qui pleurent. Ca me réjouit, je sais qu'il y a encore des enfants !* » (K-PCM8), « *C'est vivant avec les enfants qui jouent.* »[3] (V-E23). Certaines personnes en parlent comme un élément très représentatif de leur quartier : « *Je crois que c'est très typique de Vauban, autant d'enfants.* » (V-PCS9), « *Il y a beaucoup d'enfants qui vivent ici, je trouve ça très bien. C'est à travers eux que vit le quartier de Kronsberg. À mon avis, les enfants sont le symbole le plus important de ce quartier.* »[4] (K-BM3).

Ces sons d'enfants, s'ils sont surtout concentrés à Kronsberg dans les terrains de jeux et près des écoles ou jardins d'enfants, se retrouvent également dans la rue à Vauban, ce qui accentue encore cette particularité : « *Il y a beaucoup d'enfants dans les rues.* » (V-PCS4), « *Beaucoup d'enfants dans chaque rue, jouant, courant* »

---

[1] Man hört überall die Kinderlachen, die Kinder, die spielen / Am lautesten sind immer die Kinder. Das ist wie so ein Meer, das permanent rauscht / Es gibt, glaube ich, in Deutschland, keinen anderen Ort, wo so viele Kinder wohnen / Hier gibt es ganz viele Kinder und Jugendliche, es gibt ein Viertel Erwachsene. Die meisten Familien haben zwei oder drei Kinder.
[2] Der Vermieter hat den Kinderlärm als Klausel in dem Mietvertrag aufgenommen.
[3] Hier ist es unglaublich freundlich : die Kinder, die schreien und weinen. Das freut mich, ich weiß, dass es noch Kinder gibt ! / Das ist lebendig, mit Kindern, die spielen.
[4] Ich glaube, das ist sehr typisch von Vauban, so viele Kinder / Hier leben viele Kinder. Das finde ich sehr schön. Dadurch lebt der Stadtteil Kronsberg. Kinder sind meiner Meinung nach das wichtigste Symbol dieses Stadtteils.

(V-E25), « *Contrairement à la plupart des quartiers à Fribourg, on entend les enfants dans la rue, car ils peuvent jouer là.* »[1] (V-PCS7).

Que ce soit à Kronsberg ou Vauban, c'est surtout quand il fait beau que se font entendre les enfants dehors, l'après-midi de manière générale et parfois à des heures plus tardives en été : « *En été, les enfants jouent longtemps dehors, parfois jusqu'à dix heures le soir.* » (V-E15), « *Là où j'habite, en été, dans le terrain de jeux, il y a rapidement vingt enfants, parfois vingt-cinq, et ils peuvent rester plus tard le soir, parfois jusqu'à vingt-trois heures.* » (K-PCS5), « *En été, c'est plus bruyant dans la rue, parce que les enfants jouent au foot, font des dessins sur la route, ils courent, ils crient.* »[2] (V-PCS10).

Mais dans certains cas, l'omniprésence des enfants, en tout lieu et parfois tard le soir, laisse percevoir quelques tensions, et parfois une certaine intolérance au bruit dans les deux quartiers, et plus particulièrement à Vauban où la densité et l'appropriation des espaces publics par les habitants sont très fortes : « *Il y a des jeux d'enfants qui peuvent être incroyablement stressants.* » (V-PCS1), « *Je me rends compte combien l'écho des enfants qui jouent est fort sur les maisons.* » (V-JS3), « *Ils ont tout fermé, ça ne l'était pas avant. Il y avait sûrement trop d'enfants et trop de bruit. C'est typiquement allemand, il faut bien le dire. C'était vraisemblablement trop bruyant pour eux.* » (K-PCM9), « *Mes voisins me disent qu'ils sont trop bruyants. Mais même si on les entend fort, c'est normal, c'est l'été.* »[3] (K-PCS5).

Cette forte présence d'enfants, surtout très jeunes, amène certains habitants à se poser des questions sur l'évolution de l'environnement sonore dans le quartier et des convictions « anti-voiture » des habitants : « *Je pense que quand tous les enfants qui*

---

[1] Viele Kinder sind in den Straßen / Viele Kinder in jeder Straße, beim Spielen, beim Rennen / Im Gegensatz zu den meisten Stadtteile in Freiburg hört man die Kinder mehr auf der Straße, weil sie da spielen dürfen.
[2] Die Kinder im Sommer spielen lange draußen, manchmal bis zehn Uhr abends / Wo ich wohne, im Sommer, gibt es schnelle zwanzig, manchmal fünf und zwanzig Kinder auf dem Spielplatz, und sie können später bleiben, manchmal bis drei und zwanzig Uhr / Im Sommer ist es lauter auf der Straße, weil die Kinder Fußball spielen, sie mahlen auf der Straße, sie rennen, sie schreien.
[3] Es gibt auch Kinderspiele, die unglaublig anstrengend sein können / Mir fällt auf wie laut der Wiederhall der spielenden Kinder zu den Haüsern ist / Sie haben alles geschlossen, das war vorher nicht so. Es gab sicher zu viel Kinder und Lärm. Das ist typisch deutsch, das muss man schon sagen. Das war wahrscheinlich zu lärmend für sie / Meine Nachbaren sagen mir, dass sie zu lärmend sind. Aber auch wenn man sie laut hört, das ist normal, es ist Sommer.

ont maintenant dix ou douze ans auront une mobylette, on en entendra forcément plus. Et alors, ceux qui ont une mobylette aujourd'hui auront une voiture. »[1] (V-PCS2).

1.2 Les marqueurs sonores propres à chacun des quartiers

Outre les marqueurs sonores communs aux deux quartiers, certains éléments sonores typiques des conditions climatiques, de la morphologie du quartier, de sa composition sociale et des pratiques sociales qui y ont lieu les ditinguent.

1.2.1 Les marqueurs sonores de Kronsberg : plutôt liés au paysage et aux grands espaces

Les marqueurs sonores du quartier de Hanovre laissent deviner un quartier plutôt calme, aux grands espaces extérieurs, avec un lien fort avec la nature et le paysage. Parmi ces marqueurs, certains sont très identitaires (ou identificatoires) et différencient selon les habitants leur quartier du reste de la ville : ce sont d'une part les moutons et les cerfs-volants qui font la fierté des habitants du quartier et attirent périodiquement les habitants de tout Hanovre ; et d'autre part les langues variées qui représentent la mixité culturelle exceptionnelle à Kronsberg.

1.2.1.1 Les marqueurs sonores de la naturalité : les moutons et le vent

Les moutons : un marqueur sonore éphémère mais fortement identitaire (annexe 20, piste 18)

Le passage des moutons deux fois dans l'année pour entretenir la prairie durant quelques jours est un événement visuel, sonore et olfactif qui égaye les habitants de tous les âges : « *Deux fois par an, le berger traverse la prairie avec ses moutons, c'est un événement dans le quartier. Tout le monde se réjouit.* » (K-PCM15), « *On entend les moutons qui viennent brouter l'herbe : c'est la campagne !* » (K-PCS2), « *En été, il y a des moutons qui viennent dans la prairie et on entend les clochettes des moutons !* »[2] (K-PCS5).

---

[1] Ich denke, wenn alle Kinder, die jetzt zehn oder zwölf sind, wenn sie ein Mofa haben werden, dann hört man das auch mehr. Und dann, die, die ein Mofa heute haben, werden ein Auto fahren.
[2] Zwei Mal pro Jahr geht der Schäfer über die Wiese mit seinen Schafen, das ist ein Ereignis im Wohngebiet. Jedermann freut sich / Man hört die Schafe, die das Gras

Bien qu'il s'agisse d'un événement court, il constitue un véritable marqueur sonore pour le quartier, très identitaire pour certains habitants : « *Il y a un berger qui vient chaque année avec ses moutons dans la prairie. Ça me fait penser à la Mer du Nord, il y a toujours des moutons là-bas. C'est pour ça qu'on a mis un faux mouton au-dessus de notre porte. Comme là-bas on a le cri des moutons. C'est une image apaisante.* »[1] (K-PCM16).

Figure 70. Le mouton, un marqueur sonore et visuel fort de Kronsberg (Geisler, 2010)

Le souffle permanent du vent (annexe 20, piste 9)

Le vent est omniprésent dans l'ensemble du quartier, dont les rues ont été dessinées de manière à former des couloirs à vent pour aérer le reste de la ville de Hanovre : « *Il y a toujours beaucoup de vent* [...] *Du vent, toujours du vent.* » (K-PCS4), « *On entend le vent dans tout le quartier, en particulier dans la prairie et dans les rues rectilignes.* » (K-PCS1), « *C'est parce qu'on est plus haut que le centre et à cause de la colline. Ça souffle tout le temps.* » (K-PCS6), « *Le vent passe toujours d'est en ouest ou d'ouest en est, et les constructions ont été faites pour qu'il puisse passer et aérer la ville : c'est pour ça que les rues sont larges.* »[2] (K-PCS7).

---

weiden : das ist das Land ! / Im Sommer gibt's Schafe, die auf die Wiese kommen und man hört die Schafglökchen.

[1] Es gibt einen Schäfer, der jedes Jahr mit seinen Schafen auf die Wiese kommt. Das lässt mich an die Nordsee denken, es gibt immer Schafe dort. Deshalb haben wir ein künstliches Schaf über unsere Tür gestellt. Wie dort hat man die Schreie von den Schafen. Das ist ein beruhigendes Bild.

[2] Es gibt immer viel Wind [...] Wind, immer Wind / Man hört den Wind im ganzen Stadtteil, besonders auf der Wiese und in den geraden Straßen / Das ist, weil man

Il peut avoir un effet de masque, c'est-à-dire dissimuler certains sons, mais aussi en révéler, comme celui de l'autoroute située à plusieurs kilomètres à l'est : « *Quand il y a du vent, on n'entend plus rien.* » (K-PCS2), « *Le vent porte les bruits, selon sa direction.* »[1] (K-PCS7). Il peut être entendu pour lui même ou par son action sur un objet : « *Le bruit du vent, il y en a toujours ici.* » (K-PCS6), « *Il y a du vent, j'entends le mouvement des branches d'un arbre.* »[2] (K-JS2).

1.2.1.2 Les marqueurs sonores de la sociabilité : les langues variées, les cerfs-volants et les cloches de l'église

Des langues variées : la richesse de Kronsberg

Le nouveau quartier de Hanovre compte près de 26 nationalités différentes, ce qui d'après les habitants est une richesse, notamment sonore : « *On connaît beaucoup de gens qui viennent de pays différents : Lithuanie, Irak, Pologne, Ukraine, nous on vient de Russie, et nous avons bien sûr des voisins allemands. J'ai une amie qui vient d'Argentine, une autre de Croatie. C'est sympa d'entendre parler plusieurs langues et de connaître quelques mots dans chaque langue.* » (K-PCM8), « *Un brouhaha de voix : il y a une vingtaine de nationalités différentes, 90 % d'enfants étrangers qui jouent.* » (K-PCS1), « *Être en contact avec tant de cultures différentes est une aubaine pour ma fille. Apprendre des langues, c'est toujours bien.* » (K-PCM9), « *Nous sommes Russes, les langues participent aussi aux sons du quartier !* »[3] (K-PCS2).

Cette pluralité des langues est accentuée lors des congrès et salons organisés régulièrement sur le site de la Foire Expo : « *Quand il y a une foire ou un salon, Hanovre prend vie. Quand on prend le tramway à Kronsberg, on se sent dans une ville internationale ! On*

---

höher als das Zentrum ist, und wegen des Hügels. Es bläst die ganze Zeit / Der Wind geht immer von Osten nach Westen, und von Westen nach Osten, und die Gebäude sind gemacht worden, damit er die Stadt lüften kann : deshalb sind eben die Straßen breit.
[1] Wenn der Wind bläst, hört man nichts mehr / Der Wind bringt die Geräusche, je nach seiner Richtung.
[2] Das Geräusch des Windes, es gibt's immer hier / Es gibt Wind, ich höre die Bewegung der Zweige eines Baumes.
[3] Wir kennen viele Leute, die aus unterschiedlichen Ländern kommen: Litauen, Irak, Polen, Ukraine, wir kommen aus Russland und wir haben selbstverständlich deutsche Nachbarn. Ich habe eine Freundin, die aus Argentinien, eine andere, die aus Kroatien kommt. Das ist schön, mehrere Sprachen zu hören und einige Wörter in jeder Sprache zu kennen / Ein Stimmengeräusch : es gibt ca. 20 unterschiedliche Nationalitäten, 90 % fremde Kinder, die spielen / In Verbindung mit so vielen unterschiedlichen Kulturen zu sein, ist eine Chance für meine Tochter. Sprachen zu lernen, das ist immer wichtig / Wir sind Russen, die Sprachen nehmen auch an den Klängen des Stadtteils teil !

entend toutes sortes de langues, il y a beaucoup d'hommes en costumes. Je trouve ça super ! »[1] (K-PCM10)

Les cerfs-volants ou l'attraction l'échelle de Hanovre
Le quartier de Kronsberg étant particulièrement exposé au vent et offrant une vaste prairie à l'est, il accueille les fins d'après-midi et les week-ends des personnes qui pratiquent le cerf-volant, venant de toute la ville : *« Il y a des gens qui viennent faire du cerf-volant et certains se laissent porter à travers le champ à l'aide d'une sorte de parachute. »* (K-PCM10), *« Quand il y a du vent, il y a beaucoup de cerfs-volants. Tout Hanovre se rencontre ici. »* (K-PCM11), *« Le son des cerfs-volants dans la prairie. »[2]* (K-BM2).

Cette pratique donne même lieu à des événements particuliers : *« Il y a chaque année dans la prairie une fête du cerf-volant avec plein de participants. »* (K-PCM12), *« En été, il y a une grande fête avec des cerfs-volants, des milliers. Il y a beaucoup d'ambiance et de bruit. »[3]* (K-PS2). Le cerf-volant, qui n'est pas forcément pratiqué par les habitants de Kronsberg est toutefois pour eux un marqueur visuel et sonore fort du quartier.

Figure 71. Les cerfs-volants dans la prairie, une attraction à l'échelle de la ville (Geisler, 2009)

[1] Wenn es eine Messe oder eine Austellung gibt, belebt sich Hannover. Wenn man die Straßenbahn in Kronsberg nimmt, fühlt man sich in einer internationalen Stadt ! Man hört jede Sprache, es gibt viele Männer mit Anzügen. Das finde ich klasse !
[2] Leute kommen, um Drachen steigen zu lassen, und manche lassen sich durch das Feld mit Hilfe einer Art von Fallschirm tragen / Wenn es Wind gibt, sind viele Drachen da. Ganz Hannover trifft sich da / Das Geräusch der Drachen auf der Wiese.
[3] Jedes Jahr gibt es ein Drachenfest auf der Wiese mit vielen Teilnehmern / Im Sommer gibt es ein großes Fest mit Drachen, Tausenden. Es gibt eine tolle Stimmung und viel Lärm.

Les cloches de l'église : un repère sonore quotidien (annexe 20, piste 12)

Si seulement certains habitants de Kronsberg fréquentent l'église régulièrement, ses cloches sont un marqueur sonore très présent pour tous les habitants du quartier : *« Tous les jours à 18h00, on entend les cloches de l'église. »* (K-PCM12), *« Les cloches ne sonnent qu'une fois par jour à 18h00, puis le dimanche et pour annoncer la messe. »*[1] (K-PCS1).

Figure 72. Les cloches de l'église de Kronsberg, une horloge sonore (Geisler, 2010)

Non seulement elles sont appréciées pour leur sonorité, mais aussi pour leur côté pratique et fonctionnel : *« Ah, les cloches aussi on les entend très bien. J'habite juste à côté des cloches et à 18h00 elles sonnent merveilleusement bien ! »* (K-PCS4), *« Les cloches sonnent tous les jours à 18h00, ça donne l'heure. »*[2] (K-PCS6).

---

[1] Jeden Tag um 18:00 Uhr hört man die Glocken der Kirche / Die Glocken klingen nur einmal täglich um 18:00 Uhr, dann am Sonntag und um die Messe anzusagen.
[2] Ah, die Glocken, man hört auch die sehr gut. Ich wohne genau neben den Glocken und um 18:00 Uhr klingen die wirklich schön! / Die Glocken klingen jeden Tag um 18:00 Uhr, das gibt die Uhrzeit an.

1.2.1.3 Le marqueur sonore de la mobilité : l'autoroute
(annexe 20, pistes 7 et 8)

L'autoroute est un marqueur sonore cité par pratiquement tous les habitants interrogés, marqueur qui varie en fonction de la météo (notamment du vent) et l'heure de la journée ou de la nuit : « *Le bruit de l'autoroute au loin : elle est à deux-trois kilomètres.* » (K-PCS1), « *On n'entend pas vraiment l'autoroute la journée. Mais la nuit, si on ouvre la fenêtre, on entend ce grondement continu.* » (K-PCS2), « *On entend un peu l'autoroute mais c'est faible. Ça dépend du sens du vent. Chez nous, à la maison, on n'entend absolument pas l'autoroute.* »[1] (K-PCM10).

Que certains affirment ne pas être gênés par ce bruit continu, ou pour une majorité assurent l'être, on comprend rapidement que c'est un marqueur sonore qui prête à débat et n'est pas particulièrement apprécié, surtout en été où on est plus souvent dehors : « *Parfois, les gens disent qu'ils entendent l'autoroute, mais moi je ne l'entends pas, ça ne me dérange pas.* » (K-PCS4), « *Ce qui me dérange, c'est l'autoroute. Si elle n'était pas là, ce serait idéal.* » (K-PCM13), « *Quand il y a du vent qui vient de l'est, c'est aussi très bruyant en été, parce qu'on entend l'autoroute. Et c'est parfois très fort.* » (K-PCM15), « *Quelque part en arrière-plan, j'entends un bourdonnement, un bruit constant, je crois que ce sont les bruits qui viennent de l'autoroute [...] Ce bruit me gêne, c'est fort désagréable, ça m'enveloppe.* »[2] (K-BM3).

1.2.2 Les marqueurs sonores de Vauban : plutôt attachés aux « gens » et à l'ambiance

Les marqueurs sonores de Vauban décrivent un quartier très animé où la présence humaine et animale est très forte dans les espaces extérieurs, particulièrement en été : outre les enfants, les gens de manière générale dans les espaces publics et les animaux

---

[1] Der Autobahnlärm fernhin: die ist zwei-drei Kilometer weit / Man hört nicht wirklich die Autobahn am Tag. Aber die Nacht, wenn man das Fenster öffnet hört man dieses gleichmässige Brausen / Man hört die Autobahn ein wenig aber das ist schwach. Das hängt von der Windrichtung ab. Bei uns zu Hause hört man die Autobahn überhaupt nicht.

[2] Manchmal sagen die Leute, dass sie die Autobahn hören, aber ich höre die nicht, das stört mich nicht / Was mich stört ist die Autobahn. Wenn die nicht da wäre, wäre es ideal / Wenn es Wind gibt, der von Osten kommt, ist es im Sommer auch sehr lärmend, weil man die Autobahn hört. Und das ist manchmal sehr laut / Irgendwo im Hintergrund höre ich ein Brummen, einen beständigen Lärm, ich glaube, dass es eben der Lärm ist, der von der Autobahn kommt [...] Dieser Lärm stört mich, das ist sehr unangenehm, das wickelt mich ein.

domestiques participent fortement au paysage sonore du quartier. Parmi les marqueurs sonores, certains laissent poindre un sentiment d'appartenance à une communauté à travers l'attachement à des valeurs et des modes de vie communs : l'absence de voitures, les vélos, les animaux ou encore la musique.

1.2.2.1 Le marqueur sonore de la naturalité : les animaux domestiques (annexe 21, piste 3)

Une particularité sonore de Vauban est la présence importante d'animaux domestiques. Ils sont concentrés pour la plupart dans l'*Abenteuerplatz* (Parc aventures) situé à l'extérieur des limites administratives du quartier, au sud, le long du ruisseau, mais considéré comme faisant entièrement partie du quartier : on y trouve des chevaux, des chèvres, des moutons et des poules. Les cris d'animaux rythment la vie sonore du quartier et font la joie des enfants, mais aussi des promeneurs, qui s'inquiètent parfois de ne plus entendre tel ou tel animal : *« Ici un coq chante de temps à autre. Les chevaux hennissent. Et ici, les chèvres, les chèvres qui bêlent. »* (V-PCS3), *« Ici c'est le Parc aventures pour les enfants. Parfois on entend le coq, les chevaux, les chèvres. »*[1] (V-PCS9).

D'autres endroits dans le quartier ont été appropriés par des habitants, comme un poulailler monté de toute pièce sur l'espace public, où les enfants peuvent aller librement chercher des œufs frais. Même si l'idée est bonne selon cette habitante, cette appropriation spatiale et sonore de l'espace public n'est pas forcément au goût de tous : *« Ici, un homme a construit un enclos et mis des poules. […] On peut y chercher soi-même des œufs frais. J'aimerais qu'il y ait également un coq, mais je pense que les gens ne seront pas tous d'accord si l'animal chante. »*[2] (V-PCS6).

1.2.2.2 Les marqueurs sonores de la mobilité : le train, les vélos et l'absence de voitures

Le train, un marqueur sonore déprécié (annexe 21, piste 2)

Vauban est longé à l'ouest par la voie de chemin de fer Fribourg-Bâle, il n'y a donc rien de surprenant au fait que le train soit un

---

[1] Da kräht ab und zu ein Hahn. Die Pferde wiehern. Und hier die Ziegen, die meckernden Ziegen / Hier ist der Abenteuerplatz für die Kinder. Manchmal hört man den Hahn, die Pferde, die Ziegen.

[2] Da hat ein Mensch ein Stückchen Land und er hat Hühner […] Da gibt's frische Eier, die man selber sucht. Und ich wünsche mir, er hätte noch einen Hahn dabei, aber ich denke nur, dass alle Leute nicht damit einverstanden sind, wenn das Tier kräht.

marqueur sonore important du quartier. Le passage régulier de trains, et plus particulièrement de trains de marchandises la nuit, en fait le marqueur sonore le moins apprécié des habitants, surtout en été, au moment où les fenêtres des logements restent ouvertes : « *On entend de temps à autre le train. Et ça souffle toujours comme ça : « rchhh ». Ce n'est pas un beau bruit.* » (V-PCS1), « *C'est maintenant la voie ferrée qu'on entend. Là on l'entend moyennement. Ça dépend, si c'est un train de voyageurs, ou si ce sont des trains de marchandises. La nuit, il y a beaucoup plus régulièrement des trains de marchandises, et ils sont plutôt plus bruyants. [...] J'étais habituée à dormir la fenêtre ouverte, mais ce n'est pas possible.* »[1] (V-PCS5).

Il dérange essentiellement les habitants qui habitent à l'ouest du quartier, mais aussi les promeneurs le long du ruisseau, où le calme apparent rend plus présent le passage des trains. Les bâtiments qui longent la voie ferrée ont été construits comme une barre anti-bruit et accueillent essentiellement des logements étudiants et des appartements moins chers : « *Je ne comprends pas les gens. Dépenser tant d'argent pour construire un appartement et avoir autant de bruit. Ils sont tout au bord de la voie.* »[2] (V-PCS3).

Les vélos, un marqueur sonore représentatif des circulations douces

Les habitants à Vauban se déplacent beaucoup à vélo, à l'intérieur même du quartier, pour aller faire des courses ou emmener les enfants aux parcs avec une remorque, ou vers l'extérieur pour aller travailler par exemple. D'un point de vue sonore, ils sont très présents dans tout le quartier, et plus particulièrement sur la piste cyclable et Vaubanallee : « *Des vélos, des crissements, des sonnettes, on entend souvent ça à Vauban.* » (V-PCS1), « *Ah, on entend aussi des vélos.* » (V-PCS4), « *Oui, et aussi les vélos… On les remarque quand il n'y a pas trop de voitures qui circulent.* »[3] (V-PCS8).

---

[1] Den Zug hört man ab und zu. Und das… « rschhh », rauscht immer so. Das ist kein so schönes Geräusch / Das ist jetzt die Eisenbahn, die man hört. Es hört sich jetzt recht milde an. Es ist halt verschieden, je nachdem ob es ein IC ist oder ob es Güterzüge sind. Nachts fahren die häufig, sehr viele Güterzüge, und die sind wesentlich lauter [...] Ich war gewohnt beim offenen Fenster zu schlafen, aber das ist nicht möglich.

[2] Ich verstehe nicht die Leute, die dort leben. So viel Geld, um eine Wohnung zu bauen und so viel Lärm haben. Sie sind direkt am Rand der Linien.

[3] Fahrräder, Knirschen, Klingeln, das hört man auch oft / Ah, Fahrräder hört man auch / Ja, und auch die Fahrräder… Man bemerkt die, wenn nicht so viel Autos fahren.

Ce marqueur sonore semble être très apprécié par les habitants de Vauban, car assez représentatif d'un mode de vie basé sur leur volonté de développer les circulations douces, au détriment de la voiture.

« Pas de voitures », un marqueur sonore par l'absence

Il est d'ailleurs intéressant de souligner ce marqueur sonore, qui est en fait un marqueur par absence de son. En effet, beaucoup d'habitants de Vauban déterminent la qualité sonore du quartier par l'absence de bruits de véhicules motorisés et sont assez fiers de ce constat : *« Je trouve que les voitures roulent plus lentement dans les rues et plus tranquillement que dans d'autres quartiers. Et je trouve ça bien sûr positif. Il y a vraiment peu de voitures ici. Malgré le fait que plus de 5000 personnes vivent ici, il y a moins de trafic que dans d'autres quartiers qui accueillent 5000 habitants. »* (V-PCS2), *« Il y a ici beaucoup de gens qui renoncent à la voiture. »* (V-PCS5), *« C'est tout de même bruyant, mais pas bruyant à cause des voitures ! »*[1] (V-PCS8).

1.2.2.3 Les marqueurs sonores de la sociabilité : les gens, les tondeuses et la musique

Les gens ou la vie dans la rue (annexe 21, pistes 7 et 12)

À Vauban, la présence humaine dans les espaces extérieurs, et plus particulièrement en été et le soir, participe beaucoup au paysage sonore du quartier : *« Des gens, qui sont en groupes et discutent. »* (V-PCS5), *« Ici sont assis partout des parents avec leurs enfants. »* (V-PCS6), *« Le soir, on entend un brouhaha de voix, des rires, et parfois des chansons. »* (V-PCS5), *« Des discussions entre des personnes »* (V-JS5), *« Ici, c'est aussi comme ça le matin, c'est assez typique : les gens qui papotent. »*[2] (V-PCS4).

---

[1] Ich finde, dass die Autos hier in den Wohnstraßen schon langsamer sind und eben ruhiger fahren als in anderen Wohngebieten. Und das finde ich natürlich positiv. Es gibt recht wenig Autos hier. Obwohl hier über 5000 Leute wohnen, ist eben viel weniger Verkehr als in anderen Wohngebieten, wo 5000 Leute wohnen / Da wohnen viele Menschen, die auf's Auto verzichten / Es ist trotzdem laut aber nicht laut von den Autos !

[2] Menschen, die in Gruppen zusammen stehen und sich unterhalten / Hier sitzen überall Eltern mit ihren Kindern / Abends hört man Stimmengewirr und Lachen, mal Singen / Menschliche Unterhaltungen / Hier ist es eben so der Vormittag, es ist schon typisch : Leute, die quatschen.

Cette présence humaine est perçue de manière générale plutôt positivement, puisqu'elle participe à l'animation du quartier : « *Parfois, j'aime entendre la vie, c'est-à-dire comment sont les gens autour de moi.* »[1] (V-PCS2). Elle est aussi représentative de la bonne entente entre voisins à Vauban : « *Les gens sont assis dehors et font la fête dans la verdure.* » *(V-PCS3)*, « *Les gens se saluent.* » (V-E11), « *Si vous allez dans les magasins, vous reconnaissez plusieurs personnes. Et alors, on aime bien bavarder, et ça, ça n'existe pas dans d'autres quartiers, pratiquement pas.* »[2] (V-PCS6).

Ces rumeurs et discussions sont réparties dans tout le quartier, mais se concentrent à certains endroits comme les parcs ou la place du marché où se trouve le restaurant Süden et sont assez représentatives de la « vie dehors » à Vauban : « *Et ici aussi beaucoup de gens sont assis dehors quand il fait beau, le soir pour boire un verre de vin.* » (V-PCS6), « *Sur la place du marché, on entend des gens qui sont assis sur la terrasse du Süden.* »[3] (V-PCS9).

Pour les habitants, cette présence sonore humaine est agréable et due à ces lieux de rencontre qui n'attirent pas que les gens résidant dans le quartier, mais aussi à l'absence de voitures : « *On entend les gens parce qu'il n'y a pas de voitures.* »[4] (V-E7). Cette absence de voitures ne participe pas seulement de manière directe à cette présence humaine quasi-constante dans le quartier, mais aussi de manière indirecte : les habitants de Vauban qui n'ont pas de voitures ne désertent pas forcément leur quartier pendant les week-ends et les vacances, mais restent sur place. On peut supposer aussi que cette présence humaine est le résultat d'une mixité fonctionnelle forte. En effet, à Vauban, on dort, mais on vient manger depuis d'autres quartiers de la ville, on travaille, on se promène. Ce qui est moins le cas à Kronsberg.

---

[1] Manchmal habe ich gerne, dass ich das Leben höre, also wie die Menschen auch in meiner Nähe sind.

[2] Die Menschen sitzen draußen und feiern im Grünen / Die Menschen grüßen sich / Also, wenn Sie in den Laden kommen, erkennen Sie mehrere Leute hier. Und man hält gern Schwäzchen, und das gibt es nicht in anderen Stadtteilen fast gar nicht.

[3] Und hier wird viel auch draußen gesessen bei gutem Wetter und abends ein Glas Wein getrunken / Auf dem Marktplatz hört man die Menschen, die da sitzen, auf der Terrasse des Süden.

[4] Man hört die Menschen, weil es kein Auto gibt.

Les tondeuses : l'entretien du jardin le week-end (annexe 21, piste 19)

L'un des marqueurs sonores propre au quartier Vauban et révélateur de pratiques jardinières au sein du quartier est la tondeuse à gazon : « *Et ce qu'on entend souvent aussi : la tondeuse à gazon ! »[1]* (V-PVS1). Généralement très présent à la campagne où les maisons individuelles sont encadrées de jardins à entretenir, ce marqueur sonore est peu fréquent dans un quartier urbain aussi dense. Et la particularité de Vauban est qu'il s'agit en grande partie de tondeuses mécaniques, à la fois écologiques et économiques : « *Maintenant j'entends une tondeuse à gazon, mais ce n'est pas une tondeuse électrique, c'est fait à la main. [...] Les jardins sont si petits que ça ne vaut pas la peine d'en acheter une à moteur. Et il y a une initiative de plusieurs voisins qui ont acheté ensemble une tondeuse électrique.* » (V-PCS2), « *On entend aussi des tondeuses à gazon manuelles, ils n'aiment pas les moteurs électriques ou bruyants.* »[2] (V-PCS1). Et c'est particulièrement le samedi qu'on les entend, le jour du jardinage, d'un bout à l'autre du quartier : « *Le samedi, beaucoup de tondeuses à gazon, puis encore le dimanche. Mais le plus souvent, c'est le samedi qui est dédié aux travaux manuels : on s'occupe du jardin.* » (V-PCS2), « *Et ce qui est intéressant à propos de cette tondeuse à gazon qui a été achetée par plusieurs personnes, c'est qu'elle circule évidemment toujours d'une endroit à un autre. La tondeuse va de la maison n°1 à la maison n°2, puis à la maison n°3... »[3]* (V-PCS2).

Et bien sûr, bien que ce marqueur sonore soit hebdomadaire et saisonnier, il peut s'avérer désagréable pour ceux qui n'ont pas de jardin : « *Ce qu'on entend beaucoup pour le moment c'est les tondeuses. Ahhh ! Elles commencent déjà très tôt le matin, ou le*

---

[1] Und was man auch oft hört, den Rasenmäher !

[2] Jetzt höre ich einen Rasenmäher, aber es ist kein Motormäher, das ist mit der Hand gemacht [...] Die Gärten sind so klein, dass es sich nicht lohnt, einen Motormäher zu kaufen. Und es gibt auch eine Initiative, da haben sich mehrere Nachbarn zusammen einen Motormäher gekauft / Man hört auch Handrasenmäher, sie mögen keinen elektrischen oder lauten Motor.

[3] Am Samstag, viele Rasenmäher, nochmal am Sonntag. Aber meistens am Samstag ist so richtig Handwerk angesagt : man macht den Garten / Und das Interessante bei diesem Rasenmäher, der von mehreren Leuten zusammen gekauft worden ist, das ist, dass der natürlich dann immer von einer zu anderen Stelle wandert. Der Rasenmäher fährt von Haus Nr1 zu Haus Nr2, und dann Haus Nr3...

dimanche, quand j'aime avoir un peu de calme, car je me dis : oh, le seul jour où c'est calme ! »[1] (V-PCS3).

Malgré tout, les habitants qui le citent semblent en parler comme d'un élément sonore marquant du quartier et de ses usages.

La musique : une discipline développée dans le quartier (annexe 21, pistes 7 et 13)

La musique est omniprésente à Vauban qui compte beaucoup de musiciens : *« Il y a vraiment beaucoup de musique à Vauban, enfin… naturellement quand on ouvre la fenêtre, on entend beaucoup de musique. Il y a aussi beaucoup de manifestations avec de la musique. »[2]* (V-PCS3).

Figure 73. L'omniprésence de l'activité musicale à Vauban

Source : D'Erm, 2009, p. 95 (Photo : P. Lazic)

On la retrouve dans l'espace public : *« Les gens peuvent se rencontrer et faire de la musique »[3]* (V-PCS1). Elle peut aussi s'échapper de la fenêtre d'un appartement ou d'une infrastructure où on apprend la musique : *« Là quelqu'un joue du piano ! J'entends cela souvent aussi là où j'habite, des gens qui font de la musique. En été comme maintenant, quand la fenêtre est ouverte, on en entend davantage. »* (V-PCS8), *« Ça a été très bien accepté,*

---

[1] Was man im Moment viel hört ist Rasenmäher ! Ahhh ! Die gehen am Morgen ganz früh schon, oder Sonntag, wenn ich gern ein bisschen Ruhe habe, weil ich denke : oh, der einzige Tag, wo es Ruhe gibt !

[2] Es gibt überhaupt viel Musik in Vauban, also… natürlich wenn man das Fenster öffnet, hört man viel Musik. Es gibt auch viele Veranstaltungen, die Musik machen.

[3] Die Leute können sich treffen und Musik machen.

cette maison avec le centre pour les jeunes. Le soir, on peut aussi entendre de la musique en sortir. » (V-PCS3), « *En été quand les fenêtres sont ouvertes, on entend de la musique qui vient des appartements : du piano, de la trompette, du tambour, du violon, de la clarinette, etc.* »[1] (V-PCS5).

Plutôt que d'être réduits à des données acoustiques, les marqueurs sonores apportent des informations sur les pratiques sociales liées à l'ambiance telle qu'elle est définie par les habitants et aux espaces naturels et aménagés liés au paysage tel qu'ils le définissent. Ils constituent des éléments de conception intéressants puisqu'ils sont généralement localisables, soit liés à l'ensemble du quartier, soit à des lieux spécifiques du quartier. Ils sont également liés à une temporalité, celle de la journée, de la semaine ou des saisons, qui doit être prise en compte dans l'aménagement urbain.

Certains marqueurs sonores deviennent identitaires, comme les moutons à Kronsberg ou l'absence de voitures à Vauban. Ces marqueurs sonores participent à une fierté collective, à un sentiment identitaire vis-à-vis de l'aménagement ou d'appartenance à une communauté pour la majeure partie des habitants. Ces marqueurs sonores dans lesquels les habitants se reconnaissent doivent donc être conservés et mis en valeur puisqu'ils participent à la qualité sonore du quartier et à sa différenciation d'autres quartiers.

C'est ce dernier point qui est soulevé par l'apparition de marqueurs sonores communs à Kronsberg et Vauban, résultats d'objectifs communs aux projets de quartiers durables : les enfants (attirer des familles jeunes), le tramway (développer les transports en commun), l'eau (généraliser les traitements de l'eau à ciel ouvert). Ces marqueurs sonores communs posent la question de l'éventuelle normalisation sonore des quartiers durables, alors que le discours autour de ces derniers défend plutôt la valorisation des spécificités locales. Est-il possible de travailler sur les spécificités locales, notamment sonores, en utilisant des références et des « recettes de fabrication » communes ? Bien que Kronsberg et Vauban aient été parmi les premiers quartiers durables construits en Europe et qu'ils

---

[1] Da spielt jemand Klavier ! Das höre ich auch oft, wo ich wohne, Leute, die Musik machen. Auch jetzt im Sommer, wenn das Fenster geöffnet ist, hört man viel mehr / Es wurde gut angenommen, diese Haus mit Jugendzentrum. Am Abend kann man auch Musik raus hören / Im Sommer bei offenem Fenster hört man Musik aus den Wohnungen von Klavier, Trompete, Trommeln, Geige, Klarinette, und so weiter.

aient été conçus à la même époque, ils présentent déjà des marqueurs sonores communs. Qu'en sera-t-il des nombreux quartiers durables réalisés notamment en France, se référant tous aux modèles dont Kronsberg et Vauban font partie ?

Tableau 21. Classement et appréciation des marqueurs sonores de Kronsberg et Vauban (Geisler, 2011)

	Kronsberg		Vauban
NATURALITÉ	Vent Moutons	Oiseaux Eau	Animaux
MOBILITÉ	Autoroute	Tramway	Train Pas de voitures Vélos
SOCIABILITÉ	Cloches de l'église Cerfs-volants Différentes langues	Enfants	Les gens Tondeuses Musique

Très apprécié   Plutôt apprécié   Plutôt déprécié   Très déprécié

<u>Marqueurs sonores à l'origine de sentiments identitaires ou d'appartenance</u>

2. Le calme et le vivant, des indicateurs de qualité sonore

Au-delà des marqueurs sonores, les habitants de Kronsberg et Vauban qualifient les paysages sonores de leurs quartiers et les différents lieux qui les composent à l'aide de deux qualificatifs omniprésents dans les discours : le « calme » et le « vivant ». La notion de calme a déjà fait l'objet de recherches, notamment à travers les travaux sur l'élaboration des zones calmes (partie 1, chapitre 1, *1.2.2*). Mais au-delà de l'opposition classique calme (agréable) / bruit (désagréable), les deux notions « calme » et « vivant », d'apparence contradictoire, peuvent se rapprocher et prendre toutes deux des valeurs à la fois positive et négative dans la qualification sonore de quartiers. On peut ainsi distinguer une échelle de qualité sonore basée sur quatre indicateurs définis à partir des termes utilisés par les habitants :

* le calme positif, proche du ressourcement et de la tranquillité, fortement lié à la nature et à des lieux de retraite ;
* le calme négatif ou excès de calme, proche du silence, lié au vide spatial et à l'absence humaine, facteur d'ennui ou d'angoisse ;
* le vivant positif, signe d'animation, lié à la présence humaine, aux relations sociales et à la convivialité ;
* et le vivant négatif ou excès d'agitation, lié à la saturation sonore et facteur de stress.

Le paysage sonore idéal selon les habitants de Kronsberg et Vauban se situe entre le calme positif et le vivant positif, regroupant à la fois les bruits de la nature ou de la campagne et ceux de la ville : « *Ce qui nous paraît clair encore une fois, c'est que nous avons les deux : les bruits de la ville (le tramway, le grondement de l'autoroute) et de la campagne (les oiseaux, les enfants, plutôt calme).* »[1] (K-PCM12).

2.1 Définition des indicateurs sonores « calme » et « vivant »

Les indicateurs de qualité sonore que sont le calme positif, le calme négatif, le vivant positif et le vivant négatif, sont attachés à des perceptions, mais aussi des représentations et des pratiques sociales qui ne sont pas uniquement sonores. Ces indicateurs peuvent servir à qualifier le paysage sonore global d'un quartier,

---

[1] Insgesamt ist uns doch noch einmal sehr deutlich geworden, dass wir beides haben: Geräusche der Stadt (Stadtbahn, Rauschen der Autobahn) und des Landes (Vögel, Kinder, eher ruhig).

mais aussi des lieux particuliers dans ce dernier. Par lieux[1] nous entendons des entités spatiales plus ou moins clairement délimitées, mais représentées et nommées par les habitants au cours des enquêtes en tant que partie du quartier, avec une fonction, des pratiques et des qualités sonores spécifiques. À chacun de ces indicateurs peuvent correspondre des marqueurs sonores significatifs. Ces indicateurs permettent notamment d'évaluer la correspondance entre la fonction de l'espace et ses caractéristiques sonores, qui sont déterminantes dans la représentation et la pratique que peut en avoir un individu.

2.1.1 Le calme, une notion multisensorielle, liée à la tranquillité comme au vide

Généralement, on définit le calme de deux manières (TLF) : il peut s'agir (1) de la tranquillité des éléments, de leur immobilité, ou (2) de l'absence d'agitation, de bruit. C'est cette deuxième définition qui est utilisée dans la Directive européenne sur le bruit de 2002, négligeant la dimension multisensorielle du calme (Faburel et Gourlot, 2008) et sa dimension négative, car l'excès de calme peut aussi être facteur d'ennui, voire d'angoisse. C'est ce que l'on apprend à travers les discours des habitants de Kronsberg et Vauban.

2.1.1.1 Le calme positif, lié à la nature et au repos

Certains travaux, comme ceux de Murray Schafer, ont montré les bienfaits du calme pour l'homme : « Il était un temps où le calme constituait un article précieux dans un code non écrit des droits de l'homme. » (Schafer, 1979, p. 347). La notion de calme est le plus généralement entendue comme positive et liée à l'absence de bruits. On peut lui trouver comme synonyme la tranquillité, et l'assimiler à l'apaisement, l'harmonie, la sérénité ou encore le repos.

Les deux quartiers, Kronsberg et Vauban, sont considérés par les personnes interrogées comme plus calmes que d'autres quartiers des villes de Hanovre et Fribourg ou que des quartiers qu'ils ont habités auparavant (K-E14, K-PCS1, K-PCM11, V-E21, V-PCS9). Ce calme positif est selon ces personnes lié à l'absence de bruits typiques de la ville : « On n'a pas le sentiment d'être en ville. » (K-PCM8), « Ce n'est pas aussi fébrile qu'en ville ici. » (K-PCM11), « Calme, pas de stress comme en ville. » (V-E4), « Pas tellement de

---

[1] Pour plus de détails sur la définition du lieu, voir la troisième partie de ce chapitre.

bruits urbains. »[1] (V-PCS6) ; et plus particulièrement de bruits liés aux transports motorisés : « *C'est plus calme que dans les autres quartiers parce qu'il n'est pas traversant.* » (K-PCS7), « *Avant, j'ai habité au centre-ville, ici c'est plus calme, il y a moins de voitures.* » (K-PCS6), « *C'est très différent, pas de bruit de voitures.* »[2] (V-PCS3).

Le calme positif est fortement lié à la nature et à des éléments visuels et sonores naturels comme le vent, l'eau, les arbres et les chants d'oiseaux : « *C'est calme avec la nature, il y a beaucoup d'arbres.* » (V-E4), « *Bien qu'on ait tout, comme je l'ai dit, le tramway, l'accès à l'autoroute, on entend peu le trafic automobile ici... c'est... parce qu'on est tout de suite dans le vert ici.* »[3] (K-PCM10).

Il définit souvent des lieux de retraite et de ressourcement considérés comme naturels dans et hors du quartier, qui sont en rupture avec l'agitation de la ville qui les entoure, facilement accessibles et permettent de mieux accepter la vie urbaine et ses bruits : « *On a accès très vite à une zone de nature où on peut trouver le calme quand on en a besoin.* » (K-PCM9), « *Mais c'est bien, on peut directement monter au Schönberg et alors c'est très calme. On entend un peu la ville en arrière-plan. Mais on peut vraiment avoir le calme en ces lieux de retraite.* » (V-PCS4), « *On est très rapidement dehors, comme ça dans la nature, le long du ruisseau ou dans la montagne.* » (V-PCS3), « *La possibilité d'échapper rapidement au bruit.* » (V-PCS6), « *Je trouve toujours ça apaisant et agréable, qu'on ait ce lieu de détente de proximité, directement à côté des maisons d'habitation.* »[4] (V-PCS2).

---

[1] Man hat nicht das Gefühl in der Stadt zu sein / Es ist hier nicht so hektisch wie in der Stadt / Ruhig, kein Stress wie in der Stadt / Nicht so viel städtische Geräusche.
[2] Es ist ruhiger als in anderen Wohngebieten, weil es keine Durchfahrt gibt / Vorher habe ich in der Innenstadt gewohnt, hier ist es ruhiger, es gibt weniger Autos / Das ist ganz anders, kein Autolärm.
[3] Es ist ruhig mit der Natur, es sind viele Baüme / Obwohl wir alles hier haben, wie ich gesagt habe, die Straßenbahn, den Zugang zur Autobahn, man hört den Autoverkehr hier wenig... das ist... weil man hier sofort im Grünen ist.
[4] Man hat sehr schnell Zugang zu einer Naturzone, wo man die Ruhe finden kann, wenn man sie braucht / Aber das ist schön, man kann sofort auf den Schönberg hochlaufen und das ist dann recht ruhig. Man hört ein bisschen die Stadt im Hintergrund. Aber man kann wirklich die Ruhe haben an den Rückzugspunkten / Man ist ganz schnell raus, so in der Natur, den Bach entlang oder in den Berg / Die Möglichkeit schnell weg zu sein vom Lärm / Das finde ich immer beruhigend und angenehm, dass man direkt neben den Wohnhaüsern auch schon diese Naherholung hat.

Certains lieux de Kronsberg et Vauban sont particulièrement représentatifs du calme positif. Ce sont généralement des lieux que les habitants veulent conserver, des oasis, qui peuvent être refermés sur eux-mêmes, protecteurs, comme des cocons, ce qui est le cas par exemple du cloître de l'église à Kronsberg : « *Cet endroit, je le trouve très beau : avec l'eau qui coule, c'est toujours quelque chose d'apaisant. C'est toujours très calme ici, on n'entend rien de l'extérieur. Ça a été un peu construit comme un cloître, et c'est un point central, un point calme. Cet endroit me plaît beaucoup : le fait qu'il soit fermé, cette unité, ce calme, c'est bien.* » (K-PCM15), « *C'est construit comme un cloître. Le jardin intérieur s'appelle* « Paradis ». *C'est un endroit protégé pour se rassembler. Il y a là cette source.* » (K-PCM14), « *Cet endroit, au milieu, devrait être protégé. Le bruit de l'eau va nous accompagner encore un moment.* »[1] (K-PCS1).

Il peut aussi s'agir de lieux ouverts où le calme est lié au regard qui porte, à l'espace et à la mise à distance de la ville bruyante, comme sur le K118, la colline panoramique de Kronsberg : « *Le calme, l'étendue, la perspective.* »[2] (K-BM3), ou le Schönberg à Vauban.

Figure 74. « *Le calme, l'étendue, la perspective* » depuis la colline panoramique de Kronsberg (Geisler, 2010)

---

[1] Diesen Ort finde ich sehr schön : mit dem fließenden Wasser, es ist immer etwas Beruhigendes. Es ist überhaupt immer sehr ruhig hier, man hört nichts von draußen. Er wurde ein bisschen wie ein Kloster gebaut und es ist ein zentraler Ort, ein ruhiger Ort. Es gefällt mir sehr : die Tatsache, dass er geschlossen ist, diese Einheit, diese Ruhe, es ist schön / Es ist wie ein Kloster gebaut. Der Innengarten heißt « Paradies ». Es ist eine geschützer Versammlungsort. Da ist diese Quelle / Dieser Ort, in der Mitte, sollte geschützt werden. Das Rauschen des Wassers wird uns noch eine Weile begleiten.
[2] Die Ruhe, die Weite, der Ausblick.

Le calme positif est lié à des lieux, mais aussi à une temporalité, celle de la nature, lente, en opposition à la vie urbaine, rapide et stressante. Le calme correspond également à des périodes de la journée, de la semaine et de l'année, dépendant surtout dans les deux quartiers de la présence des enfants dans les espaces extérieurs et de l'évolution saisonnière de la nature : *« C'est plutôt calme dans les rues de Kronsberg, la plupart des gens sont encore au travail ou se reposent du repas de midi. Les enfants sont encore à l'école ou au jardin d'enfants. »* (K-BM3), *« Un jour comme aujourd'hui, où il n'y a pas beaucoup de soleil, c'est bien sûr plus calme, parce que la plupart des enfants ne vont pas dehors. C'est pourquoi c'est plus calme en hiver qu'en été. »* (V-PCS2), *« Ça reste donc plus calme en hiver et... naturellement, parce qu'il n'y a pas d'oiseaux, parce qu'il n'y a pas autant d'enfants dehors. »*[1] (V-PCS4).

Enfin, le calme positif est facteur de bien-être et représentatif d'un certain ordre, d'une harmonie : *« Le plus souvent, ce que j'apprécie ici, c'est le calme. Ce calme et le chant des oiseaux. Ça me calme, m'apaise. »* (K-PCS5), *« Je ressens ce calme et cette harmonie ici. »*[2] (K-BM3).

Encadré 6 Le calme positif

Synonymes : tranquilité, sérénité, apaisement, repos, harmonie.
Lié à la nature et aux éléments naturels.

Lieux : de ressourcement, naturels ou contenant des éléments rappelant la nature, protégés sous forme de cocons ou ouverts sur de grands espaces.

Temporalité : lente.
Surtout le matin et le soir.
Facteur de bien-être.
Sentiment d'appropriation.

Marqueurs sonores : oiseaux, pas de voitures, eau, moutons, animaux, cerfs-volants.

---

[1] Es ist auf den Straßen von Kronsberg eher ruhig, die meisten Leute sind noch auf der Arbeit oder erholen sich vom Mittagessen. Die Kinder sind noch in der Schule oder im Kindergarten / An einem Tag wie heute, wo es nicht viel Sonne gibt, ist es natürlich ruhiger, weil die meisten Kinder nicht nach draußen gehen. Deshalb ist es im Winter ruhiger als im Sommer / Also im Winter bleibt es ruhiger und...natürlich, weil keine Vögel da sind, weil nicht so viel Kinder draußen sind.
[2] Was ich meistens hier schätze, ist die Ruhe. Diese Ruhe und der Gesang der Vögel. Das macht mich wirklich, ruhig, friedlich / Ich empfinde diese Ruhe und diese Harmonie hier.

2.1.1.2 Le calme négatif, lié à l'absence humaine et à l'angoisse

Mais l'écart entre le calme reposant et harmonieux et l'excès de calme, assimilé au silence et à la mort, est parfois mince. Dans les sociétés occidentales, l'excès de calme peut être facteur d'angoisse et d'insécurité : « *L'homme aime produire des sons pour se rappeler qu'il n'est pas seul. De ce point de vue, le silence total constitue le rejet de la personne humaine. L'homme redoute l'absence de son, car il redoute l'absence de vie.* » (Schafer, 1979, p. 350).

Les habitants de Kronsberg et Vauban ne parlent que très rarement de silence, qui ne peut d'ailleurs fondamentalement pas exister, mais parlent plutôt d'excès de calme ou de calme négatif. Les synonymes du calme négatif étant le vide, l'absence, le silence ou la mort, il s'exprime plus particulièrement à Kronsberg à travers le vide spatial et l'absence humaine : « *Elle* [la place centrale] *est très grande et sans vie. Il n'y a jamais personne.* » (K-PCS3), « *Sur la thématique sonore, ce qui est intéressant c'est que cette place* [le Square Nord] *qui est relativement grande et plutôt sans vie. De l'autre côté du quartier, on trouve une autre place où il n'y a pas de vie, comme celle-ci. Et où il n'y a pas de vie, il n'y a pas de son.* » (K-PCM12), « *Je ne trouve pas ça agréable, de ne pas sentir que des gens habitent autour de moi.* » (K-PCM16).[1] Ce ressenti de vide et d'absence est lié en quelque sorte à une trop faible activité humaine.

Le calme négatif, comme le calme positif, est très lié aux différentes temporalités de la journée, de la semaine et du mois. Ainsi, à Kronsberg, le quartier prend vie le soir et les week-ends, lorsque les gens ne travaillent pas et que les enfants ne sont pas à l'école, et plus particulièrement en été : « *Mais bon, là, c'est extrêmement calme, parce qu'ils sont tous au jardin d'enfants, à l'école, au travail. Mais plus tard… c'est toujours aussi calme ! Hahaha !* » (K-PCS4), « *Dommage que le quartier ne soit vivant que le soir et le week-end. Les gens vont au travail.* » (K-PCM8), « *En hiver, c'est comme mort.* » (K-PCS4), « *Quand il fait beau, l'ambiance est très bruyante,*

---

[1] Der ist sehr groß und ohne Leben. Da ist nie jemand / Was die Klang-Thematik betrifft, ist interessant, dass dieser Platz, der relativ groß ist, eher ohne Leben ist. Auf der anderen Seite des Stadtteils findet man einen anderen Platz, wo es kein Leben gibt, wie diesen Und wo es kein Leben gibt, gibt es keinen Ton / Ich finde das unangenehm, wenn ich nicht fühle, dass Leute um mich herum wohnen.

il y a beaucoup d'enfants et de parents. Alors que quand il fait moche, c'est mort. »[1] (K-PCS3).

À Vauban, cet indicateur de qualité sonore n'est pas utilisé pour décrire le paysage sonore du quartier ou d'un lieu du quartier, mais pour le comparer de manière positive à celui d'autres quartiers : « *Il y a d'autres quartiers avec beaucoup de voitures et aussi des quartiers avec de vieilles maisons et pas d'enfants, seulement un silence de tombeau.* » (V-PCS1), « *J'habitais à Freiburg, à Landwasser, et c'était très calme, avec une maison de retraite, beaucoup de personnes âgées. Il n'y avait pratiquement rien à entendre.* »[2] (V-PCS9).

Souvent, lorsqu'il qualifie un lieu, le calme négatif dénonce une contradiction entre l'ambiance sonore qui y règne et sa fonction. L'exemple le plus significatif est celui de la place centrale ou Thie à Kronsberg : cette place, qui réunit la majeure partie des services et commerces et qui relie géographiquement les deux parties nord et sud du quartier, devrait être un lieu de concentration de l'animation. Or, les habitants la décrivent comme trop grande, inanimée, déserte et froide, bien qu'elle puisse s'éveiller quelques semaines dans l'année en été : « *La place est très grande, impersonnelle, il n'y a pas de monde. Ce n'est pas un lieu de rencontre.* » (K-PCS3), « *Ça a été pensé comme un centre, mais ça n'en est pas un. Ça n'a jamais été accepté en tant que tel. [...] Ce qui est bien ce sont les possibilités de faire les courses, la connexion au tram. [...] Ce qu'il manque à Kronsberg, ce sont des possibilités de s'asseoir ensemble.* » (K-PCM12), « *C'est une grande place où on ne se sent pas très bien. Je pense que c'est plus une place fonctionnelle qu'une place agréable.* » (K-PCM15), « *Ce n'est pas un lieu où on a envie de s'attarder, de s'asseoir, parce qu'il n'y a rien à voir et à entendre.* » (K-PCS3), « *Parfois, il y a de l'eau qui coule dans ce truc, et alors tous les enfants qui crient et c'est sympa. Mais peut-être qu'il fait chaud deux semaines dans l'année...* » (K-PCS4), « *En été, l'ambiance est meilleure : la fontaine est en marche et les*

---

[1] Aber, hier ist es wirklich ruhig, weil sie sind alle im Kindergarten, in der Schule, an der Arbeit. Aber später... es ist immer noch so ruhig ! Hahaha ! / Schade, dass der Stadtteil nur am Abend und Wochenende lebendig ist. Die Leute sind an der Arbeit / Im Winter ist es wie tot / Wenn das Wetter schön ist, ist die Atmosphäre sehr laut, es gibt viele Kinder und Eltern. Während, wenn es schlecht ist, es tot ist.

[2] Es gibt andere Statdtteile mit viel Autos und auch Stadtteile mit alten Haüsern und keine Kinder, aber einfach nur Grabesruhe / Ich wohnte in Freiburg, in Landwasser, und es war sehr ruhig, mit einem Altersheim, viele alte Leute. Es gab fast nichts zu hören.

*mères avec leurs enfants jouent autour de l'eau. Et le glacier est
ouvert, il y a du monde en terrasse dehors, c'est plus vivant. »[1]* (K-
PCS3).

Figure 75. Le Thie à Kronsberg, une place centrale *« plus
fonctionnelle qu'agréable »* (Geisler, 2010)

On constate également, à Kronsberg comme à Vauban, que l'excès
de calme peut rendre intolérant ou très sensible à certains bruits.
Comme le dit l'acousticien Jean-Marie Rapin, *« Un lieu trop vide de
bruit est fragile car le moindre acteur sonore peut l'investir
complètement. »* (Rapin, 1999, p. 6). C'est ce qu'il se passe à
Kronsberg pour certains habitants lorsqu'une sirène de pompiers, de
police ou d'une ambulance émerge ou également à Vauban quand il
y a du bruit le soir : *« Et des fois, c'est tellement effrayant le
« Tatou-tatou ! » de l'ambulance, de la police. [...] Ça me rend un
peu nerveuse. »* (K-PCS5), *« Les gens sont facilement dérangés
[par le bruit]. [...] Les gens ne sont pas tolérants avec les jeunes qui
sont un peu bruyants le soir. »[2]* (V-PCS4).

---

[1] Der Platz ist sehr groß, unpersönlich, da sind keine Leute. Das ist kein Treffpunkt /
Das ist wie ein Zentrum gedacht worden, aber das ist keines. Das ist so niemals
angenommen worden [...] Was wirklich schön ist, sind die Einkaufsmöglichkeiten, die
Verbindung mit der Straßenbahn [...] Was in Kronsberg fehlt, sind die Möglichkeiten,
sich zusammen zu setzen / Das ist ein großer Platz, wo man sich nicht sehr gut fühlt.
Ich denke, dass es eher ein funktionsgerechter Platz als ein angenehmer Platz ist/ Das
ist kein Ort, wo man Lust hat, zu verweilen, sich hinzutsezen, weil es nichts zu sehen
oder hören gibt / Manchmal gibt es Wasser, dann in diesem Ding fließt, und dann
schreien die Kinder und das ist schön. Es ist aber vielleicht zwei Wochen im Jahr warm
/ Im Sommer ist die Atmosphäre besser : der Brunnen laüft und die Mütter spielen mit
ihren Kindern bei dem Wasser. Und die Eisdiele ist geöffnet, es gibt Leute draußen auf
der Terrasse, das ist lebendiger.
[2] Und manchmal ist es so furchtbar, das « Tatou-tatou ! » des Krankenwagens, der
Polizei [...] Das macht mich ein bisschen nervös / Die Menschen sind relativ leicht

Le calme négatif peut être source d'ennui, mais aussi d'angoisse et générer un sentiment d'insécurité : « *Les voitures ne font pas de bruit non plus. Un peu ennuyeux, non ?* » (K-PCS4), « *On y entend les enfants jouer et crier, c'est ce que j'aime entendre, que ce ne soit pas trop silencieux.* » (K-PCS5), « *À l'inverse, je pense que si c'était totalement silencieux, ce serait assez menaçant, dénué de vie. Les bruits sont très importants pour la qualité de vie.* »[1] (V-PCS9).

Encadré 7 Le calme négatif

Synonymes : silence, froideur, mort.
Lié à l'absence humaine et au vide spatial.
Lieux : où fonction et qualité de l'environnement sonore ne coïncident pas.
Temporalité : trop lente.
Surtout la journée et en hiver.
Facteur d'ennui, voire d'angoisse.
Sentiment de rejet, d'évitement.
Marqueurs sonores : vent.

2.1.2 Le vivant une notion multisensorielle, liée à l'animation comme à l'agitation

Bien qu'on réfléchisse beaucoup aujourd'hui dans les projets urbains et la planification urbaine à « *offrir le calme plutôt qu'entendre le bruit* » (ARENE, 1997), la demande de silence n'est pas permanente partout et à toute heure. On constate d'ailleurs que « *Plus les citadins bénéficient d'un habitat calme, sécurisé, partagé avec leurs semblables, plus ils ressentent le besoin de se plonger, lorsque l'envie leur en prend, dans l'agitation et le melting-pot du centre-ville ou, à défaut, dans la rue principale la plus proche qui regroupe les équipements et les commerces de proximité.* » (Lefèvre et Sabard, 2009, p. 38). En effet, à Kronsberg, où le quartier est considéré comme calme, voire trop calme par ses habitants, à la question « Si vous deviez amener un ami dans le lieu

---

gestört durch Dinge [...] Die Leute sind nicht tolerant mit den Jugendlichen, die am Abend ein bisschen laut sind.

[1] Da machen Autos auch keinen Lärm. Ein bisschen langweilig, nein ? / Man hört dort die Kinder, die spielen und schreien. Das mag ich hören, dass es nicht so leise ist / Im Gegenteil dazu denke ich, dass, wenn es total still wäre, es ziemlich bedrohlich und leblos wäre. Die Geraüsche sind sehr wichtig für die Lebensqualität.

que vous appréciez le plus de votre quartier, hormis votre logement, où l'amèneriez-vous ? », certains répondent : « *Si un ami me rendait visite, je l'amènerais dans un endroit plus vivant.* » (K-E10), « *Kronsberg est trop calme, je l'amènerais à l'extérieur.* »[1] (K-E8). Il ne s'agit pas seulement de permettre aux citadins quand ils le souhaitent, de pouvoir s'isoler et se détendre à proximité dans des lieux protégés de l'agitation urbaine, mais aussi de leur donner la possibilité de trouver des lieux animés. Encore faut-il comprendre ce qui est facteur d'animation d'un point de vue sonore pour les habitants, et la limite étroite qui existe entre l'animation et l'agitation.

2.1.2.1 Le vivant positif, lié à l'animation et au dynamisme

Si on s'intéresse à la définition du substantif ou de l'adjectif « vivant », on constate qu'il désigne au figuré « *ce qui a de la vigueur, l'expression de ce qui vit, qui en a les qualités* » (TLF) et que lorsqu'on parle d'un lieu vivant, on décrit un lieu animé, dynamique, qui est fréquenté, attractif.

Comme le calme positif, le vivant positif est lié à la nature et aux éléments naturels, mais il intègre aussi plus facilement les bruits liés aux activités humaines : « *Au fond, nous vivons au milieu de la nature. Nous entendons beaucoup de chants d'oiseaux.* » (K-PCS1), « *Depuis ces derniers mois, pratiquement un ou deux ans, il y a de plus en plus de chiens à Vauban, et de temps en temps, on les entend. Ça arrive rarement. C'est vivant.* » (V-PCS3), « *Les sons de l'eau du ruisseau ou des animaux, des oiseaux… sont des sons agréables. Les sons des hommes… Dans une zone centrale, ça doit être vivant.* »[2] (V-PCS9).

La présence humaine est un facteur important de l'aspect vivant d'un quartier, et à Kronsberg et Vauban, c'est plus particulièrement la présence des enfants qui joue un grand rôle : « *J'aime beaucoup entendre les enfants et les autres gens […] C'est vivant et j'aime*

---

[1] Wenn mich einer Freund besuchen würde, würde ich ihn in einen lebendigeren Ort bringen / Kronsberg ist zu ruhig, ich würde ihn raus bringen
[2] Elgentlich leben wir in der Mitte der Natur. Wir hören viele Gesänge von Vögeln / Seit den letzten Monaten, eins zwei Jahre fast, gibt's immer mehr Hunde in Vauban, und man hört sie ab und zu. Das ist nur ganz selten. Das ist lebendig / Die Geräusche des Wassers, des Baches oder der Tiere, der Vögel… sind angenehme Geräusche. Die Menschengeräusche… In einer zentralen Zone soll es lebendig sein.

ça. » (K-PCS5), « *Les enfants, la vie.* » (V-E9), « *Les enfants rendent le quartier vivant, c'est comme une oasis.* »[1] (K-PCM9).

La composition sociale semble également jouer un rôle sur la dimension vivante d'un quartier. Si la présence d'enfants et de jeunes apporte beaucoup, certains habitants de Kronsberg et Vauban regrettent qu'il n'y ait pas plus de personnes âgées dans leurs quartiers : « *Beaucoup de jeunes, vivant.* » (V-E5), « *Mais ce qui me manque un peu, c'est d'avoir toutes les générations ensemble.* »[2] (V-PCS8).

Les relations entre habitants et les sociabilités ont par ailleurs beaucoup d'influence sur l'animation du quartier. À Vauban plus particulièrement, ce sont les habitants et leurs activités qui rythment la vie du quartier : « *Et ici, je pense, nous habitons très serrés les uns contre les autres et c'est tout de même en quelque sorte comme dans un village, un petit peu villageois. Beaucoup se connaissent. Si vous allez en effet dans les magasins, vous reconnaissez plusieurs personnes ici.* »[3] (V-PCS6).

Le vivant positif qualifie aussi des lieux en particulier, animés, généralement considérés comme centraux par les habitants, qui peuvent être à la fois fonctionnels et de détente, des lieux qui permettent l'expérience du connu et de l'inattendu, l'expérience d'autrui. Il y a notamment des lieux considérés comme très vivants et très centraux à Vauban, comme la place du marché ou le boulanger Bäckerbenny sur Vaubanallee. Ce sont des lieux de rencontre privilégiés pour les habitants et les visiteurs : « *Sur la place du marché, on entend les gens qui sont assis à la terrasse du Süden et les oiseaux dans les arbres. C'est une sensation assez agréable, de centre-ville.* » (V-PCS9), « *Ce qui est aussi sympa concernant cette place du marché ici, c'est qu'il s'y passe tant de choses. La semaine dernière il y avait un concert, il y a aussi les enfants qui jouent au foot et la fête de l'été. C'est une place que tout le monde utilise pour tout. Oui, c'est bien.* » (V-PCS8), « *Ici c'est un*

---

[1] Ich höre sehr gerne die Kinder und die anderen Leute [...] Das ist lebendig und ich mag das/ Die Kinder, das Leben / Die Kinder machen den Stadtteil lebendig, es ist wie eine Oase.
[2] Viele Junge, lebendig / Aber was mir ein bisschen fehlt, alle Generationen zusammen zu bringen.
[3] Und hier, meine ich, wohnen wir sehr dicht auf einander und trotzdem ist es irgendwie wie ein Dorf, so ein bisschen dörflich. Viele kennen einander. Also wenn Sie in den Laden kommen erkennen Sie mehrere Leute hier.

restaurant où les gens aiment aller manger. Des gens viennent aussi de la ville, pas seulement de Vauban. »[1] (V-PCS5).

Sur la terrasse du boulanger Bäckerbenny : *« Ici, quand ce ne sont pas les vacances, l'après-midi, quand les enfants ne sont plus à l'école ou à la crèche, il y a toujours un grand tumulte : tout le monde s'y rencontre, les enfants, alors il y a beaucoup de bruit et des voitures pour enfants et... des rires, des jeux. »* (V-PCS3), *« Et alors il faut vous imaginer avec un peu de fantaisie : les magasins sont donc ouverts et partout des parents avec leurs enfants sont assis ici, des voitures pour enfants, des vélos. Il y a ici vraiment beaucoup d'animation. »*[2] (V-PCS6).

D'autres lieux sont considérés comme à la fois calmes et vivants. C'est le cas de (1) la prairie à Kronsberg et du bord du (2) ruisseau à Vauban : (1) *« La prairie aux cerfs-volants et la colline panoramique sont très pratiqués par la population. Ils appartiennent au quartier. »* (K-PCM12), *« Je trouve que la prairie fonctionne bien : des vélos, des joggers, des chiens, tout le monde ensemble. »* (K-PCM16), *« Il y a beaucoup de gens qui se promènent sous ce beau soleil. Nous nous promenons le long de la prairie aux cerfs-volants, sur Honerkamp. Le vent fait tournoyer les cerfs-volants à travers l'air, ce qui rend le jeu du vent audible. [...] L'air est rempli de rires d'enfants et de bribes de discussions des nombreux promeneurs. »* (K-BM1), (2) *« Ce n'est effectivement pas comme au fond de la Forêt-Noire, bien qu'on entende maintenant les bruits du ruisseau et des oiseaux, ce n'est pas calme à ce point ici. Des voix d'enfants et d'autres voix viennent s'ajouter. Mais la qualité existe bel et bien. »* (V-PCS5), *« En été il se passe ici beaucoup de choses. Il y a des chiens qui jouent dans l'eau et bien sûr des enfants. Là devant il y a*

---

[1] Auf dem Marktplatz hört man die Menschen, die auf der Terrasse des Süden sitzen und die Vögel in den Baümen. Das ist eine so angenehme Fühlung von Innenstadt / Das ist auch schön an diesem Marktplatz hier, dass es sehr oft viele Sachen gibt. Letzte Woche war hier ein Konzert, auch viele Kinder spielen Fußball, und das Sommerfest. Das ist ein Platz, den alle benutzen, für alles. Ja das ist schön / Hier ist ein Restaurant, wo die Leute gern essen gehen. Und da kommen auch Menschen aus der Stadt, nicht nur aus Vauban.
[2] Da wenn es keine Ferien sind und am Nachmittag, wenn die Kinder nicht in der Schule sind, in dem Kindergarten, dann ist da ein ziemlich großer Tumult : da trifft sich alles, die Kinder, dann ist da oft viel Geschrei und Bobbycar, und ... Lachen, Spielen / Und dann müssen Sie sich vorstellen mit Fantasie : also hier sind die Läden offen und hier sitzen überall Eltern mit ihren Kindern, Kinderwagen, Fahrräder. Hier ist wirklich richtig schön Betrieb.

le parc aventures pour les enfants et les jeunes. Un coq chante là-bas de temps en temps. Les chevaux hennissent. »[1] (V-PCS2).

Le vivant, à Vauban comme à Kronsberg, est surtout lié à l'été puisque les conditions météorologiques permettent aux enfants et aux adultes de passer plus de temps à l'extérieur. Mais il dépend aussi de l'organisation d'événements particuliers, qui ont lieu à des périodes régulières, à l'échelle de la semaine comme le marché, de l'année comme des fêtes de quartier, ou de manière ponctuelle comme des concerts : « *Le marché le mercredi* » (V-E6), « *Par exemple, il y a une fête chaque année sur le Thie, cette place où il y a la Caisse d'Epargne : les pompiers viennent et les enfants peuvent monter dans la nacelle. [...] Il y a aussi le site de la foire expo où il y a souvent des concerts, et on habite vraiment près. [...] Nous avons aussi notre propre fête à Pâques.* » (K-PCM10), « *Il pourrait se passer plus de choses encore dans la rue, je peux m'imaginer, de temps en temps de la musique de rue, un peu plus vivant. [...] C'est ça aussi, on va faire des courses, on va avec les enfants l'après-midi dans les terrains de jeux, à 19h00 les gens mangent, partout. C'est la routine quotidienne. Je trouve que c'est bien quand une surprise, quelque chose d'autre se passe.* »[2] (V-PCS4).

---

[1] Die Drachenwiese und der Aussichtshügel sind viel von den Einwohnern benutzt. Die gehören zum Stadtteil / Ich finde, dass die Wiese gut funktioniert : die Fahrräder, die Jogger, die Hunde, alle zusammen / Es sind viele Leute unterwegs bei der schönen Sonne Vorbei an der Drachenwiese am Honerkamp spazieren wir. Der Wind wirbelt die bunten Drachen durch die Luft und macht das Spiel des Windes hörbar [...] Die Luft ist erfüllt von Kinderlachen und Gesprächen der vielen Spaziergänger / Also, es ist halt nicht so wie im Hochschwarzwald, dass man jetzt Geräusche von dem Bach und den Vögeln hört, so ruhig ist es hier nicht. Es kommen immer die Kinderstimmen oder andere Stimmen dazu. Aber es hat schon Qualität auch / Im Sommer ist auch hier viel los, gibt's Hunde, die im Wasser plätschern und natürlich Kinder. Da vorne ist der Abenteurerhof für Kinder und Jugendliche. Da kräht ab und zu mal ein Hahn. Die Pferde wiehern.

[2] Der Markt am Mittwoch / Es gibt zum Beispiel jedes Jahr ein Fest am Thie, diesem Platz, wo die Sparkasse ist : die Feuerwehrmänner kommen und die Kinder können auf den Korb steigen [...] Es gibt auch das Expogelände, wo viele Konzerte sind, und man wohnt wirklich nah [...] Wir haben auch unser eigenes Osterfest / Es könnte noch mehr auf der Straße sein, ich kann mich vorstellen, ab und zu Straßenmusik, ein bisschen lebendiger [...] Das ist das eben, man geht einkaufen, man geht mit den Kindern am Nachmittag auf die Spielplätze, um 19:00 Uhr essen die Leute, überall. Das ist ein Alltagstrott. Ich finde, dass es schön ist, wenn eine Überraschung, etwas anderes passiert.

Figure 76. Une fête de quartier sur Vaubanallee à vauban (Geisler, 2010)

Enfin, le vivant, lié au bruit et à la présence humaine, est rassurant pour les habitants, surtout à Kronsberg où le calme négatif prend parfois le pas sur le calme positif : « *J'aime aussi beaucoup quand on entend à travers les cours intérieures les cris des enfants, ça signifie pour moi que c'est vivant ici, qu'on habite ici, que ce n'est pas si silencieux que cela ou que personne n'est là.* »[1] (K-PCS5).

Encadré 8 Le vivant positif

Synonymes : animation, surprise, dynamisme, énergie.
Lié à la présence humaine, aux sociabilités et aux événements.
Lieux : de rencontre et de concentration des fonctions.

Temporalité : rapide.
Surtout le soir et les week-ends.
Facteur de détente et d'amusement.
Sentiment d'appartenance.

Marqueurs sonores : gens, enfants, tondeuses, tramway, vélos, musique, cloches de l'église, marché, langues variées, cerfs-volants, eau, moutons, animaux.

2.1.2.2 Le vivant négatif, lié à l'agitation et à la saturation

Le vivant négatif qualifie plutôt des lieux trop agités. Il est lié à la superposition et à la saturation, notamment sonores. Il se rapproche

---

[1] Ich habe auch sehr gern, wenn man die Kinderschreie durch die Innenhöfe hört. Das bedeutet für mich, dass es hier lebendig ist, dass man hier wohnt, und dass es nicht so leise ist oder niemand da ist.

du bruit, au sens péjoratif du terme, défini dans ce cas comme une gêne, et est relatif aux sons décrits comme désagréables, issus le plus généralement des activités humaines, et à des conflits d'usage. Le vivant négatif, c'est la temporalité rapide de la ville, les moyens de transport bruyants, mais aussi la présence humaine non souhaitée.

Cet indicateur de qualité sonore est révélateur de la question de l'échelle d'intervention du projet urbain : elle montre qu'intervenir à l'échelle du quartier ne suffit pas. Vauban, par exemple, est construit de manière totalement refermée sur lui-même et protégée, dans un espace « sans voitures » où règne en apparence le calme. Mais il est bordé par une voie ferrée à l'ouest et des voies de circulation automobile au nord et à l'est, facteurs de gêne pour les habitants. En effet, les transports constituent l'une des principales sources sonores en ville, et il semble actuellement impossible de s'en passer. Si les bruits ont bien une spécificité, c'est celle de ne pas s'arrêter aux limites administratives des quartiers. Cela pose plus largement la question d'échelle dans la réalisation de quartiers durables : quel est l'intérêt de développer des quartiers où la place de l'automobile est restreinte, lorsque celle-ci est parquée à leurs limites et qu'ils sont entourés de voies de circulation ?

Malgré le fait que les quartiers étudiés ne soient pas dans les zones sujettes au bruit sur les cartes de bruit réalisées par les villes de Hanovre et Fribourg (figures 77 et 78) et que les habitants décrivent les paysages sonores de Kronsberg et Vauban de manière plutôt positive, on constate certains conflits de voisinage, dont les plus prégnants concernent la présence d'adolescents bruyants en soirée et l'omniprésence des enfants, plus particulièrement à Vauban.

Figure 77. Panneaux de réglementation des activités bruyantes des enfants à Vauban (Geisler, 2010)

Figure 78. Faible exposition au bruit des transports routiers du quartier Kronsberg à Hanovre en 2008

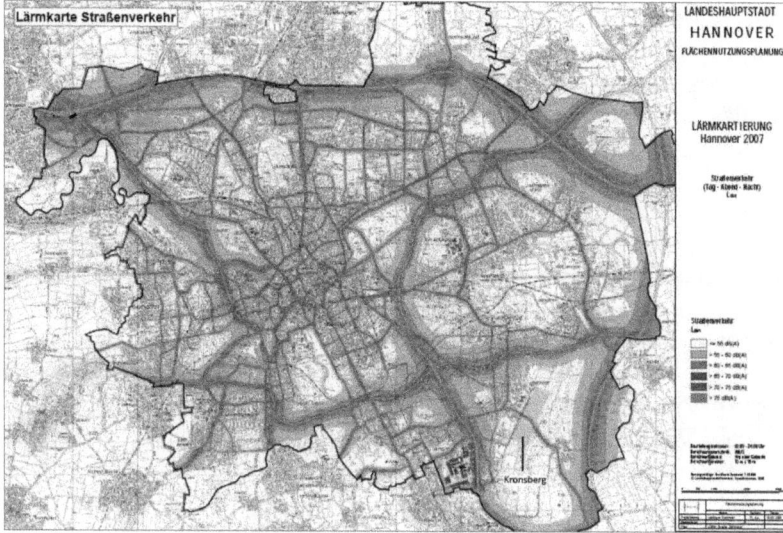

Source : carte de bruit de la ville de Hanovre, 2008 (www.hannover.de)

Si la présence des enfants est très largement connotée de manière positive dans les deux quartiers, à Vauban, additionnée à la densité, elle peut devenir un facteur de gêne pour certains habitants. En effet, un déséquilibre semble apparaître quant à la place de chacun, notamment à Vauban, où chaque espace semble avoir été pensé pour les enfants : « *Mais il me manque des endroits un peu plus grands, calmes, où on peut se retirer davantage encore. Au début, ça a surtout été aménagé pour les enfants, moins pour les adultes qui veulent se retirer dans le vert et lire un livre, ou tout simplement s'y asseoir.* »[1] (V-PCS3). Certaines mesures ont été prises par la Ville de Fribourg pour réglementer les heures et les types de jeux à Vauban et des panneaux les rappellent dans la cour de l'école et les parcs : « *Calme à partir de 20h00.* », « *Chers enfants, ce terrain de jeux est votre espace de jeux et de détente. Afin de vous assurer joie et sécurité durant le jeu, les règles suivantes doivent être observées sur le terrain de jeux : (1) Le calme doit être respecté de 13h00 à 14h00 et à partir de 20h00, (2) [...], (4) Les mobylettes sont*

---

[1] Aber mir fehlen noch ein bisschen so ruhige, doch, größere Ecken, wo man sich noch mehr zurückziehen kann. Am Anfang, das war viel für Kinder geplant, aber weniger für Erwachsene, die sich ins Grüne zurückziehen wollen und ein Buch lesen, oder nur einfach da sitzen.

interdites sur le terrain de jeux, (5) [...], (6) Le foot est uniquement autorisé sur les places prévues à cet effet. »[1].

Mais des conflits persistent, et selon certains habitants de Kronsberg et Vauban, une certaine intolérance existe vis-à-vis du bruit des enfants et des adolescents : *« Parfois la nuit, il y a des conflits entre Turcs et Russes-Allemands. »* (K-PCM14), *« Les gens ne sont pas tolérants avec les jeunes qui sont un peu bruyants le soir. »* (V-PCS4), *« Quand ils* [les jeunes] *sont dehors, les gens appellent la police. [...] Je pense que quand tu es dans ton lit, tu peux supporter qu'il y ait un peu de bruit dehors. »* (K-PCS4), *« Les gens sont assez facilement gênés par certaines choses. Il y a aussi des disputes à propos des enfants qui jouent au foot, des lieux où ils jouent au foot, etc. »* (V-PCS4)[2].

Figure 79. Faible exposition au bruit des transports routiers du quartier Vauban à Fribourg en 2007

Source : carte de bruit de la ville de Fribourg en Brisgau, 2007 (www.freiburg.de)

---

[1] Spielruhe ab 20.00 Uhr / Liebe Kinder, dieser Spielplatz ist euer Spiel- und Erholungsraum. Damit ihr Freude und Sicherheit beim Spielen habt, müssen folgende Spielplatzregeln beachtet werden : (1) Haltet die Spielruhe von 13.00 Uhr bis 14.00 Uhr und ab 20.00 Uhr ein, (2) [...], (4) Mopedfahren ist auf dem Spielplatz untersagt (5) [...], (6) Fußballspielen ist nur auf den dafür vorgesehenen Plätzen erlaubt.
[2] Manchmal, in der Nacht, gibt es Lärm, Konflikte zwischen Türken und Russland-Deutschen / Die Leute sind nicht tolerant mit den Jugendlichen, die am Abend ein bisschen laut sind / Wenn sie draußen sind, rufen die Leute die Polizei. Ich denke, wenn du in deinem Bett bist, kannst du vertragen, dass es ein wenig Lärm draußen gibt / Die Leute sind relativ leicht durch Dinge gestört. Es gibt auch Streit über die Kinder, die Fußball spielen, wo sie Fußball spielen, und so weiter.

Plusieurs habitants indiquent qu'on a quelque peu oublié les adultes et les adolescents dans la réalisation des deux quartiers et que peu de lieux leur sont réservés (V-E7, K-PCS4) : *« Il manque une salle de sports couverte ou de jeux pour les plus grands et des espaces pour le barbecue. »[1]* (K-PCS5). D'autres relèvent qu'on a construit ces quartiers pour des familles avec enfants en bas âge (jardins d'enfants, terrains de jeux, etc.) et qu'on a négligé le fait que ces enfants grandissent et fassent aussi évoluer le paysage sonore : *« Je pense que quand les enfants qui ont maintenant dix ou douze ans auront une mobylette, alors on en entendra plus. Et alors ceux qui ont une mobylette aujourd'hui auront une voiture. »* (V-PCS2), *« Cette rue* [Kleifeld], *nous nous sommes battus pour que ce soit une rue libre pour les jeux, où on peut seulement rouler au pas. Mais les rôles changent. Les enfants pour lesquels on s'est battu et qui ont grandi ont maintenant des mobylettes et ne font pas toujours attention. »[2]* (K-PCM16).

La durabilité de ces quartiers où l'on prône la mixité sociale dépend en partie de l'ancrage des populations, et donc de la qualité de vie offerte à chacun, sans favoriser une tranche d'âge au détriment d'une autre. Certains habitants parlent de Kronsberg et Vauban comme de quartiers surtout adaptés aux enfants et envisagent de déménager lorsque leurs enfants seront plus grands (V-PCS3, K-PCM13, 16). En outre si, à Kronsberg et à Vauban, la mixité sociale est variable, dans les deux quartiers, on regrette la sous-représentation des personnes âgées : *« Il y a peu des personnes âgées et d'étudiants, moins de culture que dans d'autres quartiers. »* (K-PCM16), *« Mais ce qui me manque un peu, c'est qu'il y ait toutes les générations ensemble. Que ce soit ouvert à tout le monde, jeune ou vieux. C'est très centré sur les familles, les enfants. C'est gênant, les personnes âgées, ça me manque un peu, parce que je pense que ça rend aussi plus vivant. »[3]* (V-PCS8).

---

[1] Es fehlen eine Sport- oder Spielhalle für die Größeren und Grillstellen.

[2] Ich denke, wenn alle Kinder, die jetzt zehn oder zwölf sind, wenn sie ein Mofa haben werden, dann hört man auch das mehr. Und dann, die die ein Mofa heute haben, werden ein Auto haben / Diese Straße, wir haben gekämpft, damit die eine freie Straße für die Spiele ist, wo man nur im Schritttempo fahren kann. Aber die Rollen ändern. Die Kinder, für die man gekämpft hat und die gewachsen sind, haben jetzt Mofas und passen nicht immer auf.

[3] Es sind weniger alte Menschen und Studenten, weniger Kultur als in anderen Stadtteilen / Aber was mir ein bisschen fehlt, alle Generationen zusammen zu bringen. Für alle Menschen, ob jung oder alt, sehr offen. Das ist sehr auf Familien zentriert, Kinder. Das ist störend ältere Menschen, das fehlt mir ein bisschen, weil ich denke, das macht auch lebendiger.

Il semble donc nécessaire de penser plus spécifiquement à la place des adolescents, des adultes et des séniors dans les quartiers durables et de prendre en compte l'évolution dans le temps de la population.

Encadré 9 Le vivant négatif

Synonymes : agitation, saturation, désordre.
Lié à la saturation sonore, aux mobilités, à la présence humaine.
Lieux : infrastructures de transports, espaces publics et privés.
Temporalité : trop rapide.
Jour et nuit.
Facteur de d'angoisse et de stress.
Sentiment de rejet, d'évitement, d'intrusion.
Marqueurs sonores : voitures, autoroute, train, tondeuses, gens, enfants.

2.2 Le quartier idéal : entre nature et ville, à la fois calme et vivant

> « Le lieu de vie idéal : derrière la maison les montagnes, devant la mer, et juste à côté une ligne de tramway pour aller au centre-ville. » (V-PCS2)

Lorsqu'on interroge les habitants de Kronsberg et Vauban sur leur quartier idéal, ils trouvent que les quartiers qu'ils habitent n'en sont pas très éloignés. La grande majorité s'accorde à dire que leur quartier se situe à la fois à proximité de la ville (autant géographiquement du centre-ville que plus généralement des avantages de la ville) et à proximité de la nature, c'est-à-dire proche de lieux considérés comme naturels ou comprenant des éléments naturels (arbres, oiseaux, eau, etc.) : « *Ce qui me plaît, ce que nous avons ici, une sorte d'oasis. Le centre de Hanovre est relativement proche : on y est en vingt-cinq minutes.* » (K-PCM9), « *Avoir un peu de vert, habiter en frange de ville, tout en étant dans un lieu central, relié par le tram au centre-ville en vingt minutes.* » (K-PCM10), « *On est à la ville, la connexion avec le tram fonctionne bien, et on est en même temps tout de suite dans la nature.* » (K-PCM11), « *Être proche de la ville et dans la nature, près des infrastructures.* » (K-PCM12), « *La proximité du centre-ville et la proximité de la nature.* » (V-E12), « *C'est bien, parce que d'un côté on a effectivement le tramway, qui va jusqu'en ville. Mais j'ai tout aussi bien la possibilité… Ici on voit déjà le Schönberg, on peut alors aussi aller se promener. On a donc la ville et la nature directement devant la porte.* » (V-PCS2), « *Ce serait bien si on pouvait relier les deux :*

une île, mais qui se trouve tout de même dans la ville. Ce serait bien sûr idéal. Où l'on peut vraiment se retirer et écouter les sons de la nature. Et quand on veut partir, aller simplement en ville. » (V-PCS3), « *Je trouve ça super d'être à proximité de la ville, et en même temps à proximité de la nature, pas loin du Schönberg [...] Un ruisseau naturellement, ou un étang ou quelque chose comme ça, peut être un lac tel que le Wannsee, ce serait super. De l'eau en tout cas.* »[1] (V-PCS7).

Le quartier idéal est aussi celui qui regroupe les différentes fonctions urbaines : se loger, travailler, circuler, se détendre. Ainsi, à Kronsberg, on a « *un peu de paysage, d'habitation et de nature, tout ensemble* » (K-PCS6), « *de ce côté on habite, et là, la nature où on peut faire plein de choses.* »[2] (K-PCM8). Pour un habitant de Vauban, le quartier idéal mêlerait « *des endroits pour s'amuser, d'autres plus calmes* »[3] (V-E3). Et d'autres de souligner : « *Inventer une ville pleine de sagesse, avec l'objectif de donner la possibilité aux gens de se rencontrer et qui permette aussi le calme.* » (V-PCS2), « *On peut avoir ici quelque chose de plus vivant, beaucoup de personnes, beaucoup de rencontres et on peut aussi être seul si on va plus loin, dans la nature.* »[4] (V-PCS8).

Entre nature et ville, cela signifie pour les habitants de Kronsberg et Vauban associer les qualités du paysage à celle de l'ambiance, à

---

[1] Was mir gefällt ist was wir hier haben, eine Art Oase. Die Innenstadt von Hannover ist relativ nah : man ist in fünf und zwanzig Minuten dort / Ein bisschen grün haben, am Stadtrand wohnen und gleichzeitig in einem zentralen Ort sein, verbunden mit der Straßenbahn an die Innenstadt in zwanzig Minuten / Man ist in der Stadt, die Verbindung mit der Straßenbahn funktioniert gut, und man ist gleichzeitig sofort in der Natur / Nah zur Stadt und in der Natur sein, neben den Infrastrukturen / Die Nähe zu Innenstadt und die Nähe zu Natur / Das ist halt gut, weil man einerseits tatsächlich die Straßenbahn hat, die direkt in die Stadt führt. Ich habe aber genauso die Möglichkeit... hier sofort sieht man schon den Schönberg, kann man dann eben spazierengehen. Also man hat Stadt und Natur direkt vor der Tür / Das wäre schön, wenn man die Beide verbinden könnte : eine Insel, aber die trotzdem in der Stadt liegt. Das wäre natürlich ideal. Wo man wirklich sich zurück ziehen kann und die Geräusche der Natur hören. Und wenn man weg gehen will, einfach in die Stadt fahren / In der Nähe der Stadt sein finde ich auch Klasse, und in der Nähe der Natur gleichzeitig, nicht weit vom Schönberg [...] So ein Bach natürlich, oder ein Teich oder so was, vielleicht ein Wannsee, das wäre ganz toll. Wasser irgendwie.
[2] Ein wenig Landschaft, Wohnung und Natur, alles zusammen / Auf dieser Seite wohnt man, und da, die Natur, wo man viele Sachen machen kann.
[3] Orte um sich zu amüsieren, andere ruhiger.
[4] Eine weise Stadt erfinden und dies mit dem Ziel, dass man eben auch Möglichkeiten schaft, wo die Leute sich treffen und was eben für Ruhe sorgt / Man kann hier etwas Lebendigeres haben, viele Menschen, viele Begegnungen und man kann aber auch ganz allein sein, wenn man weiter geht, gleich in der Natur.

travers des éléments naturels liés au calme et des éléments sociaux liés au vivant.

Le paysage sonore idéal, c'est donc pour eux d'abord la nature et le calme : « *Je trouve que c'est plus beau quand on a des bruits de la nature. C'est reposant.* » (V-PCS4), « *Beaucoup beaucoup d'oiseaux et un ruisseau. Des oiseaux et de l'eau !* » (V-PCS6), « *Oh, une rivière ! Une rivière et des chants d'oiseaux. Oui : calme, calme, calme… Calme, mais aussi vivant, mais du vivant qui vient de la nature. Suivre davantage le rythme de la nature. Des gens aussi, mais de manière à ce qu'on puisse toujours entendre la nature. Oui, peut-être à proximité d'une rivière.* »[1] (V-PCS8).

Mais le paysage sonore idéal, c'est aussi la présence humaine et le vivant : « *Seulement la nature ! Bon, aussi les voix d'enfants… Oui, surtout les bruits de la nature. Mais les bruits humains aussi naturellement.* » (V-PCS5), « *Le chant des oiseaux. Vivre les différentes périodes de l'année. Les bruits d'enfants la semaine. L'absence de trafic à l'intérieur du quartier.* » (K-PCM16), « *Parfois je rêve aussi, ou j'aime bien entendre la vie, c'est-à-dire comment les gens se comportent autour de moi. Je ne veux personnellement pas être dans un monde totalement isolé, où je n'entendrais rien d'autre, mais…. Ca ne me dérange pas, je trouve même plutôt positif quand je remarque qu'en ce moment dehors quelqu'un travaille ou que quelqu'un se dispute, ou des fois il y a du vacarme, mais c'est aussi positif. […] Sinon, je trouve bien un bon mélange entre le calme et la vie des autres personnes.* »[2] (V-PCS2).

Pour résumer, la qualité sonore se situerait entre le calme, plutôt lié à la nature et au paysage, et le vivant, plutôt lié aux sociabilités et à l'ambiance, bien qu'encore une fois, la limite entre les différents

---

[1] Ich finde das schöner, wenn man mehr Naturgeraüsche hat. Das ist beruhigend / Viele viele Vögel und Bach. Vögel und Wasser ! / Oh, ein Fluss ! Ein Fluss und Vogelzwitscher. Ja : ruhig, ruhig, ruhig… Ruhig und doch lebendig, aber lebendig von der Natur. Mehr auch den Rythmus zu bekommen aus der Natur. Menschen auch, aber so, dass man immer die Natur hören kann. Ja, vielleicht in der Nähe von einem Fluss.

[2] Nur Natur ! Gut, auch Kinderstimmen… Ja, Naturgeraüsche hauptsächlich. Aber Menschengeraüsche natürlich dazu / Der Vogelgesang. Die unterschiedlichen Perioden des Jahres leben. Die Kinderlgeraüsche in der Woche. Die Abwesenheit von Verkehr im Stadtteil / Manchmal traüme ich auch oder habe ich gerne, dass ich das Leben höre, also wie andere Menschen auch in meiner Nähe sind. Ich selber will gar nicht in einer völlig abgeschiedenen Welt sein, wo ich gar nichts anderes höre, sondern ich… störe mich nicht daran, sondern finde es eher positiv, wenn ich auch merke, im Moment da draußen arbeitet jemand oder hat jemand einen Streit, oder es gibt auch mal Krach, aber es ist auch positiv […] Ansonsten finde ich schön eine gute Mischung zwischen Ruhe und dem Leben von anderen Menschen.

indicateurs d'une part et l'ambiance et le paysage d'autre part ne soit pas si stricte. Si les paysages sonores des quartiers durables étudiés semblent être de manière générale appréciés, à la fois calmes et vivants, la tendance à Kronsberg est au calme négatif, témoignant d'un manque de lieux de rencontre et d'espaces centraux animés. À l'inverse, Vauban apparaît comme un quartier à tendance parfois trop vivante, notamment en raison de l'omniprésence des enfants et du manque de véritables espaces dédiés au calme et aux adultes. Cela montre l'enjeu de la mixité sonore dans un quartier, et donc de sa prise en compte dans le projet urbain : il s'agit d'aménager des lieux de repos et de ressourcement, comme des lieux de rencontres animés au sein même des quartier et/ou l'accès facile, pour tous, à des lieux offrant ces qualités à proximité.

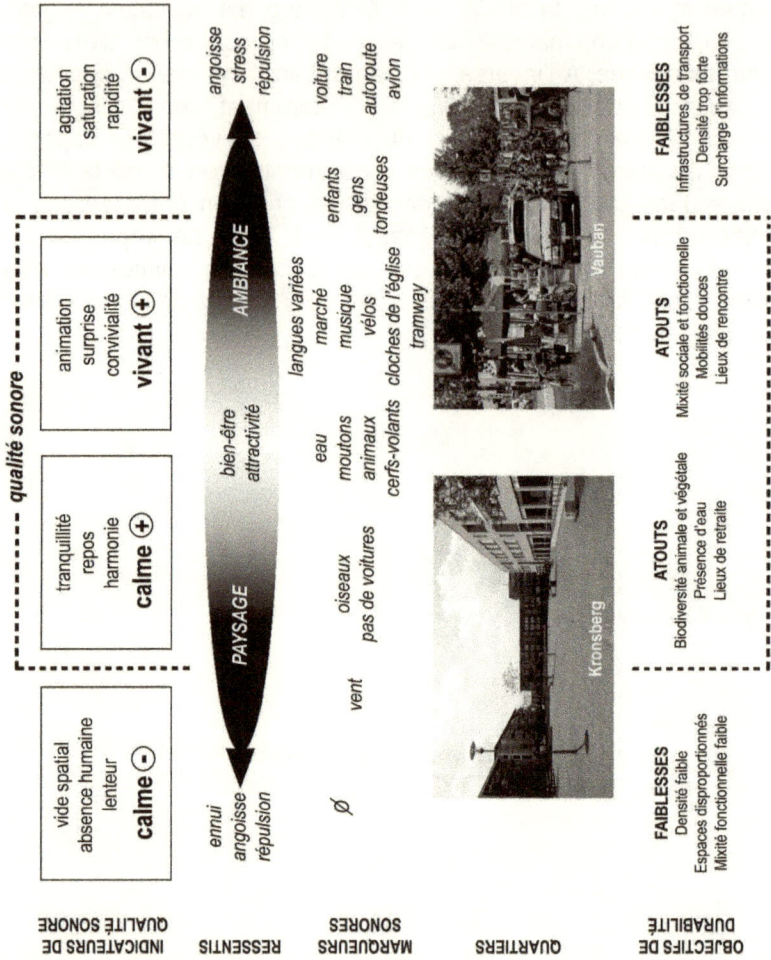

Figure 80. Le calme et le vivant, des indicateurs de qualité sonore (E.Geisler, 2011)

3. Une typologie sensible des lieux

Le troisième élément de description et de qualification du paysage sonore qui ressort de l'analyse des différentes enquêtes menées auprès des habitants est le « lieu ». Les habitants, dans leur manière de représenter le paysage sonore (par les cartes mentales, par les prises de vues, les enregistrements) ou de le décrire (à travers leur discours, leurs gestes), dégagent différentes entités spatiales au sein du quartier, qui se distinguent des autres et de l'ensemble du quartier par leurs qualités, notamment sonores. Ces lieux, distinctement nommés et décrits, sont différemment chargés de sens et de valeurs par les habitants.

3.1 Le lieu, une portion d'espace, chargée de sens et de valeurs

Le lieu est une notion ambivalente partagée depuis l'Antiquité entre une volonté d'abstraction scientifique et la nécessité de prise en compte de la réalité sensible de l'écoumène (Lévy, Lussault, 2003). Le lieu, c'est là où quelque chose se trouve et se passe.

3.1.1 Le lieu, un contenant localisable

La volonté d'abstraction scientifique fait du lieu un objet parfaitement définissable en lui-même, indépendamment des choses. C'est avant tout une portion d'espace plus ou moins bien délimitée, *« une portion, un endroit, un emplacement »* (Pumain, Paquot, Kleinschmager, 2006, p. 163) qui bénéficie d'une identité physique. C'est le lieu localisé grâce aux coordonnées cartésiennes du géographe, établies dans l'espace absolu de Newton. Cette partie intelligible du lieu est en quelque sorte la synthèse du *topos* d'Aristote dans la *Physique IV* et de l'*idea* de Platon dans le *Timée* : une forme, un contenant, défini selon une logique identitaire. En effet, selon Aristote, le *topos* est comme un « vase immobile » (*angeion ametakinêton*) contenant la chose et qui ne change pas de place, même si la chose est transportée ailleurs.

Le lieu, c'est par exemple le Thie à Kronsberg, une place longée au sud par la Wülferoderstraße, dans un quartier en périphérie est de la ville de Hanovre.

3.1.2 Le lieu, une relation en devenir

Mais le lieu, c'est aussi la *chôra* dans le *Timée* de Platon, qui exprime une relation entre un espace et le corps qui le pratique. Cette vision du lieu est attachée au monde sensible et présente une autre logique que celle de l'identité physique, celle du prédicat (Berque, 2000). En effet, cette relation est constamment en devenir puisque le lieu dépend des choses et les choses dépendent du lieu. Le lieu possède bien une identité physique, localisable, mais il existe également en fonction de prédicats, c'est-à-dire de sens et de valeurs que lui donnent les hommes. *« Que le lieu participe de l'être et réciproquement que l'être participe du lieu, cela semble effectivement la réalité du monde sensible, celui où nous sommes plongés. »* (Berque, 2010, p. 32). Les lieux sont ainsi nommés, représentés et qualifiés par les habitants et associés à des espaces plus ou moins bien délimités qui peuvent être appropriés à différents niveaux selon les qualités, notamment sonores, qu'ils présentent. Le lieu, c'est le Thie à Kronsberg, une place qui regroupe les services, équipements et commerces du quartier, mais qui est critiquée par les habitants qui ne reconnaissent pas en elle une place centrale, qui ne s'y sentent pas bien, qui la trouvent trop grande et trop calme.

3.1.3 La partie d'un ensemble

Le lieu n'est pas isolé, il fait partie d'un ensemble, en ce qui concerne notre recherche le quartier, et pour s'en différencier doit présenter *« une certaine homogénéité, une lisibilité permettant d'en apprécier les traits spécifiques. »* (Donadieu, De Boissieu, 2001, p. 203). Le lieu se distingue du Tout par ses qualités et est nommé par les habitants en tant qu'une entité particulière.

La lisibilité du lieu englobe ces deux aspects physique et sensible et dépend ainsi de la matérialité du lieu, de ses usages, des événements et des pratiques quotidiennes qui s'y passent, ainsi que de la manière dont les habitants les perçoivent et les représentent, leur donnent du sens et des valeurs. En outre, le lieu, dans sa matérialité, possède à la fois une architectonique fixe et des registres qui évoluent en fonction de la présence et l'intensité de certains éléments dans le temps (Lévy, Lussault, 2003) : pour une place par exemple, il s'agit d'une part de ses dimensions, des bâtiments qui l'environnent, du mobilier urbain, du traitement du sol, de la végétation, des flux de mobilités (voitures, transports en commun, cyclistes, piétons) et des données sensorielles (lumière, température, bruit, etc.), mais aussi des pratiques sociales qui s'y passent. C'est pour cela que le lieu comme contenant peut être débordé par certains de ces éléments et qu'une part de ce qui le compose se trouve hors de lui (Lévy, Lussault, 2003). Le lieu perd en lisibilité lorsque son paysage sonnant n'a pas de sens ou de valeur pour les habitants.

Nous définissons en résumé le lieu comme une portion d'espace plus ou moins bien délimitée, nommée ou/et représentée par les habitants et située dans un ensemble, ici le quartier. Il est caractérisé par sa morphologie, son aménagement, son ou ses usages, les pratiques, activités qui s'y déroulent et ses qualités sensorielles, plus particulièrement visuelles et sonores. Il peut prendre plusieurs formes, soit être un lieu pratiqué ou « lieu-contenant », soit être un « lieu-source ». Il peut être situé dans les limites administratives du quartier ou en déborder. Lorsqu'il fait sens pour les habitants et qu'il est chargé de valeurs (esthétiques, éthiques, historiques, etc.), il peut être source d'appropriation : symbolique, partagée ou intime ; et il peut être délaissé lorsque sa matérialité, ses usages et son paysage sonnant ne coïncident pas pour les habitants.

3.2 « Lieux-contenants » et « lieux-sources »

On a pu constater à travers l'analyse des informations recueillies à l'aide des entretiens, des parcours et journaux sonores que lorsque les habitants parlent de leur vécu sonore à Kronsberg ou Vauban, celui-ci déborde des limites administratives du quartier, voire des limites du quartier telles qu'elles ont été dessinées par les habitants (sur les plans donnés lors des entretiens exploratoires et des parcours sonores). Nous nommerons ces limites par la suite « limites du projet », puisqu'elles correspondent grossièrement à l'échelle d'intervention utilisée lors de la réalisation de ces quartiers, limites qui sont plus restreintes que celles du quartier tel qu'il est vécu par les habitants, également plus morcelées. En effet, la manière dont les habitants qualifient le paysage sonore est fortement liée à des lieux qu'ils nomment, représentent et qui sont considérés comme faisant partie des quartiers Kronsberg et Vauban, qu'ils soient compris dans les limites du projet ou non. De plus, ces lieux, externes ou internes, peuvent être eux-mêmes des contenants, dans le sens où ils sont pratiqués par les habitants, ou des « lieux-sources », non pratiqués, mais qui sont perçus et représentés par les habitants comme un binôme liant une source sonore à une structure spatiale ou une portion d'espace plus ou moins bien délimitée.

Figure 81. Le vécu sonore au-delà des limites du projet à Kronsberg (Geisler, 2011)

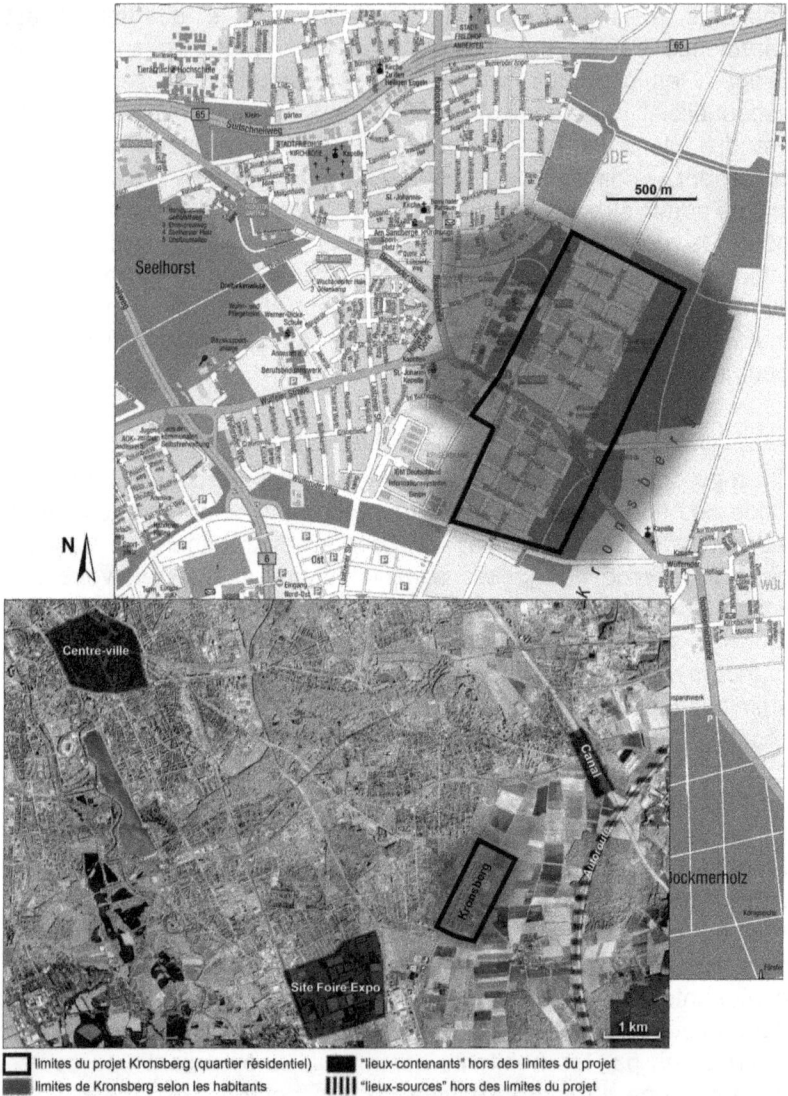

limites du projet Kronsberg (quartier résidentiel)
limites de Kronsberg selon les habitants
"lieux-contenants" hors des limites du projet
"lieux-sources" hors des limites du projet

Figure 82. Le vécu sonore au-delà des limites du projet à Vauban
(Geisler, 2011)

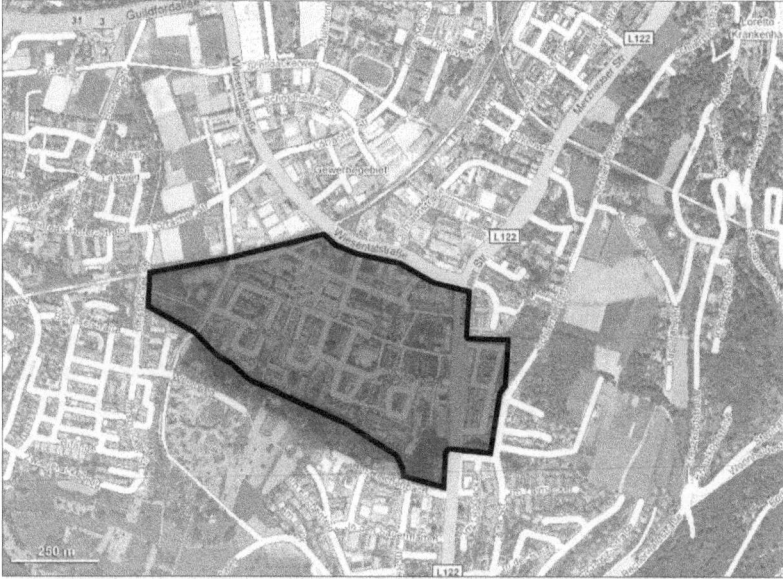

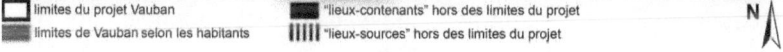

limites du projet Vauban

limites de Vauban selon les habitants

"lieux-contenants" hors des limites du projet

"lieux-sources" hors des limites du projet

N

Les « lieux-contenants » compris dans les limites du projet sont des espaces issus du projet, qui ont fait l'objet d'intentions conceptuelles, alors que ceux situés à l'extérieur de ces limites sont des lieux généralement préexistants, régulièrement pratiqués par les habitants et, évidemment, appréciés. La distance entre ces lieux et les limites officielles du quartier peut être très variable, mais n'excède pas un trajet en transport en commun ou à vélo de vingt minutes. Généralement, ces lieux distants viennent compléter les manques ressentis au sein du quartier : par exemple, à Kronsberg, on va au centre-ville qui est plus vivant que le quartier lorsqu'on reçoit des amis, et à Vauban on va au Schönberg parce qu'on peut s'y retirer au calme.

Quant aux « lieux-sources », ce sont des éléments sonores ou des situations sonores, associés à des espaces, des bâtiments ou des structures plus ou moins délimités par les habitants, qui peuvent être compris dans les limites du projet ou à une distance variable (de quelques mètres à plusieurs kilomètres). Ces « lieux-sources » ne sont généralement pas pratiqués, le corps n'y est pas présent, mais ils ont une influence sur le paysage sonore du quartier, ça peut être :

- les cloches de l'église du quartier voisin ;
- les bruits des derniers chantiers ;
- les trains sur la voie ferrée à Vauban ;
- ou la rumeur de l'autoroute située à quelques kilomètres à l'est de Kronsberg.

Ces observations soulèvent la question de la pertinence de l'échelle d'intervention, ou du moins de réflexion, que constitue le quartier dans le projet urbain, question d'autant plus pertinente lorsqu'elle touche au monde sonore qui ne connaît pas de barrière stricte. Si notre terrain d'étude est bien le quartier dans ses limites projectuelles, on se rend rapidement compte que le paysage auditif des habitants déborde largement de ces limites abstraites.

3.3 Lieux appropriés et lieux délaissés

L'analyse paysagère[1] différencie généralement les hauts-lieux, sites exceptionnels et renommés, paysages institutionnels qui font consensus, des lieux plus ordinaires définis par les perceptions et

---

[1] Voir les Atlas des paysages dont l'objectif est d'établir un état des lieux des paysages et d'identifier les enjeux auxquels ces paysages sont confrontés.

les valeurs locales. À l'échelle des quartiers étudiés et dans le contexte de l'analyse du paysage sonore ordinaire, les lieux nommés, représentés et qualifiés par les habitants de Kronsberg et Vauban sont plutôt de l'ordre de l'ordinaire, du quotidien, bien que certains puissent faire office de symboles du quartier.

En outre, les lieux publics sont habituellement considérés comme collectifs, chargés de valeurs communes, alors que par opposition, les lieux domestiques (maisons, appartements, jardins) où les valeurs sont plus individuelles, sont plutôt associés à l'intimité. Mais d'après l'analyse que nous avons pu faire du paysage auditif des habitants de Kronsberg et Vauban, trois types de lieux correspondant à des niveaux d'appropriation différente des espaces extérieurs apparaissent clairement :

- les lieux symboliques, communément nommés et décrits comme représentatifs du quartier ;
- les lieux partagés ou pratiqués collectivement, significatifs de la vie sociale, des modes de vie dans le quartier et de la qualité des aménagements ;
- et les lieux intimes, vécus de manière plus personnelle.

3.3.1 Les lieux symboliques, objets de consensus

Les lieux symboliques, communément reconnus comme représentatifs du quartier, en accord généralement avec les images véhiculées par les acteurs de l'aménagement, donnent une visibilité du quartier aux personnes extérieures et au reste de la ville. Ces lieux, pour les habitants et les institutions incarnent le quartier morphologiquement, socialement et/ou esthétiquement (majoritairement d'un point de vue visuel). Ces lieux peuvent être des espaces urbains animés comme Vaubanallee à Vauban ou des espaces paysagers originaux comme la colline panoramique dans la prairie à Kronsberg, ou encore des lieux très imagés, représentatifs de l'histoire du quartier comme le Site de la Foire Expo à Kronsberg ou les anciennes casernes de la S.U.S.I. à Vauban. Ce sont des lieux identitaires par différenciation avec le reste de la ville, qui peuvent être pratiqués ou non par les habitants eux-mêmes et sont moins définis d'après leurs qualités sonores que visuelles.

À Kronsberg, par exemple, si un lieu symbolise le plus pour les habitants le quartier, c'est la colline artificielle située dans la prairie au nord. C'est un « haut-lieu » à l'échelle du quartier et de la ville. C'est avant tout une colline panoramique, « *le plus haut point de*

Hanovre »[1] (K-BM3), qui offre « *une vue fantastique sur toute la ville et les environs »*[2] (K-PCS1) et permet notamment d'assister au Festival international de feux d'artifices qui se tient tous les ans de mai à septembre à Hanovre. C'est également un point de rassemblement officiel lors de regroupements évangélistes à Pâques, lors de fêtes comme la Saint-Sylvestre ou l'hiver quand il y a suffisamment de neige : « *Cet hiver, les enfants ont fait de la luge sur la colline, c'était très amusant. Des gens de toute la ville sont venus. »*[3] (K-PCS6).

C'est un lieu déjà peuplé d'histoires : une habitante (K-PCM14) affirme qu'il s'agit en fait d'un cadeau du paysagiste chargé de l'aménagement de la prairie, qui, bénéficiant d'un budget plus large que prévu et de terres excavées en quantité, à décidé d'offrir aux habitants de Kronsberg cette colline. Une autre habitante raconte les origines de la croix située sur le sommet : « *La croix de Kronsberg, en fait c'est un gag. Quand ils ont fait la colline, trois retraités assis là-haut se sont dits que le « mont » avait besoin de sa croix. Et une nuit, ils ont fait une excursion pour aller y planter cette croix qu'ils avaient faite. Et un jour, la croix était là ! Il y a une petite boîte après la croix qui contenait un livre d'or pour noter ses impressions d'ascension, comme sur les vrais monts. Mais il a été volé. »*[4] (K-PCM15).

Ce lieu symbolique de Kronsberg est plus particulièrement lié à des images visuelles calmes et apaisantes : « *Il y a toujours quelqu'un sur la colline, on peut y voir loin. C'est une image paisible.* » (K-PCM14), « *C'est un lieu magique, un peu coupé du monde. [...] Le calme, l'étendue, la perspective. »*[5] (K-BM3). Mais il est aussi associé à des souvenirs sonores, comme l'hiver passé où enfants et adultes de toute la ville se sont retouvés pour faire de la luge :

---

[1] Der höchste Punkt von Hannover.
[2] Einen fantastischen Ausblick auf die ganze Stadt und die Umgebung.
[3] Letzten Winter sind die Kinder auf dem Hügel schlitten gefahren, es war sehr lustig. Menschen aus der ganzen Stadt sind gekommen.
[4] Das Kreuz vom Kronsberg ist eigentlich ein Gag. Als sie den Hügel gemacht haben, saßen drei Rentner da oben und haben sich gedacht, der « Berg » braucht ein Kreuz. Bei Nacht haben sie das Kreuz aufzustellen, das sie gemacht hatten. Und eines Tages war das Kreuz da ! In der Schachtel am Kreuz war ein goldenes Buch, worin man seine Besteigungseindrücke notieren konnte, wie bei richtigen Bergen. Aber es ist gestohlen worden.
[5] Auf dem Hügel ist immer jemand, man kann dort weit sehen. Es ist ein ruhiges Bild / Es ist ein magischer Ort, ein bisschen abgeschieden [...] Die Ruhe, die Weite, der Ausblick.

« *Quand il y avait de la neige cet hiver, la colline était pleine de réjouissance et de vie.* »[1] (K-PCM14).

À Vauban, la Vaubanallee est un symbole fort du quartier pour les habitants, très lié à son esthétique visuelle, car elle représente en condensé l'architecture hétéroclite qui caractérise le quartier. Mais c'est aussi un symbole sonore fort de modes de vie choisis, puisque les marqueurs sonores du tramway et de l'absence de voitures symbolisent le choix des habitants de se détacher de la voiture et de ses bruits : « *Cette rue est généralement très calme, parce qu'il n'y a pas beaucoup de voitures et ce sont juste les habitants de Vauban qui y passent. Normalement ils doivent laisser leurs voitures dans les garages. Sinon, on entend seulement... le tram qui n'est pas bruyant et les vélos.* »[2] (V-PCS10).

C'est l'axe central qui permet l'accès au quartier et rassemble la majeure partie des commerces. Sont greffés à cette allée des lieux également très représentatifs de Vauban comme la S.U.S.I., la place du marché et les parcs (*Grünespangen*).

3.3.2 Les lieux partagés, vecteurs et supports de sociabilités

Nous l'avons vu, la connaissance de l'environnement sonore est basée sur l'expérience, l'écoute se pratiquant en immersion. Autant les images peuvent être véhiculées par des revues, des documents, autant le paysage sonore ne peut être qu'appréhendé sur place. Plus on quitte les lieux symboliques, les plus communément liés à des représentations consensuelles des quartiers, vers des lieux partagés et plus l'appropriation est liée au vécu sonore quotidien. Les lieux partagés sont des lieux pratiqués de manière collective. Ils sont le fait d'aménagements et de pratiques sociales, et possèdent des qualités sonores reconnues par la majorité des habitants. Étant des objets d'appropriation forte par ces derniers, ils peuvent être le théâtre de conflits d'usage, et font l'objet d'une volonté de conservation ou d'une attente collective forte. Ces lieux, pouvant être à la fois calmes et vivants, sont les lieux les plus significatifs de la vie quotidienne dans ces quartiers, ainsi que des modes de vie qui s'y développent.

---

[1] Als im Winter Schnee lag, war der Hügel voll Freude und Leben.

[2] Diese Straße ist meistens ganz ruhig, weil die Autos, die hierher kommen, wenige sind, und das sind nur Leute, die zu Vauban gehören. Normaleweise müssen sie ihre Autos in den Parkgaragen lassen. Sonst hört man nur... die Straßenbahn, die nicht laut ist, die Fahrräder.

On constate qu'il y a plus de lieux partagés à Vauban qu'à Kronsberg, certainement en raison de la densité, mais aussi de la dynamique sociale, voire communautaire qui existe à Vauban.

En effet, à Vauban, la place du marché, le ruisseau, les différents parcs, le boulanger Bäckerbenny sont des lieux de rencontre et de détente reconnus par la majorité des habitants. Ils sont significatifs de la sociabilité qui existe à Vauban. La place du marché est par exemple un lieu très central, qui accueille un centre socio-culturel, un restaurant, le marché hebdomadaire, des fêtes : *« Et aussi beaucoup de gens sont assis dehors quand il fait beau, le soir pour boire un verre de vin. C'est aussi ici qu'a lieu notre marché. »* (V-PCS6), *« C'est aussi sympa sur cette place du marché ici, qu'il y ait tant de choses. La semaine dernière il y avait un concert, il y a aussi les enfants qui jouent au foot et la fête de l'été. C'est une place que tout le monde utilise pour tout. Oui, c'est bien. »*[1] (V-PCS8). C'est un lieu très vivant dont le paysage sonnant est rythmé par les activités à l'échelle de la journée, de la semaine et de l'année. De nombreux marqueurs sonores du quartier y sont présents : les oiseaux, les enfants, les gens ou encore la musique.

C'est aussi un lieu qui fait la fierté des habitants puisqu'il a fait l'objet d'une lutte importante avec la Municipalité de Fribourg qui pensait que le quartier n'était pas assez grand pour y aménager une place de cette importance.

À Kronsberg, la prairie est certainement le lieu partagé le plus apprécié du quartier, pratiqué par tous. C'est un lieu de détente et de rencontres : *« Les gens se disent toujours bonjour ici. Ce n'est pas très courant en Allemagne. Quand quelqu'un est sur un banc, les gens s'arrêtent pour discuter, c'est sympa. »*, (K-PCM8), *« Je trouve que la promenade fonctionne bien : des cyclistes, des joggers, des chiens, tout le monde ensemble. »*[2] (K-PCM16).

À elle seule, la prairie rassemble de nombreux marqueurs sonores de Kronsberg : *« En été il y a des moutons qui se déplacent avec le berger. »* (K-PCM8), *« Il y a beaucoup de vent. Quelques avions*

---

[1] Und hier wird viel auch draußen gesessen beim gutem Wetter, und abends ein Glas Wein getrunken. Und da findet man auch unseren Markt / Das ist auch schön an diesem Marktplatz hier, dass es sehr oft viele Sachen gibt. Letzte Woche war hier ein Konzert, auch viele Kinder spielen Fußball, und das Sommerfest. Das ist ein Platz, den alle benutzen, für alles. Ja das ist schön.

[2] Die Leute grüßen sich immer hier. Das ist nicht so üblich in Deutschland. Wenn jemand auf einer Bank sitzt, halten die Menschen an und diskutieren, das ist schön / Ich finde, dass die Wiese gut funktioniert : die Fahrräder, die Jogger, die Hunde, alle zusammens.

autour de la prairie qui tournent. Le son des cerfs-volants. » (K-PCS7), « *On entend un peu l'autoroute, mais c'est faible. Ça dépend du sens du vent.* » (K-PCM10), « *Les oiseaux de février à octobre.* »[1] (K-PCM15).

3.3.3 Les lieux intimes ou l'expérience personnelle dans l'espace public

Les lieux intimes sont pratiqués de manière plus personnelle. Étymologiquement, l'« intimité » renvoie à ce que l'individu laisse entrer, synonyme d' « intérieur ». Il ne s'agit pas forcément d'un espace tangible, mais d'un concept opératoire : être chez soi, dans son corps, etc. L'espace intime est plus large que l'espace privé puisqu'il se déplace avec chaque individu. Comme le souligne A. Moles (1977), le corps vécu n'est pas limité à la surface de la peau mais englobe un espace subjectif, sorte de bulle.

Ces lieux intimes, particulièrement vulnérables tant leur appropriation est forte, sont liés à des expériences personnelles ou vécues dans un cercle restreint familial ou amical, même si cette expérience peut être vécue de manière proche par d'autres habitants du quartier.

Ces lieux ne sont pas forcément situés à proximité du logement et l'espace vécu familier de l'habitant peut même être éloigné de ce dernier. Ces lieux, s'ils peuvent correspondre à des espaces fermés, protégés et de petite dimension, comme à des espaces ouverts, présentent une qualité commune : le calme.

Si traditionnellement le commun renvoie au dehors, aux espaces extérieurs, au voisinage et au partage social, et l'intime est plutôt associé au dedans, à l'espace privé, au chez-soi et à l'univers familial, la limite entre le commun et l'intime est vague et l'intime déborde sur l'extérieur. C'est ce qu'on observe à Kronsberg et Vauban où l'intimité dans les espaces publics semble possible.

On trouve à Kronsberg plus de lieux intimes qu'à Vauban, plus de possibilités de s'isoler. Ce constat est certainement dû aux espaces extérieurs moins condensés.

Le cloître est un de ces lieux intimes très apprécié de plusieurs habitants qui viennent s'y reposer, généralement seuls : « *Cet*

---

[1] Im Sommer wandern die Schafe mit dem Schäfer / Es gibt viel Wind. Einige Flugzeuge drehen um die Wiese. Das Drachengeraüsch / Man hört die Autobahn ein wenig, aber das ist schwach. Das hängt von der Windrichtung ab / Die Vögel, von Februar bis Oktober.

endroit je le trouve très beau : avec l'eau qui coule, c'est toujours quelque chose d'apaisant. C'est toujours très calme ici, on n'entend rien de l'extérieur. Ça a été un peu construit comme un cloître, et c'est un point central, un point calme. Cet endroit me plaît beaucoup : le fait qu'il soit assez fermé, cette unité, ce calme, c'est bien. »[1] (K-PCM15).

Certaines cours intérieures sont également très appréciées de certains habitants de Kronsberg : *« Je me trouve dans mon endroit préféré à Kronsberg, où j'aime aller. C'est un terrain de jeux entre Krügerskamp et Weinkampswende, une cour intérieure entre des immeubles collectifs. Un lieu très beau, calme et ensoleillé : mon oasis calme. Je suis là un moment avec ma fille qui fait du vélo. Je m'assois ici après le travail, dans l'herbe, près d'une mare et j'écris dans ce journal. Le soleil brille beaucoup, je savoure ses chauds rayons. »*[2] (K-BM3).

À Vauban, la densité et le contrôle social dénoncé par certains habitants offre moins de lieux intimes. Les habitants vont alors les chercher à l'extérieur du quartier.

Un habitant va par exemple s'isoler avec son bébé près d'Augustinum, un centre de soins pour personnes âgées : *« Là-bas devant, à Augustinum, il y a un petit bassin avec une fontaine. J'aime bien m'y asseoir parfois. Et simplement…oui, je lis un livre, la petite est à côté de moi. Tant qu'elle dort, je reste là, je lis et j'écoute les clapotis de l'eau. »*[3] (V-PCS7).

3.3.4 Les lieux délaissés, l'anonymat du calme et du vivant négatifs

Un quatrième type de lieu existe, objet *a contrario* d'une non appropriation par les habitants, que l'on pourrait rapprocher de la notion de « non lieu » de Marc Augé (1992), qu'il définit comme

---

[1] Diesen Ort finde ich sehr schön : mit dem fließenden Wasser, es ist immer etwas Beruhigendes. Es ist überhaupt immer sehr ruhig hier, man hört nichts von draußen. Er wurde ein bisschen wie ein Kloster gebaut und es ist ein zentraler Ort, ein ruhiger Ort. Es gefällt mir sehr : die Tatsache, dass er geschlossen ist, diese Einheit, diese Ruhe, es ist schön.

[2] Ich befinde mich in meinem Lieblingsort in Kronsberg, wo ich gerne hingehe. Es ist ein Spielplatz zwischen Krügerskamp und Weinkampswende, ein Innenhof zwischen den Wohnhaüsern. Ein sehr schöner, ruhiger und sonniger Ort : meine ruhige Oase. Ich bin einen Moment da mit meiner Tochter, die Rad fährt. Ich setze mich nach der Arbeit hier ins Gras beim Teich und schreibe in dieses Tagebuch. Die Sonne scheint sehr, ich genieße ihre warmen Strahlen.

[3] Da vorne in Augustinum ist so ein Teich mit Springbrunnen, da sitze ich mal auch gerne. Und einfach… ja, ich lese ein Buch, die Kleine ist neben mir. Solange sie schläft, bleibe ich da, ich lese und höre das Rauschen des Wassers.

dépossédé de son sens et de son usage, interchangeable, anonyme et insignifiant. Le « non lieu » concerne surtout les espaces engendrés par la mobilité croissante des sociétés urbaines et la surabondance événementielle et spatiale : les moyens de transport, les équipements liés à la circulation, les centres commerciaux, etc. Selon M. Augé, le « non lieu » s'oppose au « lieu anthropologique », qui lui est identitaire, relationnel et historique. Toutefois, nous ne parlons pas de « non lieu », mais de lieu délaissé : d'une part parce que ces lieux, bien qu'ils soient peu pratiqués et appréciés, sont nommés et représentés, ils existent donc matériellement et sensiblement, et d'autre part parce qu'ils ne sont pas forcément le résultat uniquement d'une surabondance et d'une saturation sonore de l'espace (de vivant négatif), mais peuvent aussi être à l'inverse le résultat du vide et de l'absence (du calme négatif). En outre, ils ne peuvent pas être des « non-lieux » puisqu'ils bénéficient d'un devenir et ne sont pas définitvement délaissés. Toutefois, ils montrent de nombreuses faiblesses et doivent faire l'objet d'améliorations.

Le Thie à Kronsberg fait partie de ces lieux où la lisibilité n'est pas claire pour les habitants : c'est une place centrale qui devrait être un centre névralgique pour tout le quartier, mais qui n'est pas appropriée, ni par les habitants, qui la traversent ou vont y faire leurs courses par besoin, ni par les personnes extérieures au quartier, surtout attirées par la prairie. C'est un lieu trop calme, inconfortable, dans lequel on n'a pas envie de s'arrêter, qui fait déjà l'objet d'une réhabilitation : « *Mais la place est en cours de réaménagement, c'est bien. Elle est très grande et sans vie. Il n'y a jamais personne. Ce n'est pas un lieu où on a envie de s'attarder, de s'asseoir, parce qu'il n'y a rien à voir. Par exemple, nous n'avons pas de marché. Dans d'autres quartiers, il y a un marché une ou deux fois par semaine. On rencontre beaucoup de gens, on peut acheter des choses qu'on ne trouve pas ici. Je trouve aussi le bâtiment laid, c'est une caisse, il n'y a rien qui accroche le regard. Je ne le trouve pas beau. Mais ils sont en train de construire quelque chose, on va se laisser surprendre.* » (K-PCS3), « *Il y a des erreurs de construction comme le Thie. Ça a été pensé comme un centre, mais ça n'en est pas un. Ça n'a jamais été accepté en tant que tel. Ce qui est bien ce sont les possibilités de faire les courses, la connexion au tram. Mais une enquête de satisfaction avait été faite et une question était « qu'aurait-on pu mieux faire à Kronsberg ? »* » *et la plus grosse critique faite par les habitants était pour cette place. Ce qu'il manque à Kronsberg, ce sont des possibilités de s'asseoir ensemble. Il y avait un bar sympa près du Krokus mais il a fermé.* »[1] (K-PCM12).

Certaines améliorations semblent toutefois possibles, notamment à travers la description positive par certains habitants d'événements ponctuels ou d'éléments sonores comme la mise en marche de la fontaine et l'ouverture du glacier en été, qui redonnent vie l'espace de quelques semaines à la place : *« En été, l'ambiance est meilleure : la fontaine est en marche et les mères avec leurs enfants jouent autour avec l'eau. Et le glacier est ouvert, il y a du monde en terrasse dehors, c'est plus vivant »* (K-PCS3), *« Parfois il y a de l'eau qui coule dans ce truc, et alors tous les enfants crient et c'est sympa. Mais peut-être qu'il fait chaud deux semaines dans l'année... »*[2] (K-PCS4).

À Vauban, la voie ferrée est un lieu particulièrement délaissé par les habitants résidant dans la partie ouest du quartier, qui subissent le bruit des passages de trains de jour et de nuit (cf. 1.2.2.2). On y a d'ailleurs installé en frange la zone d'activités, un *skate-park* et des logements étudiants.

---

[1] Aber der Platz wird neu gestaltet, das ist gut. Der ist sehr groß und ohne Leben. Da ist nie jemand. Es ist kein Ort, wo man Lust hat zu verweilen, sich hinzusetzen, weil es nichts zu sehen gibt. Zum Beispiel haben wir keinen Markt. In anderen Stadtteilen gibt es ein oder zwei Mal in der Woche einen Markt. Man trifft viele Leute, man kann Dinge kaufen, die man hier nichr findet. Ich finde das Gebaüde auch hässlich, es ist ein Kasten, nichts zieht den Blick an. Ich finde es ist nicht schön. Aber sie sind dabei, etwas zu bauen, lassen wir ns überraschen / Es gibt Baufehler wie den Thie. Er wurde wie ein Zentrum gedacht, aber er ist kleins. Er wurde nie so angenommen. Was gut ist, sind die Einkaufsmöglichkeiten, die Straßenbahnverbindung. Aber es wurde eine Befriedigungsumfrage gemacht und eine Frage war « Was hätte man in Kronsberg besser machen können ? » und die wichtigste Kritik der Bewohner betraf diesen Platz. Was in Kronsberg fehlt, sind Möglichkeiten, sich zusammen zu setzen. Beim Krokus gab es eine nette Kneipe, aber die hat geschlossen.
[2] Im Sommer ist die Atmosphäre besser : der Brunnen läuft und die Mütter spielen mit ihren Kindern bei dem Wasser. Und die Eisdiele ist geöffnet, es gibt Leute draußen auf der Terrasse, das ist lebendiger / Manchmal gibt es Wasser, das in diesemn Ding fließt, und dann schreien die Kinder und das ist schön. Es ist aber vielleicht zwei Wochen im Jahr warm.

Tableau 22. Classement des différents types de lieux à Kronsberg et Vauban (Geisler, 2011)

	Kronsberg	Vauban
Lieux symboliques	**K118** Site Foire Expo	**Vaubanallee** **S.U.S.I.**
Lieux partagés	**Prairie** **Square Sud** **Terrain de jeux Nord** Parc Bemerode Canal Centre-ville	**Place du marché** **Ruisseau** *Parc aventures* **Parc [3]** **Parc [5]** **Parc [2]** **Bäckerbenny**
Lieux intimes	**Cloître** **Mikro-Klima** **Habitat International** **Chez moi [5]** **Chemin au sud [23]**	Schönberg Augustinum *Terrain de foot* *Église de St-Georgen*
Lieux délaissés	**Thie** **Oheriendrift** **Square Nord** *Autoroute*	*Chantier* *Voie ferrée* **Paula-Modersohn-Platz**

En gras : les lieux compris dans les limites du projet de quartier
En romain : les lieux extérieurs aux limites du projet
En italique, les lieux-sources

On constate donc différents types de rapports sonores aux lieux et d'appropriation, allant du commun à l'intime. La limite entre ces deux modes d'appropriation est vague et ils s'articulent plutôt qu'ils ne s'opposent : en effet, un lieu symbolique et imagé, figé, comme la colline panoramique (K118) à Kronsberg, peut aussi être un lieu partagé, où l'on se retrouve en hiver pour faire de la luge, lié à des marqueurs sonores. Et un lieu partagé comme le Schönberg à Vauban, espace très pratiqué par la majeure partie des habitants de Vauban, où l'on peut amener des amis, peut être aussi un lieu intime lorsqu'on y va pour s'isoler. Ce rapport entre le commun et l'intime est déterminant du ressenti et du vécu [sonore] en ville, et *« réfléchir sur l'urbanisation, c'est se soucier de ce rapport. »* (Salignon, 2011, p. 104).

Figure 83. Lieux sensibles appropriés et délaissés à Kronsberg[1] (Geisler, 2011)

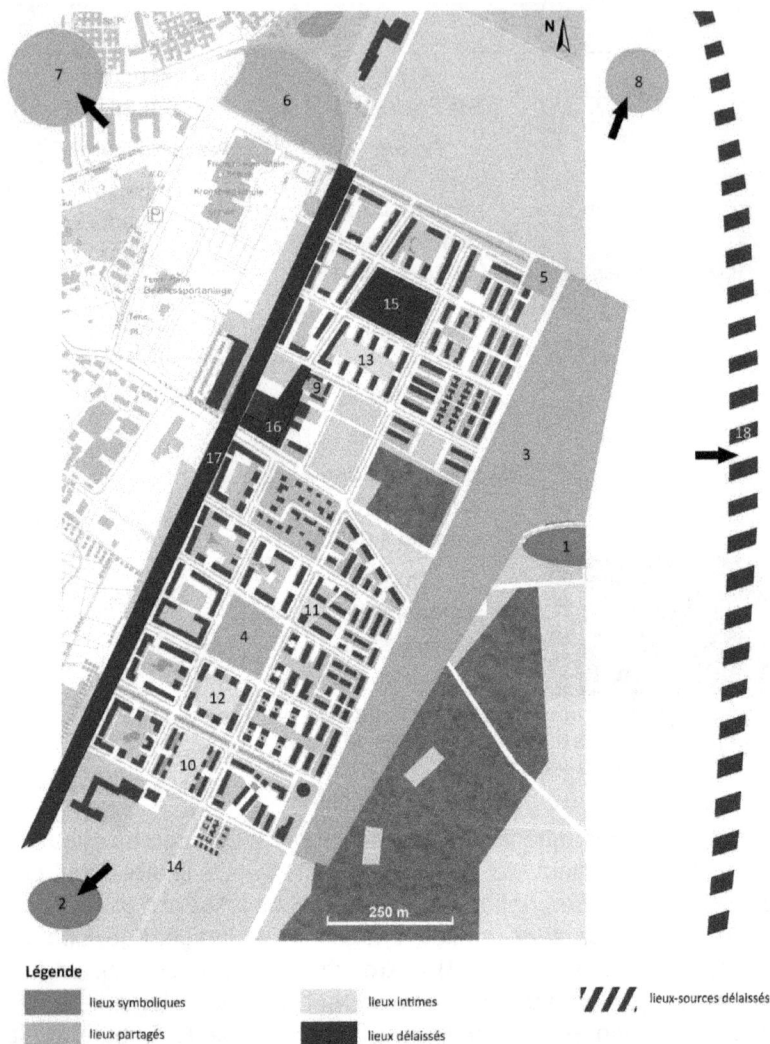

Légende

■ lieux symboliques	▨ lieux intimes	⧄ lieux-sources délaissés
■ lieux partagés	■ lieux délaissés	

1. Kronsberg 118 **2.** Site de la foire expo **3.** Prairie **4.** Square Sud **5.** Terrain de jeux Nord **6.** Parc Bemerode **7.** Centre-ville **8.** Bord du canal **9.** Cloître de l'église **10.** Cour Mikro-Klima **11.** Cour Habitat international **12.** Cour intérieure **13.** Cour intérieure **14.** Chemin au sud **15.** Square Nord **16.** Thie **17.** Rue principale **18.** Autoroute

---

[1] Pour les descriptions détaillées, se référer au plan du quartier Kronsberg sur le blog www.paysagesonore.net

Figure 84. Lieux sensibles appropriés et délaissés à Vauban[1] (Geisler, 2011)

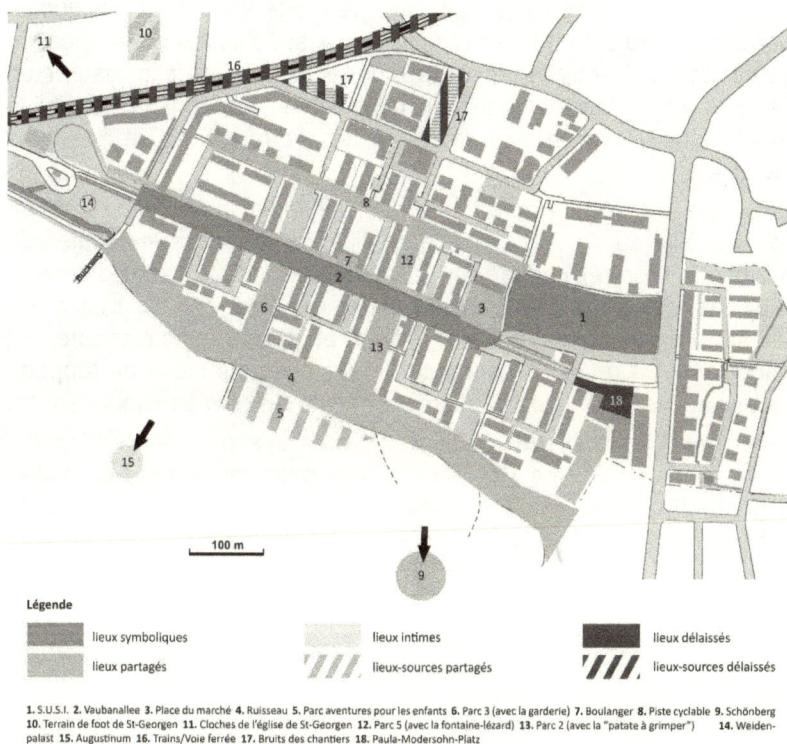

Légende

lieux symboliques	lieux intimes	lieux délaissés
lieux partagés	lieux-sources partagés	lieux-sources délaissés

1. S.U.S.I. 2. Vaubanallee 3. Place du marché 4. Ruisseau 5. Parc aventures pour les enfants 6. Parc 3 (avec la garderie) 7. Boulanger 8. Piste cyclable 9. Schönberg 10. Terrain de foot de St-Georgen 11. Cloches de l'église de St-Georgen 12. Parc 5 (avec la fontaine-lézard) 13. Parc 2 (avec la "patate à grimper") 14. Weiden-palast 15. Augustinum 16. Trains/Voie ferrée 17. Bruits des chantiers 18. Paula-Modersohn-Platz

Les trois éléments de qualification du paysage sonore qui sont ressortis des enquêtes auprès des habitants, croisées avec l'analyse du paysage sonnant et du paysage raisonné, sont des outils de conception paysagère qui interrogent sur l'identité sonore (marqueurs sonores), la diversité sonore (marqueurs sonores, indicateurs de qualité sonore et lieux) et l'échelle d'intervention du projet urbain (les lieux).

Les marqueurs sonores apportent des informations sur les pratiques sociales liées à l'ambiance telle qu'elle est définie par les habitants et aux espaces naturels et aménagés liés au paysage tel qu'ils le définissent. Ils permettent de définir la qualité, mais aussi l'identité

---

[1] Pour les descriptions détaillées, se référer au plan du quartier Vauban sur le blog www.paysagesonore.net

sonore d'un quartier. Ils interrogent sur l'éventuelle normalisation sonore des quartiers durables.

Les notions de calme et de vivant permettent de situer la qualité sonore générale d'un quartier ou de lieux spécifiques entre le calme positif et le vivant positif, et de montrer la nécessité d'assurer un certaine mixité sonore dans un quartier, en donnant la possibilité aux habitants d'accéder à la fois à des lieux calmes et des lieux vivants.

Les lieux montrent l'importance de l'échelle d'intervention lorsque l'on travaille sur le vécu sonore en ville, qui dépasse les limites du projet. Ils montrent aussi que les habitants développent différents rapports sensibles à leur espace vécu, qui sont plus ou moins liés au sonore (plus on va vers l'intime et plus le vécu sonore est important). La réflexion conceptuelle sur ces trois types de rapports et leur articulation devrait assurer la qualité du paysage sonore.

Ces trois éléments de qualification du paysage sonore peuvent servir à élaborer des documents de communication, des cartes d'identité sonores des quartiers et des lieux, agrémentées d'éléments visuels, de récits et d'enregistrements audio (annexes 22 et 23).

CHAPITRE 7
Retour sur la pertinence
de la demarche methodologique
et la complementarite des methodes utilisees

La qualification du paysage sonore ne peut pas selon nous se faire sans une approche qualitative, à même de prendre en considération toute la complexité de cet objet d'étude. Les méthodes d'analyse retenues, inspirées de pratiques urbanistiques et paysagistes, de dispositifs d'enquête utilisés en sociologie urbaine ou en anthropologie, et d'autres dispositifs d'enquête déjà testés dans le cadre de notre mémoire de Master II sur les signatures du paysage sonore urbain à Nancy, nous semblaient être les plus adaptées à notre étude. Toutefois, nous les testions pour la première fois. Cet aspect expérimental voulu des méthodes utilisées et la réalité du terrain, nous ont amené à faire évoluer les dispositifs d'enquête *in situ* dans le but de les améliorer, la pratique du terrain développant le savoir-faire.

Dans ce dernier chapitre, nous revenons sur la pertinence et la « validité scientifique » de notre démarche qualitative, emboîtée et évolutive. Nous revenons également sur la complémentarité et la pertinence des méthodes d'analyse du paysage auditif, face notamment aux difficultés que nous avions énoncées concernant la mise en langage et l'expression du vécu sonore.

1. Apports, limites et évolutions possibles de la démarche méthodologique utilisée

Les critères de validité proposés habituellement par la recherche scientifique (fiabilité, objectivité, généralisation, etc.) ont été dans le cas de notre étude remplacés par des critères de rigueur méthodologique. Ces critères reposent sur la présence prolongée sur le terrain, la description du contexte et des acteurs, l'usage de plusieurs méthodes d'investigation, afin de construire une compréhension riche et détaillée du phénomène étudié (Anadón, 2006).

Nous sommes restés en moyenne deux semaines dans chacun des quartiers de manière intensive, du matin au soir, ce qui nous a permis de nous imprégner du lieu et de collecter de nombreuses informations.

De la même manière qu'il est nécessaire d'éclairer la position du chercheur pour rendre fiable une étude qualitative[1], il était important dans le cadre de notre travail de contextualiser notre recherche : c'est ce que nous avons fait, en situant notre objet d'étude, le paysage sonore, dans un contexte urbanistique et politique, celui de l'essor du développement durable et de sa traduction opérationnelle en quartiers durables. Analyser le paysage sonore dans ces quartiers signifiait d'abord comprendre la manière dont avaient été réalisés ces quartiers, avec quels objectifs. C'est ce que nous avons obtenu à travers l'analyse du paysage sonnant et du paysage raisonné, qui donne un cadre rigoureux à l'analyse du paysage auditif.

Enfin, l'approche multiméthodologique utilisant la combinaison de plusieurs méthodes (la dérive sonore paysagère, le diagnostic urbanistique et paysager, les entretiens acteurs et habitants, les

---

[1] La validité scientifique dans des projets de recherche utilisant des méthodes qualitatives est souvent remise en cause par l'influence que le chercheur a forcément sur le processus de recherche. En effet, celui-ci interprète à sa manière, et selon son parcours personnel et professionnel, à travers ses écrits, le phénomène étudié. La validité d'une recherche de ce type est en partie atteinte lorsque le chercheur assume le fait qu'il est présent physiquement, psychologiquement et émotionnellement dans le processus de recherche et que sa rigueur scientifique est surtout basée sur son honnêteté à traduire les témoignages des personnes interrogées, tout en gardant un recul critique. Le chercheur est en effet loin d'être extérieur, il est « dépositaire » des propos recueillis qu'il interprète à travers ses propres filtres qui doivent être énoncés. En ce qui nous concerne, ces filtres sont ceux du concepteur, de l'architecte, dans la perspective d'aménagement et de création d'outils destinés à d'autres concepteurs. Notre position n'est pas neutre, elle a pour but plus général la meilleure prise en compte de la qualité de l'environnement sonore dans le projet.

parcours sonores, les journaux sonores) pour l'analyse d'un même phénomène (le paysage sonore), permet d'éliminer, ou du moins de réduire les biais et d'augmenter la fiabilité de l'étude, mais aussi de fournir une richesse qualitative et une meilleure compréhension du paysage sonore. Ces méthodes se sont nourries les unes les autres durant le terrain, et ont été adaptées à sa réalité.

1.1 Rééquilibrer le poids des méthodes sur le terrain

Les dimensions sensible et empirique de l'expérience de terrain donneraient des observations superficielles et hasardeuses. Pourtant, cette expérience est indispensable dans le cadre de recherches sur les rapports sensibles que les habitants entretiennent avec leur quartier, par la richesse qu'apporte l'ambivalence du terrain, entre l'intelligible et le sensible (Labussière, Aldhuys, 2008).

Le terrain n'a pas été qu'une simple validation de notre problématique, mais il a en partie participé à l'élaboration du raisonnement scientifique, nous forçant à réviser nos dispositifs d'enquête. En effet, il est « *un mode relationnel complexe qui évolue en fonction de paramètres théoriques et épistémologiques, mais aussi de la pratique du terrain elle-même.* » (Labussière, Aldhuys, 2008, p. 10). Nous avons ainsi bénéficié d'une certaine souplesse *in situ* qui nous a permis d'ajuster les dispositifs d'enquête à la réalité du terrain.

Les différentes méthodes que nous avons utilisées, le diagnostic et le travail d'investigation auprès des acteurs et des habitants, se sont nourries, complétées et transformées en fonction des mises en œuvre de chacune. Ces méthodes emboîtées, ayant été menées en deux grandes phases espacées de plusieurs mois, nous ont permis d'opérer des allers-retours entre des moments d'immersion sur le terrain et de distanciation, de prise de recul. Les différentes méthodes et leurs poids respectifs ont été réévalués sur place. Au départ de notre travail de recherche, les entretiens devaient par exemple être la méthode privilégiée (une cinquantaine dans chaque quartier) et être de véritables entretiens semi-directifs, traités en profondeur. Ils ont finalement pris la forme d'entretiens exploratoires courts, rééquilibrant l'ensemble de la méthodologie de manière plus qualitative, et permettant de cadrer les parcours et les journaux sonores. Il a donc fallu à la fois faire évoluer les méthodes pour qu'elles soient les plus efficaces possibles, chacune isolément, et dans leur combinaison.

Figure 85. Répartition combinée des différentes méthodes dans le temps et par terrain (Geisler, 2011)

Terrain Kronsberg à Hanovre

1ère phase : mai 2009

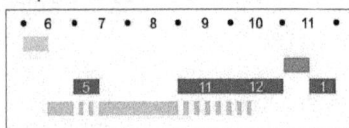

2ème phase : avril 2010

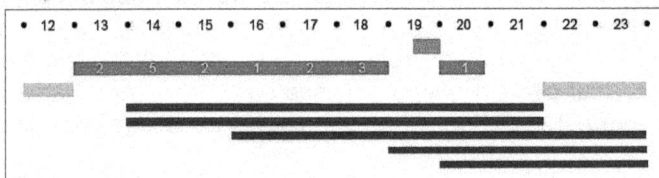

Terrain Vauban à Fribourg en Brisgau

1ère phase : novembre 2009

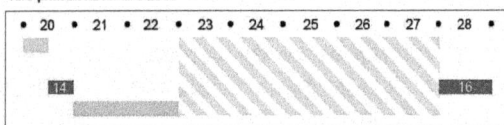

2ème phase : mai-juin 2010   6 oct. 2010

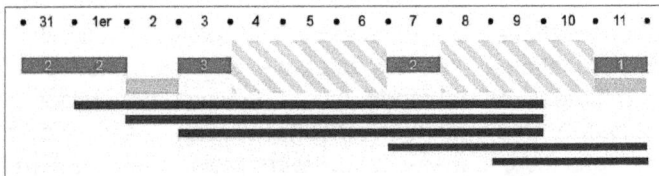

Légende

dérive sonore paysagère   entretiens exploratoires habitants   jours passés hors du terrain
entretiens acteurs   parcours commentés   journaux sonores
1 • 2 dates   nombre d'enquêtes réalisées

Les entretiens acteurs, les parcours et les journaux sonores ont été assurés par une seule personne, très rarement deux.

Les entretiens exploratoires ont été assurés par deux personnes à Kronsberg et trois à Vauban.

1.2 Faire évoluer les méthodes

Les méthodes qui ont le plus subi d'évolutions durant le terrain sont les méthodes les plus interactives, celles destinées à l'investigation auprès des habitants : les entretiens exploratoires, les parcours et les journaux sonores. La passation de chacune des méthodes a eu des répercussions sur la reformulation des autres.

1.2.1 Les entretiens : formuler des questions en interaction avec les personnes interrogées

Si un travail d'anticipation avait été mené quant à la traduction des questions de l'entretien exploratoire en allemand, il a fallu s'adapter sur le terrain aux réactions et à la compréhension des habitants face aux termes et aux concepts utilisés. Il a également parfois fallu réorienter les questions en fonction de la richesse des réponses obtenues.

1.2.1.1 Choisir les « bons mots »

Comme nous avons mené nos enquêtes en Allemagne, n'ayant pas la possibilité de trouver ce type de quartier en France habité et pratiqué depuis plusieurs années, divers problèmes ou questionnements sont apparus quant à l'usage de la langue. Hormis quelques exceptions faites en français et en anglais, tous les entretiens et parcours sonores ont été menés à Hanovre et Fribourg en Brisgau en allemand.

Nous avons pu constater que les notions abordées comme le paysage (*Landschaft*) ou l'ambiance (*Atmosphäre*) semblaient ne pas poser de problème de compréhension. Une recherche avait été auparavant menée auprès de germanophones et à partir de documents divers, scientifiques ou du domaine courant, afin d'identifier les traductions les plus adaptées aux notions que nous voulions aborder. Par exemple, il avait fallu choisir entre les termes « *Atmosphäre* » et « *Stimmung* » qui peuvent tous les deux définir la notion d'« ambiance ». Si les deux termes semblent être communément utilisés de manière à peu près équivalente, dans le domaine sonore (musical, acoustique et plastique), les germanophones semblent utiliser de préférence la notion « *Klangatmosphäre* » (littéralement « ambiance sonore »), c'est pourquoi nous avons opté pour celle-ci. Nous avons ensuite testé les deux termes lors des premiers entretiens qui se sont avérés appropriés.

1.2.1.2 S'assurer de la compréhension des questions par les habitants

Il en a été autrement pour les notions ou termes de « développement durable » (*nachhaltige Entwicklung*) et de « quartier durable » (*nachhaltiger Stadtteil*) qui semblaient, plus particulièrement à Kronsberg, souvent inconnus et incompréhensibles pour les habitants. Ces termes étant relativement nouveaux et complexes à définir, il a donc fallu expliquer régulièrement de manière très synthétique aux personnes interrogées ce qu'était un quartier durable[1], afin qu'ils nous disent s'ils considèrent leur quartier comme un quartier durable, en essayant d'influencer le moins possible leurs réponses.

Nous avons également rencontré une difficulté particulière à Kronsberg : une partie des personnes interrogées était d'origine étrangère, et l'allemand n'étant pas leur langue maternelle, certains ont eu d'autant plus de mal à s'exprimer sur leur paysage auditif. Lorsque des personnes exprimaient une certaine frustration de ne pas pouvoir s'exprimer correctement, nous n'avons pas insisté sur leur participation à notre enquête, car les biais de traduction de leur pensée auraient été démultipliés. Toutefois, une partie de la population a de ce fait été involontairement écartée de l'investigation.

1.2.1.3 Faire évoluer les questions

Enfin, nous avons légèrement fait évoluer les questions entre la première phase de terrain à Kronsberg et la première phase de terrain à Vauban lorsque les réponses obtenues à Kronsberg nous semblaient insuffisantes. Nous voulions ouvrir au maximum les questions afin de ne pas influencer les réponses des habitants, notamment en n'intégrant pas du tout la dimension sonore dans nos interrogations. Toutefois, nous nous sommes rendu compte, suite à la pré-analyse des entretiens à Kronsberg, que les liens entre les définitions du paysage et de l'ambiance données lors des entretiens et le vécu sonore décrit lors des parcours et dans les journaux sonores n'étaient pas toujours très clairs. Nous avons donc ajouté à Vauban, après avoir demandé aux habitants leurs définitions du paysage et de l'ambiance, des questions sur la dimension sonore

---

[1] Nous leur présentions de manière assez évasive le quartier durable comme un quartier conçu et réalisé (ou réhabilité) à l'aide d'une démarche à la fois écologique, sociale et économique.

éventuelle de ces deux concepts.

Ces constats faits sur le terrain (difficulté de prise de parole, problèmes liés à l'expression orale) nous ont confirmé la nécessité d'une approche méthodologique emboîtée et « alternative ». Par « alternative », nous entendons qui engage l'usage de méthodes proposant d'autres moyens de communication du paysage auditif, qui, s'ils ne font pas disparaître tous les biais, permettent au moins aux populations concernées de pouvoir s'exprimer autrement qu'uniquement par la parole. C'est pourquoi nous avons décidé d'augmenter le poids des parcours et des journaux sonores, d'autant plus que les pré-analyses des entretiens, avaient déjà montré des redondances aux alentours du vingtième entretien.

1.2.2 Le parcours sonore : trouver un équilibre entre liberté et cadrage

En ce qui concerne le protocole du parcours sonore, il a été adapté aux données recueillies à partir des entretiens et à la réalité du terrain, c'est-à-dire à la fois à la morphologie du quartier et à sa population et ses pratiques quotidiennes.

1.2.2.1 Augmenter la durée du parcours

Concernant les parcours sonroes, ils devaient au départ durer une vingtaine de minutes, durée qui s'est vite avérée insuffisante, d'une part parce que le choix du cheminement était laissé aux habitants et qu'ils n'avaient pour la plupart aucune notion du temps que cela pouvait nécessiter. Ce qui montrait d'ailleurs une distorsion entre leur représentation du parcours sur la carte et sa mise en pratique dans la réalité. D'autre part, cette méthode immersive du parcours rend le plus souvent les personnes interrogées assez à l'aise et très volubiles, et bien que nous ayons été amenés à les recadrer de temps en temps, nous laissions libre cours à leur manière de nous décrire leur paysage auditif. Certains parcours ont ainsi duré jusqu'à deux heures. Mais cadrer plus rigoureusement les parcours aurait fait perdre une partie de la richesse des informations recueillies.

1.2.2.2 Laisser le choix du parcours aux habitants

S'il avait été au départ décidé que le parcours serait au choix de l'enquêteur, selon la pertinence des différents espaces traversés, nous avons préféré laisser le choix du parcours aux habitants, et ce pour plusieurs raisons :

- tout d'abord, comme il était difficile d'obtenir des rendez-vous, que les gens libèrent une heure dans leur journée, et qu'ils étaient souvent accompagnés de leurs enfants, ils préféraient généralement nous donner rendez-vous à proximité de leur logement. Pour gagner du temps, il était alors plus simple d'y démarrer le parcours ;
- ce choix s'expliquait aussi par des habitudes, des pratiques quotidiennes liées à ces parcours-là. Ils ont donc donné à la fois des informations plus détaillées sur leur expérience sonore quotidienne dans leur quartier, mais aussi sur les usages du quartier de manière plus générale ;
- enfin, le choix du parcours ayant été fait par les habitants, nous avons à chaque fois découvert des lieux différents du quartier et des pratiques différentes, même si nous l'arpentions depuis plusieurs jours et pensions le connaître « par cœur ». Cela nous a également permis de couvrir pratiquement toute la superficie du quartier.

Et finalement, les habitants parlent beaucoup plus lorsqu'ils sont libres de choisir le parcours, même s'ils s'évadent aussi de ce fait dans des anecdotes ou des explications sur le quartier qui ne sont pas directement liées à leur expérience sonore. Mais ils finissent toujours par y faire référence de manière indirecte.

1.2.2.3 Assurer l'emboîtement du parcours et de l'entretien

Si le parcours devait uniquement dans notre cadrage protocolaire d'origine comprendre un premier temps de représentation des limites du quartier et de dessin de sa carte mentale sonore par les participants, puis un deuxième temps de cheminement dans le quartier, nous avons petit à petit ajouté une série de questions qui se sont formulées au fur et à mesure de la passation des parcours : Pensez-vous que le paysage sonore de Vauban est différent de celui d'autres quartiers ? Pourquoi ? Est-ce que le paysage sonore de Vauban varie en fonction du moment de la journée, de la semaine ou de l'année ? Quel serait pour vous le quartier idéal ? Quel serait pour vous le paysage sonore idéal ? Etc.

Cette série de questions avait lieu à la fin du parcours et avait deux objectifs :

- le premier était de relier plus facilement les résultats obtenus à l'aide des entretiens exploratoires à ceux du parcours sonore, en réintroduisant des questions plus globales sur le paysage sonore ;
- et le second était de synthétiser ce qui avait été dit lors du parcours.

1.2.2.4 Adapter le nombre d'enquêtes au terrain

Enfin, si nous avions prévu avant le terrain de faire 10 parcours sonores dans chacun des quartiers, nous nous sommes rendus compte que la superficie de Kronsberg étant plus importante et la population plus nombreuse qu'à Vauban, il était nécessaire d'en faire plus. Nous avons donc réalisé 16 parcours en tout à Kronsberg (7 sonores et 9 multisensoriels).

1.2.2.5 Comparaison des approches sonore et multisensorielle du parcours

Profitant du travail effectué en parallèle à Kronsberg dans le cadre du PIRVE, nous avons testé deux approches différentes de la carte mentale utilisée au début du parcours sonore : l'une sonore et partant d'un support vierge, et l'autre multisensorielle et partant d'un plan-support.

Dans l'approche sonore de la carte mentale demandée au début du parours, le quartier et ses limites étaient entièrement dessinés par l'habitant, ce qui lui permettait de jouer avec les échelles et d'intégrer des éléments sonores prégnants du territoire dont les sources étaient extérieures au quartier par exemple. Lui faire dessiner ce dernier permettait d'avoir une idée des espaces pratiqués et des usages, ainsi que des éléments importants de description de l'environnement sonore du quartier et des corrélations qui existent ou non entre les deux.

Dans l'approche multisensorielle du parcours testée dans le cadre du PIRVE à Kronsberg, il avait été choisi de donner une base sous la forme d'un plan du quartier au périmètre élargi sur lequel les habitants devaient localiser des éléments sensoriels spécifiques à des lieux. La fonction de ce type de « carte mentale » n'est pas la même que celle de la carte mentale sonore. L'objectif est d'encourager la parole, de mobiliser la mémoire, de structurer aussi le parcours qui suit et de cibler les lieux particuliers d'un point de vue sensoriel dans le quartier.

Malgré ces différences de fonctions, on constate qu'en termes de « quantité », les deux protocoles offrent des résultats similaires. Mais, ce qui veut dire aussi que « quantitativement » parlant, la masse d'informations dans les cartes mentales sonores est plus importante dans les cartes mentales multisensorielles pour un seul sens. En outre, la carte mentale « classique » qui part d'un support vierge permet d'observer les distorsions de l'espace et la hiérarchisation des lieux représentés par les habitants, ce que ne permet pas l'utilisation d'un plan-support.

Figure 86. Cartes mentales : les atouts de la carte mentale « classique » par rapport à l'utilisation d'un plan-support (Geisler, 2010)

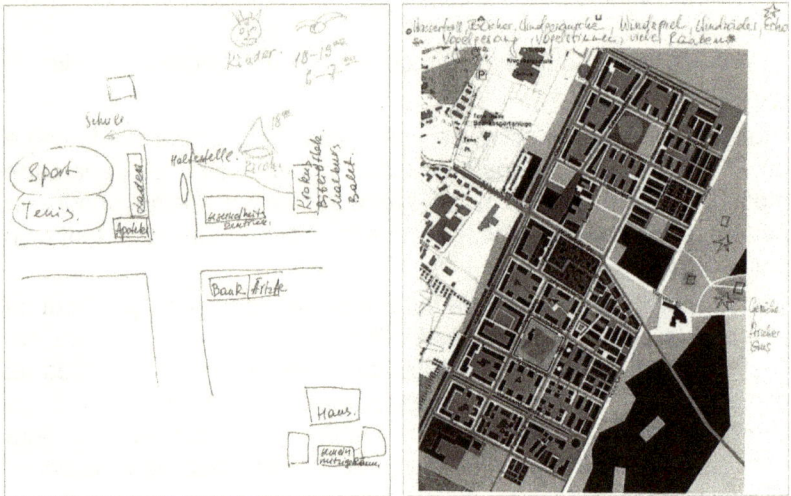

1.2.3 Le journal sonore : une méthode à consolider

Le journal sonore étant la méthode la plus expérimentale de l'investigation auprès des habitants, c'est celle qui présente le plus de points à améliorer. Elle nécessiterait entre autres un suivi régulier, afin d'assurer la richesse des données recueillies, dont la disparité est fortement liée à la liberté offerte par la méthode et sa dimension très personnelle.

1.2.3.1 Assurer la comparaison entre parcours et journal sonores

Si le parcours et le journal sonores avaient pour objectif commun de mettre à jour le paysage auditif des habitants de Kronsberg et Vauban, ils devaient également le faire de manière différente : le parcours sonore, en favorisant la spontanéité du discours oral en mouvement, et le journal sonore en incitant le récit par plusieurs moyens d'expression sur une durée plus longue.

Le besoin de comparabilité entre ces deux méthodes qualitatives et la difficulté à trouver l'adhésion de volontaires à une méthode d'enquête consommatrice de temps et d'énergie comme le journal sonore, nous ont amenés à demander aux participants enthousiastes durant les parcours s'ils voulaient participer à l'étape suivante de l'enquête. Les personnes qui ont tenu un journal sonore ont donc toutes effectué au préalable un parcours dans le quartier. Cette sensibilisation des habitants à notre objet d'étude s'est avérée indispensable pour la compréhension de ce que nous attendions d'eux à travers le journal sonore.

Malgré cela, certains participants se sont trouvés démunis face à cette situation de grande liberté, et une certaine disparité est apparue d'un point de vue des données recueillies d'un journal sonore à l'autre.

1.2.3.2 Assurer le suivi

Cette difficulté pour certains habitants à s'approprier leur journal sonore provient d'une part d'un manque d'assurance : si certaines personnes ont rapidement montré du plaisir à tenir leur journal, d'autres se sont montrés moins à l'aise avec ce type d'enquête plus personnelle et créative que l'entretien ou le parcours. Et cela indépendamment de leur disponibilité temporelle ou de leur envie de participer à l'enquête.

Nous avons donc proposé sur place aux participants de nous contacter dès qu'ils le souhaitaient, s'ils avaient des questions, des doutes, soit par mail, soit en nous retrouvant à un endroit et à une heure précise chaque jour dans le quartier. Mais ce système n'a pas fonctionné car il demandait, par la liberté qu'il laissait à nouveau, trop d'implication de la part des participants.

On peut penser qu'un suivi plus concret, sous la forme de rendez-vous collectifs dans une salle du quartier pourrait être plus fructueux, à condition de prolonger la durée de tenue du journal à environ un mois, afin de diluer dans le temps l'investissement des habitants, mais avec le risque aussi qu'il s'essoufle.

Nous avions également pensé créer une interface informatique de l'ordre du *blog*, permettant de communiquer à distance, pour les habitants de poster leurs récits, leurs enregistrements audio et leurs prises de vue *via* internet. Mais les participants n'étant pas tous familiers de ce genre d'outil et le suivi par mail ayant déjà fait défaut, nous sommes convaincus que la rencontre des habitants *de visu* est plus rassurante pour eux, et devrait donc donner à lieu à des informations plus riches.

1.2.3.3 Comparaison entre approches sonore et multisensorielle

À Kronsberg, profitant de la tenue en parallèle aux journaux sonores des baluchons multisensoriels, nous avons pu comparer les deux approches, sonore et multisensorielle, en termes de qualité des données recueillies.

Cette qualité des informations obtenues est très variable, tant pour les journaux sonores que les baluchons multisensoriels. Nous expliquons cela par la différence de confiance, d'implication et de bagage culturel et personnel des participants. Toutefois, l'approche multisensorielle qui consiste à demander aux habitants de raconter leur vécu multisensoriel au contact de leurs pratiques et cheminements quotidiens, semble aboutir plutôt à des récits du vécu sensoriel, alors que l'approche essentiellement sonore est plus souvent uniquement de l'ordre du descriptif. Ce résultat est à modérer, d'une part en raison de la disparité générale des journaux sonores et des baluchons multisensoriels, et d'autre part en raison de la trop faible quantité de journaux distibués (cinq par quartier). En outre, les sens les plus mobilisés dans la tenue des journaux et baluchons restent la vue et l'ouïe. Toutefois, cela pousse à se demander si l'ouïe stimulée seule serait plus un sens descriptif, car fortement liée aux sources sonores et au temps, alors que liée aux autres sens, elle pousserait plutôt les habitants à parler de situations et d'émotions, mêlant les perceptions sensorielles à des affects et des pratiques, et donc à des données plus riches dans l'appréhension du vécu quotidien. Cela nous conforte dans l'idée que le paysage sonore ne peut pas consister en l'analyse de la dimension sonore isolée de toutes les autres, et prouve une fois de plus que la vue reste indissociable pour parler du sonore. Nous avions d'ailleurs rapidement joint à la première version du journal sonore la possibilité, en sus de l'écriture, du dessin et de la prise de son, de faire des photographies. Ceci au départ pour faciliter l'usage de l'enregistreur audio, qui pouvait alors être utilisé par analogie à l'appareil photo.

La rigueur de notre étude a été assurée par notre présence prolongée à Kronsberg et Vauban, par l'analyse détaillée du contexte et des différents acteurs sociaux, ainsi que par l'utilisation emboîtée de plusieurs méthodes d'investigation auprès des habitants. Ces trois méthodes que sont l'entretien exploratoire, le parcours et le journal sonores ont été affinées et se sont nourries mutuellement au fur et à mesure du terrain, afin d'être les plus riches et les plus complémentaires possible. C'est sur cette richesse et cette complémentarité recherchées quant à la complexité des rapports sonores que les habitants entretiennent avec leur quartier que nous revenons dans la seconde partie de ce chapitre.

2. La complémentarité des méthodes d'analyse du paysage auditif : du commun à l'intime

Au-delà de l'augmentation de la rigueur scientifique et de la richesse des informations recueillies, la multiplication des méthodes utilisées pour analyser le paysage auditif des habitants de Kronsberg et Vauban a permis de pallier les difficultés liées au langage et de favoriser l'accès à certaines expériences plus intimes des habitants. Ceci a été facilité par la multiplication des mises en situation spatiales et temporelles dans le quartier, par l'usage de moyens d'expression variés et l'installation d'une certaine confiance entre l'enquêteur et l'enquêté.

2.1 Des mises en situation et des moyens d'expressions variés

Les différents niveaux du rapport sonore que les habitants entretiennent avec leur quartier, du plus commun au plus intime, sont décelés grâce aux différentes mises en situation que l'entretien, le parcours et le journal sonores impliquent (immobile, en mouvement, sur une plus longue durée), ainsi que les différents moyens d'expression qu'ils proposent (récit oral, récit écit, dessin, prise de vue, enregistrement audio, etc.).

2.1.1 Des proximités géographiques et temporelles différentes

> *« Les humains vivent leurs existences dans un lieu et ainsi développent simultanément un sens d'être dans un lieu et hors d'un lieu. L'expérience du lieu implique donc pour une personne à la fois la capacité subjective de participer d'un environnement et la capacité objective de pouvoir observer un environnement comme étant externe et séparé de soi. »*
> (Lussault, Lévy, 2003, p. 557)

La position *in situ* de la personne interrogée durant les trois dispositifs d'enquêtes utilisés pour analyser le paysage auditif favorise le discours sur le vécu sonore. La présence du sujet dans l'environnement étudié permet à la fois de situer les perceptions sonores et la description sonore des lieux traversés de manière dynamique et en temps réel, pour ce qui est du parcours ou du journal sonores. Mais cette présence mobile dans l'environnement étudié permet également une réactivation d'expériences ou de situations sonores plus ou moins quotidiennes vécues préalablement dans le quartier. Ainsi, lors des parcours sonores par exemple, on observe chez les personnes interrogées quatre types de rapports spatiaux et temporels dans la qualification de l'environnement sonore impliquant :

- une description et une qualification sonore des lieux traversés et des pratiques qui y sont attachées au fur et à mesure du parcours : « *Et ici, il y a le ruisseau. En fait, j'aime bien venir ici quand j'ai de la visite, avec laquelle nous allons un peu à travers le quartier, dans ce cas nous venons ici, simplement parce que le ruisseau murmure.* » (V-PCS2), « *Par exemple, j'aime beaucoup ce chemin sur lequel nous sommes. [...] On entend les oiseaux ici.* » (K-PCM8), « *Et cette rue que nous voyons est la plupart du temps calme.* » (V-PCS10)[1] ;

- des renvois à d'autres lieux non traversés lors du parcours, mais dont l'expérience sonore est réactivée par un élément visuel ou sonore à l'instant précis du discours : « *Ce qu'on entend aussi, dans le centre de l'église, c'est... il y a une fontaine, qu'on entend très bien depuis la fenêtre de notre cuisine et c'est super, ce bruit de l'eau.* » (K-PCM11), « *On entend aussi beaucoup la voie ferrée là derrière. Je ne comprends pas les gens qui habitent là-bas. Dépenser tant d'argent pour construire un appartement et avoir autant de bruits.* »[2] (V-PCS3) ;

- des renvois à d'autres moments vécus dans le quartier, mais dont l'expérience sonore est réactivée par la vue du lieu : « *Cet hiver, quand il y avait beaucoup de neige, il y avait ici tout les week-ends plein de monde, d'enfants d'autres quartiers, qui sont venus faire de la luge.* » (K-PCS4), « *Au début, quand nous sommes venus il y a quatre ans, tout était en chantier et bien sûr les oiseaux étaient donc aussi chassés par le bruit des travaux.* »[3] (V-PCS5) ;

- ou encore des renvois à des lieux et des moments autres, qui apparaissent dans le discours par association d'idées : « *L'année dernière, on a joué une fois le soir au ping-pong et ça dérange les gens. Enfin, ce* « *ploc-ploc* » *du ping-pong. Et là, les gens sortent*

---

[1] Und hier ist der Bach. Ich gehe eigentlich ganz gerne hierher, wenn ich Besuche habe, mit dem wir einmal kurz durch das Viertel gehen, dann kommen wir immer hier vorbei, weil hier einfach der Bach plätschert / Zum Beispiel mag ich sehr gerne diesen Weg, auf dem wir sind [...] Man hört hier die Vögel / Und diese Straße, die wir sehen, ist meistens ganz ruhig.

[2] Was man auch hört, in diesem Kirchenzentrum, das ist... Es gibt einen Brunnen, den man von dem Fenster unserer Küche sehr gut hört und das ist toll, dieses Wassergeräusch / Da ist auch die Bahn da hinten mehr zu hören. Ich verstehe nicht die Leute, die dort leben. So viel Geld, um eine Wohnung zu bauen und so viel Lärm haben.

[3] Letzten Winter, als es viel Schnee gab, waren da jedes Wochenende viele Leute, Kinder von anderen Stadtteilen, die gekommen sind, um schlitten zu fahren / Erst als wir vor vier Jahren hier herkamen war das alles Bauland und natürlich waren die Vögel dann auch vertrieben durch den Baumlärm.

vite et se plaignent. »[1] (V-PCS4).

Cela confirme que perceptions et représentations[2] sonores sont interdépendantes : c'est à partir de leurs perceptions que les habitants font appel à leurs représentations du réel, et ce sont leurs représentations, réelles ou imaginaires, qui filtrent leurs perceptions lors du parcours. La méthode du parcours permet ainsi de mettre les habitants interrogés dans une situation proche du quotidien, à savoir entre immersion et distanciation : (1) en immersion dans l'environnement, elles décrivent leur vécu sonore de manière séquentielle dans l'espace et le temps (par détermination de lieux et de séquences sonores), (2) de manière distanciée à leur environnement présent, elles décrivent leur vécu sonore de manière globale et surplombante, attitude favorisée par la réalisation de la carte mentale en début de parcours. L'équilibre entre ces deux modalités représentatives varie d'une personne à l'autre, bien qu'elles soient toujours coprésentes durant les parcours.

L'entretien court, malgré sa tenue *in situ,* par les questions plus générales qu'il pose et par le fait qu'il favorise une attitude plus distante de l'habitant par rapport à son vécu sonore quotidien, entraîne plus une modalité représentative globale, d'ensemble.

Quant au journal sonore, il privilégie plus particulièrement une description séquentielle, soit par lieu, soit temporelle de l'environnement sonore, retraçant une succession d'événements sonores. Il s'agit de la description d'une situation sonore vécue sur une durée déterminée, en immersion. Cette immersion s'arrête au moment de l'écriture de cette situation, ou de son explication, qui instaure à nouveau une distance par la formulation et la synthèse que l'écriture, la prise de son ou la prise de vue impliquent. Le récit écrit obtenu est donc moins spontané, plus réfléchi que le discours

---

[1] Wir haben, letztes Jahr, einmal Tischtennis am Abend gespielt, und das stört die Leute. Also dieses « ploc-ploc » von dem Tischtennis. Und da kommen sehr schnell die Leute raus und beschweren sich.

[2] La perception est *« une activité à la fois sensorielle et cognitive par laquelle l'individu constitue sa représentation (son image mentale) du monde, de son expérience »* (Di Méo, in Lévy et Lussault, 2003, p. 701). La perception est plus que la sensation : c'est la sensation suivie de l'acte intellectuel qu'elle suscite immédiatement et par lequel elle est interprétée. La représentation est une image de l'esprit, elle consiste à rendre quelque chose d'absent présent : par exemple, penser à un arbre fait apparaître à l'esprit un arbre, à condition d'avoir déjà perçu un arbre (vu, entendu, senti, touché, etc.). C'est en cela notamment que la représentation diffère de la perception : elle est fixe, elle suppose un temps différé, alors que la perception du réel se modifie à chaque instant, qu'elle se réalise en présence de la chose perçue. C'est par l'intermédiaire de la perception que se forment les représentations, et c'est par des biais cognitifs comme les représentations que la perception peut être modifiée.

oral du parcours sonore, bien qu'il puisse faire état de perceptions comme si elles étaient retranscrites au moment vécu : « *Le souffle du vent en roulant est chaud et son contact est agréable. L'air est rempli de rires d'enfants et de bribes de discussions de nombreux promeneurs.* »[1] (K-BM1).

Figure 87. Représentation du parcours sonore n°3 effectué à Vauban le mardi 1er juin 2010 à 10h00, par temps doux et légèrement couvert. La personne interrogée habite le quartier depuis neuf ans et est locataire d'un appartement (Geisler, 2011)

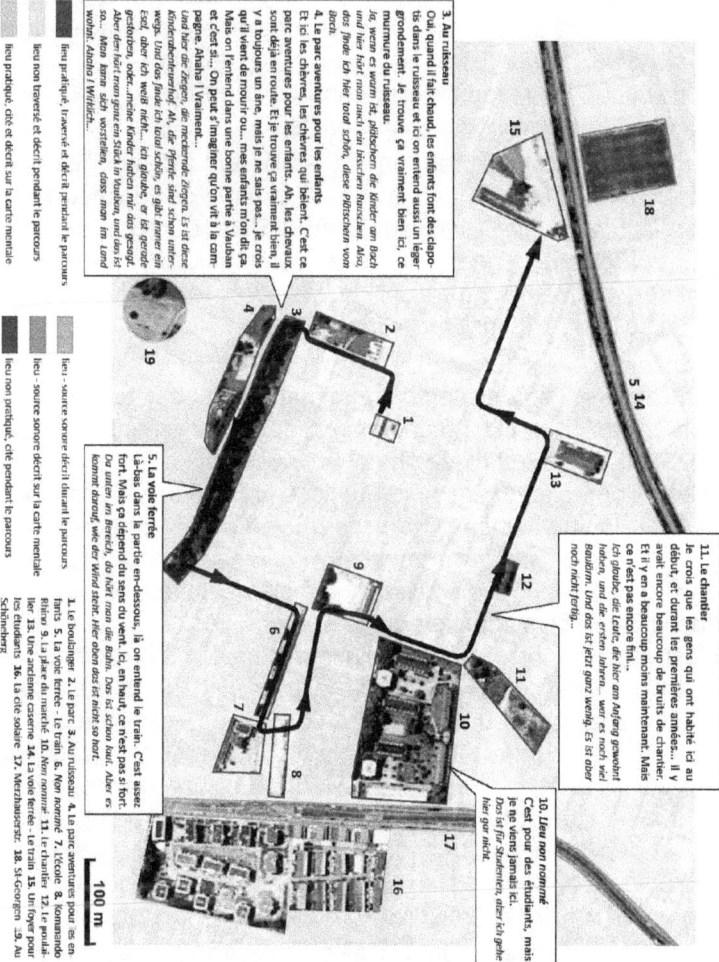

---

[1] Die Windluft, fahrend, ist warm und ihr Kontakt ist angenehm. Die Luft ist erfüllt von Kinderlachen und Gesprächen der vielen Spaziergänger.

Ainsi, différents lieux des quartiers ont été nommés, décrits et qualifiés, selon différentes modalités proxémiques exprimant, une fois reliées, toutes les palettes de la relation sonore entretenue par les habitants à ces lieux.

2.1.2 Des moyens d'expression variés permettant des modalités de descriptions et de représentations différentes

Comme présentés préalablement, plusieurs supports d'expression / langages ont été proposés dans le cadre des journaux sonores, afin de pallier la difficulté à parler de ses expériences sensorielles. L'écriture semble indispensable (et probablement plus aisée que la prise de vue, l'enregistrement audio, le dessin, etc.) dans la communication de ressentis d'un individu à un autre, puisqu'elle a été utilisée par la totalité des participants.

Les autres moyens d'expression ont également été mobilisés, mais souvent comme compléments de l'écrit, comme déclencheurs de ce dernier, et de manière inégale. Dans l'ordre de l'usage du plus fréquent au plus rare des supports de communication proposés, on obtient : en premier l'écriture, puis la prise de vue et l'enregistrement audio, le collage, et pour finir le dessin.

Les habitants, lorsqu'ils s'en sont servis, ont utilisé le plus souvent la photographie et l'enregistrement audio afin d'illustrer leur récit écrit, de le préciser. Et le plus fréquemment, l'enregistrement est associé à une photo. Par exemple la photo : « les enfants dans la cour » est couplée à l'enregistrement : « le bruit des enfants dans la cour » ; ou la photo : « la vue depuis le Kronsberg » est liée à l'enregistrement : « le vent frais sur le Kronsberg ». Ainsi, photographies et enregistrements audio paraissent complémentaires et permettent une description plus complète de la situation vécue. Ce qui importe, ce n'est pas la photographie ou l'enregistrement eux-mêmes, mais bien l'analyse de ce qui a conduit la personne à les prendre. En outre, ils ne sont pas uniquement des compléments du récit, mais également des déclencheurs par la spontanéité du geste qu'ils offrent par rapport à l'écrit. Un habitant qui se promène dans son quartier avec son journal sonore voit un groupe d'enfants jouer dans la rue : il décide des les prendre en photo, de les enregistrer, puis de retour chez lui décrit son expérience et la relie éventuellement avec des réflexions personnelles.

Certaines personnes ont d'ailleurs parfois superposé à l'enregistrement en cours des commentaires vocaux sur ce qu'ils entendaient, favorisant une traduction plus spontanée de leur ressentis par rapport à l'écriture, mais aussi plus descriptive.

Tableau 23. Supports d'expression utilisés pour les journaux sonores et les baluchons multisensoriels

	Enquêté	Écriture	Collage	Dessin	Prise de son	Prise de vue	Durée
Baluchons Multisensoriels Kronsberg	1	▨					8 j.
	2	▨	▨		▨	▨	4 j.
	3	▨			▨	▨	5 j.
Journaux sonores Kronsberg	4	▨					7 j.
	5	▨			▨		7 j.
Journaux sonores Vauban	1	▨			▨		8 j.
	2	▨			▨		5 j.
	3	▨			▨	▨	5 j.
	4	▨			▨		3 j.
	5	▨			▨		7 j.

Hachuré : supports d'expression proposés et utilisés par le participant.
Blanc : supports d'expression proposés, mais non utilisés par le participant.

2.2 Des discours et des engagements différents

Les trois méthodes d'analyse du paysage auditif apportent des informations différentes, du plus commun au plus intime, en corrélation avec les différents types de rapports qu'elles impliquent, tant entre l'habitant et son quartier, qu'entre l'enquêté et l'enquêteur. De l'entretien exploratoire au journal sonore, le rapport entre l'enquêté et l'enquêteur rompt de plus en plus avec l'image classique qui oppose l'« expert » (le chercheur) au « néophyte » (l'habitant), favorisant l'obtention d'informations riches.

2.2.1 Du discours le plus commun au discours le plus intime

Les trois méthodes utilisées nous apportent des informations variables sur le paysage auditif : en effet, l'entretien favorise un discours assez conventionnel sur le paysage, faisant appel à des représentations plutôt culturelles et collectives, sortes de consensus, plutôt de l'ordre du général, et plutôt liées au regard. Les habitants de Kronsberg définissent par exemple le paysage de deux manières répandues : comme un idéal naturel lié à la qualité environnementale, plutôt attaché à ce que l'on voit, ou/et comme un espace aménagé et pratiqué par l'homme, lié aux activités de loisirs et de la vie quotidienne.

Le parcours, lui, semble permettre à la fois une certaine spontanéité du discours liée au moment présent, mais aussi par sa durée la possibilité de se rappeler au fur et à mesure d'anecdotes ou d'éléments sonores qui auraient pu être oubliés. Il a pris généralement deux formes :

- Soit un parcours de type visite guidée, où les personnes décrivaient leur quartier plutôt fièrement et avec des termes véhiculés par les organismes de communication sur le quartier : *« Il y a ici également un projet modèle nommé « Habitat ». On a été très attentif à réussir l'intégration des populations. [...] Voilà, c'est ici « Habitat ». On s'est donné beaucoup de mal pour bien vivre ensemble et le bailleur veille toujours à une grande mixité : un tiers sont des couples allemands, un tiers sont des couples mixtes et un tiers sont des migrants. C'est bien vu, non ? »* (K-PCM14), *« À cet endroit, il y a une volonté de faire une trame verte, de relier tous les parcs de la ville pour en faire des couloirs à animaux. »* (K-PCS7), *« Les gens ont tous cette pensée écologique. C'est très important aujourd'hui de s'intéresser à ça. »*[1] (V-PCS10), mais ne répondaient pas directement à notre demande ;
- Soit une approche plus personnelle et sensorielle, parsemée d'anecdotes : *« Parfois, le soir, un peu avant qu'il* [son fils de quatre ans] *aille au lit, vers 19h00, il y a une camionnette qui sonne comme ça aussi, qui vend de la viande et des œufs. Et les enfants croient que c'est le marchand de glace, et c'est difficile de les envoyer au lit après. »* (K-PCM10), *« On a déjà le murmure. Oui, les clapotis ! Et bien, c'est une musique que j'apprécie*

---

[1] Es gibt hier auch ein Musterprojekt namens « Habitat ». Man war besonders darauf aufmerksam, die Bevölkerungen erfolgreich zu integrieren So, hier ist « Habitat ». Man hat sich bemüht, ein gutes Zusammenleben zu schaffen und der Vermieter sorgt immer für eine große Mischung : ein Drittel sind deutsche Paare, ein Drittel sind mischenen Paare und ein Drittel sind Migranten Das ist gut, nicht ? / Hier hat man den Willen, eine Grünespange zu bilden, alles Parks der Stadt zu verbinden, um den Tieren den Durchgang zu ermöglichen / Die Leute haben alle dieses ökologische Denken. Heutzutage ist es sehr wichtig dafür Interesse zu haben.

particulièrement. »[1] (V-PCS5).

Quant au journal sonore, la personne détentrice d'un tel objet prend du temps et, comme dans un journal intime, raconte une situation, décrit un lieu, parle de ses ressentis, a le temps de réfléchir à la manière dont elle va l'écrire, les mots qu'elle va utiliser. Elle construit par le récit son propre paysage sonore. Et lorsque les mots lui manquent, elle peut utiliser un autre medium comme le dessin, la photographie ou l'enregistrement audio. Généralement le discours écrit prend plusieurs formes :

• Soit des descriptions purement factuelles et chronologiques de perceptions : *« Des bruits de pas sur le Thie. Des gens travaillent sur le sol, on peut aussi entendre des voitures. »* (K-JS2) ; *« Rue Marie-Curie. Roulements des poubelles sur le pavé, crépite, remplissage de poubelle. Variations. Des chants d'oiseaux riches à partir de 6h00 du matin. Train. Caquètements de poules. Enfants qui jouent. »[2]* (V-JS1).

• Soit des descriptions perceptives expliquées : *« Un avion à moteur avec une bande publicitaire tourne autour de Kronsberg. On en voit surtout durant les salons. »* (K-BM2) ; *« On entend partiellement le tram. Il roule toutes les dix minutes en journée. »* (K-BM2), *« Ca roule sur la voie ferrée : c'est un train de marchandises. »[3]* (V-JS5).

• Soit la description d'expériences sensorielles et de ressentis liés à une action ou un parcours : *« Le souffle du vent en roulant est chaud et son contact est agréable. L'air est rempli de rires d'enfants et de bribes de discussions de nombreux promeneurs. »[4]* (K-BM1).

• Soit la description personnelle d'un lieu apprécié ou non et de ses particularités sensorielles : *« Je me trouve dans mon endroit*

---

[1] Manchmal, bevor er abends ins Bett geht, so gegen 19:00 Uhr, hupt auch so ein Wagen, der Fleisch und Eier verkauft. Und die Kinder glauben, dass es der Eisverkaüfer ist, und dann ist es echt schwer, sie ins Bett zu schicken / Man hat schon das Rauschen. Ja, Plätschern ! Also, das ist eine Musik, die ich besonders gerne habe.

[2] Schrittgeraüsche auf dem Thie. Leute arbeiten auf dem Boden, man kann auch Autos hören / Marie-Curie-Straße. Rollen der Mülltonnen über das Kopfsteinpflaster, rattert, Müllabfüller. Variationen. Reiches Vogelgezwitscher ab 6:00 Uhr morgens. Zug. Hühnegegacker. Spielende Kinder.

[3] Ein Motorflugzeug mit einem Werbeband dreht über Kronsberg. Die sieht man besonders während den Messen / Man hört teilweise die Straßenbahn. Sie fährt alle zehn Minuten am Tag / Es rollt eine Eisenbahn : das ist ein Güterzug.

[4] Die Windluft, fahrend, ist warm und ihr Kontakt ist angenehm. Die Luft ist erfüllt von Kinderlachen und Gesprächen der vielen Spaziergänger.

préféré à Kronsberg, où j'aime aller. C'est un terrain de jeux entre Krügerskamp et Weinkampswende, une cour intérieure entre des immeubles collectifs. Un lieu très beau, calme et ensoleillé : mon oasis calme. [...] Le soleil brille beaucoup, je savoure ses chauds rayons. [...] Je suis assise dans l'herbe verte, dans de la terre souple, à côté d'un arbre sur lequel un oiseau chante admirablement bien. »[1] (K-BM3).

- Soit enfin une réflexion plus générale et des jugements relatifs sur le quartier lui-même : *« J'entends des oiseaux qui chantent, quelques voix d'enfants, en arrière-plan quelques voitures qui passent de temps en temps dans la rue. [...] Il y a beaucoup d'enfants qui vivent ici, je trouve ça très bien. C'est à travers eux que vit le quartier de Kronsberg. À mon avis, les enfants sont le symbole le plus important de ce quartier. [...] Sans enfants, il n'y a pas d'avenir. »* (K-BM3), *« Je n'aime pas les constructions serrées. Ca réverbère beaucoup le bruit, comme dans une gorge. »[2]* (V-JS3).

Les types de discours obtenus à l'aide des journaux sonores sont beaucoup plus variés, car ceux-ci donnent une plus grande liberté d'expression. Les participants se livrent plus ou moins facilement, ont plus ou moins de plaisir à écrire, mais livrent pour certains d'autres informations que celles données lors du parcours sonore, des descriptions de lieux et de ressentis plus intimes, plus personnels.

L'entretien, par la distanciation du sujet à son environnement qu'il impose, donne plus d'informations conventionnelles et relatives à la vue sur l'expérience quotidienne que les habitants ont avec leur quartier. Le parcours sonore, et plus encore le journal sonore, par la proximité de l'environnement et les situations familières qu'ils rendent possibles, apportent des précisions sonores sur le vécu sensible quotidien des habitants.

---

[1] Ich befinde mich in meinem Lieblingsort in Kronsberg, wo ich gerne hingehe. Es ist ein Spielplatz zwischen Krügerskamp und Weinkampswende, ein Innenhof zwischen den Wohnhaüsern. Ein sehr schöner, ruhiger und sonniger Ort : meine ruhige Oase [...] Die Sonne scheint sehr, ich genieße ihre warmen Strahlen [...] Ich sitze im grünen Gras, auf der weichen Erde, neben einem Baum, auf dem ein Vogel wunderschön singt.
[2] Ich höre die Vögel, die singen, einige Kinderstimmen, im Hintergrung einige Autos, die ab und zu in der Straße fahren [...] Hier leben viele Kinder. Das finde ich sehr schön. Dadurch lebt der Stadtteil Kronsberg. Kinder sind meiner Meinung nach das wichtigste Symbol dieses Stadtteils / Ohne Kinder gibt es keine Zukunft Enge Bebauung gefällt mir nicht. Es entseht viel Hall, wie in einer Schlucht.

2.2.2 D'une implication personnelle faible à une implication personnelle forte

L'entretien a duré de dix à trente minutes selon la personne interrogée. Celle-ci doit répondre verbalement à des questions qui, bien qu'ouvertes, cadrent le questionnaire. Ce type d'enquête ne demande pas une implication forte, que ce soit de la part de l'enquêteur ou de celle de l'enquêté. L'entretien court dans la rue engage une relation assez distanciée entre la personne interrogée et l'enquêteur, parfois même teintée de méfiance. Cela est certainement dû à la familiarité du grand public avec cette méthode d'enquête et de sa mise en relation avec le marketing de rue, ou du rapport très conventionnel entre l'« enquêteur-expert » qui pose les questions et l'habitant « étudié » qui y répond. Cette situation induit des discours assez consensuels, ou du moins conventionnels, qui donnent un image, un ressenti du quartier semblables à ce qui est véhiculé par la ville et les différents médias de sensibilisation et d'information utilisés lors du montage du projet.

Pour ce qui est du parcours, bien que ce soit une méthode déjà fortement éprouvée, il reste encore peu habituel. Il demande une implication de part et d'autre déjà plus conséquente, de trente minutes à deux heures selon les cas. La personne interrogée doit marcher, parler, dessiner et choisir un parcours qu'elle considère pertinent. Cette méthode exige un engagement plus important de l'habitant. Ainsi, la relation entre l'enquêteur et l'enquêté est plus cordiale. La forme peu conventionnelle du type d'enquête, perçue souvent par les habitants comme une visite guidée de leur quartier et éveillant une certaine fierté, et la longueur du parcours, permettant l'installation d'une certaine confiance entre les deux acteurs, entraînent un contact moins solennel où le rapport de « force » expert-habitant s'estompe au profit d'une collaboration dans la construction par le récit de leur expérience sensorielle quotidienne. Si les difficultés liées au langage et à la formulation des expériences sensibles ne sont pas complètement annihilées, il faut noter qu'à travers le caractère situé et en mouvement de cette méthode, les difficultés semblent moindres et les discours relativement plus aisés.

Quant au journal sonore, c'est la méthode qui demande le plus d'implication personnelle pour l'habitant, puisqu'il le fait seul, pendant environ une semaine. Il apporte par son aspect et l'implication qu'il demande, un récit plus intime et individuel. Alors que les supports non oraux et l'éloignement de l'enquêteur pourraient signifier un rapport distant, c'est dans ce carnet et par l'intermédiaire des supports variés (écriture, dessin, photo, enregistrement, récolte d'objets, collage) que l'habitant semble se livrer le plus intimement. Il y décrit des lieux, des expériences, des situations, qui lui sont propres au moment où il les écrit, même s'ils peuvent être partagés par d'autres. En outre, l'engagement ne concerne pas seulement l'enquêté mais aussi l'enquêteur. Si dans le cas d'enquêtes de terrains avec des méthodes « classiques », la présence de l'enquêteur n'est pas nécessaire sur une longue durée, dans le cas de nos travaux, et vu le caractère de nos méthodes (notamment des journaux et des baluchons), elle était indispensable. Cette visibilité et présence continue de l'enquêteur lui permettent de bien connaître le territoire qu'il étudie, mais aussi d'installer un sentiment de confiance avec les habitants, de participer lui-même activement et physiquement à la vie du territoire étudié, de l'habiter.

Cependant il ne faut pas considérer que l'écriture, la prise de vue ou encore l'enregistrement audio soient des moyens d'expression plus aisés que la parole. Il ne faut pas perdre de vue que chaque méthode a ses contraintes propres, et de la même manière ses avantages correspondant à l'objectif visé par chacune d'entre elles (*supra*). En effet, les entretiens laissent surtout place à la parole même si celle-ci peut être limitante quant aux rapports sensibles. Les parcours, eux, ont pour objectif de libérer la parole par la mise en situation et en mouvement de l'individu interrogé. Enfin, les journaux sonores donnent place à d'autres modes d'expressions en minimisant au possible l'inhibition relative à la formulation des expériences sensibles.

L'épreuve du terrain et le corpus recueilli valident l'hypothèse selon laquelle ces trois méthodes d'analyse du paysage auditif sont complémentaires, apportant chacune des informations différentes sur les rapports du sujet/habitant à autrui et à son environnement sonore quotidien. Si les entretiens, peu impliquants, véhiculent un discours convenu, les parcours, parce qu'ils favorisent la mise en situation de l'habitant et l'impliquent plus (à la fois dans la durée et le protocole), oscillent entre informations générales, vécus collectifs et expériences sonores personnelles. Dans cette progressivité, les journaux sonores livrent des informations plus personnelles, plus intimes. Mais, plus on va vers le personnel et l'intime, et plus l'implication est forte, à la fois pour l'enquêteur et l'enquêté, plus les données recueillies dépassent celles obtenues par l'usage de méthodes plus classiques, mais plus la représentativité et la « productivité » sont moindres. Le parcours et le journal sonores permettent d'obtenir des informations que l'entretien seul, par la mise en situation distante qu'il implique vis-à-vis de l'espace vécu, par le fossé qui existe entre l'enquêteur et l'enquêté, ne permet pas. Et bien que les mises en situation du parcours et du journal sonores quant à l'expérience sonore quotidienne soient encore quelques peu artificielles, elles s'en approchent fortement. Toutefois, l'entretien permet un cadrage plus rigoureux et plus généralisable aux deux autres méthodes.

Tableau 24. Récapitulatif des apports de chaque méthode d'analyse du paysage auditif (Geisler, 2011)

	Entretiens exploratoires	Parcours sonores	Journaux sonores
Mise en situation	*In situ* immobile	*In situ* en mouvement	*In situ* en mouvement ou immobile, au choix de l'enquêté
Moyens d'expression	Parole	Parole + dessin + déplacements du corps	Écriture, dessin, prise de vue, enregistrement audio
Type d'informations recueillies	Mots et significations	Pratiques et qualifications sonores spatialisées	Descriptions sonores, ressentis
Rapport enquêteur / enquêté	Distant	Confiant	Intime
Type de discours	Conventionnel	Partagé	Personnel
Engagement personnel et temporel	Faible	Moyen	Fort
Quantité	30	10	5
Présence sur le terrain	1 à 2 jours	3 à 4 jours	7 à 10 jours
Niveau de généralisation	Élevé (quantitatif)	Moyen	Faible (qualitatif)

La vue reste indispensable pour aborder le sonore : dans le cadre du parcours ou du journal sonores, les enquêtés se concentrent sur les aspects sonores de leur environnement direct, mais les décrivent en relation étroite avec ce qu'ils voient, montrant encore une fois l'interaction permanente qui existe entre les différents sens, et l'impossibilité d'isoler l'ouïe des autres sens dans la qualification du paysage sonore.

L'observation instrumentée par la photographie ou l'enregistrement audio n'est jamais indépendante des autres sources d'information. Le récit (oral et écrit), bien que les mots puissent être une barrière à la communication d'expériences sensibles, reste le moyen d'expression le plus complet pour analyser le paysage auditif, mais il s'enrichit lorsqu'il est associé au dessin, à la prise de vue et à l'enregistrement.

Conclusion de la troisième partie

Nous avons pu voir que les habitants, même s'ils ne l'expriment pas de manière directe, s'intéressent à la qualité sonore de leur quartier au-delà de la gêne et du bruit. Les définitions du paysage et de l'ambiance données par les habitants remettent en cause les définitions « classiques » généralement véhiculées. En effet, si le paysage semble défini de manière assez conventionnelle comme fortement lié à la nature et à la campagne, l'idée de paysage urbain fait son apparition dans certains récits de personnes interrogées dans les deux quartiers. Quant à l'ambiance, elle est majoritairement définie, et de manière assez singulière, à travers sa dimension sociale, les habitants délaissant quelque peu sa dimension matérielle. Les relations sonores que les habitants entretiennent avec leur quartier semblent ainsi se situer à l'intersection du paysage, plutôt lié à l'espace, à la nature et à la matérialité, et de l'ambiance, plutôt liée aux gens, aux relations sociales et à l'immatérialité. C'est bien à cette intersection que se situe le paysage sonore. Nous avons en outre pu constater que les éléments éco-technologiques définissant majoritairement selon les habitants la notion de durabilité sont rarement pour eux une raison de rester dans le quartier, et donc des facteurs d'ancrage. Les raisons qu'ils invoquent sont plus sensibles et notamment liées au paysage et à l'ambiance tels qu'ils les définissent, et par conséquent indirectement au paysage sonore.

Les paysages sonores des deux quartiers étudiés sont très majoritairement appréciés par les habitants qui les qualifient à la fois de calmes et vivants. Nous avons ainsi pu déterminer que la qualité sonore générale d'un quartier ou de lieux spécifiques pour les habitants se situe entre deux indicateurs de qualité sonore, le calme positif, lié à la nature et au paysage, proche du ressourcement et de la tranquillité, et le vivant positif, lié aux sociabilités et à l'ambiance, signe d'animation. Par opposition, le calme négatif désigne l'excès de calme, proche du silence, lié au vide spatial et à l'absence humaine, et le vivant négatif traduit un excès d'agitation, lié à la saturation et la superposition. Ces indicateurs sont attachés à des perceptions, des représentations et des pratiques sociales qui ne sont pas uniquement sonores. Ils peuvent notamment permettre d'évaluer la correspondance entre la fonction de l'espace et ses caractéristiques sonores, qui sont essentielles dans la manière dont un individu se le représente et le pratique. Si la présence à la fois de lieux calmes et vivants dans le quartier est un gage de qualité sonore pour les habitants, cela peut être aussi l'accès facile à ce type de lieux en dehors du quartier. Ce qui montre la nécessité d'assurer une certaine diversité sonore, en donnant la possibilité aux habitants d'accéder non pas seulement à des lieux calmes, mais aussi à des lieux vivants.

Les marqueurs sonores, quant à eux, sont des éléments sonores représentatifs d'un quartier et de la communauté qui y habite, de ses modes de vie et pratiques quotidiennes à un endroit donné et à une période donnée. Très souvent cités, ils peuvent être à la fois le son produit, sa source sonore, les pratiques qui y sont liées et les représentations que le tout génère. Certains marqueurs sonores sont communs aux deux quartiers étudiés et sont directement liés à des objectifs clairement définis de durabilité dans ce type de projet : le tramway (favoriser les circulations douces), les oiseaux (favoriser la biodiversité) ou les enfants (favoriser la mixité générationnelle). D'autres marqueurs sonores peuvent être fortement appropriés par les habitants et révéler des sentiments d'identification : c'est le cas des moutons par exemple à Kronsberg ou de l'absence de voitures à Vauban. Enfin, certains marqueurs sonores peuvent être dépréciés et mettre à jour des conflits d'usages, c'est le cas par exemple du train, voire dans certaines situations des enfants à Vauban.

Enfin, une typologie sonore des lieux est ressortie de la manière qu'ont les habitants de distinguer des entités spatiales dans et hors des limites administratives du quartier, en les nommant et en les chargeant différemment de valeurs. On a ainsi pu spécifier des lieux symboliques, couramment nommés et décrits comme représentatifs du quartier, des lieux partagés ou pratiqués collectivement, significatifs de la vie sociale, des modes de vie dans le quartier et de la qualité de l'aménagement, et des lieux intimes, vécus de manière plus personnelle, mais non moins importants. Ils montrent que les habitants développent différents rapports sensibles à leur espace vécu, qui sont plus ou moins liés au sonore (plus on va vers l'intime et plus le vécu sonore est important). On constate également l'existence de lieux délaissés, généralement qualifiés par les habitants en des termes proches du calme et du vivant négatifs.

D'un point de vue méthodologique, l'épreuve du terrain et le corpus recueilli ont montré que les méthodes d'analyse du paysage sonore d'une part, et du paysage auditif d'autre part, sont bien complémentaires. L'analyse du paysage sonnant constitue le support matériel aux récits des habitants et permet ainsi de confronter le vécu sonore de ces derniers dans le quartier avec les objectifs d'aménagement et les usages visés par les acteurs du projet. De plus, les entretiens exploratoires, les parcours et les journaux sonores, par les mises en situation et les engagements différents qu'ils impliquent, donnent des informations différentes sur les rapports de chaque habitant/usager à autrui et à son environnement sonore quotidien. Les entretiens favorisent un discours plutôt convenu sur une vision globale du quartier, surplombante, et apportent des représentations verbales du paysage sonore. Quant aux parcours sonores, parce qu'ils entraînent la mise en situation et en mouvement du participant et qu'ils l'impliquent davantage temporellement et activement, ils apportent des données à la fois de l'ordre du général, mais aussi des vécus collectifs et des expériences personnelles. Dans cette progression, les journaux sonores livrent des informations plus personnelles sur d'autres lieux et rapports à ces lieux, à différents moments de la journée et de la semaine. Ainsi, les parcours et les journaux sonores offrent une multitude d'informations spatio-temporelles sur le paysage que les entretiens seuls n'apportent pas. Alors que l'entretien permet un cadrage plus rigoureux, plus généralisable, et donc plus représentatif que ces deux méthodes.

Un autre résultat est ressorti de l'utilisation de ces méthodes : que ce soit au cours des parcours sonores ou dans la tenue des journaux sonores, les habitants lient majoritairement les aspects sonores de leur environnement direct avec ce qu'ils voient, confirmant l'interaction permanente qui existe entre la vue et l'ouïe et l'impossibilité d'isoler cette dernière des autres sens dans la qualification du paysage sonore. Enfin, nous avons pu observer que l'usage d'autres médias comme la photographie, le dessin ou l'enregistrement audio enrichissent le récit des habitants, qu'il soit oral ou écrit, bien que celui-ci reste le moyen d'expression le plus souvent utilisé et le plus complet dans la qualification du paysage sonore. En outre, la photographie et le dessin permettent de localiser et de spatialiser les expériences, alors que le récit et l'enregistrement audio permettent notamment de les inscrire dans la durée, ce qui est primordial dans l'analyse de phénomènes qui ont un rapport fort au temps.

Des améliorations sont encore toutefois à envisager, notamment concernant la méthode du journal sonore qui a été testée pour la première fois dans cette recherche. Leur nombre est apparu insuffisant pour valider certains résultats. Et il semble surtout que la grande liberté laissée aux participants dans la tenue de ce journal pose d'une part la question de la difficulté à croiser les données obtenues et d'autre part de l'impuissance de certains participants face à cette trop grande autonomie. Il conviendrait donc de tester mieux cette méthode dans un contexte méthodologique moins lourd, et de réfléchir particulièrement à la question du niveau de directivité à donner dans ce genre de méthode qualitative dont la richesse est surtout produite par la liberté de déplacement et d'expression. Un dernier retour sur le terrain serait également utile suite à l'analyse des parcours et des journaux sonores, afin de compléter le diagnostic urbanistique et paysager des lieux qualifiés en dehors des limites du projet par les habitants.

Conclusion

Cette recherche sur l'élaboration d'une méthode de qualification du paysage sonore a été faite dans un contexte : celui de l'absence au niveau politique d'une vision globale de la qualité de l'environnement sonore, au-delà des seules nuisances. Nous avons vu que depuis quelques dizaines d'années, la qualité environnementale est devenue un enjeu majeur pour les pouvoirs publics et qu'on s'interroge sur les perspectives d'un urbanisme plus durable. En outre, la recherche a dans diverses disciplines développé des outils qualitatifs d'analyse et de compréhension de l'environnement sonore, la prise en compte de ce dernier dans l'aménagement urbain restant une zone d'ombre. Si les professionnels concernés sont encore démunis, cela s'explique par (1) la complexité de l'analyse de l'environnement sonore et l'usage constant d'indicateurs dits « objectifs » dans le champ opérationnel qui ne permettent pas de restituer toute la richesse des rapports sensibles de l'homme à son environnement ; et (2) la complexité même des rapports sonores aux territoires de vie et notamment les difficultés de leur mise en expression. Tout ceci constituant des entraves à la définition d'objectifs opérationnels en termes de qualité sonore et à la communication entre les différents acteurs du projet.

L'idée que nous avons défendue est que c'est par le rapprochement des notions de paysage et d'ambiance - par le biais de la problématique actuelle du développement durable -, que la qualité de l'environnement sonore pourra être prise en compte dans les projets urbains et que la potentialité opérationnelle du paysage sonore pourra être démontrée.

La notion de paysage a connu de récentes évolutions, tant dans la théorie que dans la pratique - politique et conceptuelle. En effet, en réfutant une acceptation uniquement contemplative, passive et visuelle, les chercheurs et les praticiens ont rapproché la notion de paysage de la notion d'ambiance architecturale et urbaine et l'ont ouverte aux autres sens que la vue, comme l'ouïe, essentielle dans notre appréhension et appréciation de l'espace. Ce constat sur les enjeux de la qualité de l'environnement sonore dans l'aménagement du territoire et le développement du paysage comme medium de nos rapports sensibles aux territoires de vie nous ont conduit à penser qu'il peut être un moyen de requalifier l'environnement sonore en ville. En effet, l'évolution de la notion de paysage vers une sensibilité plurielle (de tous les sens) au territoire, encourage à prendre sérieusement en compte le paysage sonore dans les projets d'aménagement urbain, en tant que système de relations entre un individu ou un groupe d'individus et son environnement sonore. Qualifier de manière complète le paysage sonore nécessite donc de prendre en considération ses dimensions matérielles et immatérielles, l'objectif étant de relier le vécu sonore quotidien des habitants à un contexte environnemental, socioculturel et politique qui dépasse la simple prise en compte de l'environnement physique.

Nous avons proposé une méthode de qualification du paysage sonore à l'échelle locale, consistant en l'emboîtement de différentes méthodes et reposant sur l'analyse entrecroisée :

- du **paysage raisonné,** soit la manière de penser le paysage sonore, de le projeter, le préserver, le gérer et l'aménager. Le projet a été analysé à travers la lecture de documents écrits et d'entretiens avec des personnes chargées du projet ;
- du **paysage sonnant**, en tant que réalité matérielle du paysage sonore, c'est-à-dire l'ensemble des sons perceptibles par l'homme dans un espace donné à un temps donné, variant selon les conditions naturelles, les activités humaines et l'aménagement de l'espace. Nous avons effectué un diagnostic urbanistique et paysager du quartier et de ses usages ;
- ces deux analyses ont servi de contexte à l'étude du **paysage auditif**, soit l'ensemble des expériences auditives des habitants dans leur quartier. Ce sont les difficultés particulières de mise en expression des rapports complexes des habitants avec leur environnement sonore que nous avons voulu pallier par l'usage de plusieurs méthodes d'enquête qualitatives : des entretiens exploratoires dans la rue, des parcours agrémentés de cartes mentales sonores et des journaux sonores. Le journal sonore consiste pour le participant à consigner durant une semaine ses expériences sonores quotidiennes et qualifier les différentes ambiances sonores de son quartier grâce à un carnet, un plan du quartier, un enregistreur numérique et un appareil photo.

Notre recherche s'est portée sur deux quartiers allemands significatifs de ce que l'on appelle un quartier durable, c'est-à-dire ayant fait l'objet d'une réflexion sur tous les aspects du développement durable, à la fois écologiques, économiques et sociaux. Les quartiers durables constituaient un terrain d'étude pertinent pour notre recherche puisqu'ils représentent une traduction opérationnelle du développement durable à l'échelle locale et donnent une réponse, du moins partielle, à cette nouvelle préoccupation de qualité du cadre de vie en ville. Ils sont également issus d'une démarche circonscrite de projet urbain, où peuvent directement s'exprimer les souhaits et inquiétudes des habitants par rapport à leurs paysages sonores quotidiens et qui permet une investigation qualitative approfondie. Bien que Kronsberg et Vauban montrent des similitudes morphologiques, paysagères et sonores, notamment en raison d'objectifs de durabilité communs, ils se distinguent par leur situation dans la ville, leur population, l'implication des habitants au moment de la conception des quartiers, ou encore par la proportion relative d'espaces construits et non construits. Ils nous ont donc permis d'avoir des éléments de réponse quant à l'état des paysages sonores dans les quartiers durables à la fois généralisables, et spécifiques à chacun d'eux.

Ce travail de recherche nous a permis d'accéder à trois types de résultats : théoriques, sur la manière dont les habitants et les acteurs définissent et remettent en cause dans les quartiers étudiés les définitions traditionnelles du paysage, de l'ambiance et de la durabilité ; méthodologiques, sur la pertinence et la complémentarité des méthodes utilisées ; et opérationnels, au regard des éléments de qualification du paysage sonore qu'elles induisent et des pistes d'action sur le paysage sonore dans les quartiers durables qui ont pu en être tirées. Nous avons ainsi en grande partie répondu aux questions que nous nous étions posées au début de cette recherche.

En effet, dans un premier temps, nous nous étions demandé **quel était l'état des environnements sonores dans les quartiers durables, s'ils étaient qualifiés autrement que sous la forme de l'éternelle nuisance sonore et quelles perceptions en avaient les habitants.**

Les résultats obtenus grâce à la démarche développée dans cette recherche nous ont confirmé l'absence d'une réelle prise en compte de la qualité de l'environnement sonore dans les deux projets, même si certains acteurs interrogés en soulignent l'importance. D'une part, les deux quartiers, par leur taille et leur éloignement des grands axes de circulation et des points noirs échappent à la cartographie du bruit élaborée à l'échelle des agglomérations de Hanovre et Fribourg. Pourtant, ces quartiers présentent des qualités sonores révélatrices de pratiques sociales de l'espace, de modes de vie, de sentiments identitaires ou d'appartenance et parfois de conflits, liés à l'aménagement de ces quartiers. D'autre part, mis à part la construction de fronts bâtis le long des voies de circulations majeures dans les deux quartiers pour en protéger du bruit les constructions internes, aucune démarche conceptuelle n'a été menée quant à la qualité de l'environnement sonore dans les projets.

Pourtant, les habitants, même s'ils ne l'expriment pas de manière directe, s'intéressent à la qualité sonore de leur quartier au-delà de la gêne et du bruit. Et aborder les questions de qualité sonore à travers les notions de paysage et d'ambiance permet de dépasser cette vision épidémiologique et restrictive de l'environnement sonore. Les définitions du paysage et de l'ambiance données par les habitants remettent quelque peu en cause les définitions « classiques ». En effet, si le paysage est généralement défini de manière traditionnelle comme fortement lié à la nature et à la campagne, l'idée de paysage urbain fait son apparition dans certains récits de personnes interrogées dans les deux quartiers. Il apparaît en outre que le paysage et l'ambiance, tels qu'ils sont définis par les habitants - et donc indirectement le paysage sonore - sont des facteurs majeurs d'ancrage dans les quartiers durables, et donc de qualité de vie. Ceci montre l'intérêt de l'approche sensible dans les quartiers durables, et notamment sonore, en complément de l'approche très techniciste actuelle pour assurer une qualité de vie en ville.

Trois éléments de qualification du paysage sonore sont également ressortis des enquêtes auprès des habitants, et, croisés avec l'analyse du paysage sonnant et du paysage raisonné, ont apporté des éléments de réponse sur l'état des paysages sonores dans les quartiers durables étudiés. Ces éléments qui interrogent sur l'identité sonore, la diversité sonore et l'échelle d'intervention du projet urbain peuvent constituer des outils de conception paysagère.

Les paysages sonores des deux quartiers étudiés sont appréciés et qualifiés à la fois de calmes et vivants par la majorité des habitants. Nous avons ainsi pu déterminer que la qualité sonore générale d'un quartier ou de lieux spécifiques pour les habitants se situe entre deux **indicateurs de qualité sonore**, le calme positif, lié à la nature et au paysage, proche du ressourcement et de la tranquillité, et le vivant positif, lié aux sociabilités et à l'ambiance, signe d'animation. Si la présence à la fois de lieux calmes et vivants dans le quartier est un gage de qualité sonore pour les habitants, ça peut être aussi l'accès facile à ce type de lieux en dehors du quartier. Ce qui montre la nécessité de mettre en œuvre une certaine diversité sonore, en donnant la possibilité aux habitants d'accéder non pas seulement à des lieux calmes, mais aussi à des lieux vivants.

Les **marqueurs sonores**, éléments sonores représentatifs d'un quartier et de la communauté qui y habite, de ses modes de vie et pratiques quotidiennes à un endroit donné et à une période donnée, ont aussi pu être extraits des récits et des représentations des habitants. On a pu constater que si certains marqueurs sonores sont communs aux deux quartiers étudiés (le tramway, les oiseaux, les enfants) et sont directement liés à des objectifs clairement définis de durabilité (circulations douces, biodiversité, mixité générationnelle, etc.), d'autres marqueurs sonores sont spécifiques à chacun des quartiers. Ces marqueurs sonores, qu'ils soient communs ou identitaires, sont plus ou moins appréciés par les habitants et peuvent faire l'objet de réflexions sur leur mise en valeur éventuelle ou leur gestion.

Enfin, une **typologie sonore des lieux** a pu montrer que les habitants développent différents types de rapports sensibles aux lieux, du plus commun, voire symbolique, au plus intime, l'importance donnée au vécu sonore étant plus importante dans la qualification des lieux intimes. Elle a également pu montrer que ces lieux sont plus ou moins appréciés et que ceux qui sont appréciés et pratiqués ne sont pas toujours dans les limites administratives du quartier.

Nous nous demandions également **quelles méthodes d'analyse étaient les plus pertinentes au sein des quartiers durables pour rendre compte du paysage sonore et de son potentiel opérationnel.**

Nous avons ainsi testé à distance et *in situ* un ensemble de méthodes qualitatives de diagnostic et d'enquête qui se sont avérées, au regard du corpus recueilli et comme nous le supposions, complémentaires. D'une part, l'analyse du paysage sonnant a bien constitué un support matériel aux récits des habitants, permettant de confronter vécu sonore - ou paysage auditif -, et objectifs opérationnels - ou paysage raisonné. D'autre part, les méthodes d'enquête sur le paysage auditif ont permis de pallier les difficultés de la mise en langage de l'expérience sonore par les mises en situation et les moyens d'expression différents qu'elles proposaient. Ainsi, les parcours et les journaux sonores ont apporté de nombreuses informations spatio-temporelles sur le paysage sonore, notamment grâce aux cartes mentales, aux photographies et aux enregistrements audio, les entretiens permettant de manière complémentaire un cadrage plus rigoureux, plus généralisable, et donc plus représentatif du paysage sonore.

Deux améliorations importantes potentielles ont été relevées quant aux méthodes utilisées et à leur emboîtement : le journal sonore, testé dans le cadre de cette recherche mériterait d'être mis en œuvre en plus grand nombre, afin d'en valider de manière plus certaine les apports vis-à-vis du parcours sonore notamment. En outre, un dernier retour sur le terrain serait nécessaire une fois la totalité des enquêtes réalisées, afin de compléter le diagnostic urbanistique et paysager des lieux qualifiés en dehors des limites du projet.

D'un point de vue théorique, ce travail contribue à l'enrichissement de l'objet de recherche « paysage sonore », articulé avec les apports récents des théories du paysage et de l'ambiance architecturale et urbaine. Le paysage sonore tel que nous l'avons défini demeure plus que jamais d'actualité face aux problématiques environnementales et d'aménagement du territoire. D'un point de vue méthodologique et opérationnel, ce travail propose d'une part une méthode de qualification du paysage sonore, adaptable à une échelle locale à tout type de projet urbain ou « extra-urbain » (hormis les projets *ex nihilo*), et d'autre part des pistes d'action de protection, de gestion et d'aménagement du paysage sonore dans des projets de quartiers durables « neufs » en France et ailleurs.

Nous avons pu formaliser une procédure de la méthode expérimentée dans cette recherche, applicable par des concepteurs et acteurs de projets dans le but de qualifier les paysages sonores de quartiers durables existants. Cette procédure est estimée pour deux personnes : un concepteur - urbaniste, architecte, paysagiste, et un enquêteur (idéalement, deux personnes ayant les deux savoir-faire) sur une durée de six mois :

Tableau 25. Procédure de la méthode de qualification du paysage sonore (Geisler, 2011)

Pré-terrain (1 mois et demi) - 1 personne (concepteur)			
Méthode	Objectifs	Protocole	Rendu
Synthèse de documents	Identifier le contexte de réalisation des projets, les objectifs et principes définis en termes de développement durable, de paysage, d'ambiance et de qualité de l'environnement sonore, et les caractéristiques physiques et socio-économiques du quartier.	Analyse bibliographique d'ouvrages et d'articles scientifiques, d'ouvrages et d'articles grand public, et recherche Internet, synthèse de documents graphiques sur leprojet (plans, schémas, etc.).	Un texte de synthèse de l'historique du projet et des objectifs visés, ainsi qu'une série de plans thématiques du quartier en relation avec ces objectifs de durabilité, de paysage et d'ambiance.
Dérive sonore paysagère (1ère partie)	Imaginer le paysage sonnant du quartier tel qu'il pourrait être.	Description du paysage sonnant possible du quartier à partir de son plan et des documents recueillis.	Un texte descriptif du paysage sonnant imaginé du quartier.

Première phase de terrain (15 jours) - 2 personnes (concepteur + enquêteur)			
Méthode	Objectifs	Protocole	Rendu
Dérive sonore paysagère (2ème partie)	Mettre en évidence des incohérences éventuelles entre le paysage sonnant imaginé et le paysage sonnant expérimenté.	Marche d'écoute « flottante » dans le quartier et description des premières impressions auditives.	Un texte descriptif du paysage sonnant du quartier, comparé à celui imaginé et une carte de synthèse.
Diagnostic urbanistique et paysager (4 jours)	Établir un état morphologique et socio-économique du quartier au moment de sa qualification sonore par les habitants, afin de compléter le diagnostic effectué dans la phase de pré-terrain.	Relevés urbanistiques, paysagers et architecturaux, photographies, enregistrements audio.	Un ensemble de cartes thématiques, un inventaire photographique et sonore.
Entretiens exploratoires (5 jours)	Rassembler des données sur le quartier et le projet en complément de la synthèse de documents et du diagnostic urbanistique et paysager. Identifier les termes	Trente entretiens courts semi-directifs menés dans la rue, d'une vingtaine de minutes, d'après une grille d'entretien d'une vingtaine de	Définitions du paysage, de l'ambiance et du quartier durable par les habitants. Liste et localisation des

		questions.	lieux appréciés ou dépréciés par les habitants, avec quelques éléments de qualification.
Entretiens acteurs *(2 jours)*	Comprendre les terminologies associées aux notions de développement durable, quartier durable, paysage et ambiance. Identifier les objectifs éventuels en termes de développement durable, de paysages, d'ambiances, de qualité de vie et de qualité de l'environnement sonore.	Deux entretiens semi-directifs d'environ une heure, menés sur place, d'après une grille d'entretien d'une trentaine de questions.	Définitions du paysage, de l'ambiance et du quartier durable données par les acteurs. Objectifs visés.
Recueil de documents *in situ* *(tout au long du terrain)*	Récolter des informations supplémentaires sur le projet, recueillir des données sur les usages et pratiques au sein du quartier.	Récupération de plaquettes publicitaires et d'information dans les infrastructures publiques et demandes auprès des acteurs et habitants interrogés.	Complément au diagnostic urbanistique et paysager.

Pré-analyse (1 mois) – 2 personnes

Pré-analyse des entretiens exploratoires, des entretiens acteurs et synthèse du diagnostic urbanistique et paysager.

Deuxième phase de terrain (15 jours) - 1 personne (ensuêteur)

Méthode	Objectifs	Protocole	Rendu
Parcours sonores *(4 jours)*	Mettre à jour les qualités sonores des espaces extérieurs du quartier pratiqués, à travers le vécu sonore des habitants, en situation, en mouvement et de manière instantanée.	Dix parcours sonores d'une quarantaine de minutes chacun : le dessin d'une carte mentale sonore du quartier, le parcours enregistré et un petit entretien de synthèse.	Liste et localisation des lieux nommés et/ou traversés par les habitants. Éléments de description et de qualification de ces lieux. Liste des marqueurs sonores récurrents.

		Dix journaux sonores tenus en moyenne une semaine dans lesquels les habitants décrivent leurs expériences sonores quotidiennes et les différentes ambiances sonores de leur quartier, avec la possibilité d'écrire, de dessiner, de prendre des photos et de faire des enregistrements audio.	Liste et localisation des lieux nommés et décrits par les habitants. Éléments de description et de qualification de ces lieux. Liste des marqueurs sonores récurrents. Illustrations par des photos et enregistrements audio.
Journaux sonores (10 jours)	Mettre à jour les qualités sonores des espaces extérieurs du quartier à travers le vécu sonore des habitants, en situation, mais de manière plus intime et sur une durée plus longue.		

Analyse (2 mois) - 2 personnes

Analyses des enquêtes de la deuxième phase de terrain et croisement avec les données recueillies dans la première phase.

Troisième phase de terrain (5 jours) - 1 personne (concepteur)

Méthode	Objectifs	Protocole	Rendu
Diagnostic urbanistique et paysager (tout au long du terrain)	Effectuer un complément du diagnostic selon les lieux cités et qualifiés en dehors des limites administratives et étudiées du quartier.	Relevés urbanistiques, paysagers et architecturaux, photographies, enregistrements audio.	Un ensemble de cartes thématiques, un inventaire photographique et sonore.

Finalisation (10 jours) - 2 personnes

Formalisation d'une carte, d'un texte de synthèse et de « cartes d'identités sonores » des lieux nommés, décrits et qualifiés par les habitants.

Légende

Analyse du paysage raisonné Ce qui a été projeté lors de la réalisation du quartier en termes de développement durable, de paysage et de qualité de l'environnement sonore.

Analyse du paysage sonnant Ensemble des sons perceptibles par l'homme dans un espace donné à un temps donné, variant selon les conditions naturelles, les activités humaines et l'aménagement de l'espace.

Analyse du paysage auditif Ensemble des expériences auditives des habitants dans leur quartier (représentations, pratiques et perceptions sonores).

Cette méthode est tout à fait applicable à d'autres territoires urbains ou « extra-urbains » que les quartiers durables, mais ne peut s'adapter ni à des territoires trop vastes, reposant sur l'analyse du vécu sonore quotidien, ni à des projets *ex nihilo*[1]. Elle permet également de réaliser une carte des paysages sonores du quartier étudié, outil de communication et de débat accessible pour tous les acteurs du projet (maîtrise d'ouvrage, maîtrise d'œuvre, habitants), distinguant les différents lieux pratiqués et qualifiés par les habitants. Chaque lieu est localisé et décrit à travers l'analyse croisée des paysages raisonné, sonnant et auditif, basée sur :

- une description morphologique et d'usages ;
- des illustrations photographiques ;
- des illustrations sonores (relevés sonores par points d'écoute) ;
- des éléments du projet ;
- la qualification sonore du lieu par les habitants.

Figure 88. Carte des paysages sonores de Kronsberg - Extrait (Geisler, 2011) - www.paysagesonore.net

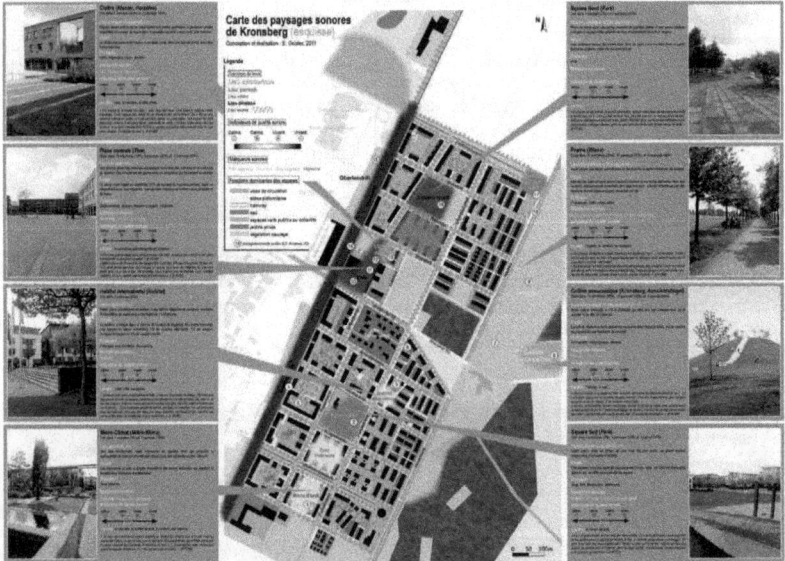

---

[1] On relève à ce propos que l'« *urbanisme durable réside moins dans la réalisation de constructions pilotes que dans la gestion de l'existant* » (Emelianoff, 2007, p. 37).

Cette carte à l'état d'esquisse dans notre recherche (figures 88 et 89, annexes 22 et 23) pourrait prendre la forme d'une carte multimédia interactive, composée de différents « calques » thématiques reprenant les données issues du diagnostic urbanistique et paysager et des enquêtes, et mêler différentes modalités sensorielles de représentation (visuelles et auditives notamment). En s'appuyant sur les outils que constituent les marqueurs sonores, les indicateurs de qualité sonore et la typologie sonore des lieux, elle pourrait servir à la conception sonore (gestion, protection, transformation), mais aussi à l'élaboration de négociations de nouvelles pratiques de l'espace, à la sensibilisation, et même à la réglementation de l'environnement sonore.

Figure 89. Carte des paysages sonores de Vauban - Extrait (Geisler, 2011) - www.paysagesonore.net

Si cette méthode de qualification du paysage sonore n'est pas adaptable à des projets de quartiers durables *ex nihilo*, les conclusions apportées sur la qualification du paysage sonore dans l'étude des quartiers Kronsberg et Vauban permettent de proposer quelques pistes d'action aux concepteurs et acteurs de projets de quartiers durables en France, et plus largement de projets urbains. En effet, l'approche technico-normative mise en avant dans la réalisation de quartiers durables ne suffit pas à offrir une qualité de vie satisfaisante aux habitants. Elle doit être complétée d'une approche plus sensible, qui, prenant en compte la dimension sonore du paysage, doit amener à :

- Assurer la diversité sonore au sein des quartiers durables en favorisant l'aménagement de lieux calmes et de lieux vivants, ou en permettre l'accès aisé, en dépassant une approche uniquement basée sur l'opposition silence-bruit. Si la mixité fonctionnelle répond à une volonté de limiter les déplacements subis en offrant à proximité des services et infrastructures du quotidien, elle devrait aussi créer, par les interactions des individus avec les lieux, un espace urbain vivant et attractif à l'échelle de la ville, loin du modèle des cités dortoirs. Les témoignages des habitants ont permis de distinguer des éléments de durabilité associés aux notions de calme (la présence d'eau, la biodiversité animale et végétale, la possibilité de s'isoler) et de vivant (la mixité sociale, fonctionnelle et générationnelle, les mobilités douces, la possibilité de se rencontrer) pouvant servir à la conception.
- Valoriser les caractéristiques sonores des quartiers en s'appuyant sur leurs spécificités locales dans une optique d'appropriation par les habitants. Ceci afin d'éviter la normalisation sonore éventuelle des quartiers durables, due à la reproduction de modèles et à la primauté de l'approche techniciste généralisés dans la réalisation de quartiers durables. En cela, les marqueurs sonores constituent des éléments intéressants pour déceler ces particularités et les valoriser.
- Prendre en compte la parole habitante, voire faire participer de manière active les habitants à la qualification du paysage sonore, ceux-ci étant les plus concernés et les plus aptes à témoigner de leur environnement sonore quotidien[1].

---

[1] Cette préoccupation fait d'ailleurs l'objet d'un des axes de travail du deuxième programme de recherche « Paysage et Développement Durable », lancé en 2011 par

Tout au long de cette recherche, nous nous sommes interrogés sur la manière de synthétiser et de communiquer les résultats obtenus sur la qualification du paysage sonore dans les deux quartiers étudiés, même si ce n'était pas l'objet direct de ce travail. Nous avons toutefois voulu livrer une esquisse des cartes des paysages sonores de Kronsberg et Vauban, esquisses qui pourraient faire l'objet d'un travail plus approfondi. En effet, la cartographie est un outil communément utilisé par les décideurs, les praticiens et les chercheurs. En cela, elle constitue un moyen de communication majeur dans le cadre du projet urbain. Actuellement, la cartographie de l'environnement sonore en vigueur est limitée par la réduction du phénomène sonore à des mesures quantitatives et par sa seule représentation visuelle. Cette entrée réflexive par la cartographie nous a permis de constater, d'une part certaines limites de notre démarche, et d'autre part de développer des perspectives de recherche.

En effet, nous l'avons vu, un écart existe entre les perceptions, représentations et ressentis sonores des habitants et usagers, et ce que donnent à voir les informations véhiculées par les cartes de bruit utilisées par les décideurs pour élaborer des politiques de lutte contre les nuisances sonores. Pourtant, les habitants sont les premier concernés, et donc les plus aptes à parler de leur environnement sonore. Nous avons regretté de ne pas pouvoir effectuer un retour vers les habitants de Kronsberg et Vauban pour confronter nos résultats à leur validation ou contestation. Si nous avons été attentifs à rencontrer une population la plus diversifiée possible avec des méthodes permettant un discours sensible, subjectif et impliqué, il faut toutefois rester vigilant à certains risques. À défaut de représentativité, toujours difficile à définir, nous visions des témoignages significatifs - qui ont un sens par rapport à l'objectif poursuivi. Mais à cette approche devrait s'adjoindre une réflexion sur les types de « savoirs citoyens ». En effet, il est important dans ce type de démarche méthodologique de ne pas prendre uniquement en compte le « savoir d'usage ou de proximité », légitimé par la proximité géographique de l'habitant, ou le « savoir d'expert-citoyen », celui de la personne dotée d'un savoir professionnel qu'elle réinvestit en dehors de son travail (Sintomer, 2008). Toutes les paroles habitantes sont intéressantes, mais il est

---

le Ministère de l'Écologie, du Développement Durable, des Transports et du Logement (MEDDTL).

indispensable de réfléchir aux conditions dans lesquelles elles s'expriment (méthodologiques, de mises en situations, etc.), ce qui permet de les objectiver. Cela, ajouté au fait qu'on observe depuis quelques années la multiplication des dispositifs de démocratie dite participative comme modalité de gouvernance locale, nous amène à penser des recherches-actions sur les modalités de formalisation de cartes de paysages sonores co-réalisées avec les habitants. Le journal sonore pourrait alors devenir une méthode développée à plus long terme (plusieurs mois), en plus grand nombre, et donner suite à des ateliers-réunions d'échange et de confrontation des résultats. Ce développement de modes de diagnostic et de conception participatifs amène également à se poser des questions sur l'évolution du métier de concepteur (paysagiste, architecte, urbaniste) et sur le rôle qu'il peut jouer dans ce type de démarches participatives.

Des doutes sont également apparus concernant la dimension interdisciplinaire de notre recherche et la manière de faire prendre conscience aux décideurs de l'intérêt de traiter la qualité de l'environnement sonore, lorsque ceux-ci sont étrangers à la notion de paysage sonore. Pour être prise en compte, la démarche qualitative que nous avons présentée ne peut pas être une alternative déconnectée de l'approche quantitative et acousticienne menée par les pouvoirs publics, mais elle doit être un apport complémentaire. Toujours dans cette réflexion générale sur la cartographie, on peut alors se poser la question de l'entrecroisement de ces deux approches, et de manière plus générale de méthodes quantitatives et qualitatives pour qualifier et cartographier le paysage sonore. En allant encore plus loin, on peut s'interroger sur la possibilité de faire cohabiter des modes de représentations cartographiques du paysage sonore issus des arts[1], de l'acoustique comme les cartes de bruit ou de la sociologie urbaine et de la conception comme l'a esquissé notre recherche, dans la perspective d'une meilleure prise en compte de toutes les composantes du paysage sonore. La question du croisement des échelles devient alors elle aussi importante, notre démarche étant plutôt adaptée à celle du projet urbain et du quartier, et la démarche des cartes de bruit à celle de la planification et de l'agglomération.

---

[1] On peut citer de manière non exhaustive le projet Écouter Paris de l'Atelier du bruit (http://www.ecouterparis.net), la carte sonore de Pamiers en Ariège de l'artiste Gwladys Déprez (http://lavillesonore.fr/pamiers.html), ou encore les différents travaux de l'anglais Christain Nold (http://www.christiannold.com/).

Nous soulignons d'ailleurs une autre limite de notre recherche : celle de l'échelle d'analyse. Si l'échelle du quartier nous semblait la plus pertinente, car la plus proche du vécu quotidien, nous avons pu constater que le vécu sonore des habitants déborde des limites administratives des quartiers. Cet espace vécu prend plus l'aspect d'un réseau de polarités composé de lieux de vie attractifs ou répulsifs, à la fois calmes et vivants, qu'un espace physique circonscrit dans un périmètre bien défini. On peut alors s'interroger sur la bonne échelle d'analyse, et donc de représentation du paysage sonore, supposant que le plus pertinent se jouera dans le chevauchement, voire l'imbrication de plusieurs échelles de représentations et d'actions. Cette problématique de l'échelle pose d'ailleurs plus largement la question de la pertinence de projets de quartier durables dans le cadre d'un urbanisme durable qui devrait être effectif à l'échelle de l'agglomération au moins.

Enfin, de manière plus théorique, la notion de paysage sonore et sa proximité avec l'ambiance architecturale et urbaine ouvrent encore de nombreuses pistes de réflexions. En particulier, elle peut enrichir les sciences humaines et sociales, en s'ouvrant à des approches sensorielles qui ne soient pas limitées à leurs dimensions esthétiques et écologiques.

Bibliographie

Ademe. 2008. *Guide pour l'élaboration des Plans de prévention du bruit dans l'environnement. À destination des collectivités locales,* 90 p.

Ademe, Délégation Régionale de Bretagne. 2007. *Pour une meilleure prise en compte de l'environnement dans les opérations d'aménagement. L'AEU en 5 questions,* 12 p.

Amphoux P. 2001. « Il tempo del paesaggio sonoro, alcuni criteri di analisi = Le temps du paysage sonore, quelques critères d'analyse », in Romano D. et Sabatini R. (ed.), *I Tempi del Paesaggio,* Atti del Workshop tenuto nel Parco di Villa Demidoff, Pratolino, il 22 settembre 2000, Firenze : Centro di Documentazione Internazionale sui Parchi Provincia di Firenze, Grenoble : Cresson

Amphoux P. 1993. *L'identité sonore des villes européennes,* Cresson / École Polytechnique Fédérale de Lausanne, IREC, 46 p. (tome 1) et 38 p. (tome 2)

Amhoux P. (dir.). 1991. *Aux écoutes de la ville : la qualité sonore des espaces publics européens, méthode d'analyse comparative : enquête sur trois villes suisses,* Lausanne : IREC, Grenoble : CRESSON, 320 p.

Amphoux P., Jaccoud C. 1992. *Parcs et promenades pour habiter. Étude exploratoire sur les pratiques et représentations urbaines de la nature à Lausanne,* tome 1, rapport IREC, n°101, École Polytechnique Fédérale de Lausanne, juin 1992, 120 p.

Amphoux P., Thibaud J.-P., Chelkoff G. 2004. *Ambiances en débats,* Bernin : Éd. À la Croisée, 309 p.

Anadón M. 2006. « La recherche dite « qualitative » : de la dynamique de son évolution aux acquis indéniables et aux questionnements présents », in *Recherches Qualitatives* [en ligne], Vol.26(1), Université du Québec, p. 5-31

Arborio A.-M., Fournier P. 1999. *L'enquête et ses méthodes : l'observation directe,* Paris : Nathan Université, Coll. 128, 128 p.

Arene Ile de France. 2005. *Quartiers durables, guide d'expériences européennes,* Paris : ARENE, 146 p.

Arene Ile de France. 1997. *Gérer et construire l'environnement sonore. La lutte contre le bruit en grande agglomération,* Paris : ARENE, 131 p.

Ascher François, 2001, *Les nouveaux principes de l'urbanisme,* Avignon : Éd. de l'Aube, 110 p.

Aubrée D. 2003. « Subjectivité et gêne sonore des bruits d'avions », in *Réduction des bruits d'avions commerciaux au voisinage des aéroports civils. Problématique, enjeux et perspectives,* Collections de l'INRETS, n°88, p. 107-123

Augé M. 1992. *Non lieux. Introduction à une anthropologie de la surmodernité,* Paris : Éd. du Seuil, Coll. La Librairie du XXème siècle, 149 p.

Augoyard J.-F. 1995a. « La vue est-elle souveraine dans l'esthétique paysagère ? », in Roger Alain, *La théorie du paysage en France (1974-1994),* Seyssel : Champ Vallon, p. 334-345

Augoyard J.-F. 1995b. « L'environnement sensible et les ambiances architecturales », in *L'espace géographique,* Vol.24, n°4, p. 302-318

Augoyard J.-F., Torgue H. 1995. *Répertoire des effets sonores. À l'écoute de l'environnement,* Marseille : Éd. Parenthèses, 175 p.

Augoyard J.-F., Amphoux P., Chelkoff G. 1985. *La production de l'environnement sonore : Analyse exploratoire sur les conditions sociologiques et sémantiques de la production des phénomènes sonores par les habitants et usagers de l'environnement urbain,* Grenoble : Cresson et Esu, 189 p.

Augoyard J.-F. 1979. *Pas à pas : essai sur le cheminement quotidien en milieu urbain,* Paris : Éd. du Seuil, 185 p.

Bagot J.-D. 1999. *Information, sensation et perception,* Paris : Armand Colin, 192 p.

Bailly A. 1990. « Paysages et représentations », in *Mappemonde,* n°3, p. 10-13

Balay O. 2003. *L'espace sonore de la ville au XIXème siècle,* Bernin : Éd. À la croisée, 291 p.

Barrère B. 2004. *Quartier Vauban, Laboratoire de la ville durable,* REDD - REssources pour le Développement Durable, 42 p.

Battesti V. 2009. « Ambiances sonores du Caire : proposer une anthropologie des environnements sonores », in *Les Cahiers du GERHICO,* n° 13, p. 35-49

Bergé A. et Collot M. (dir.). 2008. *Paysage & Modernité(s),* Bruxelles : Ousia, Coll. Recueil, 400 p.

Berglund B. et Nilsson M. E. 2004. *Soundscapes percieved in built environments,* Proc. ICA, Kyoto, Japan

Berleant A. 1992. *The Aesthetics of Environment,* Philadelphia : Temple University Press, 315 p.

Berleant A., Carlson A. 2004. *The Aesthetics of Natural Environments,* New York : Broadview Press, 312 p.

Berque A. 2010. « Territoire et personne : l'identité humaine » in *Revista de Ciencias Sociais da PUC-Rio,* « Desigualde & Diversidade », n°6, janvier/juillet 2010, pp. 25-37

Berque A. 2000 (1990). *Médiance. De milieux en paysages,* Paris : Belin, 158 p.

Berque A. 1996. *Êtres humains sur la terre,* Paris : Gallimard, Coll. Le Débat, 212 p.

Berthemont J., Commerçon N. 1993. « Introduction à la lecture de Maurice Le Lannou », in *Revue géographique de Lyon,* Vol.68, n°4, p. 209-211

Bertrand G. et Bertrand C. 2002. *Une géographie traversière. L'environnement à travers territoire et temporalités,* Paris : Arguments, 311 p.

Besse J.-M. 2010. « Le paysage, espace sensible, espace public », in *META : Research in Hermeneutics, Phenomenology and Practical Philosophy,* Vol II, n°2, p. 259-286

Besse J.-M. 2009. *Le goût du monde : Exercices de paysage,* Arles : Actes Sud, Coll. Paysage, 227 p.

Besse J.-M. 2000. *Voir la Terre. Six essais sur le paysage et la géographie,* École Nationale Supérieure de Versailles et Marseille, Arles : Actes Sud, 161 p.

Bigando E. 2006. *La sensibilité au paysage ordinaire des habitants de la grande périphérie bordelaise (communes du Médoc et de la Basse Vallée de l'Isle),* thèse de doctorat en géographie sous la direction de Guy di Méo, Université Michel de Montaigne, Bordeaux III, 506 p.

Blanc N. 2008. *Vers une esthétique environnementale,* Paris : Quae, Coll. Indisciplines, 208 p.

Blanc N. et al. 2004. *Des paysages pour vivre la ville de demain. Entre visible et invisible,* Rapport final du Programme Politiques publiques et Paysages, ministère de l'Écologie et du Développement durable, UMR LADYSS - CNRS, 319 p.

Bonard Y., Matthey L. 2010. « Les éco-quartiers : laboratoires de la ville durable. Paradigme ou éternel retour du même ? », in *Cybergéo : European Journal of Geography* [en ligne]

Bosshard A. 2009. *Stadt hören. Klangspaziergänge durch Zürich,* Zürich : Verlag Neue Zürcher Zeitung, 191 p.

Brady E. 2007. « Vers une véritable esthétique de l'environnement », in *Cosmopolitiques,* n°15, juin 2007, numéro spécial : Esthétique et Espace Public, p. 61-72

Brown A. L. 2009. « Towards some standardization in assessing soundscape preference », in *Proceedings of the International Congress of Noise,* Ottawa, Canada

Bulot T., Veschambre V. 2006. *Mots, traces et marques - Dimensions spatiale et linguistique de la mémoire urbaine,* Paris : L'Harmattan, 246 p.

Burel F., Baudry J. 1999. *Écologie du paysage. Concepts, méthodes et applications,* Paris : TEC & DOC, 362 p.

Certu. 2006. *Comment réaliser les cartes de bruit stratégiques en agglomération. Mettre en œuvre la directive 2002/49/CE,* Certu, Ministère de l'Écologie et du Développement Durable, Coll. Références, 120 p.

Charles L., Kalaora B. 2009. « Prégnance et limites d'une approche esthétique de l'environnement », in Bédard Mario (dir.), *Le paysage. Un projet politique,* Presses de l'Université du Québec, p. 27-43

Charlot-Valdieu C., Outrequin P. 2009. *L'urbanisme durable. Concevoir un écoquartier,* Paris : Éd. Le Moniteur, 296 p.

Chion M. 2006(1998). *Le son,* Paris : Armand Colin, Coll. Cinéma, 342 p.

Chion M. 1993. *Le promeneur écoutant. Essais d'acoulogie,* Paris : Plume, 196 p.

Chion M. 2005(1990). *L'audio-vision. Son et image au cinéma,* Paris : Armand Colin, Coll. Cinéma, 186 p.

Choay F. 1965. *L'urbanisme, utopies et réalités. Une anthologie,* Paris : Éd. du Seuil, 348 p.

Chouquer G. 2007. « Le paysage ou la mémoire des formes », in *Cosmopolitiques,* n°15, juin 2007, *Esthétique et espace public,* p. 43-52

Classen C. 1997. « Foundations for an Anthropology of the Senses », in *International Social Science Journal,* 49(3), p. 401-412

Collot M. 1997. *La Matière-émotion,* Paris : PUF, Coll. Écriture, 334 p.

Collot M. 1995. « Points de vue sur la perception des paysages », in Roger Alain (dir.), *La théorie du paysage en France (1974-1994),* Seyssel : Champ Vallon, p. 210-223

Colon P.-L. 2008. « Du sensible au politique : vers une nouvelle approche de l'environnement sonore », colloque *Espaces de vie, espaces-enjeux. Entre investissements ordinaires et mobilisation politique,* Université de Rennes 2, Rennes, 6 novembre

Corbin A. 2007(1994). *Les cloches de la terre. Paysage sonore et culture sensible dans les campagnes françaises au XIXème siècle,* Paris : Flammarion, Coll. Champs histoire, 356 p.

Corbin A. 2001. *L'homme dans le paysage,* Paris : Éd. Textuel, 190 p.

Corbin A. 1990. « Histoire et anthropologie sensorielle », in *Anthropologie et Sociétés,* Dossier : Les Cinq sens, 14(2), p. 13-24

Cordeau E., Gourlot N. 2006. *Zones de calme et aménagement. Étude exploratoire sur la notion de « zone de calme ». Les enseignements pour l'Ile-de-France,* Institut d'Aménagement et d'Urbanisme de la Région Ile-de-France (IAURIF), 163 p.

Cosgrove D. 1998 (1984). *Social formation and Symbolic Landscape,* University of Wisconsin Press, 332 p.

Dagognet F. (dir.). 1982. *Mort du paysage ? Philosophie et esthétique du paysage,* Actes du colloque de Lyon, Seyssel : Éd. Champ Vallon, Coll. Milieux, 238 p.

Dallmann B. (coord.). 2008. *Freiburg, Green City. Approaches to sustainability,* Stadt Freiburg, 23 p.

Damasio A. R. 2001. *L'erreur de Descartes. La raison des émotions,* Paris : Odile Jacob, 396 p.

Dauby Y. 2004. *Paysages sonores partagés,* Mémoire de DEA en Arts Numériques, Université de Poitiers, 119 p.

Davodeau H. 2009. « L'évaluation du paysage, premier acte des politiques paysagères», in *Projets de paysage* [En ligne], 26/06/2009

Davodeau H. 2008. « Les politiques publiques du paysage passées au crible d'une lecture de géographie sociale », in *Espaces et Sociétés* [En ligne], 07/07/2008

Davodeau H. 2005. « La sensibilité paysagère à l'épreuve de la gestion territoriale », in *Les Cahiers de Géographie du Québec,* volume 49, numéro 137, septembre 2005, p. 177-180

De Certeau M. 1990 (1980). *L'invention du quotidien,* Tome 1 : *Arts de faire,* Paris : Gallimard, 350 p.

Delage B. et *al.* 1981. *Paysage sonore urbain. Deux journées d'exposition, d'écoute et de communications,* Actes du colloque des 30 et 31 mai 1980 à Paris, Paris : Plan-Construction, 305 p.

D'Erm P. 2009. *Vivre ensemble autrement. Écovillages, habitat groupé, écoquartiers,* Paris : Éd. Eugen Ulmer, 143 p.

Dewarrat J.-P. (coord.). 2003. *Paysages ordinaires : De la protection au projet,* Liège : Mardaga Éditions, Coll. Architecture + Recherches, 95 p.

Di Méo G. (dir.). 2000 (1996). *Les territoires du quotidien,* Paris : L'Harmattan, 207 p.

Donadieu P. 2009. « Quel bilan tirer des politiques de paysage en France ? », in *Projets de paysage* [En ligne], 26/06/2009

Donadieu P., Périgord M. 2007. *Le paysage. Entre nature et cultures,* Paris : Armand Colin, Coll. 128, 128 p.

Donadieu P. 2002. *La société paysagiste*, École Nationale Supérieure du Paysage de Versailles et Marseille, Arles : Actes Sud, 149 p.

Dubois D. 2006. « Les « mots » et les catégories cognitives du sensible : des rapports problématiques. Des couleurs, des odeurs et des bruits », in *Cahiers du LCPE*, n°7, septembre 2006, p. 19-38

Dubois D., Guastavino C., Raimbault M. 2006. « A cognitive approach to soundscapes : using verbal data to access auditory categories », in *Acta Acustica united with Acustica*, Vol.92(6), p. 865-874

Dubois D., David S., Reche-Rigon P., Maffiolo V. et Mzali M. 1998. *Étude de la qualité sonore des espaces verts de la Ville de Paris*, Mission Environnement de la Mairie de Paris, 151 p.

Emelianoff C. 2007. « Les quartiers durables en Europe : un tournant urbanistique ? », in *Ubria. Les cahiers du développement durable*, n°4, p. 26-37

Emelianoff C. 2004. « Les villes européennes face au développement durable : une floraison d'initiatives sur fond de désengagement politique », in *Les cahiers du Proses*, n°8, Sciences Po, 27 p.

Faburel G. et Gourlot N. 2008. *Référentiel national pour la définition et la création des zones calmes. À destination des collectivités locales*, Rapport final du Creteil pour la Mission Bruit du Ministère de l'Écologie, de l'Énergie, du Développement Durable et de l'Aménagement du Territoire, mai, 207 p.

Faburel G., Gaudibert P. 2007. « Une aide pour l'élaboration des plans locaux d'action : vers des cartes de gêne sonore, de satisfaction territoriale et d'attachement local », in *Echo Bruit*, n°119, Décembre 2007, 8 p.

Faburel G., Manola T. (dir.). 2007. *Le sensible en action. Le vécu de l'environnement comme objet d'aide à la décision. Tome 1 : sensible, ambiance, bien-être et leur évaluation, en situation territoriale*, Institut d'Urbanisme de Paris, avril, 84 p.

Faburel G. (coord.). 2006. *Les effets des trafics aériens autour des aéroports franciliens, Tome 1 : État des savoirs et des méthodes d'évaluation sur les thèmes d'environnement*, 143 p.

Faburel G. 2003. « Le Bruit des avions. Facteur de révélation et de construction de territoires », in *L'Espace géographique*, n°3, p. 205-223

Fiori S., Régnault C. 2007. « Concepteurs sonores et concepteurs lumières. Figures professionnelles émergentes », in *Culture et Recherche. Ambiance(s). Ville, architecture, paysages*, n°113, automne 2007, p. 19-21

Fleuret Sébastien, (dir.). 2006. *Espaces, qualité de vie et bien-être*, Presses de l'Université d'Angers, 318 p.

Frémont A. 2009 (1976). *La région, espace vécu*, Paris : Flammarion, Coll. Champs Essais, 288 p.

Fritz J.-M. 2000. *Paysages sonores du Moyen-Âge. Le versant épistémologique*, Paris : Champion, 478 p.

Gärling T. et al. 1984. « Cognitive mapping of large-scale environments », in *Environment and Behavior*, 16(1), p. 3-34

Gaver W. 1993. « What in the World Do We Hear ? An Ecological Approach to Auditory Event Perception », in *Ecological Psychology*, 5, p. 1-29

Geisler E. 2007. *Les signatures du paysage sonore urbain : élaboration d'une méthode d'étude des interactions du visuel et de l'auditif dans le centre de*

Nancy, Mémoire de Master Tdpp encadré par Hervé Davodeau, Ensp Versailles, 146 p.

Ghiglione R., Matalon B. 1998. *Les enquêtes sociologiques. Théories et pratiques,* Paris : Armand Colin, 301 p.

Giboreau A., Body L. 2007. *Le marketing sensoriel : De la stratégie à la mise en œuvre,* Paris : Éd. Vuibert, Coll. Entreprise, 238 p.

Gibson J. 1986(1979). *The Ecological Approach to Visual Perception,* Laurence Erlbaum Associates Inc., 332 p.

Glatz B., Schenck R., Schepers R., Schubert M., Schuster A. 2007. *Quartier Vauban, Freiburg. Ein Rundgang - Une visite,* Freiburg : Stadtteilverein e.V., 47 p.

Godard O. 1996. « Le développement durable et l'avenir des villes. Bonnes intentions et fausses bonnes idées », in *Futuribles,* n°209, p. 29-35

Granö J. G. 1997. *Pure Geography,* The Johns Hopkins University Press, 232 p.
« Reine Geographie. Eine methodologische Studies, beleuchtet mit Beispielen aus Finnland und Estland », Helsinki-Helsingfors, 1929, 202 p.

Grout C., Delbaere D. (dir.). 2009. *Cahiers Thématiques n°9. Paysage, territoire et reconversion,* École Nationale Supérieure d'Architecture et de Paysage de Lille, Paris : Éd. De la Maison des sciences de l'homme, 298 p.

Gutton J.-P. 2000. *Bruits et sons dans notre histoire. Essai sur la reconstitution du paysage sonore,* Paris : PUF, 184 p.

Halbwachs M. 1997(1950). *La mémoire collective,* Paris : Albin Michel, Bibliothèque de l'évolution de l'humanité, 295 p.

Hall E. T. 1978. *La dimension cachée,* Paris : Éd. du Seuil, Coll. Points Essais, 254 p.

Hatzfeld H. 2009. « Les enjeux du paysage», in Bédard Mario (dir.), *Le paysage. Un projet politique,* Presses de l'Université du Québec, p. 313-322

Hegel G. W. F. 1867. *Philosophie de l'Esprit (Encyclopédie III),* traduit en français par Véra A., Paris, Germer Baillère, 478 p.

Heland L. 2008. *Le quartier comme lieu d'émergence, d'expérimentation et d'appropriation du développement durable. Analyse à partir des processus d'aménagement de deux quartiers européens : Vauban et Hyldespjaeldet,* Thèse de doctorat en Aménagement de l'espace et Urbanisme sous la direction de Corinne Larue, Université de Tours, 494 p.

Howes D., Marcoux J.-S. 2006. « Introduction à la culture sensible », in *Anthropologie et Sociétés,* Vol.30, n°3, p. 7-17

Howes D. (Ed.). 2005. *Empire of the Senses : The Sensory Culture Reader,* Oxford : Berg, 384 p.

Howes D. (Ed.). 1991. *The varieties of sensory experience. A sourcebook in the anthropology of senses,* Toronto : University of Toronto Press, 336 p.

Howes D. 1990. « Les techniques des sens », in *Anthropologie et Sociétés,* Vol.14, n°2, p. 99-115

Jackson J. B. 1984. *Discovering the Vernacular Landscape,* New Haven : Yale University Press, 224 p., traduit en français par Xavier Carrère, 2003, *À la découverte du paysage vernaculaire,* École Nationale Supérieure du Paysage de Versailles et Marseille, Arles : Actes Sud, 277 p.

Järviluoma H., Kytö M., Truax B., Uimonen H., Vikman N., Schafer R. M. 2010. *Acoustic Environments in Change & Five Village Soundscapes*, Tamk University of Applied Sciences, 431 p.

Kaminski K., Leidinger T., Mazur H. 2009. *Lärmaktionsplan Landeshauptstadt Hannover. Entwurf*, Landeshauptstadt Hannover, 38 p.

Kitchin R. M. 1994. « Cognitive maps : What are they and why study them ? », in *Journal of Environment Psychology*, 14, p. 1-19

Labussière O., Aldhuy J. 2008. « Le terrain, c'est ce qui résiste. Réflexion sur la portée cognitive de l'espace sensible en géographie », communication au colloque « À travers l'espace de la méthode : les dimensions du terrain en géographie », Arras, 18-20 juin 2008

Laplantine F. 2005. *Le social et le sensible : Introduction à une anthropologie modale*, Paris : Tétraèdre, Coll. L'anthropologie au coin de la rue, 220 p.

Lassus B. 1998. *The landscape approach*, University of Pennsylvania Press, 196 p.

Lavandier C., Defréville B. 2006. « The contribution of sound source characteristics in the assessment of urban soundscapes », in *Acta Acustica united with Acustica*, vol.92(6), novembre-décembre 2006, p. 912-921

Le Breton D. 2009. *La Saveur du Monde. Une anthropologie des sens*, Paris : Métailié, 452 p.

Le Breton D. 1990. *Anthropologie du corps et modernité*, Paris : PUF, Coll. Quadrige, 336 p.

Lefèvre P., Sabard M. 2009. *Les écoquartiers*, Rennes : Éd. Apogée, 261 p.

Léobon A. 1994. *Identité sonore et qualité de vie en centre ville (le quartier Graslin, Nantes)*, Rapport de recherche financé par le Ministère de l'Environnement, Gers, Cnrs, 60 p.

Lévy J., Lussault M. 2003. *Dictionnaire de la géographie et l'espace des sociétés*, Paris : Belin, 1033 p.

Lopez F. 1997. « Schizophonia vs. l'objet sonore : le paysage sonore (soundscape) et la liberté artistique », in *Cec Concordia* [en ligne]

Luginbühl Y. 2007. « La place de l'ordinaire dans la question du paysage », in *Cosmopolitiques,* n°15, juin 2007, numéro spécial : Esthétique et Espace Public, p. 187-192

Luginbühl Y. 2001. *La demande sociale de Paysage*, Rapport pour le Conseil National du Paysage, Ministère de l'Aménagement du Territoire et de l'Environnement, 21 p.

Luginbühl Y. 1990. *Paysages. Textes et représentations du paysage du Siècle des Lumières à nos jours*, Lyon : La Manufacture, 270 p.

Luginbühl Y. 1981. *Sens et sensibilité des paysages*, Tome 1 : *Le paysage et son sens*, Tome 2 : *Un paysage de la côte viticole bourguignonne*, Thèse de troisième cycle sous la direction de Roger Brunet

Lynch K. 1960. *The Image of the City*, MIT Press, Cambridge MA, 194 p., Tradult en français par M.-F. et J.-L. Vénard, *L'image de la Cité*, Dunod, 1998, 232 p.

Mᶜ Cartney A. 2011. « Soundwalking : Creating Moving Environmental Sound Narratives », in Gopinath Sumanth and Stanyek Jason (Ed.), *The Oxford Handbook of Mobile Music Studies,* Oxford University Press

Maffiolo V. 1999 *De la caractérisation sémantique et acoustique de la qualité sonore de l'environnement urbain : structuration des représentations mentales et influence sur l'appréciation qualitative : application aux ambiances sonores de Paris,* Thèse d'Acoustique sous la direction de Michèle Castellengo, Le Mans, Université du Maine, 285 p.

Magnaghi A. 2003. *Le projet local,* Liège : Mardaga, 127 p.

Maldiney H. 2003 (1993). *L'art, l'éclair de l'être,* Seyssel : Éd. Comp'Act, Coll. La Polygraphe, 293 p.

Marcel O. 2009. « L'espace citoyen : le paysage comme outil de l'action démocratique», in Bédard Mario (dir.), *Le paysage. Un projet politique,* Presses de l'Université du Québec, p. 225-251

Mariétan P. 2009. « Musique Environnement : matériau pédagogique », in Mariétan P. et Barbanti R. (dir.). *Sonorités. Pédagogies,* Nîmes : Éd. Champ Social, « Les Cahiers de l'Institut Musique Écologie », n°4, septembre 2009, p. 69-122

Mariétan P. 2008. *Dit Chemin Faisant. Conversations, fragments-sources, géophonies,* Paris : Éd. Klincksieck, 223 p.

Mariétan P. 2005. *L'environnement sonore : approche sensible, concepts, modes de représentation,* Nîmes : Éd. Champ Social, Coll. Les Collections Théétète Musique Environnement, 93 p.

Mariétan P. Rapin J.-M. 1981. *Environnement sonore et aménagement de l'espace,* École Nationale Supérieure du Paysage de Versailles, Ministère de l'agriculture, Étude 154, 15 p.

Matthey L. 2005. « Le quotidien des systèmes territoriaux », in *Articulo - Revue de sciences humaines,* n°1

Méchin C., Bianquis I., Le Breton D. (dir.). 1998. *Anthropologie du sensoriel. Les sens dans tous les sens,* Paris : L'Harmattan, 256 p.

Merleau-Ponty M. 1985 (1964). *L'œil et l'Esprit,* Paris : Gallimard, Coll. Folio, 92 p.

Merleau-Ponty M. 1945. *Phénoménologie de la perception,* Paris : Gallimard, Coll. Tel, 537 p.

Mervant-Roux M.-M. 2009. « De la bande-son à la sonosphère. Réflexion sur la résistance de la critique théâtrale à l'usage du terme « paysage sonore » », in *Images re-vues* [en ligne], n°7

Moati S. 2006. « Leçons de ville », in *Alternatives économiques,* « Climat ? On en parle (beaucoup) mais on ne fait rien (ou presque) », n°253, p. 66

Moles A., Muzet D. 1979. « Phonographies et paysages sonores. Un nouvel aspect du rôle social du mini-magnétophone », communication dans le cadre du Festival international du son haute fidélité stéréophonie, in *L'Audiophile,* Paris : Éd. Fréquences, p. 13-30

Moles A., Rohmer E. 1996 (1978). *Psychologie de l'espace,* Paris : Casterman, 245 p.

Mönninghof H. 2008. « Hanovre : un exemple de développement urbain couronné de succès », in *Responsabilité & Environnement,* n°52, octobre 2008, p. 27-30

Mouly B., Faburel G., Navarre F. 2006. *Représentation cartographique de la gêne sonore, du bien-être environnemental et de la satisfaction territoriale. Le cas du bruit des transports dans le Val-de-Marne,* Creteil, Institut d'Urbanisme de Paris, Paris XII, 33 p.

Mzali M. 2002. *Perception de l'ambiance sonore et évaluation du confort acoustique des trains,* Thèse d'Acoustique sous la direction de Jean-Dominique Polack, Université Paris VI, 254 p.

Paillé P., Mucchielli A. 2010. *L'analyse qualitative en sciences humaines et sociales,* Paris : Armand Colin, 315 p.

Paquot T., Lussault M., Younès C. (dir.). 2007. *Habiter, le propre de l'humain,* Paris : Éd. de la Découverte, 380 p.

Paquot T. 2005. *Demeure terrestre, Enquête vagabonde sur l'habiter,* Paris : Les Éditions de l'Imprimeur, Coll. Tranches de Villes, 190 p.

Pipard D., Gualezzi J.-P. 2002. *La lutte contre le bruit. Des bruits de voisinage aux bruits des aéroports. Mesures de protection et contrôle. Médiation et contentieux,* Paris : Le Moniteur Éditions, Coll. Guides juridiques, 300 p.

Proust M. 1925. *À la recherche du temps perdu,* Tome V, *La prisonnière,* Feedbooks, texte intégral en ligne : http://ebooksgratuit.com

Raimbault M. 2002. *Simulation des ambiances sonores urbaines : intégration des aspects qualitatifs,* Thèse de Mécanique, Thermique et Génie Civil sous la direction de Jean-Pierre Peneau, Université de Nantes, 268 p.

Ramadier T. 2003. « Les représentations cognitives de l'espace : modèles, méthodes et utilité », in Moser Gabriel et Weiss Karine (dir.), *Espace de vie. Aspects de la relation homme-environnement,* Paris : Armand Colin, p. 177-200

Rapin J.-M. 1999. « Acoustique urbaine : prévoir le bruit et construire le calme », in *Cstb Magazine,* n°121, janvier-février 1999, Paris : Cstb, pp. 4-6

Rapin J.-Marie. 1994. « La protection acoustique est-elle une atteinte au paysage ? », in Leyrit C. et Lassus B. (dir.). *Autoroute et paysages,* Paris : Éd. du Demi-Cercle, p. 100-111

Rodaway P. 1994. *Sensuous geography. Body, sense and place,* Londres & New-York : Routledge, 198 p.

Roger A. 1997. *Court traité du paysage,* Mayenne : Gallimard, Bibliothèque des sciences humaines, 200 p.

Roullier F. 2007. « Pour une géographie des milieux sonores », in *Cybergéo* [en ligne]

Roussel F. 2010. « Cartographie du bruit : de la difficulté de définir les « zones calmes », in *Actu-Environnement* [en ligne]

Rozec V., Ritter P. 2007. « Les avancées et les limites de la législation sur le bruit face au vécu des citadins », in *Géocarrefour* [en ligne], Vol.78/2

Russolo L. 2003. *L'art des bruits. Manifeste futuriste 1913,* Paris : Allia, 40 p. « *L'Arte dei Rumori* », Milano : Edizioni Futuriste di "Poesia", 1916

Salignon B. 2010. *Qu'est-ce qu'habiter ?,* Paris : Éd. De la Villette, Coll. Penser l'Espace, 143 p.

Sansot P. 2009(1983). *Variations paysagères,* Paris : Éd. Payot & Rivages, 236 p.

Sautter G. 1979. « Le paysage comme connivence », in *Hérodote,* n°16, p. 40-66

Sauvageot A. 2003. *L'épreuve des sens. De l'action sociale à la réalité virtuelle,* Paris : PUF, Coll. Sociologie d'aujourd'hui, 256 p.

Schaeffer P. 1952. *À la recherche d'une musique concrète*, Paris : Éd. du Seuil, 229 p.

Schaeffer P. 1966. *Traité des objets musicaux*, Paris : Éd. du Seuil, 711 p.

Schafer R. M. 1979. *Le paysage sonore. Toute l'histoire de notre environnement sonore à travers les âges*, Paris : J.-C. Lattès, 390 p.
« The Tuning of the World. Toward à Theory of Sounscape Design", Canada : Toronto, 1977

Schafer R. M. 1977. *Five village soundscapes, (Music of the environment series)*, A.R.C. Publications

Sgard A. 2010. « Le paysage dans l'action publique ; du patrimoine au bien commun », in *Développement durable et territoires* [En ligne], Vol.1, n°2 / Septembre 2010

Sgard A., Fortin M.-J., Peyrache-Gadeau V. 2010. « Le paysage en politique », in *Développement durable et territoires* [En ligne], Vol.1, n°2 / Septembre 2010

Simmel G. 1991(1912). « Essai sur la sociologie des sens », in *Sociologie et épistémologie*, Paris : PUF, 240 p.

Sintomer Y. 2008. « Du savoir d'usage au métier de citoyen ? », in *Raisons politiques*, 2008/3, n°31, p. 115-133

Souami T. (coord.). 2011. Dossier « Écoquartiers et urbanisme durable », in *Problèmes politiques et sociaux*, n°981, Paris : La Documentation française, 111 p.

Souami T. 2009. *Écoquartiers, secrets de fabrication. Analyse critique d'exemples européens*, Paris : Éd. Les Carnets de l'info, coll. « Modes de villes », 207 p.

Southworth M. 1969. « The sonic environment of cities », in *Environment and Behavior*, 1, p. 49-70

Sperling C. (dir.). 2003. Dossier thématique « Planung und Bau der Grünspangen. 1999-2003 », in *Vauban Actuel. Das Stadtteilmagazin*, Freiburg : Forum Vauban, 9 p.

Sperling C. 1999. *Nachhaltige Stadtentwicklung beginnt im Quartier*, Freiburg : Forum Vauban e.V., Oko-Institut e.V., 406 p.

Stoller P. 1989. *The taste of ethnographic things. The senses in anthropology*, Philadelphia : University of Pennsylvania Press, 200 p.

Straus E. 1935. *Vom Sinn der Sinne, ein Beitrag zur Grundlegung der Psychologie*, J.Springer, 314 p.

Tavris C., Wade C. 2002. *Introduction à la psychologie : les grands thèmes*, Saint-Laurent : Erpi, 450 p.

Thibaud J.-P., Grosjean M. (dir.). 2001. *L'espace urbain en méthodes*, Marseille : Éditions Parenthèses, 219 p.

Thomann M., Bochet B. 2007. « Les quartiers durables : territoires ordinaires ou extra-ordinaires ? », in *Vues sur la ville*, n°18, Dossier « Éco-quartier, l'habitat du futur », Université de Lausanne, p. 3-6

Thoreau H.-D. 1862. « Walking », in *The Atlantic Monthly*, traduction française de Gillyboeuf Thierry, 2003, *De la marche*, Éd. Mille et une nuits, 79 p.

Tiberghien G. A. 2001. *Nature, art, paysage*, École Nationale Supérieure du Paysage de Versailles et Marseille, Arles : Actes Sud, 228 p.

Torgue H. 2005. « Agir sur l'environnement sonore. De la lutte contre le bruit à la maîtrise du confort sonore », in *Champs Culturels*, n°19, p. 19-23

Truax B. 2001(1984). *Acoustic Communication. Second Edition*, Ablex Publishing, 284 p.

Truax B. 1978. *Handbook for Acoustic Ecology*, Simon Fraser University, Édition en CD-Rom, 1999, Cambridge Street Publishing

Uimonen H. 2008. « Pure Geographer. Observation on J. G. Granö and Soundscape Studies », in *Soundscape. The Journal of Acoustic Ecology*, vol n°8, hiver 2008, World Forum for Acoustic Ecology (WFAE), p. 14-16

Uzzell D., Romice O. 2003. « L'analyse des expériences environnementales », in Moser G. et Weiss K. (dir.), *Espace de vie. Aspects de la relation homme-environnement*, Paris : Armand Colin, p. 49-83

Val M. 2008. *Lexique d'acoustique. Architecture. Environnement. Musique*, Paris : L'Harmattan, 253 p.

Vogel C. 1999. *Étude sémiotique et acoustique de l'identification des signaux sonores d'avertissement en contexte urbain*, Thèse de doctorat en acoustique sous la direction de Michèle Castellengo, Université Paris 6, 178 p.

Weibel U. (dir.). 2006. *Freiburg im Breisgau Landschaftsplan 2020*, Stadt Freiburg I. Br., 369 p.

Wieber J.-C. 1984. « Le paysage visible, objet géographique », in *Le Courrier du C.N.R.S.*, 57 (supplément), p. 5-8

Winkler J. 2009. « Klanglandschaft - Zeitlandschaft », Interdisziplinäre Tagung des AK Landschaftstheorie und des Institut für Sächsische Geschichte und Volkskunde, Dresden, 17-19 September 2009

Winkler J. 1999. « Landschaft hören », in *Klanglandschaft wörtlich. Akustische Umwelt in tranzdisciplinärer Perspektive Herausgeben vom Forum Klanglandschaft*, p. 3-9

Wittenberg-Malkus A. 1993. *Weltaustellung EXPO 2000. Beiträge zur Diskussion, Landschaftsräume Hannover*, Landeshauptstadt Hannover, 24 p.

Zardini M. (dir.). 2005. *Sensations urbaines. Une approche différente à l'urbanisme*, Centre Canadien d'architecture, Lars Müller Publisher, 350 p.

Texte de la Convention européenne du paysage de 2000, Florence

Texte de la Directive européenne 2002/49/CE du 25/06/02 relative à l'évaluation et la gestion du bruit dans l'environnement

Texte de la Loi n°93-24 du 8 janvier 1993 sur la protection et la mise en valeur des paysages

Texte de la Loi n°92-1444 du 31/12/92 relative à la lutte contre le bruit

Texte de la Loi du 02/05/30 relative à la protection des monuments naturels et des sites de caractère artistique, historique, scientifique, légendaire ou pittoresque

Table des illustrations

Liste des figures

Liste des tableaux

Liste des encadrés

Listes des sigles

ADEME	Agence de l'Environnement et De la Maîtrise de l'Énergie
AEU	Approche Environnementale de l'Urbanisme
AFNOR	Association Française de Normalisation
AMVAP	Aires de Mise en Valeur de l'Architecture et du Patrimoine
CERMA	Centre de Recherche Méthodologique d'Architecture
CERTU	Centre d'Études sur les Réseaux, les Transports, l'Urbanisme et les constructions publiques
CETE	Centre d'Études Techniques de l'Équipement
CIDB	Centre d'Information et de Documentation sur le Bruit
CNRS	Centre National de la Recherche Scientifique
CRESSON	Centre de Recherche sur l'Espace Sonore et l'Environnement urbain
CRETEIL	Centre de Recherche sur l'Espace, les Transports, l'Environnement et les Institutions Locales
CSTB	Centre Scientifique et Technique du Bâtiment
DATAR	Délégation interministérielle à l'Aménagement du Territoire et à l'Attractivité Régionale
EPCI	Établissement Public de Coopération Intercommunale
LAM	Laboratoire d'Acoustique Musicale
LAMU	Laboratoire d'Architecture et Musique Urbaine
LAREP	Laboratoire de Recherches de l'École du Paysage
LCPE	Langages, Cognitions, Pratiques et Ergonomie
MEEDDAT	Ministère de l'Environnement, de l'Énergie, du Développement Durable et de l'Aménagement du Territoire
MEEDDM	Ministère de l'Environnement, de l'Énergie, du Développement Durable et de la Mer
ODES	Observatoire Départemental de l'Environnement Sonore du Val de Marne
OMS	Organisation Mondiale de la Santé
PEB	Plan d'Exposition au Bruit
PGS	Plan de Gêne Sonore
PLU	Plan Local d'Urbanisme
PNB	Point Noir du Bruit
PPBE	Plan de Prévention du Bruit dans l'Environnement
PUCA	Plan Urbanisme Construction Architecture
SCOT	Schéma de Cohérence Territoriale
SRU	Solidarité et Renouvellement Urbain
ZPPAUP	Zone de Protection du Patrimoine Architectural, Urbain et Paysager

Annexes

Annexes 20 à 23 www.paysagesonore.net

Annexe n°1 Ressources documentaires sur Kronsberg

Thème	Auteur	Titre	Résumé	Année
POLITIQUE URBAINE DE LA VILLE DE HANOVRE	Mönninghof Hans	« Hanovre : un exemple de développement urbain couronné de succès », in *Responsabilité & Environnement*, n°52	Grandes lignes de la politique urbaine durable de Hanovre	2008
	Kaminski Kai, Leidinger Thomas, Mazur Heinz	*Lärmaktionsplan Landeshauptstadt Hannover. Entwurf*, Landeshauptstadt Hannover	Plan bruit de la ville de Hanovre	2009
LE PROJET EXPLIQUÉ AUX ACTEURS DE L'AMÉNAGEMENT	ARENE Ile de France	*Quartiers durables. Guide d'expériences européennes*	Présentation de projets européens de quartiers durables	2005
	Rumming Karin	*Handbuch Hannover Kronsberg. Planung und Realisierung*, Landeshauptstadt Hannover	Présentation générale du projet destinée aux acteurs de l'aménagement ou personnes intéressées	2004
	Stoletzki Gudrun	*Weltausstellung und Stadtteil Kronsberg. Der städtebauliche Rahmen für die EXPO 2000*, Landeshauptstadt Hannover	Description du projet élargi au site de l'Expo dans le contexte de l'Exposition universelle de 2000	1999
	Rumming Karin	*Vorwärts nach weiter. Hannover-Kronsberg : der Schritt vom Modell zum Standard*, Landeshauptstadt Hannover	Présentation générale du projet destinée aux acteurs de l'aménagement ou personnes intéressées	2007
	Rumming Karin	*Guide du quartier de Hanovre-Kronsberg : Développement, éléments techniques et premier bilan*, Projet SIBART, Ville de Hanovre,	Présentation générale du projet destinée aux acteurs de l'aménagement ou personnes intéressées	2003
LE QUARTIER EXPLIQUÉ AU GRAND PUBLIC	Holtz Eva	*Leben am Kronsberg*, KUKA, Landeshauptstadt Hannover	Présentation générale du projet destinée au grand public	2000
	Wesner Jörg	*Kronsberg Hoop. Ein Berg voll Zukunft*, Landeshauptstadt Hannover	Le développement durable et les pratiques quotidiennes expliqués aux enfants	2008

SON RAPPORT AVEC LE PAYSAGE	Malkus-Wittenberg Astrid	*Weltausstellung EXPO 2000. Beiträge zur Diskussion. Landschaftsräume Hannover, Landeshauptsatdt Hannover*	Description des enjeux paysagers à l'échelle de Hanovre et des grands projets de paysage. Détail à Kronsberg	1993
	Eppinger Heidrun et Jürgen	*Stadtteil in Augenhöhe. Landschaft und Gärten im hannoverschen Stadtteil Kronsberg,* Leine : Leinebergland-Druck	Descriptif des différents projets paysagers dans le quartier avec photos, noms des équipes de concepteurs	2007
	Büro für Kulturlands chaft und Geschichte	*Der Grüne Ring. Spurenlesen in der Landschaft,* Region Hannover	Livre descriptif de l' « anneau vert » que l'on peut parcourir à vélo autour de la ville, à travers 51 espaces paysagers, dont Kronsberg	2006
	Hanemann Antje et Schild Margit	*Hannover. Ein Begleiter zu neuer Landschaftsarchitektur* , München : Verlag	Guide de la nouvelle architecture du paysage à Hanovre. Présentation détaillée des squares nord et sud, du terrain de jeux aventures, du projet Habitat International	2006
	Boehm Martin	*Nature conservation, Recreation and Agriculture on the Urban Margins. A Model Project,* Landeshauptstadt Hannover, Bundesamt für Naturschutz	Les objectifs majeurs des enjeux paysagers à Kronsberg : concilier loisirs, activités agricoles et protection de la nature	2000
ARCHITEC-TURE ET TECHNIQUES	Schottkows ki-Bähre Inge	*Modell Kronsberg. Nachhaltiges Bauen für die Zukunft,* Landeshauptstadt Hannover	Descriptif des constructions à Kronsberg et de leurs qualités en termes écologiques et de durabilité	2000
PLAQUETTES DE COMMUNICATION À DESTINATION DES HABITANTS	Landeshau ptstadt Hannover	*Bauen am Kronsberg*	Fiches techniques d'information aux futurs habitants sur les types de logements disponibles, le système de drainage des EP, etc.	1997
	Rudolph Ingrid	*Leben am Kronsberg. Thematische Führungen im Wohngebiet*	Guide des visites guidées effectuées par le Krokus en 2004	2004

PLAQUETTES PUBLICITAIRES ET SOCIOCULTURELLES	Spielhaus Krokulino	*Bemerode für Kids. Ein Stadtteilplan für Kinder von Kindern*	Plan du quartier, réalisé par les enfants pour les enfants	2006
	Pfeiffer Annegret	*Essbare Wildpflanzen am Kronsberg. Wildkraüter Blüten Wildfrüchte,* Landeshauptstadt Hannover	Guide des plantes sauvages comestibles à Kronsberg, avec recettes	2003
	Rudolph Ingrid	*So weht der Wind... am Kronsberg. Stadtteil-Info rund um den Thie,* Landeshauptstadt Hannover	Liste et contacts de tous les commerces et services à Kronsberg en 2009	2009
	Kaul Antje et Nimptsch Christian	*Krokus – Das soziale und kulturelle Stadtteilzentrum auf dem Kronsberg,* Landeshauptstadt Hannover	Plaquette de description des activités du centre socio-culturel Krokus	2005

Annexe n°2 Ressources documentaires sur Vauban

Thème	Auteur	Titre	Résumé	Année
POLITIQUE URBAINE DE LA VILLE DE FRIBOURG	Kunkel Patrick	*Umweltpolitik in Freiburg*, Stadt Freiburg im Breisgau	Description de la politique environnementale menée à Fribourg	2010
	Dallmann Bernd	*Freiburg Green City. Approaches to sustainability*	Applications du développement durable à Fribourg	2008
	Weibel Uwe	*Freiburg im Breisgau Landschaftsplan 2020*, Stadt Freiburg im Breisgau	Objectifs de la ville de Fribourg en termes de paysages d'ici 2020	2006
LE PROJET EXPLIQUÉ AUX ACTEURS DE L'AMÉNAGEMENT	Glatz, Schenck, Schepers, Schubert, Schuster Almut	*Quartier Freiburg Vauban. Ein Rundgang – Une visite*	Présentation synthétique du projet	2007
	Barrère Bertrand	*Quartier Vauban. Laboratoire de la ville durable*, REDD	Grande lignes en matière d'urbanisme, de construction et de gestion de l'eau	2004
	ARENE Ile de France	*Quartiers durables. Guide d'expériences européennes*	Présentation de projets européens de quartiers durables	2005
	Sperling Carsten	*Nachhaltige Stadtentwicklung beginnt im Quartier*, Forum Vauban e.V., Öko-Institut e.V.	Présentation du projet par les habitants	1999
LE QUARTIER EXPLIQUÉ AU GRAND PUBLIC	D'Erm Pascale	*Vivre ensemble autrement. Écovillages, habitat groupé, écoquartiers*	Présentation générale du quartier	2009
	Kuntz Andreas	*Geschichten von Vauban...da haben sir doch die Ökos ausgewildert !*	Livre de récits d'habitants sur le quartier selon diverses thématiques	2009
		http://www.vauban.freiburg.de - http://www.quartier-vauban.de		
ET TECHNI QUES ÉCOLO	Disch Rolf	*The Surplus-Energy House*	Descriptif de la cité solaire	–
PLAQUETTES PUBLICITAIRES ET CULTURELLES	Stadtteilverein Vauban	*Vauban 10+*	Descriptif des activités organisées en mai 2010 pour les 10 ans du quartier	2010

	Stadtteilverein Vauban	*Kinderabenteuerho f e.V.Zwischen den Stadtteil...offen und inklusiv*	Plaquette de description des activités du parc aventures pour les enfants	2010
PÉRIODIQUES	Forum Vauban, puis Stadtteilverein Vauban	***Vauban actuel. Das Stadtteilmagazin***	Magazine trimestriel d'information s sur le quartier et d'expression des habitants	De 1997 à aujourd 'hui

En gras : ouvrages, magazines / En non gras : plaquettes

Annexe n°3 Grille d'entretien avec les acteurs institutionnels

Terrain :
Adresse exacte ou lieu :
Jour et heure de l'entretien :
Durée de l'entretien :
Remarques autres sur le déroulement de l'entretien :

Signalétique de l'acteur

1. Depuis combien de temps exercez-vous cette fonction/ ce métier ?
   Wie lange üben Sie schon diese Tätigkeit / diesen Beruf aus ?
2. Quelles sont les raisons vous ayant conduit à exercer ce métier ?
   Weshalb üben Sie diesen Beruf aus ?
3. En quoi vos fonctions consistent-elles précisément aujourd'hui ?
   Worin besteht Ihre Tätigkeit heute genau?
4. Quels sont les quatre termes qui définiraient le mieux votre métier et vos pratiques ?
   Welche vier Begriffe könnten Ihren Beruf und Ihre Praktiken am besten definieren ?

Terminologie utilisée

5. Quelle est votre définition du développement durable ? Qu'est-ce qu'un quartier durable ?
   Was ist Ihre Definition der nachhaltigen Entwicklung? Was ist ein nachhaltiger Stadtteil ?
6. Qu'est-ce qu'un paysage pour vous ? De quoi se compose-t-il ? Est-ce que les sons en font partie ?
   Was ist für Sie eine Landschaft ? Woraus besteht die Landschaft ? Etwa auch aus Klängen ?
7. Il y a-t-il un lien entre urbanisme durable et paysage ?
   Gibt es eine Verbindung zwischen nachhaltiger Stadtplanung und Landschaft ?
8. Qu'est-ce qu'une ambiance urbaine pour vous ? De quoi se compose-t-elle ? De sons ?
   Was ist für Sie eine Stadtatmosphäre? Woraus besteht die Stadtatmosphäre ? Aus Klängen ?
9. Comment différenciez vous les deux (ambiance/paysage) ?
   Wie unterscheiden Sie beide (Landschaft und Atmosphäre) ?

Le projet, les objectifs, les moyens

10. Quelles sont les particularités, les spécificités de ce projet ? (Par rapport à d'autres projets menés)
    Was sind die Besonderheiten dieses Projekts ?
11. Est ce que Kronsberg/Vauban est représentatif des quartiers durables ? Et pourquoi ?
    Ist Kronsberg/Vauban repräsentativ für nachhaltige Stadtteile ? Warum ?
12. Quels objectifs avaient été fixés pour ce projet ?

Welche Ziele wurden für dieses Projekt festgelegt ?

13. Quels ont été les moyens pour répondre à ces objectifs ?

Welche Mittel haben Ihnen erlaubt, diese Ziele zu erreichen ?

14. Quels ont été les résultats ?

Was waren die Ergebnisse ?

Le projet par le paysage, les ambiances, les modes de vie ...

15. Des objectifs ont-ils été fixés en termes de paysage ? Et en termes de paysages sonores ?

Gab es Ziele, was die Landschaft angeht ? Und Klanglandschaften ?

16. Quels moyens avez-vous mis en place pour atteindre ces objectifs ?

Auf welche Wege sind Sie zurückgegriffen, um diese Ziele zu erreichen ?

17. Quels ont été les résultats, au moment de la livraison, en termes de paysage ?

Wie waren die Ergebnisse , was die Landschaft angeht, am Ende der Fertigstellung ?

18. Des objectifs ont-ils été fixés en termes d'ambiances ?

Gab es Ziele, was die Atmosphären angeht ?

19. Quels moyens avez-vous mis en place pour atteindre ces objectifs ?

Auf welche Wege sind Sie zurückgegriffen, um diese Ziele zu erreichen ?

20. Quels ont été les résultats , au moment de la livraison , en termes d'ambiances?

Wie waren die Ergebnisse, was die Atmosphären angeht, am Ende der Fertigstellung?

21. Et aujourd'hui, ce quartier se distingue-t-il d'autres quartiers en termes d'ambiances et de paysages ?

Unterscheidet sich heute dieser Stadtteil von anderen Stadtteilen, was die Atmosphäre und Landschaftsqualifikation betrifft?

22. Des objectifs ont-ils été fixés concernant les modes de vie ?

Gab es Ziele, was die Lebensweisen angeht ?

23. Quels moyens avez-vous mis en place pour atteindre ces objectifs ?

Auf welche Wege sind Sie zurückgegriffen, um diese Ziele zu erreichen?

24. Aujourd'hui, les habitants de Kronsberg/Vauban ont-ils des modes de vie particuliers (par rapport à d'autres quartiers) ?

Haben heute die Bewohner von Kronsberg/Vauban besondere Lebensweisen im Vergleich zu anderen Stadtteilen ?

25. Des objectifs ont-ils été fixés concernant la qualité de vie ?

Gab es Ziele, was die Lebensqualität angeht ?

26. Quels moyens avez-vous mis en place pour atteindre les objectifs ?

Auf welche Wege sind Sie zurückgegriffen, um diese Ziele zu erreichen ?

27. Y a-t-il eu une réflexion sur la participation et l'implication habitante ?

Gab es eine Überlegung zu der Anteilnahme und dem Einsatz der Bewohner ?

28. Quels ont été les moyens utilisés pour faire participer et impliquer les habitants ?

Welche Wege sind angewandt worden, damit die Bewohner teilnehmen und miteinbegriffen werden?

29. Quels ont été les résultats de cette implication habitante ?

Wie waren die Ergebnisse, was die Anteilnahme der Bewohner betrifft ?

30. Et aujourd'hui, y a-t-il une implication habitante dans la vie, la gestion, l'évolution du quartier ?

    Und gibt es heute einen Einsatz der Bewohner für das Leben, die Verwaltung und die Entwicklung des Stadtteils ?

31. Existe-t-il un autre projet ou une démarche dans lequel la durabilité, les paysages, les ambiances, la qualité de vie ou l'implication habitante ont été mieux pris en compte ?

    Gibt es ein anderes Projekt oder einen anderen Stadtteil, wo die Nachhaltigkeit, die Landschaften, die Atmosphären, die Lebensqualität, der Bewohnerseinsatz besser berücksichtigt worden sind ?

32. Quels enseignements avez-vous tirés de ce projet ? Quel sens donnez-vous maintenant à la durabilité ? Est-ce que votre vision du quartier durable a-t-elle évolué ?

    Welche Lehren haben Sie aus diesem Projekt gezogen ? Welchen Sinn geben Sie jetzt dem nachhaltigen Stadtteil ? Hat sich Ihre Vorstellung des nachhaltigen Stadtteils entwickelt?

Les difficultés rencontrées

33. Quelles ont été les facilités et les difficultés de la prise en compte du paysage sonore/de l'environnement sonore ?

    Was waren die Leichtigkeiten und die Schwierigkeiten, um die Klanglandschaften in diesem Projekt zu berücksichtigen ?

34. Est-ce que vous considérez qu'il y a une volonté politique de se saisir de cette problématique ?

    Denken Sie, dass es einen politischen Willen gibt zu dieser Problemstellung zu greifen ?

35. Estimez-vous que les outils et instruments que vous utilisez ou qui sont utilisés aujourd'hui constituent des freins ?

    Denken Sie, dass die Werkzeuge, die Sie benutzen oder die benutzt werden, Hindernisse darstellen ?

36. Quelles améliorations peuvent être envisagées pour une meilleure prise en compte de l'environnement sonore ?

    Welche Verbesserungen können für eine bessere Berücksichtigung der Klangumwelt geplant werden ?

Annexe n°4 Pré-analyse des entretiens menés avec les acteurs institutionnels

Kronsberg : Karin Rumming (entretien mené le 11 mai 2009) K-KR

<u>Signalétique</u>

Karin Rumming est architecte de formation, chargée d'étude au département « protection de l'environnement » de la ville de Hanovre depuis 15 ans. Elle a été chargée de la construction et de la planification écologique du quartier Kronsberg lors de l'organisation de l'Exposition universelle de 2000. Aujourd'hui, elle s'attache à appliquer ce qui a été réalisé à Kronsberg d'un point de vue énergétique, de gestion de l'eau et des déchets surtout, au reste de la ville. Elle a été l'une des principales communicantes sur le projet au niveau international.
Les concepts qui définissent son activité : urbanisme - construction écologique - baisse de la consommation d'énergie.

<u>Terminologies</u>

Développement durable
L'aménagement durable, dans la lignée de Rio de Janeiro et de l'Agenda 21, est un système d'aménagement coopératif entre urbanisme, social, économie et écologie.
Quartier durable
C'est un quartier que l'on aménage de manière coopérative en prenant en compte ces quatre points de manière harmonieuse : urbanisme, écologie, économie et aspects sociaux.
Paysage
[Elle est gênée par la question]
La forêt, une friche peuvent être des paysages. Un aménagement paysager est toujours en rapport avec la vie et ce qui est sur place. Bien sûr, il se compose aussi des sons.
Ambiance
[Elle ne peut pas répondre à cette question]

<u>Thématiques récurrentes des quartiers durables et particularités du projet</u>

Particularités
- Forte coopération entre les personnes chargées de l'urbanisme et celles chargées du paysage.
- Un quartier construit sur des terres agricoles appartenant la ville.
- Une population très mélangée : du logement individuel, mais surtout collectif et en location.

Thématiques/objectifs

Urbanisme
- Prendre en compte l'écologie dans la construction (toutes les constructions à Kronsberg sont basse consommation d'énergie) et l'aménagement extérieur.
- L'agence KUKA a organisé des *workshops* avec les habitants, les architectes, les ingénieurs, en relation avec l'écologie, l'énergie et l'eau.
- Réglementation des stationnements (0,8 place/logement sur terrains privés) : « *Nous avons eu peu de bonnes expériences de quartiers sans voitures. Cela ne marche tout simplement pas. Un homme sans voiture, c'est idéaliste. On peut peut-être le faire avec 3 ou 4 maisons mais pas avec 300 logements* ». Zones limitées à 30 km/h.
- Bonne connexion aux transports en commun vers le centre-ville : le tram passe toutes les 10 minutes. À vélo, il y a 9 km jusqu'au centre-ville.

Social
- Création de 2000 emplois à proximité du quartier.

- Favoriser la mixité sociale : il y a surtout du logement social à Kronsberg, mais le plancher de revenus a été doublé (jusqu'à 30 000 € de revenus par an) afin de favoriser la mixité sociale : *« Y vivent depuis le professeur jusqu'à des gens très pauvres. Tous vivent ensemble là-bas. Ce n'est pas un ghetto ».*

Il y a environ 400 propriétaires, uniquement dans les maisons en bandes, à l'exception de l'opération *Mikro-Klima* : *« L'investisseur a fait faillite et a revendu à un Américain, et l'Américain a à nouveau revendu à un Italien. Mais ce sont les seuls logements qui sont encore libres, ils vont être mis en vente. Ce sont les seuls ».*

- Des logements adaptés aux personnes handicapées ont été répartis dans tout le quartier. Chaque personne est reliée à un *beeper* afin de pouvoir appeler une des antennes d'aide du quartier en cas de difficulté.

- Communication et formation des populations sur les pratiques et comportements écologiques à avoir : *« Comme la plupart des logements sont équipés d'un système de ventilation, ça signifie qu'on doit leur faire comprendre qu'ils ne doivent pas laisser la fenêtre entrouverte toute la journée, sinon ma pièce se refroidit et je dois à nouveau dépenser de l'énergie pour la chauffer. Comme je trie mes déchets… Aujourd'hui, c'est tout à fait normal ».* Formation d'une dizaine de guides-habitants bénévoles, les *Lotsen*, pour expliquer aux nouveaux voisins ces « bonnes pratiques » à leur arrivée. Des fêtes d'accueil des nouveaux habitants sont également organisées 3 à 4 fois par an.

- L'argent des terrains vendus par la ville à Kronsberg a été réinjecté dans les infrastructures communales dès le début : construction de 3 jardins d'enfants et de l'école élémentaire.

- Création du centre *Krokus* : une bibliothèque, assistance aux personnes âgées, travailleurs sociaux, encadrement périscolaire des jeunes (théâtre, musique, etc.). *« Tout le monde est ensemble là-bas et ils ont mis en place une sorte de réseau de développement du quartier ».*

Écologie

- Conservation des terres excavées sur le site.
- Recueillement et infiltration des eaux de pluie : *« Ca ouvre plusieurs possibilités que l'on peut voir à Kronsberg. Il y a des petits étangs avec du gravier où l'eau est freinée ».*
- Centrale de chauffage urbain et éoliennes : après 3 ans à partir de la fin des travaux et l'arrivée du premier habitant, la production de CO_2 a baissé de 74% par rapport à un autre quartier.

Objectifs en termes de paysage, ambiances, qualité de vie ou qualité de l'environnement sonore

[Elle est gênée par la question]
Le paysage a été pensé en relation avec l'écologie : un concours a été lancé. L'aménagement paysager tout autour de Kronsberg fait partie du développement durable de la ville.

Enseignements pour la suite

Aujourd'hui, plusieurs projets de ce type naissent à Hanovre, mais de plus petite envergure (environ 300 logements). Des standards testés Kronsberg sont appliqués dans la ville : *« Dans le domaine de l'énergie, du traitement des eaux de pluie et des sols, nous avons réussi à imposer que toutes les constructions communales, que ce soient des jardins d'enfants ou des écoles, que ces nouvelles constructions soient faites d'après un standard passif. Il en va de même pour les rénovations ».*

Kronsberg : Annegret Pfeiffer (entretien mené le 19 avril 2010) K-AP

Signalétique

Paysagiste de formation « tardive » (après avoir exercé une profession artisanale), Annegret Pfeiffer est chargée d'étude au département « forêt, espaces paysagers et protection de la nature », responsable du secteur de Kronsberg. Elle coordonne l'entretien du paysage à Kronsberg, celui du *Grüne Ring* (anneau vert), et un programme intitulé « plus de nature en ville », dont l'objectif est de renforcer la relation entre l'homme et la nature par des documents de communication et des manifestations comme des promenades de sensibilisation aux paysages.
Les concepts qui définissent son activité : créativité – lien avec la nature – planification – communication.

Terminologies

Développement durable
C'est le fait que les activités humaines doivent être en harmonie avec les ressources naturelles.
Quartier durable
C'est un quartier que l'on aménage dans cette optique.
Paysage
C'est difficile de définir ce qu'est un paysage et on reste prisonnier des images classiques : ce qui est vert, ce qui est beau, ce qui évoque le passé.
« Je me demande souvent en regardant certains espaces si ce sont des paysages : ces beaux moulins à vent anciens sont du paysage. Mais les nouveaux, les éoliennes, est-ce que c'est du paysage aussi ? ».
Ambiance
Ce sont les réseaux, les imbrications, les gens, la vie et la communication. Il y a des ambiances différentes qui correspondent à des paysages différents : *« Quand on est en forêt, c'est une ambiance différente de celle d'un paysage ouvert »*. L'ambiance de la campagne est différente de celle de la ville.
À Kronsberg il y a une ambiance différente, en raison de la hauteur de la colline qui fait qu'on a une vision d'ensemble et un climat venteux et froid.

Thématiques récurrentes des quartiers durables et particularités du projet

Particularités
- Un paysage totalement artificiel sur d'anciennes terres agricoles.
- L'harmonisation de différentes fonctions du paysage : protection de l'environnement, loisirs de proximité et agriculture.
- Limite stricte de l'urbanisation : *« Il y a cette limite stricte entre terrain bâti et paysage, ça a été prévu comme cela volontairement. Cette allée forme la frontière entre les habitations et la nature, pour que les habitations ne débordent pas sur le paysage, c'est une ligne stricte »*.
Thématiques/objectifs

Social
- Mélange entre nationalités et générations : *« Peut-être que ce mélange n'est pas une réussite complète. C'est mon sentiment »*.

Objectifs en termes de paysage, ambiances, qualité de vie ou qualité de l'environnement sonore

- Lier sur un même espace différentes fonctions paysagères de la frange urbaine : la protection de l'environnement, les loisirs de proximité et l'agriculture.
> La prairie est un espace public entretenu par les moutons, où se développent des espèces animales que l'on peut voir et entendre par endroits, et qui sert aussi d'espace de détente. *« Une fois par an a lieu une fête des cerfs-volants et des gens*

viennent de partout, il y a des championnats ».
> Créer des points de cristallisation paysagère comme la colline panoramique réalisée avec les terres d'excavation de la construction des maisons : *« Beaucoup de gens viennent voir. En hiver, on peut y faire de la luge, il y a même eu un championnat de snowboard cet hiver. C'est un lieu où l'on peut dire que protection de la nature et détente de proximité cohabitent bien ».*
- Pas d'objectifs paysagers en lien avec le sonore. Juste une sculpture « du vent » qui rend le vent visible et audible dans la prairie et qui doit être restaurée. Elle n'est apparemment pas au courant de l'installation sonore dans le square Nord.

Enseignements pour la suite

Ce modèle de réconciliation des différentes utilisations du paysage sert de modèle pour le développement d'autres espaces paysagers de la ville.
La difficulté réside dans la cohabitation entre les différents usagers : promeneurs avec leurs chiens, cavaliers. Il faut faire beaucoup de communication à travers des panneaux d'information notamment, sur ce qu'il est permis de faire ou non.
Kronsberg et sa colline sont devenus en quelque sorte un paysage « intouchable » de la ville de Hanovre aux yeux des habitants, presque au même titre que la forêt *Eilenriede : « Elle est ancrée dans le cœur des habitants de Hanovre. Si quelqu'un émettait l'idée d'y construire quelque chose, ce serait la révolution ».*

Vauban : Babette Köhler (entretien mené le 6 octobre 2010) V-BK

Signalétique

Jardinière, puis paysagiste de formation, Babette Köhler est chargée d'étude au développement d'urbanisme de la ville de Fribourg en Brisgau depuis 2005, après avoir travaillé pendant 10 ans sur le plan paysager de la ville (*Landschaftsplan*), en relation avec le plan d'occupation des sols (*Flächennutzungsplan*). D'abord attirée par la protection de l'environnement, elle s'intéresse aujourd'hui aussi aux liens que les gens entretiennent avec la ville, à une approche plus sociale du paysage.
Les concepts qui définissent son activité : développement durable – ville compacte et chemins courts – protection de l'environnement et des ressources.

Terminologies

Développement durable
C'est un but inatteignable, mais dont on peut se rapprocher en maintenant les ressources naturelles, les paysages, et les villes dans de bonnes conditions pour les générations futures.
Quartier durable
C'est un quartier qui englobe toutes les fonctions de la vie quotidienne : commerces, institutions sociales, école, un centre pour se rencontrer, des paysages et des espaces verts pour le temps libre, accessibilité aisée du centre à pied, à vélo ou en transports en commun, des emplois.
Paysage
Le paysage est surtout visuel, c'est la nature et la ville, tout ce qui nous entoure.
Mais c'est aussi les bruits, le climat, les sons de la nature, les odeurs, c'est très complexe.
Ambiance
C'est moins visuel que le paysage. C'est la vie dans la ville, la vie sociale, les activités des habitants. *« C'est plus quelque chose qui se passe que quelque chose que l'on voit ».*
« Il y a des villes par exemple en France, surtout en Alsace, qui sont très belles,

rénovées, avec de vieux quartiers et qui sont très très jolies, avec de belles maisons. Mais il n'y a aucune vie dans ces villes, et ça c'est triste. Il n'y a pas d'ambiance, pas d'urbanité, parce que les gens n'y sont pas [...] C'est très joli comme paysage urbain peut-être, mais il n'y a pas de vie ».

L'ambiance dépend du paysage, bien que ce ne soit pas un lien absolu : dans certains quartiers où il y a un déficit dans le paysage ou les espaces extérieurs de la ville, il y a une vie urbaine très intéressante. La qualité de vie dépend donc plus d'une société qui fonctionne bien que des paysages.

Thématiques récurrentes des quartiers durables et particularités du projet

Particularités

- Il y a un style particulier à Vauban, en raison de la densité, des petites parcelles, de l'architecture hétérogène, ce qui donne une image très vivante de la ville. Il y a un contraste avec les quartiers de promoteurs, avec des bâtiments homogènes.
- Une population écologiste (80 à 90% des habitants de Vauban votent pour les Verts) qui a choisi d'habiter à Vauban, ce qui crée une ambiance particulière : les gens sont très liés, s'entraident, développent des manières de vivre ensemble, entre générations.
- La participation du *Forum Vauban* à l'aménagement du quartier.
- Un environnement sonore fortement marqué par la présence des enfants qui font beaucoup de bruit et la quasi-absence de voitures. Il y a beaucoup de vie dans les rues, beaucoup plus que dans les autres quartiers qui dont plus calmes. Le fait qu'il y ait beaucoup d'enfants et peu de voitures amène les gens à vivre beaucoup dehors à Vauban. Ca évolue avec le temps : les enfants étaient d'abord tout petits et faisaient du *bobbycar*, maintenant ils jouent au foot.

Thématiques/objectifs

Urbanisme
- Un quartier très dense, proche du centre-ville, avec des liens vers le paysage.
- Développement des transports en commun.

Social
- *Forum Vauban* : c'était totalement nouveau qu'un groupe de gens s'occupe de la construction d'un quartier. À Fribourg, il y a une tradition des groupes d'intérêt d'engagement citoyen qui s'intéressent au développement de la ville. La plupart du temps, les gens qui travaillent avec la ville sont surtout des gens cultivés qui ont de l'argent, qui ont assez de temps et de formation. Le *Forum Vauban* avait de grosses attentes concernant ce quartier, notamment par rapport à la disparition de la voiture. Ca a plutôt bien marché.
- Une population pas très mixte à Vauban.
- Comme les gens n'ont pas de voitures, ils restent souvent le week-end dans le quartier. Et comme il n'y a pas beaucoup d'espaces extérieurs privés, il y a une forte appropriation des espaces verts publics, qui pose parfois certains problèmes : il faut donner les limites de cette appropriation aux habitants. *« Par exemple, on a eu des problèmes avec des pères qui construisent des cabanes dans les arbres autour du ruisseau, qui plantent des arbres, qui arrachent des plantes, parce qu'ils veulent individualiser l'espace vert qui est public. Ca peut être accepté jusqu'à un certain point, mais il y a quand même parfois des conflits entre la ville et les habitants pour déterminer jusqu'où vont les limites ».*

Écologie
Standards écologiques élevés. À l'époque, les constructions étaient très innovantes, mais on fait mieux aujourd'hui.

Objectifs en termes de paysage, ambiances, qualité de vie ou qualité de l'environnement sonore

- Conserver la structure existante des casernes.

- Garder des couloirs à vent venant de la montagne pour rafraîchir la ville.
- Préserver les vues sur les montagnes et mettre en valeur le ruisseau.
- Faire des espaces verts pour les enfants : c'est clairement un quartier pour des jeunes familles avec enfants.
- Protéger du bruit des gros axes de circulation le quartier à l'aide de bâtiments protecteurs comme le *Solargarage* à l'Est, la zone d'activité à l'Ouest près de la voie ferrée.
- Aucune réflexion supplémentaire sur l'environnement sonore n'a été menée.

Difficultés rencontrées pour prendre en compte le paysage sonore de manière opérationnelle

On prend peu en compte la dimension sonore, ou plus largement sensorielle dans la planification urbaine, ce qui est dommage. Il y a un problème d'échelle : les plans de planification urbaine couvrent de trop grandes surfaces et les modalités sensorielles demandent d'être travaillées sur des morceaux de quartiers, des détails. On pourrait dépasser ces difficultés en essayant de développer des améliorations des qualités sonores avec les habitants : « *Discuter directement avec ceux qui pratiquent la ville, les espaces verts, plutôt que de créer des instruments plus ou moins objectifs pour mesurer ou améliorer ces modalités sensorielles* ».

Enseignements pour la suite

La collaboration avec les habitants dans la réalisation du quartier a été exemplaire. Cette culture du dialogue a été développée par la ville de Fribourg. La problématique d'un quartier sans voitures est aussi réfléchie ailleurs dans la ville. Ces enseignements vont être réactualisés dans un nouveau projet de quartier durable à Fribourg : Gutleutmatten.

Annexe n°5 Dérive sonore paysagère à Kronsberg

On peut imaginer que le quartier est plus saturé d'un point de vue sonore sur la Basisstraße, la rue principale : la circulation automobile y est dense et plus rapide que dans le reste du quartier. Le passage du tram rythme la vie commerçante et celle des piétons, ceux qui rentrent chez eux d'un pas pressé, et ceux qui traînent en léchant les vitrines. On peut penser que les immeubles de quatre étages, les plus hauts du quartier, réverbèrent les sons mêlés de toutes ces activités, qui pénètrent vers l'intérieur du quartier à l'est à travers les rues transversales, s'estompant au fur et à mesure, laissant apparaître des sons plus familiers dans les cours intérieures.

Dans ces cours, on imagine qu'y dominent les chants d'oiseaux variés, attirés par les arbres et les cris et jeux d'enfants. De temps en temps, un vélo passe, un parent appelle ses enfants pour manger. On retrouve ce même sentiment dans les squares au nord et au sud, mais avec une sensation de grandeur de l'espace, due à la réverbération et une animation plus forte : on y joue au foot, les ados s'y rencontrent en rentrant des cours, les mères qui surveillent leurs enfants discutent ensemble.

Sur la place centrale, malgré la segmentation de l'espace, on peut imaginer une animation similaire à celle de la rue principale. Le centre commercial, l'église et le centre culturel en font un cœur de quartier actif et bruyant, surtout la journée. Bruits de pas sur un sol dur (de l'asphalte, des pavés ?), rumeur de discussions enchevêtrées en terrasses. Des personnes pressées, des vélos qui passent, des rassemblements de jeunes après les cours. On peut supposer que des activités particulières rythment ce lieu au cours de la semaine et de l'année : marchés, fêtes.

Le long des allées qui remontent de la rue principale vers la campagne à l'est, l'environnement sonore est très distinct : on peut percevoir le bruissement de l'eau dans les rigoles et quelques oiseaux. Plus on va vers l'est et plus les bruits de la « ville » disparaissent pour laisser apparaître un silence apparent. Une fois arrivé dans la zone de la promenade à l'est, ce qui semblait être du silence n'en est pas. Tout doucement, on perçoit les sons d'enfants qui jouent, un jogger qui passe en faisant crisser du sable ou de la terre sous ses pieds, le roulement d'une poussette, la discussion d'amis qui marchent côte à côte. Le son du vent aussi, des insectes, qui sont de plus en plus distincts lorsqu'on se dirige vers l'est, vers les champs. Le bruit de nos propres pas, des avions intermittents, le bruit de l'autoroute parfois. On voit les éoliennes au loin, mais on ne les entend pas.

Sur la colline panoramique, la vue s'étend sur tout le quartier dont on ne perçoit aucun son. On distingue la rumeur de Hanovre, le ronronnement de l'autoroute et le vent.

À la limite du quartier, entre les constructions et la promenade, à proximité des maisons individuelles, un univers sonore plus « ménager ». S'il fait beau, les fenêtres s'ouvrent et ce sont les sons de l'intérieur qui débordent sur l'extérieur... Discussions, bricolage, une télé allumée... Le long de la piste cyclable on n'entend déjà plus tout cela : on entend beaucoup d'oiseaux nichés dans les arbres, le son des vélos qui apparaissent soudainement et disparaissent aussi rapidement. Des familles qui se promènent.

Près des garderies, aux heures d'accueil et de sortie, les cris des enfants qui jouent, les pleurs de ceux qui veulent rester avec leurs parents, rompent un moment le calme apparent.

La rue principale est plus petite que ce que je pensais, avec peu de commerces et d'activités. La végétation est variée et « sauvage », très foisonnante : on perçoit d'ailleurs par vagues des odeurs de platanes, lilas et autres arbustes fleuris.

Le quartier semble peu dense, autant en hauteur qu'au niveau de son emprise au sol, ce qui donne des espaces publics un peu froids, trop grands : problèmes de proportion, d'échelle... Mais les villes allemandes présentent souvent ce type de tissu urbain assez lâche. En même temps, il pleut et le vent souffle très fort, ce qu'il fait qu'il y a peu de gens dans les rues, peu d'activités, ce qui accentue leurs proportions quelque peu « inhumaines ». Le vent modifie aussi entièrement le paysage sonore du quartier. Très peu de sons humains (pas, voix, etc.), seulement le souffle du vent dans les arbres et, soit ce qui pourrait être le drone urbain de Hanovre, soit à nouveau le vent. Quelques oiseaux de temps en temps. Et les installations sculpturales près de la butte panoramique au nord : le vent frappe les bandelettes blanches et les petits grelots fixés aux « mâts-épouvantails » près du sentier-promenade, donnant plus de contenance à son souffle.

Le traitement des sols est très travaillé : peu de surfaces sont totalement étanches, ce qui diversifie le rapport tactile au sol et aussi les sons de pas. Je suis surprise par la forte présence des voitures. Mais si elles sont visiblement très présentes, leur bruit n'est pas omniprésent ou agressif, sûrement en raison de la circulation ralentie à 30 km/h et de l'aménagement travaillé des parkings, ou encore de la faible densité du quartier.

Je m'attendais aussi à une pente forte d'ouest en est : la fameuse « colline de Kronsberg », mais on la distingue à peine. Au centre, on trouve un bâtiment qui regroupe un centre de santé, une supérette et un snack turc, et de l'autre côté de la Wülferoder Straße quelques commerces (une banque, un fleuriste, une auto-école).

Les rues sont larges, mais leur aménagement est très travaillé, avec de larges trottoirs, des petits fossés d'infiltration des eaux de pluie plantés d'arbres et quelques places de stationnement pavées. La chaleur, malgré l'humidité et le vent, se retrouve tout de suite dans les espaces plus confinés, à l'abri du vent, comme les cours intérieures. Il y en a dans chaque îlot et chacune est différente. Plusieurs terrains sont en friche, en plein milieu du quartier, ce qui donne un sentiment de non achèvement : à quoi servent-ils ? J'attends avec impatience de vivre le quartier en fin d'après-midi et sous un ciel plus clément, c'est particulièrement sans vie ce matin (mais encore une fois, il pleut et le vent souffle constamment).

Il y a des pistes cyclables partout, aussi intégrées et systématiques que les trottoirs en France (même si ça commence à venir), mais peu de cyclistes... Je n'ai pas encore vu le square au Nord, le quartier est vaste... D'après les plans, il devrait y avoir des installations sonores aquatiques dans ce square, mais je ne les ai pas trouvées. Aucune sonorité particulière ne se dégage des sortes de rigoles recouvertes de plaques métalliques en contrebas de la place. D'ailleurs, malgré l'omniprésence de fossés d'infiltration des eaux de pluie, aucun écoulement perceptible à l'oreille, bien qu'il pleuve. J'ai toutefois repéré une petite fontaine au milieu d'un bassin derrière l'église : un espace clos, calme, à l'abri des regards et du vent. Un lieu qui doit être agréable pour se reposer quand il fait beau.

Dans l'espace de promenade à l'est, quelques promeneurs de chiens les ont lâchés pour qu'ils puissent courir. Tout au nord, des terrains sont en attente d'être construits. Les voies sont déjà tracées dans la continuité des longues rues qui traversent tout le quartier du nord au sud. Depuis la butte panoramique au nord, on distingue la ville de Hanovre et le site de la Foire Expo, avec ses bâtiments étranges. Sinon, le vent, toujours le vent.

Annexe n°6 Dérive sonore paysagère à Vauban

Vauban : avant le terrain

Imaginer le paysage sonore de Vauban à partir de son plan est moins « neutre » pour moi, ayant déjà visité le quartier il y a quelques années, au début de mes études d'architecture. Toutefois, l'expérience ayant été vécue en groupe lors d'une visite guidée et n'étant alors pas vraiment investie par la question sonore dans l'aménagement, j'ai tout de même tenté l'exercice.

Le quartier est cadré au nord, à l'est et à l'ouest par trois voies de circulation certainement bruyantes : on peut imaginer qu'aux heures de pointe, rien d'autre que le bruit du flux continu des automobiles ne peut filtrer sur Merzhauser Straße et Wiesentalstraße. Et à l'ouest, c'est le passage régulier du train qui rythme une partie du quartier.

La vie s'organise autour de l'avenue principale, la Vaubanallee, où le tram passe régulièrement. Quelques voitures passent de temps à autre pour déposer des marchandises, ou font demi-tour au bout de l'avenue. Les commerces s'y concentrent et de larges trottoirs doublés de pistes cyclables accueillent les passants, qu'ils soient à pied, à vélo, au volant d'une poussette ou dotés d'une canne. Des bancs sont placés sous les arbres centenaires et des gens s'y arrêtent pour se reposer ou pour discuter. Ce petit brouhaha disparaît lorsqu'on s'enfonce dans les rues de desserte.

On peut penser que la partie est du quartier, la cité solaire, coupée du reste par la Merzhauser Straße, doit être plus calme, retirée. Un grand bâtiment qu'on peut supposer haut semble d'ailleurs avoir été construit le long de la voie de circulation servant de pare-bruit aux petits immeubles à l'arrière.

Au sud, là où coule le petit ruisseau, on imagine le clapotis de l'eau, les oiseaux qui viennent s'y abreuver et les bruits des jeux d'enfants qui jouent l'après-midi et les week-ends dans le « parc aventure » qui le longe en limite du quartier. Les habitants de Vauban et des quartiers voisins viennent s'y promener après leur journée de travail, on y croise aussi des joggers. Ces sons de « nature » et de détente pénètrent dans le quartier par les trois grands parcs qui le traversent du sud au nord. Dans ces parcs, on trouve des terrains de jeux pour les enfants très animés mais dont les bruits sont étouffés par la terre au sol, recouverte d'herbe dans laquelle on peut s'allonger et lire paisiblement. Ces parcs prennent surtout vie en fin d'après-midi et les week-ends. C'est là que la vie du quartier est concentrée quand ce n'est pas le jour de marché sur la place centrale. On peut s'y rendre une fois par semaine pour se ravitailler en produits frais et discuter avec des voisins « éloignés » le reste de la semaine. Ces jours-là sont un peu exceptionnels dans la vie sonore du quartier et sont l'occasion pour cette place de tenir son rôle d'espace public et de rassemblement.

Juste à côté, la cité étudiante et le S.U.S.I. sont les espaces résidentiels les plus animés du quartier : les larges espaces entre les bâtiments accueillent des artistes en train de travailler, des bruits de bricolage, des musiques variées qui sortent par les fenêtres ouvertes des chambres d'étudiants. En été, le soir, on y organise des barbecues et on reste tard à discuter, à faire de la musique, c'est parfois un peu bruyant.

Dans les rues en U centrales, c'est beaucoup plus calme. Une voiture passe de temps en temps pour déposer des courses, sinon, on y passe à pied, juste pour rentrer ou sortir de chez soi. Si les fenêtres sont ouvertes, on peut percevoir quelques bruits de vaisselle, une dispute, de la musique, une télévision, etc.

L'un des lieux les plus animés reste toutefois le place Paula-Modersohn où se concentrent la majorité des commerces et où se trouve l'école de quartier. C'est l'entrée de Vauban où se retrouvent les jeunes de retour du lycée, les parents qui viennent chercher leurs enfants à l'école, les habitants qui se sont garés dans le

Solargarage et continuent jusqu'à chez eux à pied, les personnes qui attendent le tram pour aller vers le centre-ville. L'animation sonore y est telle qu'on ne perçoit que peu le bruit de la circulation automobile sur le Merzhauser Straße.

Tout au nord, la zone d'activités est quelque peu désertée, mais recouverte de bruits industriels, avec aussi quelques bruits en fin d'après-midi aux alentours du skate-parc où les jeunes se retrouvent pour décompresser et s'amuser. On y trouve peu de gens dans les rues et les bruits de circulation qui s'échappent de la Wiesentalstraße prédominent.

Vauban : premières impressions
(le 20 novembre 2009)

Ce qui frappe en arrivant dans le quartier, c'est l'absence quasi-totale de voitures. Une sorte de parc de stationnement à l'entrée est entouré d'une palissade de bric et de broc, encadrant plusieurs camionnettes et camping-cars assez âgés. Quelques places de stationnement le long de la voie d'accès au quartier, puis plus rien. Et bien sûr, cette absence de voitures joue beaucoup sur les caractéristiques sonores du quartier. Par exemple, le passage du tram ne passe pas inaperçu.

La seconde chose qui frappe, c'est la densité et la diversité architecturale. Si on peut difficilement échapper à la particularité architecturale de Vauban à travers les différents ouvrages qui y réfèrent, on ne peut imaginer une telle densité et la manière qu'elle a de rendre le quartier chaleureux. Les immeubles, qui sur le plan laissaient supposer des immeubles collectifs répétitifs et monotones, sont en fait une succession de maisons en bandes aux façades aux couleurs chatoyantes et aux matériaux variés, auxquelles on accède par de nombreux accès extérieurs aux étages. Cette densité architecturale et urbanistique est accentuée par la végétation luxuriante qui grimpe sur les façades, investissant chaque pas de porte de manière différente.

Dans ces petites rues en U, malgré l'automne bien avancé, cet espace public est investi de manière originale, dès le début d'après-midi par les enfants : certains y installent un panier de basket mobile et font rebondir avec entêtement la lourde balle sur l'asphalte. Plus loin, tout un groupe s'affaire à dessiner des marelles des plusieurs mètres de long, hautes en couleurs, certains les testant à cloche-pied, d'autres piaillant sur leurs œuvres respectives.

Dans les parties sud des parcs, on trouve aussi beaucoup de monde qui profite de l'été indien : des mères discutent en surveillant leurs petits qui jouent dans le bac à sable, une dame d'un certain âge attend sur un banc silencieusement, et plus loin, quelques rares adolescents grimpent sur un rocher. Dans les parties nord du parc, il y a moins de monde, peut-être parce que les espaces plus confinés par la végétation et le traitement plus prononcé du sol laissent moins de possibilité de jeux aux enfants. La Vaubanallee est surtout animée par le passage de piétons et de cyclistes. Toutefois, quand on arrive sur la place Alfred Döblin, la terrasse du restaurant local, le Süden, est bien remplie, on y prend le soleil en discutant. Ces discussions se mêlent aux échanges de balle qu'un père fait avec ses deux enfants sur la place. Les bruits des rebonds se réverbèrent sur les façades. En continu, des roulements de vélos, de rollers, de poussettes rythment l'extrémité sud de la place. L'endroit est animé sans être bondé. Il semblerait que les gens de l'extérieur viennent spécialement manger ici.

La place à l'entrée du quartier est beaucoup moins pratiquée que ce que j'imaginais et les sons de circulation prédominent. Dans la cité étudiante, c'est le calme plat, ils doivent tous être partis, en train de dormir ou de travailler. Quelques sons très faibles non identifiés... Quelques chants d'oiseaux. Difficile de pénétrer dans l' « antre S.U.S.I. ». Certainement en réaction aux nombreux convois de touristes indélicats, les premiers occupants du quartier se sont barricadés et protégés à l'aide de panneaux « propriété privée ». Toutefois, si la vue pénètre difficilement, le bruit strident d'une machine (une scie circulaire) et le martèlement répété d'un marteau s'en échappent.

Au sud, le ruisseau semble être un endroit très prisé : les diverses formes sonores de l'eau sur les pierres évoluent au cours de son cheminement. Sur le bord, des promeneurs avec leurs chiens, des parents aux commandes de poussettes, des joggers, et des chevaux ! En effet, à proximité du ruisseau, on trouve un centre équestre et un parc avec des animaux de la ferme : chèvres, coqs et poules, ânes, qui bien sûr, en alternance, font profiter aux promeneurs de leurs cris respectifs, et c'est un bout de campagne qui pénètre la partie sud du quartier... Les oiseaux sont très présents, encore plus que dans le reste du quartier. Il faut dire que les grands arbres qui encadrent le ruisseau constituent pour eux un refuge douillet.

Dans la zone d'activités au nord, les bruits des travaux semblent recouvrir les petits sons de la vie quotidienne, le tout rythmé par le passage régulier de trains. Plusieurs bâtiments sont en construction : des bruits de machines, des martèlements, des cris d'ouvriers, etc. Et quand enfin une pause sonore se fait, au premier abord un sentiment de silence, duquel émerge par la suite progressivement les bruits de moteurs intermittents sur la Wiesentalstraße.

Annexe n°7 Plans thématiques de Kronsberg

Energies

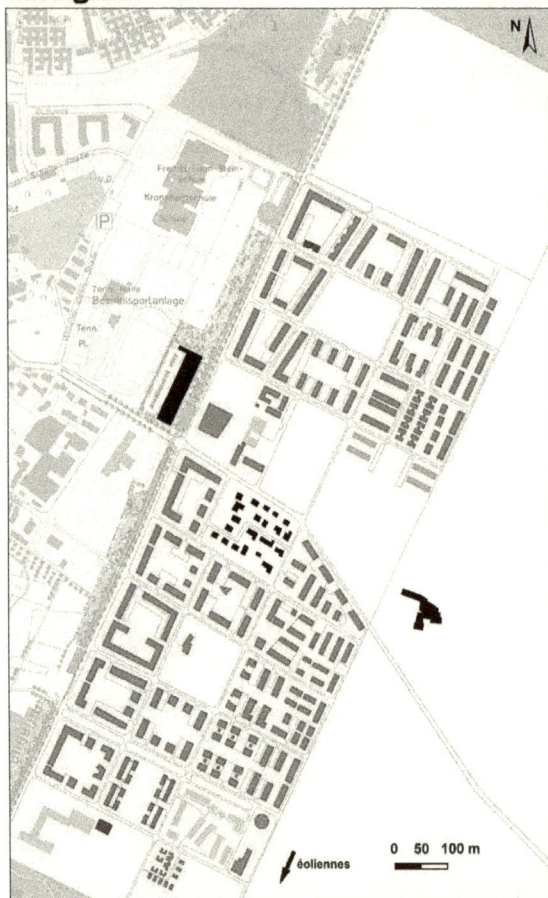

maisons passives

cité solaire

éoliennes au sud de Kronsberg

0 50 100 m

éoliennes

installations photovoltaïques		opération *Mikro-Klima*
maisons passives	A	cité solaire
label basse consommation d'énergie		
constructions préexistantes		
centrale de cogénération		

Mobilité

chemin piétonnier dans une cour intérieure

desserte du quartier par le tramway

voie de circulation secondaire

0 50 100 m

� axes automobiles principaux	cheminements piétonniers et cyclables
axes automobiles secondaires	● ligne de tramway
rues de desserte	● ligne de bus

435

Mixité fonctionnelle

jardin d'enfants au sud du quartier

restaurant asiatique sur Kattenbrucksdrift

hôtel Agenda 21

◼ logements		A	centre socioculturel Krokus
◼ commerces et services		B	centre médical
◻ activités		C	*integrierte Gesamtschule*
◼ établissements scolaires, garderies		D	Krokulino
◼ infrastructures socio-culturelles		E	hôtel Agenda 21

0   50   100 m

436

Mixité sociale

logement social sur Kattenbricksdrift

maisons en bandes

logements de standing Mikro-Klima

0 50 100 m

maisons en bandes en propriété

maisons individuelles en propriété

logements collectifs de standing (propriété)

Habitat international

logements sociaux dans des immeubles collectifs

A *am Mühlenberge* (lotissement préexistant)

B opération *Mikro-Klima*

Espaces publics / sociabilités

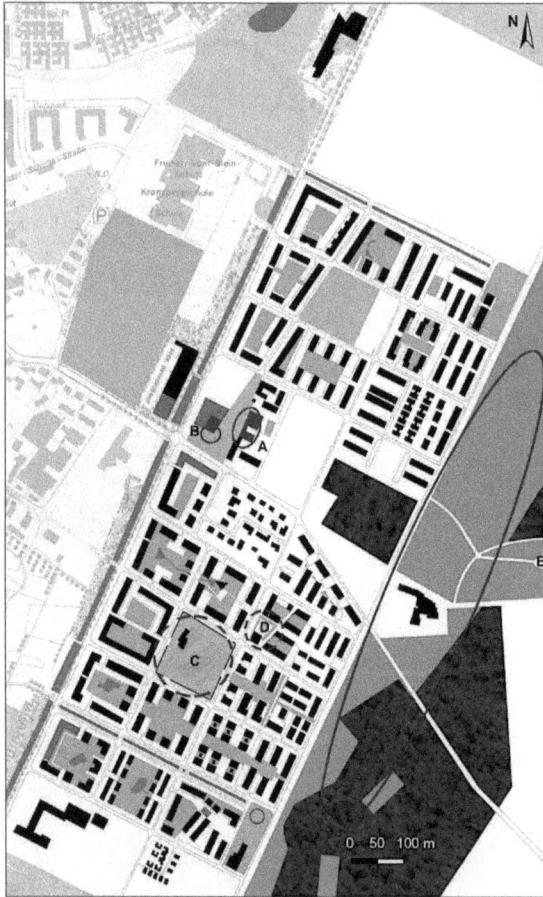

jeux mobiles près d'Habitat international

cerfs-volants dans la prairie

réaménagement du Thie (place centrale)

prairie

places

terrains de sports

commerces, restaurants

«lieux» centraux

centralités fortes

centralités moyennes

A   centre socioculturel Krokus
B   snack turc
C   square Sud
D   petite place d'Habitat international
E   Kronsberg 118 : point panoramique

0 50 100 m

Annexe n°8 Plans thématiques de Vauban

Energies

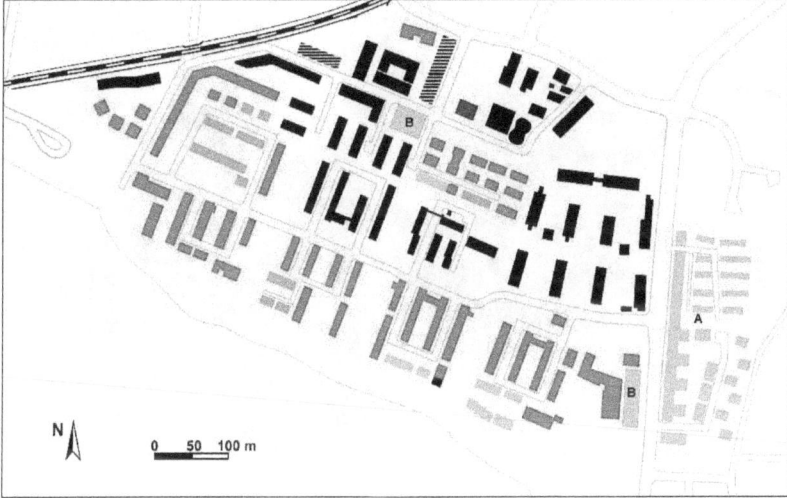

N
0   50   100 m

Label Énergie positive	**A**	*Solarsiedlung* (cité solaire) - Rolf Disch, architecte
Label Habitat passif	**B**	*Solargararge* (garages solaires) - Solarstrom AG
Label basse consommation d'énergie		
Bâtiments sans label		
Centrale de cogénération		

Wohnen + arbeiten

Garage solaire sur la Merzhauser Straße

Cité solaire de Rolf Disch

Centrale de cogénération

Biodiversité et gestion de l'eau

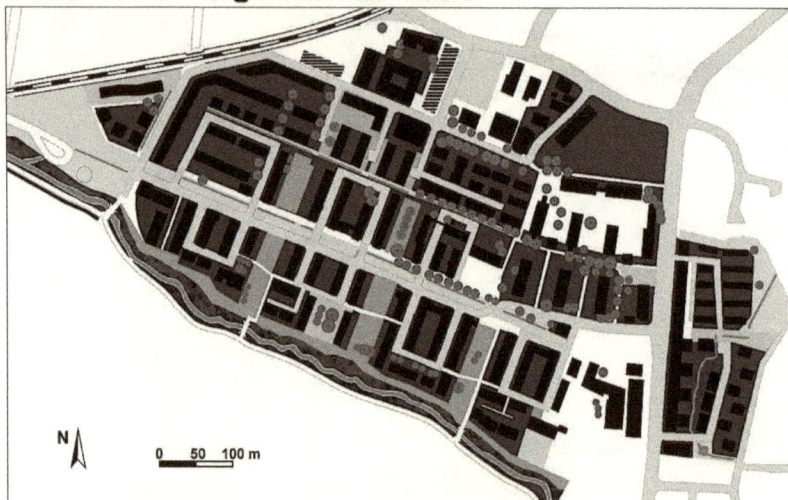

N↑ 0 50 100 m

parcs «grüne Spangen»

espaces verts «sauvages», friches

espaces verts collectifs

jardins privés

● arbres conservés

ruisseau Dorfbach

fossés d'infiltration des eaux de pluie

Arbres conservés

Ruches

Poulailler, Marie-Curie-Straße

Dorfbach

Densité

- R + 5 et plus
- R + 4
- R + 3
- R + 2
- R + 1

réserve foncière

Vue aérienne sur Vauban

Maisons en bandes

Tour à l'entrée du quartier

Mixité sociale

N ↑   0 50 100 m

 S.U.S.I. (Selbstorganisierte Unabhängige Siedlungs-Initiative)

 logements étudiants

 maisons individuelles ou en copropriété

 Sonnenhof (logements pour personnes dependantes)

 logements collectifs

 bâtiments GENOVA (coopérative d'habitat)

 logements à loyers plus modérés

 bâtiments en construction

Maisons en bandes de la cité solaire

S.U.S.I.

Sonnenhof

Immeubles collectifs

Espaces publics / sociabilités

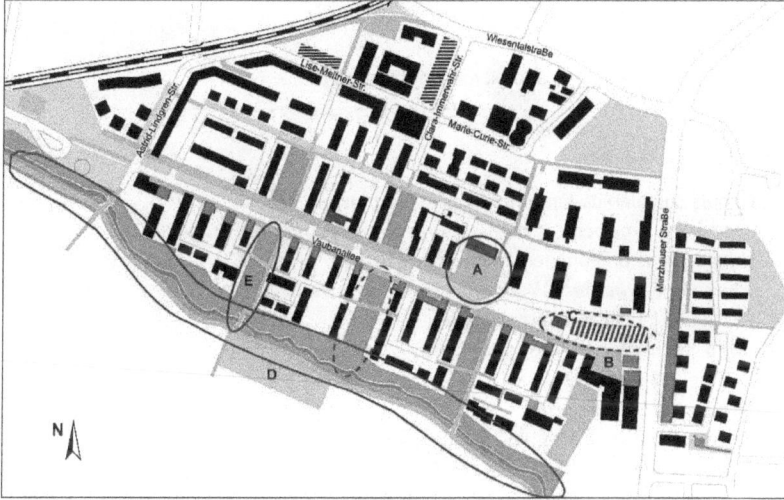

parcs «grüne Spangen»		centralités fortes
places		centralités moyennes
terrains de sports		**A** place du marché *(Alfred-Döblin-Platz)*
commerces, restaurants		**B** *Paula-Modersohn-Platz*
«lieux» centraux		**C** *Kommando-Rhino*
		D *Abenteuerhof* (parc aventures)
		E parc avec le four à pain

Jeux dans les rues

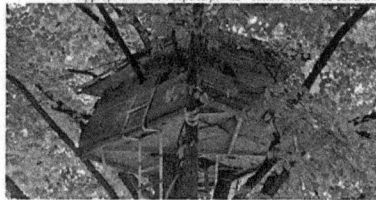

Appropriation de l'espace public : constructions de cabanes

Sénat artistique du Kommando Rhino à l'entrée du quartier

La place Alfred Döblin le jour du marché (mercredi)

443

Annexe n°9 Grille d'entretien avec les habitants

Quartier :
Entretien n° :
Adresse exacte ou lieu :
Jour et heure de l'entretien :
Météo :
Durée de l'entretien :
Remarques autres sur le déroulement de l'entretien :

Trajectoire résidentielle

1. Depuis combien de temps habitez-vous Kronsberg/Vauban?
   Seit wann wohnen Sie hier in Kronsberg/Vauban ?
2. Habitez-vous un appartement ou une maison ?
   Wohnen Sie in einer Wohnung oder einem Haus?
3. Êtes-vous locataire ou propriétaire ?
   Sind Sie Mieter oder Eigentümer?
4. Où habitiez-vous avant ?
   Wo wohnten Sie vorher?
5. Qu'est-ce qui vous a conduit à venir habiter ici, à Kronsberg/Vauban ?
   Was hat Sie dazu geführt, nach Kronsberg/Vauban zu ziehen?

Représentations, vécu et pratiques

6. Sur cette carte, pouvez-vous m'indiquer les limites de votre quartier ?
   Können Sie auf dieser Stadtkarte die Grenzen Ihres Stadtteils zeigen ?
7. Pouvez-vous me parler de l'endroit où vous habitez ?
   Können Sie mit mir über den Ort, wo Sie wohnen, erzählen ?
8. Qu'appréciez - vous dans votre quartier ? Qu'appréciez-vous le moins ? Pourquoi ?
   Was gefällt Ihnen am besten in Ihrem Stadtteil ? Und am wenigsten ? Warum ?
9. Quels sont les lieux qui symbolisent le mieux le quartier de Kronsberg/Vauban ?
   Welche Orte symbolisieren am besten Ihren Stadtteil ?
10. Et, si vous deviez amener un ami dans le lieu que vous appréciez le plus de votre quartier, hormis votre logement, où l'amèneriez-vous ?
    Und wenn Sie einen Freund in den Ort Ihres Stadtteils, den Sie meist schätzen, führen sollten, außer Ihrer Wohnung, wohin würden Sie ihn führen ?
11. Qu'est ce que vous y appréciez ? Qu'est ce qui qualifie ce lieu ?
    Was gefällt Ihnen an diesem Ort ? Was kennzeichnet diesen Ort ?
12. Quels sont vos itinéraires et chemins les plus fréquents à Kronsberg/Vauban ?
    Welche Strecken oder Wege benutzen Sie meistens in Kronsberg/Vauban ?
13. Quel est votre itinéraire préféré ? Pourquoi ?

Welches ist Ihr Lieblingsweg ? Warum ?

14. Quelles sont les ambiances de votre quartier ?

Welche Atmosphären gibt es in Ihrem Stadtteil ?

15. Comment définiriez-vous les paysages de votre quartier ?

Wie würden Sie genau die Landschaften Ihres Stadtteils beschreiben ?

16. Diriez-vous que vous vous sentez bien dans votre quartier ? Êtes-vous satisfait(e) de la qualité de vie offerte dans votre quartier ?

Fühlen Sie sich wohl hier in Ihrem Stadtteil ? Sind Sie mit der Lebensqualität in Ihrem Stadtteil zufrieden ?

Terminologie, sens du paysage, de l'ambiance et de la durabilité

17. Pour vous, c'est quoi une ambiance ?

Was ist für Sie eine Atmosphäre?

18. (Est-ce que les sons participent aux ambiances ?)

(Tragen die Klänge zur Atmosphäre bei ?)

19. Pour vous, c'est quoi un paysage ?

Was ist für Sie eine Landschaft ?

20. (Est-ce que les sons participent aux paysages ?)

(Tragen die Klänge zur Landschaft bei ?)

21. (Est-ce que les architectes, les paysagistes, ont fait quelque chose à Vauban pour améliorer la qualité de l'environnement sonore ?)

(Haben die Architekten, die Landschaftsarchitekten, in Vauban etwas unternommen, um die Qualität der Klangumwelt zu verbessern ?)

22. On m'a dit que ce quartier est un quartier durable, qu'est-ce qu'un quartier durable pour vous ?

Es heißt, dass dieser Stadtteil nachhaltig ist. Was ist für Sie ein nachhaltiger Stadtteil ?

23. Souhaitez-vous participer à la prochaine étape de cette étude ?

Wollen Sie an der nächsten Phase dieser Untersuchung teilnehmen ?

Signalétique de la personne interrogée

24. Quel est votre nom ?

Wie heißen Sie bitte ?

25. Quel âge avez-vous ?

Wie alt sind Sie?

26. Quelle est votre activité/profession ?

Was ist Ihre Tätigkeit/Ihr Beruf?

(Questions posées uniquement à Vauban)

Annexe n°10 Plan lié à l'entretien exploratoire habitant à Kronsberg

Annexe n°11 Plan lié à l'entretien exploratoire habitant à Vauban

Annexe n°12 Pré-analyse des entretiens exploratoires habitants menés à Kronsberg du 7 au 10 mai 2009

K-E1
Femme allemande de 62 ans, employée dans l'administration
Habite le quartier depuis 8 ans, locataire d'un appartement
Habitait avant à Hanovre
Elle est en train de nettoyer son vélo sur le trottoir et ne veut pas dessiner les limites du quartier.
Elle a du mal à définir ce qu'est l'**ambiance**, mais définit celle de Kronsberg par son aspect social : *« Eine gute Atmosphäre mit den Nachbarn, mit verschiedenen Nationalitäten »* (une bonne ambiance avec les voisins, avec différentes nationalités).
Pour elle, le **paysage** est surtout lié à la nature et au *« vert »* et il est dédié aux loisirs : *« Wanderwege, Freiheit, Plätze für die Kinder »* (les sentiers de randonnée, la liberté, des lieux dédiés aux enfants). Elle décrit ceux de K essentiellement par des caractéristiques naturelles : *« Viel grün, hügelig, keine Berge »* (très vert, vallonné, pas de montagnes).
Elle apprécie la **qualité de vie** à K, notamment par la qualité des appartements : *« Die Wohnungen sind schön »* (les appartements sont beaux).
Elle ne sait pas ce qu'est un **quartier durable**, mais après explication, elle met surtout en avant des éléments éco-technologiques : *« regulär Abwasser, Gaz Fernwärmer, Niedrighaüser um Energie zu sparen »* (la réglementation des eaux usées, le chauffage au gaz, les maisons basses pour économiser l'énergie) et la présence de nationalités différentes dans le quartier.
Elle est venue à K pour se rapprocher de sa fille et s'occuper de ses petits-enfants.
Elle décrit surtout le quartier en termes d'ambiance (selon la définition qu'elle en donne) : *« Viele Ausländer, gut zusammen »* (beaucoup d'étrangers, bien ensemble). Elle y apprécie particulièrement la présence de nature et les promenades *(« spazierengehen »/se promener)* qu'elle peut y faire, et regrette l'éloignement de la ville : *« weit von der Innenstadt »* (loin du centre-ville).
Pour elle le quartier lui-même est un **symbole**. Elle emmènerait plutôt un ami à l'extérieur de Kronsberg, au bord du canal pour se promener à pied ou faire du vélo : elle y aime la verdure et les écluses *(« die Schleusen»)*.
Le plus souvent, elle va au travail à Laatzen à vélo par le site de la Foire Expo et n'a pas de parcours préféré.

K-E2
Femme russe de 34 ans, femme au foyer
N'habite pas le quartier mais Mittelfeld
Elle est assise sur un banc devant le centre socioculturel. Elle ne parle pas bien l'allemand.
Pour elle l'**ambiance**, c'est la manière dont on se sent, le fait de se sentir bien *(« Wohlbefinden »)* ou pas, mais elle n'arrive pas à décrire celle de K, les mots lui manquent.
Pour elle, le **paysage**, ce sont de grands espaces ouverts, tant naturels qu'artificiels. À Kronsberg, ils prennent la forme de places. Elle aime aussi beaucoup l'architecture des maisons et les sculptures, surtout en métal, qu'on trouve dans l'espace public.
Elle dit apprécier la **qualité de vie** offerte à K et en parle surtout en termes matériels et d'espace : tout y est neuf, il y a beaucoup de places, on peut se garer en voiture gratuitement et c'est moins dense qu'au centre-ville.
Elle ne sait pas ce qu'est un **quartier durable**.
Elle vient à K pour les services qu'on y trouve : elle y emmène son fils à l'école et au centre Krokus où il va à la bibliothèque et prend des cours de piano.

Elle décrit surtout le quartier en termes matériels et de services : « *Viele neue Haüser und Schulen* » (beaucoup de maisons neuves et des écoles), tout y est neuf, mais il y a peu de transports en commun.

Selon elle, le centre Krokus est le **symbole** du quartier. C'est certainement l'un des rares lieux du quartier qu'elle côtoie.

Elle fait uniquement le trajet depuis Mittelfeld en voiture jusqu'au Krokus. Elle n'a pas de parcours préféré.

K-E3

Homme russe de 48 ans, enseignant vacataire
Habite K depuis 8 ans. Locataire d'un appartement
Avant, il habitait Thüringen, dans un autre *Land*

Il est sur la place centrale avec sa fille de 4 ans sur une trottinette. Il parle au moins 5 langues différentes, mais pas le français.

Pour lui, l'**ambiance** peut avoir deux significations : soit c'est l'air qu'on respire, soit ce sont les relations entre les gens, bien qu'il affirme que les gens extérieurs à sa famille et ses amis ont peu d'influence sur son humeur. Il ne décrit pas celle(s) de K.

De la même manière, le **paysage**, selon lui, essentiellement décrit par le relief, la végétation et le climat (définition très géographique), peut prendre deux formes : celle d'un paysage prototype, naturel, créé par Dieu, ou celle d'un paysage propre aux hommes, modifié par ces derniers. Il décrit celui de K comme standard de la région : vert, pas trop plat, mais pas trop vallonné, pas très chaud.

Il dit que sa **qualité de vie** est indépendante du quartier où il vit : il se sent toujours bien.

Il ne sait pas ce qu'est un **quartier durable**, mais après explication, il parle de la diversité des nationalités à K et d'éléments éco-technologiques : système d'approvisionnement en eau, sols imperméables.

Il est venu à K pour le travail et la qualité des logements ainsi que le prix peu élevé des loyers.

Il décrit le quartier en termes matériels, et de qualité de vie pour les enfants. Le quartier a été construit en 2001 et il est neuf. Les logements sont de qualité et les loyers moins chers qu'en ville, et il y a beaucoup de lieux pour que ses 3 enfants puissent jouer. Il vient de l'ex-DDR où les constructions étaient très fonctionnelles avec de grands espaces engazonnés. A K c'est différent. Il est né en Russie où son père travaillait dans le gaz, sur les pipelines. L'entreprise où il travaillait était très paternaliste et ils logeaient sur place. Il retrouve cet aspect à K, où tout est sur place, à proximité des services. C'est donc un quartier accueillant où selon lui les concepteurs ont beaucoup réfléchi à l'aménagement. Ce qu'il regrette, c'est que le quartier soit moins propre depuis quelques années, que les poubelles ne soient plus ramassées aussi souvent.

Selon lui, le Kronsberg 118 est le **symbole** du quartier.

Quand des amis lui rendent visite, il les emmène dans tout le quartier et plus particulièrement à travers toutes les cours intérieures qui sont toutes différentes.

Le plus souvent il va à vélo à travers le quartier, du site de la Foire Expo où il lui arrive de travailler jusqu'au nord. Son parcours préféré est celui de sa maison jusqu'au site de la Foire Expo.

K-E4

Femme allemande de 34 ans en congé parental
Habite K depuis 10 ans. Locataire d'un appartement
Avant, elle habitait Bâle en Suisse

Elle se trouve dans le square sud. D'abord méfiante, elle se détend au cours de l'entretien.

Pour elle, l'**ambiance**, c'est le fait de se sentir bien tout de suite à un endroit et elle est surtout liée à l'aménagement du quartier. Elle trouve celle de K moderne, presque stérile, pas assez douillette *(« gemütlich »)*. Les arbres du square sud ne font pas encore d'ombre et ça manque en été pour les enfants. Selon elle, « *es fehlt irgendwas* » (il manque quelque chose).

Elle donne une définition du **paysage** très empreinte de la géographie classique : il est constitué d'espaces boisés et de plantes typiques d'une région *(« Für eine Region, typische Bewaldung und Pflanzen »)*. Si sa définition est très orientée vers la nature et qu'elle parle d'un sentiment de nature *(« Naturgefühl »)*, elle le décrit aussi comme mis en forme *(« angelegt »)* et pas encore assez ombragé, ne générant pas une atmosphère similaire à celle des vieux quartiers avec d'anciennes constructions.

Elle trouve la **qualité de vie** plutôt bien à K, mais n'y achèterait pas une maison en raison du sentiment « social » du quartier.

Elle parle de **quartier durable** en termes éco-technologiques et décrit surtout l'ensemble d'habitation où elle vit, le projet Mikro-Klima. Ce sont des maisons avec de grandes vérandas qui chauffent les appartements en hiver et aèrent en été. Elle parle également des maisons passives *(« Passivhaüser »)*.

Elle est venue pour des raisons professionnelles à Hanovre, et avec son mari ils sont venus à K parce qu'ils voulaient vivre dans la verdure *(« Wir wollten im Grünen wohnen »)* et qu'il est important pour eux de ne pas habiter en ville avec des enfants.

Elle décrit K surtout en termes de qualité d'aménagements offerts aux enfants : « *Viele Spielplätze nah der Wohnstätte, Parks zwischen den Siedlungen* » (beaucoup de terrains de jeux près des habitations, des parcs entre les immeubles) ; mais aussi de services : il y a des écoles et des commerces pour les besoins quotidiens.

Pour elle, le **symbole** du quartier c'est la prairie à l'est, typique du quartier et qu'on l'on ne retrouve pas dans les autres villes « *direkt am Naturschutzgebiet* » (en plein dans la zone naturelle protégée).

Elle emmènerait un ami dans la rue qui longe la prairie et les maisons en bande.

Ses trajets les plus courants sont dédiés aux courses au supermarché *(« Zum Supermarkt »)* et au jeu de ses enfants : elle navigue à travers tous les terrains de jeux du quartier, avec une préférence pour celui tout au nord près de la maison Krokulino et celui tout au sud au-dessus du réservoir d'eau chaude, qui sont plus adaptés pour les plus petits. Sinon, elle aime surtout se promener dans la prairie vers la colline panoramique. Son parcours varie selon les fleurs du moment : les « *Löwenzahn* » (pissenlits) qui forment une véritable mer de fleurs dans la prairie, les fleurs des cerisiers le long du chemin. Elle aime aussi aller dans le parc vers Bemerode.

K-E5
Femme allemande de 37 ans, femme au foyer
Habite K depuis 11 ans. Locataire d'un appartement
Avant, elle habitait Laatzen, un quartier proche de Hanovre
Elle a du mal à rentrer au départ dans l'entretien.

Pour elle, l'**ambiance** résulte à la fois de ce qui l'environne et des gens autour : « *Der Umkreis. Die Leute, die hier wohnen* ». Elle ne décrit pas celle de K.

Elle donne une définition du **paysage** très naturelle *(« grün »/*vert*)* et décrit celui de K comme très rural *(« ländlich »)* et offrant de nombreux services : des écoles, des médecins, un centre commercial *(« Schulen, Ärzte, Kaufhaus »)*.

Elle est satisfaite de la **qualité de vie** à K et parle surtout du calme qui y règne : « *Es ist schön ruhig* » (c'est vraiment calme).

Elle ne sait pas bien ce qu'est un **quartier durable**, mais après explication, elle parle de la récupération d'eau de pluie et la préservation de la végétation.

Elle est venue pour l'offre de logements plus grands à K.

Elle décrit K comme un quartier très central (ce qui est assez surprenant, puisque le quartier se situe en périphérie). Elle aime sa beauté, les terrains de jeux pour les enfants et ne trouve rien de négatif.

Pour elle, le **symbole** du quartier c'est le quartier lui-même.

Elle emmènerait un ami dans la prairie vers le point panoramique.

Elle n'a pas de parcours préféré et emprunte le plus souvent ceux qui mènent aux terrains de jeux avec ses enfants.

K-E6
Homme allemand de 44 ans, électricien
Habite K depuis 8 ans. Locataire d'un appartement
Avant, il habitait à Hannover-Mitte, un quartier plus central de Hanovre
Il est en train de discuter avec un couple d'amis qui partent en promenade à vélos.
Il a du mal à définir l'**ambiance** mais décrit celle de K comme bonne et soucieuse de l'environnement *(« Umwelt bewußt »).*
Pour lui le **paysage** est surtout rural et il décrit celui de K par la présence de nombreux champs et les trouve bien.
Il est satisfait de la **qualité de vie** à K et notamment du fait qu'il y ait beaucoup d'espace et de bons voisins.
Il ne sait pas ce qu'est un **quartier durable.**
Il est venu pour les logements plus grands de K et parce que c'est adapté aux enfants, car ils peuvent y jouer librement et c'est propre.
Il décrit K comme un quartier construit pour les familles, avec de grands espaces entre les maisons et beaucoup de terrains de jeux. Il y apprécie surtout la qualité de l'air et ne trouve rien de négatif.
Pour lui, le quartier est **symbolisé** par le Kronsberg 118, le centre Krokus et les champs.
Il emmènerait un ami sur la colline panoramique nord pour la belle vue *(« ein guter Ausblick »).*
Il va souvent courir à 18 km au nord du quartier, vers les écluses du canal.

K-E7
Femme allemande de 57 ans, retraitée
À K depuis 8 ans. Locataire d'un appartement
Avant, elle habitait à Laatzen, un quartier de Hanovre assez proche
Elle est avec sa fille sur un banc, les deux maris font du cerf-volant avec sa petite-fille.
Pour elle, l'**ambiance**, c'est ce qu'il y a autour d'un point central et elle décrit celle de K en termes de rapports humains normaux.
Pour elle, le **paysage** est uniquement du domaine du regard, c'est ce qu'on peut voir. Elle trouve ceux de K ennuyeux comparés à la montagne ou à la mer.
Elle est satisfaite de la **qualité de vie** à K.
Elle ne sait pas vraiment ce qu'est un **quartier durable.** Après explication, elle dit que c'est écologique et énergétiquement économique. Elle parle des moutons qui broutent l'herbe du parc.
Elle est venue à K pour des raisons de santé.
Elle décrit K comme calme, beau avec une bonne connexion à la ville par les transports en commun *(« gute Verbindung in die Stadt »).*
Pour elle, le **symbole** du quartier c'est la place centrale.
Elle emmènerait un ami sur la colline panoramique pour la nature et les moutons.
Le plus souvent elle se déplace dans le quartier pour aller à l'église.

K-E8
Homme polonais de 50 ans, soudeur
Habite K depuis 10 ans. Locataire d'un appartement
Avant, il habitait déjà Hanovre
Il va promener le chien de sa fille dans la prairie.
Pour lui, l'**ambiance**, c'est quelque chose d'important qu'il assimile aux relations entre les gens et aux lieux qui favorisent les rencontres. Pour K, il parle donc des lieux qu'il apprécie : l'école de danse, le bar turc et les grandes terrasses l'été sur la place centrale.
Pour lui, le **paysage** est lié à des éléments naturels comme les arbres et les animaux, mais aussi aux activités qui y sont associées : à K, il y a beaucoup de chemins et de possibilités de se promener. Il le trouve beau et calme à K. Il est le seul à parler de la

proximité de l'autoroute, mais uniquement comme une donnée géographique, il ne porte aucun jugement.

Il apprécie la **qualité de vie** à K, surtout le calme et la proximité du travail.

Il ne comprend pas la question sur le **quartier durable**. Après explication, il ne pense pas que K en soit un.

Il est venu à K en raison de l'offre de logements sociaux aux loyers moins élevés.

Il décrit K essentiellement par des aspects pratiques et de services : les commerces sont à proximité, le quartier est bien connecté à la ville et il n'est pas loin de son travail. Il y apprécie surtout le calme et les maisons en bandes. Ce qui lui plaît le moins, ce sont les Russes et l'ancien Kronsberg au centre.

Pour lui, le **symbole** du quartier c'est le site de la Foire Expo.

Il emmènerait un ami à l'extérieur, car il trouve K trop calme.

Il se promène régulièrement dans la prairie avec le chien de sa fille.

K-E9
Femme allemande de 68 ans, retraitée
Habite K depuis 8 ans. Locataire d'un appartement
Avant, elle habitait déjà Hanovre
Elle parle beaucoup, du sujet de l'entretien et d'autres choses.

Pour elle, l'**ambiance**, c'est ce qu'elle ressent et elle l'assimile au bien-être. En ce qui concerne K, elle parle des expositions organisées à la bibliothèque.

Pour elle, le **paysage** c'est plutôt quelque chose de naturel et pas « bizarrement artistique », pourtant elle parle de ceux de K comme étant aménagés de manière artistique, avec du goût, y incluant l'architecture des bâtiments qu'elle trouve belle. Elle appuie sur le fait qu'ils sont différents de ceux qu'on voit ailleurs, avec l'eau, les pierres, les fleurs, l'aménagement des cours intérieures. Elle les trouve vraiment beau.

Elle est très satisfaite de la **qualité de vie** de K et ne sort d'ailleurs presque jamais du quartier.

Elle ne comprend pas la question sur le **quartier durable**, mais parle de mixité de la population.

Elle est venue à K parce que le quartier dans son ensemble lui a plu.

Elle décrit K par le fait qu'il y ait des logements sociaux, elle parle de l'école au nord où vont ses petits-enfants et de la beauté des constructions. Elle appuie sur le fait que la ville a beaucoup investi d'argent dans ces constructions. Ce qu'elle y apprécie le plus c'est la nature et le tram qui l'emmène très rapidement en ville. Ses petits-enfants peuvent apprendre à reconnaître dans le quartier certaines plantes. Après la guerre, la ville était très minérale, et aujourd'hui à K c'est très vert. Ce qu'elle apprécie le moins ce sont les gens qui ne savent pas pratiquer le tri sélectif.

Pour elle, les **symboles** du quartier sont les cours intérieures et les terrains de jeux.

Elle emmènerait un ami voir les cours intérieures et leurs particularités.

Généralement, elle emprunte la rue principale.

K-E10
Homme allemand de 55 ans, menuisier
Habite K depuis 9 ans. Locataire d'un appartement
Avant, il habitait déjà Hanovre
Il est assis seul sur un banc et fume une cigarette.

Pour lui, l'**ambiance**, ce sont les relations entre les gens et il n'y en a absolument pas à K.

Selon lui, le **paysage** quelque chose de très naturel, comme la mer, la montagne, en opposition avec l'industrie et ses fumées. Il considère pour cela que le paysage de Kronsberg débute à partir de la prairie à l'est.

Il considère que le quartier et correct pour dormir, mais qu'il n'y a pas d'amis.

Il ne comprend pas bien la question sur le **quartier durable**, mais considère que K est un ghetto qui est resté un village d'exposition comme à l'époque de l'Exposition universelle.

Il est venu à K pour le travail.

Il décrit K de manière très négative : « *Wie jeder Stadtteil in Hannover oder in Frankreich, ein Ghetto. Die Architektur ist wie Kaninchenhaüser* » (Comme tous les quartiers à Hanovre ou en France, un ghetto. L'architecture ressemble à des cages à lapins). Selon lui le quartier manque cruellement de culture, il n'y a pas de cinéma et le week-end c'est mort. Il y a aussi selon lui trop d'étrangers, trop de Russes.

Pour lui, Kronsberg 118 est le **symbole** de K, bien qu'il ait été créé de toute pièce.

Mais si un ami lui rendait visite, il l'emmènerait dans un endroit plus vivant.

Généralement, il va se promener vers Kronsberg 118.

K-E11
Femme allemande de 47 ans, éducatrice spécialisée
Habite K depuis 10 ans. Propriétaire d'une maison
Avant, elle habitait le quartier limitrophe, Bemerode
Elle est en train de désherber les pavés devant sa maison.

Pour elle, l'**ambiance** est essentiellement liée au voisinage. Elle décrit d'ailleurs celle de K par le fait qu'il y ait beaucoup de nationalités et une bonne entente entre les gens.

Selon elle, le **paysage** est lié à la nature et aux activités de loisirs. Elle décrit celui de K comme vert, vallonné mais sans montagnes, agricole, où l'on peut se promener, faire du vélo et croiser des moutons.

Elle est satisfaite de la **qualité de vie** à K mais ne s'étend pas sur le sujet.

Elle sait ce qu'est un **quartier durable** et considère que K en est un. Elle met surtout en avant des éléments écologiques comme les maisons à basse consommation d'énergie, le tri sélectif, le compost, la récupération d'eaux de pluie. Selon elle, les propriétaires des maisons en bandes sont plus engagés que les locataires du centre du quartier.

Elle est venue à K en raison des subventions allouées par la ville pour construire une maison à K et aussi pour la qualité de vie pour les enfants et la proximité de l'école.

Elle décrit surtout K par les bonnes relations entre les habitants, les voisins qui se connaissent et surveillent mutuellement leurs enfants. Elle parle aussi des nombreuses possibilités de jeux pour les enfants et de la taille modeste des jardins de maisons en bande qui pour son grand bonheur lui demandent peu de travail. Ce qu'elle apprécie le plus c'est le fait d'être déconnectée de la ville et au calme. Elle adore entendre les moutons et les oiseaux, même si parfois ils sont bruyants.

Pour elle, Kronsberg 118, les terrains de jeux et les champs sont des **symboles** de K. D'ailleurs, elle emmènerait un ami dans la prairie, c'est là qu'elle va le plus souvent.

K-E12
Homme iranien de 50 ans, indépendant
Habite K depuis 8 ans. Locataire d'un appartement
Avant, il habitait déjà Hanovre
Il pousse ses deux filles sur des balançoires.

Pour lui, l'**ambiance**, c'est le fait de se sentir bien et ce sentiment est fortement lié à la sécurité. Ses enfants peuvent rentrer seuls de l'école. L'ambiance de K n'est pas celle d'un ghetto comme dans d'autres quartiers de Hanovre, elle est calme.

Il lie le **paysage** aussi au fait de se sentir bien, c'est vert et on peut s'y promener, y pique-niquer. Ceux de K sont très verts et très beaux.

Il se sent bien à K.

Il ne sait pas ce qu'est un **quartier durable**.

Il est venu à K en raison des appartements plus grands et pour sa femme et ses enfants.

Il décrit K comme un quartier calme (c'est ce qu'il apprécie le plus), agréable pour les familles, avec des écoles, des jardins d'enfants.

Pour lui, la mixité culturelle du quartier est son **symbole**.

Il emmènerait un ami sur Kronsberg 118 et sa grande prairie où les enfants peuvent courir, où on peut pique-niquer.

Le plus souvent, il va faire des courses au centre commercial sur la place centrale, sinon il va dans la prairie et les terrains de jeux avec ses enfants.

K-E13
Femme allemande de 40 ans, vendeuse dans une agence de voyage
Habite K depuis 8 ans. Locataire d'un appartement
Avant, elle habitait en Ostfriesland, dans un autre *Land*
Elle est assise dans l'herbe dans le square nord. Son ami et leurs deux fils sont en train de jouer au foot.
Pour elle l'**ambiance**, c'est le fait de se sentir bien et elle est très liée aux relations avec les gens. Elle décrit en ces termes celle de K : il y a beaucoup de nationalités, ce qui fait que certains endroits sont calmes et d'autres plus tendus à cause du racisme.
Elle lie le **paysage** à la beauté et parle de ceux de K comme très portés sur l'écologie et la nature.
Elle est satisfaite de la **qualité de vie** à K, plus particulièrement parce que c'est propre et calme dans son immeuble.
Elle ne sait pas ce qu'est un **quartier durable**.
Elle est venue à K pour son travail.
Il décrit K comme un quartier très multiculturel, beau et calme. Il y a beaucoup de terrains de jeux pour les enfants. Ce qu'elle préfère, c'est le centre du quartier, avec les manifestations qui y ont lieu et le centre social. Elle regrette seulement que ce soit moins bien entretenu aujourd'hui qu'en 2001.
Pour elle, il y a deux **symboles** du quartier Kronsberg 118 et l'hôtel Agenda 21.
Elle emmènerait un ami voir cet hôtel pour son architecture qui lui plaît beaucoup.
Elle utilise le plus souvent la rue principale. Elle n'a pas de parcours préféré.

K-E14
Femme iranienne de 50 ans, caissière
Habite K depuis 10 ans. Locataire d'un appartement
Avant, elle habitait déjà Hanovre
Sa fille à côté d'elle l'aide à répondre. À côté, son autre fille avec un bébé, son mari et son gendre. Ils sont tous assis dans la prairie. Elle ne parle pas très bien allemand.
Pour elle, l'**ambiance**, c'est le fait de se sentir bien et elle décrit celle de K comme sans problème et calme.
Pour elle, le **paysage** est plutôt naturel et lié à la qualité environnementale : c'est le vent, l'air frais, les plantes. Elle décrit celui de K avec ces mêmes termes, en ajoutant qu'il est beau et donne la sensation d'être à la fois en ville et dans un village.
Elle est satisfaite de la **qualité de vie** à K, car il y a tout ce dont elle a besoin.
Elle ne sait pas ce qu'est un **quartier durable**. Après explication, elle met en avant le fait que ce soit très écolo avec les maisons en bande et les toitures végétalisées, et la mixité sociale.
Elle est venue à K pour les grands appartements qu'on trouve dans le quartier et parce que ses filles ont maintenant des enfants.
Elle décrit K comme un quartier calme avec beaucoup d'enfants et de jeunes familles. C'est un quartier adapté aux enfants : chaque construction a un terrain de jeux à l'intérieur, des cours intérieures thématiques. Il n'est pas aussi ennuyeux que d'autres quartiers comme Bemerode. Il y a beaucoup de commerces et de services, des transports en commun, tout est à proximité, c'est un vrai quartier ! Il y a aussi du vent. D'ailleurs elle n'aime pas la place centrale où il n'y a que des pavés et pas de vent, pas de nature. On est à la fois dans et en dehors de la ville (« *In der Stadt und außer sein* »).
Selon elle, le **symbole** de K est le Kronsberg 118.
Elle emmènerait un ami vers les maisons Mikro-Klima, pour aller voir les poissons rouges dans le bassin, au Kronsberg 118 pour la vue sur le quartier et dans la prairie pour la nature.

Quand elle se promène, elle va généralement dans tout le quartier, mais elle aime particulièrement le bassin avec les poissons rouges dans l'îlot Mikro-Klima.

K-E15
Homme allemand de 25 ans, sans emploi
Habite K depuis 4 ans. Locataire d'un appartement
Avant, il habitait déjà Hanovre, le quartier Misburg
Il est avec son amie et sa fille. Il est très sympathique et intéressé par l'étude.
Pour lui, l'**ambiance**, c'est les relations avec les gens : la bonne humeur, les gens sympas. À K, les gens se saluent dans la rue. L'ambiance à K est pour lui tout à fait okay, multiculturelle et sans trop de gens bizarres. Ce n'est pas un ghetto.
Il lie le **paysage** à l'agriculture : ce sont les prés, les fermes, les champs, et qualifie ceux de K de très verts.
Il est satisfait de la **qualité de vie** à K : tout est en ordre, calme. Il n'y a pas de peur à avoir : la police ne vient pas souvent et il y a beaucoup de familles *(« Keine Angst zu haben, ganz wenig Polizei, viele Familien »)*.
Il n'a aucune idée de ce qu'est un **quartier durable**.
Il est venu à K pour les enfants et parce que les parents de son ex-femme habitaient là.
Il décrit K comme un quartier beau et neuf, réalisé pour l'Expo 2000, avec dans chaque cour des terrains de jeux. Ce qu'il préfère, ce sont les nombreux espaces verts et le Kronsberg 118. Il regrette toutefois qu'il y ait si peu d'activités et de loisirs pour les adultes.
Pour lui, l'architecture des bâtiments est le **symbole** du quartier.
Il emmènerait un ami sur Kronsberg 118 pour la vue ou dans le parc vers Bemerode.
Il aime beaucoup prendre la rue principale à vélo.

K-E16
Homme allemand de 43 ans, employé dans l'administration
Habite K depuis 9 mois. Locataire d'un appartement
Avant, il habitait déjà Hanovre, le quartier proche de Buchholz
Il est avec sa femme, son fils et des amis et leurs enfants. Les réponses sont plus ou moins collectives.
Pour lui, l'**ambiance** est liée au voisinage. À K, il y a plusieurs nationalités et une bonne entente entre les gens.
Il lie le **paysage** à la nature et à l'agriculture : à K ils sont très verts et il y a beaucoup de pistes cyclables.
Il est bien à K, le quartier est accueillant pour les enfants et il y a beaucoup d'activités de loisirs comme le vélo.
Il ne sait pas ce qu'est un **quartier durable**, mais après explication que K a été fait avec un souci écologique.
Il est venu à K pour l'offre de grands appartements.
Il décrit K comme un quartier accueillant pour les enfants (il y a beaucoup de terrains de jeux), central mais vert, très vivant : c'est le plus jeune quartier résidentiel de Hanovre *(« Der jüngste Bewohnerstadtteil in Hannover »)*. Ils ont un bel appartement, relativement neuf. Ils ont des commerces à proximité et une bonne connexion aux transports en commun.
Pour lui, Kronsberg 118 et le centre Krokus sont des **symboles** du quartier.
Il emmènerait un ami sur la place centrale où sont concentrés les commerces et les manifestations culturelles.
Il se promène généralement autour de chez lui, près du square sud.

K-E17
Femme polonaise de 33 ans, femme au foyer
Habite K depuis 5 ans. Locataire d'un appartement
Avant, elle habitait déjà Hanovre, le quartier Döhrn

Elle est dans un bac à sable avec ses enfants, son mari et des amis. Elle est un peu stressée par les questions parce qu'elle ne maîtrise pas tous les mots.
Elle n'arrive pas à définir l'**ambiance**, mais qualifie celle de K de tout simplement sympa.
Elle considère le **paysage** comme tout ce qui nous entoure et qu'on peut appréhender avec les yeux. Elle qualifie celui de K de neuf et bien.
Elle n'a aucune idée de ce qu'est un **quartier durable**.
Elle est venue à K parce qu'elle trouve le quartier tellement joli.
Elle décrit K comme un quartier beau et neuf, avec beaucoup d'enfants, beaucoup de nationalités, beaucoup de commerces et une bonne connexion aux transports en commun.
Pour elle, il n'y a pas de **symbole** du quartier.
Elle emmènerait un ami sur Kronsberg 118 pour la vue.
Généralement, elle accompagne ses enfants aux terrains de jeux et n'a pas de parcours préférés.

K-E18
Homme iranien de 26 ans, indépendant
À K depuis 10 ans. Locataire d'un appartement
Avant, il habitait déjà Hanovre
Il est avec sa femme et ses filles, il répond au questionnaire avec beaucoup de bonne humeur.
Pour lui, l'**ambiance**, c'est les gens et le climat (*« Das ist die Luft, das Wetter »*/c'est dans l'air, le temps qu'il fait*). À K selon lui, les gens sont agréables et amicaux, mais le temps est très mauvais en Allemagne.
Pour lui, le **paysage** est un endroit où il y a des arbres et des animaux, comme les moutons. Celui de K est celui d'un petit village où tout est vert.
Il est bien à K, toute sa famille y vit.
Il ne sait pas ce qu'est un **quartier durable**. Après explication, il parle du chauffage au gaz qui permet de faire des économies.
Il est venu à K parce que tout y est chic et neuf (*« Alles ist schick und neu gebaut »*).
Il décrit K comme un quartier beau avec une population très sympathique, composée surtout d'étrangers. Il y apprécie surtout les maisons.
Pour lui, Kronsberg 118 et les espaces verts sont les **symboles** du quartier.
Il emmènerait un ami sur la place centrale où sont regroupés les commerces.
Il se déplace le plus souvent vers l'extérieur du quartier en voiture.

K-E19
Femme allemande de 45 ans, secrétaire.
Habite K depuis 10 ans. Propriétaire d'une maison.
Avant, elle habitait déjà Hanovre, le quartier Misburg.
Elle a demandé à voir une carte de visite avant de répondre.
Pour elle, l'**ambiance** est liée aux relations humaines. Selon elle, celle de K est plus celle de la campagne que de la ville : les voisins se connaissent depuis le début, sont familiers et s'entraident.
Elle lie le **paysage** à quelque chose de naturel. Elle trouve ceux de K originaux, mais ils ont peu changé depuis le début. Elle apprécie les jardins privés, mais pas les squares et les places qui selon elle sont peu utilisés en raison du manque d'attraction et d'usages proposés.
Elle est satisfaite de la **qualité de vie** à K grâce à la familiarité qui existe entre voisins.
Pour elle, K est un **quartier durable**, c'est un quartier avec des constructions écologiques, un coût de l'énergie plus bas et une population multiethnique.
Elle est venue à K en raison de la subvention allouée par la ville pour construire une maison à K.
Elle décrit K surtout à travers les relations humaines : c'est un quartier adapté pour les enfants, multiculturel, et avec différentes classes sociales. Elle apprécie les bonnes

relations qu'elle entretient avec ses voisins mais déplore le manque de restaurants et de divertissements pour les jeunes.

Pour elle, la prairie est le **symbole** du quartier.

Elle emmènerait un ami au Kronsberg 118 pour la vue.

Elle se promène un peu dans tout le quartier.

K-E20
Femme allemande de 26 ans, commerciale
Habite K depuis 3 ans. Locataire d'un appartement
Avant, elle habitait déjà Hanovre
Elle est assise sur un banc, ses réponses sont courtes.

Pour elle, l'**ambiance**, c'est le fait de bien s'entendre avec ses voisins, mais elle a du mal à décrire celle de K.

Elle lie le **paysage** à la nature et décrit ceux de K comme beaux et verts.

Elle est bien à K.

Elle n'a aucune idée de ce qu'est un **quartier durable**.

Elle est venue à K pour ses enfants : c'est accueillant pour les enfants, propre, il y a beaucoup de terrains de jeux.

Ce qu'elle préfère à K c'est la propreté.

Pour elle, Kronsberg 118 est le **symbole** du quartier.

Elle emmènerait un ami lui faire visiter tout le quartier.

Elle accompagne surtout ses enfants dans les terrains de jeux.

K-E21
Femme polonaise de 27 ans, femme au foyer
Habite K depuis 2 ans. Locataire d'un appartement
Avant, elle habitait Duisbourg en Allemagne, dans un autre *Land*
Elle est assise sur un banc, elle attend quelqu'un

Pour elle, l'**ambiance**, c'est le calme pour habiter. Elle décrit celle de K comme offrant des possibilités de jeux pour les enfants.

Elle lie le **paysage** à la nature et décrit ceux de K comme verts et un peu vides.

Elle est satisfaite de la **qualité de vie** offerte à K.

Elle n'a aucune idée de ce qu'est un **quartier durable**.

Elle est venue à K pour l'offre d'appartements aux loyers peu élevés et les services : bonne connexion aux transports en commun, jardins d'enfants et écoles, commerces).

Elle reprend les mêmes éléments pour décrire le quartier et c'est ce qu'elle y apprécie le plus.

Pour elle, le site de la Foire Expo est le **symbole** du quartier.

Elle emmènerait un ami vers le Kronsberg 118 ou vers les terrains de jeux pour les enfants.

Elle se déplace surtout vers le centre pour ses besoins : c'est là qu'il y a les commerces, les restaurants, la banque.

K-E22
Femme allemande de 42 ans, femme au foyer
À K depuis 10 ans. Locataire d'un appartement
Avant, elle habitait déjà Hanovre
Elle est très méfiante.

Pour elle, l'**ambiance** est liée aux gens, à la famille. Elle la trouve sympa à K.

Selon elle, le **paysage** c'est quelque chose de bien qui change en fonction des saisons.

Elle est heureuse avec la **qualité de vie** à K, elle a de bons contacts à l'église.

Elle n'a aucune idée de ce qu'est un **quartier durable**.

Elle est venu à K pour ses enfants et les services : le tram, la possibilité de manger une glace.

Elle décrit le quartier par sa population sympathique. Elle y apprécie surtout la verdure.

Pour elle, Kronsberg 118 est le **symbole** du quartier.
Elle y emmènerait un ami pour lui faire découvrir la vue sur Hanovre.
Quand elle se promène, elle va un peu partout.

K-E23
Homme d'origine africaine de 23 ans, travailleur social au centre Krokus.
Il n'habite pas Kronsberg.
Il est en train de prendre sa pause devant le Krokus.
Pour lui, l'**ambiance** est liée aux gens et elle est mixte à K.
Il lie le **paysage** à quelque chose de vert mais n'aime pas ceux de Kronsberg.
Il n'est pas satisfait de la **qualité de vie** à K, il trouve que c'est mort.
Elle n'a aucune idée de ce qu'est un **quartier durable**.
Il est venu pour son travail au centre Krokus.
Il décrit surtout le quartier par sa population multiculturelle : il y a des Russes, des Turcs, des Allemands, quelques Africains. Il apprécie surtout l'architecture des constructions mais trouve les espaces publics trop vides et trop grands, pas suffisamment utilisés et attractifs.
Pour lui, le **symbole** du quartier est extérieur à K, c'est un bâtiment qui se trouve à Bemerode et que l'on voit depuis le centre Krokus.
Il emmènerait un ami sur le site de la Foire Expo, ça lui rappelle l'époque où le quartier était animé.
Il va de l'arrêt de tram au centre Krokus, là où il travaille, mais ne se promène pas dans le quartier.

K-E24
Homme français d'origine africaine de 36 ans, musicien et écrivain
Habite K depuis 1 an. Locataire d'un appartement
Avant, il habitait Bemerode à Hanovre
Le premier contact était difficile. Au deuxième contact, il a accepté de faire l'entretien, qui s'est déroulé en français.
Pour lui, l'**ambiance** est liée aux relations humaines, quand les gens s'entendent bien, partagent les mêmes hobbies, qu'il y a de la sécurité. À K, il y a des fêtes de quartier l'été et à Pâques qui réunissent les habitants.
Il est satisfait de la **qualité de vie** à K et surtout du calme qui l'inspire.
Pour lui, le **paysage**, c'est l'ensemble des éléments naturels qui permettent à l'homme de vivre et d'être bien, c'est très naturel (montagne, nature, arbres). Il parle aussi de silence. À K ils sont verts, avec beaucoup d'espaces non construits, les rues sont bien agencées et l'architecture est récente. Il les apprécie.
Après explication, pour lui, K est un **quartier durable** : il y a plusieurs classes sociales et on s'y soucie de l'écologie (tri sélectif).
Il est venu à K pour les appartements plus grands et la qualité de vie, notamment pour les enfants avec de l'espace, de la verdure et moins de circulation.
Il décrit le quartier de la même manière. Il y a trouvé en plus un voisinage sympathique et le calme : *« il n'y a pas de bruits, juste les oiseaux »*. Il apprécie surtout le calme, l'urbanisme et la propreté, mais trouve qu'il n'y a pas assez de bars, de lieux pour rencontrer des gens, pas de piscine, et peut-être un peu trop d'espaces verts.
Pour lui, les **symboles** sont le centre Krokus et le centre médical, sur la place centrale.
Il emmènerait un ami au Kronsberg 118 pour la vue.
Il emprunte le plus souvent le chemin de chez lui jusqu'au tram ou à Bemerode, mais apprécie surtout la prairie.

K-E25
Homme d'origine africaine de 31 ans, étudiant en stylisme.
Habite K depuis 8 ans. Locataire d'un appartement.
Avant, il habitait déjà Hanovre.
L'entretien est mené en anglais.

Pour lui, l'**ambiance** est liée au calme d'un lieu, c'est quelque chose de relatif aux sons. Il décrit celle de K comme calme, jamais bruyante, avec les oiseaux qui chantent et de l'air frais. Elle est aussi liée à la nature (à K c'est vert, vallonné, sans montagnes) et aux activités de loisirs comme se promener ou faire du vélo.

Il est satisfait de la **qualité de vie** à K, c'est calme et il n'y a pas de problèmes avec le voisinage. Les arbres verts en été le rendent heureux.

Pour lui, le **paysage**, c'est un arrangement de l'espace : les immeubles et l'architecture, les arbres. Celui de K est bien arrangé, avec beaucoup d'arbres.

Après explication, pour lui, K est un **quartier durable** en raison de la présence d'arbres et du fait qu'il y ait moins de pollution.

Il est venu à K pour ses études : son école est proche ; mais aussi la qualité de vie : c'est un bon endroit pour habiter, calme.

Il décrit le quartier comme beau, européen avec beaucoup de familles et des voisins sympathiques, des arbres. Ce qu'il apprécie le plus, c'est le calme, l'aménagement de l'espace et les arbres.

Pour lui, le **symbole** de K est son église sur la place centrale.

Il emmènerait un ami dans la prairie, qui est unique en Allemagne selon lui.

Généralement, il utilise le chemin le plus direct de chez lui vers le tram, et quand il a le temps, il se promène ans les rues autour de chez lui.

K-E26
Femme allemande de 16 ans, lycéenne
N'habite pas Kronsberg
Elle vit juste à côté et passe beaucoup de temps avec ses amis sur la place centrale.

Pour elle, l'**ambiance** est liée au calme et aux activités des gens. À K, elle est violente, avec beaucoup de bagarres.

Pour elle, le **paysage** est assimilable à l'ambiance.

Elle est assez satisfaite de la **qualité de vie** à K : si elle doit habiter à Hanovre plus tard, elle choisira Bemerode ou Kronsberg.

Elle n'a aucune idée de ce qu'est un **quartier durable**.

Elle décrit K comme un quartier très différent du reste de Hanovre : très vert. Elle le décrit comme un lieu où il y a beaucoup de violence, surtout le week-end entre jeunes, souvent des Turcs, et c'est ce qu'elle n'aime pas. Mais c'est aussi un lieu de rencontre entre amis (apparemment, elle limite le quartier à la place centrale). Il n'y a pas grand-chose à y faire.

Pour elle, le **symbole** du quartier est la place centrale.

Mais elle emmènerait un ami plutôt à l'extérieur de K, à Bemerode qui est plus vivant.

Elle emprunte le plus souvent le chemin de son école à la place.

K-E27
Femme allemande de 18 ans, lycéenne
Habite K depuis 14 ans. Ses parents sont propriétaires d'une maison
Avant, elle habitait déjà Hanovre
Elle mange une glace et ne semble pas très heureuse de vivre à K.

Pour elle, l'**ambiance** c'est le fait de se sentir bien, d'être connecté à quelque chose. Elle décrit celle de K en termes de relations humaines : très multiculturelle.

Pour elle, le **paysage** est très visuel, c'est ce qu'on peut voir quand on est en connexion avec la nature, à la fois naturel et urbain : la mer, la forêt, la ville, l'horizon.

Elle trouve la **qualité de vie** à K bonne : c'est calme, relaxant. Mais elle personnellement a besoin de la ville.

Elle n'a aucune idée de ce qu'est un **quartier durable**.

Elle décrit K comme un quartier ennuyeux. Elle aime surtout y faire du jogging près des champs mais regrette le manque d'activités pour les jeunes.

Pour elle, il n'y a pas de **symbole** du quartier.

Elle emmènerait un ami plutôt à l'extérieur de K, vers le canal au nord.

Bien qu'elle emprunte surtout le chemin de chez elle vers le tram, elle aime se promener dans la partie nord de la prairie.

K-E28
Homme allemand de 32 ans, indépendant.
Habite K depuis 4 ans. Locataire d'un appartement.
Avant, il habitait déjà Hanovre.
Pour lui, l'**ambiance** est liée aux relations humaines et aux constructions. Il qualifie celle de K de multiculturelle, ce qui selon lui a un côté sympathique, mais pose aussi des problèmes.
Pour lui, le **paysage**, c'est quelque chose de naturel, en dehors de la ville : les montagnes, les dunes de sable, la mer, quelque chose de récréatif. Il l'attache au domaine du visuel, mais aussi du sonore (les oiseaux) et de l'olfactif (les fleurs). Il pose un regard critique sur celui de K et dit qu'il devrait y avoir un lac et des maisons plus petites.
Il se sent bien à K.
Il ne sait pas trop si K est un **quartier durable**.
Il est venu à K pour le travail, pour la qualité de vie et de l'aménagement : c'est moderne, avec beaucoup de nature, de bonnes infrastructures, on peut se promener.
Il décrit le quartier comme rassemblant plusieurs cultures en un même lieu, à la fois proche de la nature et de la ville, moderne.
Pour lui, il n'y a pas de **symbole** de K.
Il emmènerait un ami sur le Kronsberg 118 pour la vue.
Généralement, il emprunte les chemins de chez lui vers la place centrale pour faire ses courses ou manger une glace, mais il aime surtout traverser le parce vers Bemerode.

K-E29
Homme allemand de 42 ans, pensionnaire handicapé.
Habite K depuis 6 ans. Locataire d'un appartement.
Avant, il habitait déjà Hanovre.
Il est en fauteuil roulant. Ses réponses sont très courtes et très lentes. Un ami l'aide à répondre aux questions.
Pour lui, l'**ambiance** est liée aux relations humaines entre voisins. Celle de K est selon lui très positive.
Pour lui, le **paysage**, c'est quelque chose à la fois de naturel (vert, nature) et urbain (bâtiments). Ca a avoir avec la qualité environnementale, et notamment de l'air, et c'est essentiellement du domaine du regard.
Il est bien à K : l'air est sain et les voisins sont sympas.
Il n'a aucune idée de ce qu'est un **quartier durable**.
Il est venu à K pour les services offerts dans certains logements pour les personnes handicapées.
Ce qu'il apprécie le plus à K c'est le calme, l'air frais et le bon voisinage.
Pour lui, la place centrale est le **symbole** de K.
Il emmènerait un ami autour des immeubles pour lui montrer le quartier (il ne peut certainement pas accéder aux cours intérieures en fauteuil).
Il va sur la place centrale pour faire ses courses.

Annexe n°13 Pré-analyse des entretiens exploratoires habitants menés à Vauban du 20 au 28 novembre 2009

V-E1
Homme allemand de 58 ans, retraité
Habite V depuis 2 mois, propriétaire d'une maison
Habitait avant Waldkirch à Fribourg
Il fait beau et il travaille devant sa maison dans son jardin.
Pour lui, l'**ambiance** est liée aux relations sociales, c'est *« Viele Menschen, die die gleiche Interesse haben »* (beaucoup de gens qui ont les mêmes intérêts). Par exemple, à V, les gens s'entraident, il y a de la solidarité. Beaucoup d'actions sont faites pour les familles : on peut aller marcher, faire du pain ensemble dans le parc, aller au marché le mercredi. Les habitants y sont écolos et engagés.
Pour lui, oui les sons participent à l'ambiance : il y a beaucoup d'oiseaux là où il y a des arbres, et des animaux domestiques pour les enfants. Mais pour lui le terme *Klänge* (sons/bruits) se rapporte plutôt à la musique.
Pour lui, le **paysage** est naturel et agricole : ce sont les arbres, les montagnes, les prairies, les fermes, la ruralité. Selon lui Vauban n'est pas un paysage. Toutefois, il parle de la nature présente dans le quartier et de la possibilité de pouvoir se déplacer partout à vélo.
Pour lui, les sons participent au paysage puisqu'il le décrit comme relativement calme et rappelant la nature à V.
Il est satisfait de la **qualité de vie** à V.
Pour lui, V est un **quartier durable,** c'est même un projet-modèle : beaucoup de verdure, des constructions variées et confortables. Pour lui, un quartier durable c'est un endroit *« wo sich die Leute, jung und alt, wohl fühlen können »* (où les gens, jeunes et vieux, peuvent se sentir bien).
Il est venu à V pour la bonne connexion aux transports en commun et la présence de jardins d'enfants.
Il décrit le quartier comme idéal pour les familles avec des enfants et leurs grands-parents, beau et pratique grâce à sa situation : on peut se rendre rapidement dans la Forêt Noire. Ce qu'il y préfère c'est la nature et surtout les montagnes proches. Il regrette seulement que les jeunes n'entretiennent pas trop leurs jardins, ça ne fait pas propre.
En termes d'intervention sur l'environnement sonore, il parle de la bonne isolation des maisons et du tram silencieux. Il souligne le fait qu'il gêne tout de même certains.
Pour lui le quartier dans son entièreté est un **symbole**.
Il emmènerait un ami visiter le quartier puis l'emmènerait dans la nature.
Généralement, il va se promener dans les montagnes, au Schönberg ou dans les Kapellenberg avec ses chiens. Il y adore la vue qu'on a.

V-E2
Femme allemande de 62 ans, professeur de musique
Habite le quartier depuis 10 ans, propriétaire d'une maison
Habitait avant Stuhlinger à Fribourg
Elle me reçoit dans sa cuisine et est un peu pressée car elle doit aller faire des courses.
Pour elle, l'**ambiance** est liée aux relations sociales, c'est *« wie die Leute miteinander umgehen »* (la manière dont les gens se comportent les uns avec les autres). À V, il y a une complicité entre voisins, et ça n'existe pas vraiment dans les autres quartiers.
Pour elle, les sons ne participent pas vraiment à l'ambiance. Toutefois, elle note qu'il y a moins de bruits de voitures à V.
D'après elle, le **paysage** c'est surtout ce qu'on voit. Celui de V a été construit avec beaucoup de verdure et il y a les montagnes autour.

Bien que sa vision du paysage soit uniquement visuelle, elle dit que les sons participent aussi au paysage : ce sont par exemple les vaches et les voix d'enfants à V.

Elle est bien à V.

Pour elle, V est un **quartier durable,** grâce aux panneaux solaires. Toutefois, il n'y a pas vraiment de mixité sociale, malgré S.U.S.I. et les étudiants.

Elle est venue habiter à V pour le concept sans voitures et les enfants.

Elle décrit le quartier comme sans voitures, pensé écologiquement, avec un bon voisinage et près des montagnes, lieux de ressourcement *(« Erholungsgebiet »)*. Une chose lui déplaît beaucoup, ce sont les voitures garées illégalement.

En termes d'intervention sur l'environnement sonore, elle parle du tram silencieux et du fait qu'il y ait moins de bruit à V.

Pour elle le **symbole** de V est la place du marché.

Elle emmènerait un ami visiter le quartier à travers les rues pour regarder les jolies maisons colorées de styles différents.

Elle se promène partout à vélo et n'a pas de parcours préféré.

V-E3
Femme allemande de 20 ans, étudiante en pédagogie
Habite V depuis 1 mois, locataire dans une colocation
Habitait avant Berlin
Elle est assise au soleil le long de la piste cyclable qui borde la place du marché.

Pour elle, l'**ambiance** est liée aux relations sociales, ce sont les gens qui se disputent ou sont agressifs, ceux qui parlent calmement. A V elle la trouve cordiale et accueillante.

Pour elle, les sons participent à l'ambiance. A V par exemple, le rire des enfants y participe.

D'après elle, le **paysage** c'est surtout la nature *(« Die Landschaften beschreiben die Natur »/*les paysages décrivent la nature).

Elle ne sait pas trop si les sons participent au paysage, peut-être les oiseaux dans les arbres.

Elle est bien à V.

Elle ne sait pas ce qu'est un **quartier durable.**

Elle est venue à V pour le côté social, le fait qu'il y ait beaucoup de jeunes familles très unies, un peu écolos, et pour la présence de nature.

Elle décrit le quartier par la belle ambiance qui y règne, avec les rires des enfants qui sont nombreux, les nombreuses fenêtres dans les constructions, les maisons en bois. Depuis quelques années selon elle, avec l'urbanisme actuel, on revient vers la nature. Il y a des endroits pour s'amuser et des endroits plus calmes. Elle y apprécie surtout la présence des enfants, la solidarité, la nature avec les arbres et regrette la présence de gros magasins comme Aldi.

En termes d'intervention sur l'environnement sonore, elle pense que rien n'a été fait et que c'est plutôt l'œuvre de la nature.

Pour elle les **symbole** de V sont la place du marché et le foyer étudiant.

Elle emmènerait un ami visiter les bâtiments de S.U.S.I. parce qu'ils intègrent le respect de la nature dans leur travail et sont très bien intégrés dans le quartier.

En général, elle emprunte surtout la rue principale, Vaubanallee, ou alors elle va vers le centre-ville. Mais elle n'a pas de parcours préféré.

V-E4
Femme allemande de 33 ans, assistante sociale
N'habite pas le quartier mais y vient depuis 5 ans
Elle est assise près d'un bac à sable dans le parc avec le grand toboggan, avec deux garçons d'environ 5 ans, l'un d'eux est son fils.

Pour elle, l'**ambiance** c'est arriver à un endroit et s'y sentir tout de suite bien (« *Irgendwohin kommen und sich wohl fühlen* »). Celle de V est calme, avec la présence de nature et les arbres.

Elle ne sait pas si les sons participent à l'ambiance, alors qu'elle parle de calme pour définir celle de V.

D'après elle, le **paysage** c'est comme un petit monde à lui tout seul, une petite île calme (« *Wie eine eigene Welt, eine kleine ruhige Insel* »). Elle décrit ceux de V comme très naturels, avec des clôtures basses, très ouverts. Et cela parce que les voisins se connaissent et appartiennent au même lieu.

Pour elle à V les sons de tous les jours, les bruits des enfants dans les terrains de jeux participent au paysage. Elle trouve que c'est très calme dans le parc où elle se trouve. Elle est bien à V. Elle apprécie surtout le calme.

Pour elle, V est un **quartier durable,** surtout grâce au travail fait sur les constructions : beaucoup de bois, des panneaux solaires, des choses avec l'eau. Elle trouve aussi qu'il y a une bonne mixité sociale, beaucoup de gens avec des métiers différents.

Elle vient dans le quartier pour ses terrains de jeux avec son fils : en été c'est très beau et les enfants peuvent venir y jouer seuls. Elle vient aussi y faire des courses, aller à la pharmacie ou manger une glace.

Elle décrit le quartier comme accueillant pour les familles et surtout les enfants, dans un environnement sympathique, avec beaucoup d'activités proposées dans la Haus 037, un marché tous les mercredis et la possibilité de s'y déplacer à vélo. Elle regrette que le concept sans voitures soit un peu moins respecté aujourd'hui qu'au début. Elle dit que V est proche de la ville mais qu'il n'y a pas autant de bruit et de stress qu'en ville.

En termes d'intervention sur l'environnement sonore, elle pense qu'on y a pensé en réduisant la circulation automobile et en bâtissant les maisons serrées les unes contre les autres et en les séparant par de grands espaces ouverts.

Pour elle le **symbole** de V ce sont les maisons en bande : elles sont colorées, non uniformes.

Elle emmènerait un ami sur Vaubanallee vers la place centrale.

Elle vient de Merzhausen et va généralement à la pharmacie, aux terrains de jeux ou dans les magasins. Mais elle aime surtout se promener au bord du ruisseau.

V-E5
Homme allemand de 52 ans, kinésithérapeute
Habite à 8 km de Vauban depuis 8 ans
Il est en rollers et s'assoit à côté de moi Alfred-Döblin-Platz.

Il a du mal à définir l'**ambiance** mais décrit celle de V comme celle d'une alternative écologique, amicale, non conventionnelle, avec beaucoup d'enfants qui jouent.

Pour lui, oui les sons participent à l'ambiance : à V, on n'entend pas de bruits dus à l'industrie ou aux voitures, on peut alors entendre les voix des hommes.

Pour lui, le **paysage** est lié à la nature, ou alors c'est un paysage urbain très vert. Il décrit celui de V comme très vert et clair : il y a beaucoup de fenêtres et c'est très calme, ce qui pour lui est le plus important pour la qualité de vie.

Pour lui, les sons ne participent pas au paysage, alors qu'il parle de calme dans sa description de celui de V.

Pour lui, V offre un cadre confortable.

Pour lui, V est un **quartier durable**. La végétation a beaucoup poussé en 12 ans, et ça c'est durable. Et dans 10 ans, ce sera encore mieux. Il n'y a cependant pas trop de mixité, bien qu'il y ait S.U.S.I. Les loyers sont chers, comme dans tout Fribourg d'ailleurs, c'est pour cela qu'il y a beaucoup d'universitaires, de professions libérales.

Il décrit le quartier par son côté très vert, avec beaucoup d'arbres, et la proximité de la nature : on peut se rendre très vite à vélo ou à pied au Schönberg. C'est un quartier soucieux de l'écologie avec l'usage d'énergies renouvelables comme le solaire. Il y a une bonne ambiance entre les habitants, ils sont soudés : on peut descendre dans la rue et fêter son anniversaire sur un banc. Mais du coup, ça manque un peu d'intimité.

La population est très jeune, c'est vivant. On n'a pas besoin d'aller en ville, tous les services de proximité sont là. Il regrette uniquement la forte densité, pour lui les maisons individuelles sont trop petites et trop proches les unes des autres.

En termes d'intervention sur l'environnement sonore, il parle de la bonne isolation des maisons et du tram silencieux. Il souligne le fait qu'il gêne tout de même certains.

Pour lui DIVA est le **symbole** du quartier. C'est une construction qui regroupe des artistes, graphistes, thérapeutes, activités libérales.

Il emmènerait un ami visiter tout le quartier, lui montrer le Süden, DIVA.

Généralement, il emprunte la Vaubanallee pour aller chez son ami qui habite le quartier.

V-E6
Femme allemande de 38 ans, rédactrice.
Habite Vauban depuis 3 ans, locataire d'un appartement.
Avant habitait Rieselfeld à Fribourg (le deuxième quartier durable de la ville).
La nuit tombe. Elle est sur un banc près d'un bac à sable avec une amie et leurs enfants.

Pour elle, l'**ambiance** est plutôt en relation avec la conscience environnementale et la qualité de l'air. Elle n'arrive pas à décrire celle de V.

Elle ne sait donc pas si les sons participent à l'ambiance.

Elle éprouve du mal également à définir le **paysage** mais décrit ceux de V de manière positive et dit qu'il y a beaucoup d'espaces verts.

Elle ne sait pas si les sons participent au paysage.

Elle trouve la qualité de vie à V bonne car il y a beaucoup d'espace et de bons voisins.

Elle ne sait pas ce qu'est un **quartier durable**.

Elle est venue à V car elle y a trouvé un logement et c'est difficile d'en trouver un à Fribourg.

Elle décrit le quartier comme assez dense : il y a beaucoup d'enfants, beaucoup de jeunes et elle trouve que les gens sont détendus, contrairement aux habitants de Rieselfeld. Les gens sont très liés, il y a une histoire sociale. Les enfants peuvent jouer dehors. Le quartier est également bien équipé en services : écoles, tramway, jardins d'enfants… Le Schönberg n'est pas loin. Elle déplore parfois le silence.

En termes d'intervention sur l'environnement sonore, elle pense qu'on y a pensé en insérant des espaces verts entre les constructions.

Pour elle les **symbole** de V sont la place du marché quand il y a marché le mercredi et les terrains de jeux en été.

Elle se promène généralement le long du ruisseau ou emprunte la piste cyclable sur Vaubanallee.

V-E7
Homme allemand de 50 ans, maître de conférences
Habite Vauban depuis 10 ans, propriétaire d'un appartement en *Baugruppe* **(construction collective /habitat groupé)**
Avant il habitait près de la gare à Fribourg
Il répare son vélo devant la porte de sa maison.

Il a du mal à définir l'**ambiance** mais décrit celle de V comme vivante, avec les bruits des enfants dans les terrains de jeux et le calme pendant les vacances, de la vie les jours de marché, et de la lumière du soir l'été quand les gens sont assis dehors.

Pour lui, oui les sons participent généreusement à l'ambiance : à V, on n'entend les bruits des gens, de leurs pas, des vélos, parce qu'il n'y a pas beaucoup de voitures.

Pour lui, le **paysage** ce sont des espaces naturels et culturels de différentes formes et couleurs, avec des vues et des sons. (« *Natur- und Kulturräume mit verschiedenen Formen und Farben, und Blicken und Klängen* »). Il décrit ceux de V à travers les vieux arbres, les espaces verts et l'architecture hétéroclite.

Pour lui, les sons participent au paysage.

Pour lui, V est un **quartier durable** puisqu'on y a intégré des concepts énergétiques comme une centrale de cogénération pour chauffer le quartier, un concept de circulation basé sur les chemins courts à pied et à vélo, l'usage de matériaux de constructions écologiques ou durables. En outre, différentes formes de vie sont possible à V (« *Verschiedene Lebensformen möglich* »).

Il est venu habiter à V par conscience environnementale et parce que le fait de construire en communauté lui a permis de construire pour moins cher qu'en ville.

Il décrit le quartier par ses espaces verts, ses maisons et sa prise de conscience écologique. Il y a beaucoup d'enfants et il apprécie ce côté vivant. Le quartier est bien relié à la ville et les gens sont sympa. Par contre, il regrette le manque de mixité sociale et souligne le fait qu'on n'ait pas pensé aux adolescents.

Il ne sait pas si on a fait quelque chose à V pour améliorer la qualité de l'environnement sonore.

Pour lui, il y a plusieurs **symboles** du quartier : les parcs (« *die grünen Spangen* »), les rues, Vaubanallee avec ses perspectives ou encore l'unité du quartier alternatif S.U.S.I. qui apporte selon lui une qualité au quartier.

Il emmènerait un ami visiter tout le quartier, à travers les maisons, voir le parc d'aventures pour les enfants, la Vaubanallee, S.U.S.I...

Il emprunte généralement Vaubanallee mais n'a pas de parcours préféré.

V-E8
Femme allemande de 45 ans, employée au parc de jeux aventure
Habite Vauban depuis 17 ans, locataire d'un appartement
Avant elle habitait à Rheinfelden
Il fait beau et elle est assise pensive sur un banc.
Pour elle, l'**ambiance** c'est une variation des sentiments, de la respiration. (« *Gefühlsschwingung, Atemschwingung* »). Elle trouve l'ambiance à V énergique et légère.
Elle pense que les sons participent à l'ambiance, mais ne donne pas d'exemple.
Pour elle, le **paysage** est essentiellement de l'ordre du regard. Elle trouve ceux de V sympas.
Elle dit que les sons ne participent pas au paysage.
Elle est satisfaite de la **qualité de vie** offerte à Vauban.
Elle refuse de répondre parce qu'elle déteste l'expression **quartier durable**.
Elle est venue à V pour S.U.S.I.
Au lieu de décrire le quartier, elle dit simplement qu'elle préférerait vivre à la campagne.
Elle ne sait pas si on a travaillé sur la qualité de l'environnement sonore à V.
Pour elle les **symboles** de V c'est le campement de camions à l'entrée du quartier (« *Wagenburg am Eingang* »).
Elle emmènerait un ami voir les terrains de jeux et le ruisseau.
Elle se promène dans tout le quartier, mais son parcours préféré est le chemin dans le parc près de la fontaine au lézard (« *Eidechsenbrunnen* »).

V-E9
Homme suisse de 40 ans, frigoriste
N'habite pas Vauban, mais y vient depuis 3 ans
C'est un couple franco-suisse avec leurs enfants en visite. Ils aiment le quartier et viennent pour la deuxième fois en 3 ans.
Pour lui, l'**ambiance,** c'est ce qu'on ressent : l'odeur, la saveur, l'état d'âme, le ressenti. Il décrit celle de V comme calme et tranquille.
Pour lui, c'est certain que les sons participent à l'ambiance, mais il ne donne pas d'exemple.
Pour lui, le **paysage** est essentiellement visuel, c'est ce qui nous entoure visuellement. Celui de V est très naturel et très fouillis.
Pour lui, les sons ne participent donc pas au paysage.

Pour lui, V est un **quartier durable** puisqu'il s'agit d'un quartier qui a moins d'empreinte sur l'environnement.

Il vient dans le quartier parce qu'il le trouve intéressant.

Il décrit le quartier par son côté très vert, l'absence de circulation et le calme.

En termes d'amélioration de la qualité de l'environnement sonore, il pense que l'absence de voitures et la présence d'arbres ont été pensées.

Pour lui, il y a deux **symboles** du quartier : l'allée du tram et les rues plus calmes en arrière.

Il emmènerait un ami visiter les petites rues à l'arrière, l'école ouverte, le marché. Il y aime le mélange de calme et de vie avec les enfants.

Il emprunte généralement l'allée du tram ou la rue derrière, mais n'a pas de parcours préféré.

V-E10
Femme française de 36 ans, travaille dans l'événementiel.
N'habite pas Vauban.
Elle emmène ses enfants à la crèche dans le quartier. Ils se rencontrent entre Français dans ce parc (celui où il y a le jardin d'enfant). L'entretien se déroule en français.

Pour elle, l'**ambiance** c'est quelque chose de non palpable, qui joue sur l'humeur des gens. Elle trouve celle de V décontractée, écolo, internationale, jeune, avec beaucoup de familles.

Elle pense que les sons participent à l'ambiance, les odeurs aussi. Elle trouve le tram dangereux parce qu'il va trop vite et que son klaxon n'est pas assez fort.

Pour elle, le **paysage** est un ensemble architectural conçu par l'homme ou créé par la nature. Celui de V est coloré, avec beaucoup de verdure et une touche de sud.

Elle dit que les sons ne participent pas au paysage.

Elle trouve la qualité de vie bonne à V, c'est calme.

Elle pense que V est un **quartier durable** puisqu'on y a réfléchi à la durabilité de l'environnement, aux énergies renouvelables.

Elle vient à V pour amener ses enfants à la crèche.

Elle apprécie surtout dans le quartier la vie avec les familles, les enfants, la verdure. Par contre, elle n'apprécie pas trop la densité de population, l'entrée et la sortie du quartier. Il lui semble également qu'il manque un autre café ou restaurant.

Elle ne sait pas si on a travaillé sur la qualité de l'environnement sonore à V.

Pour elle le **symbole** de V c'est la place du marché.

Elle emmènerait un ami voir les diverses architectures, le ruisseau et la place du marché le mercredi.

Elle emprunte généralement la rue principale, la place du marché ou le chemin le long du ruisseau, mais n'a pas de parcours préféré.

V-E11
Femme allemande de 50 ans, retraitée
Habite Vauban depuis 11 ans, locataire d'un appartement
Elle habitait déjà Fribourg
Elle est assise sur un banc. Elle est déstabilisée par les premières questions et dit qu'elle n'a pas le temps.

Pour elle, l'**ambiance** est plutôt liée aux relations humaines puisqu'elle décrit celle de Vauban comme amicale : les gens se saluent dans la rue (*« die Menschen grüßen sich »*).

Elle pense que les sons participent à l'ambiance.

Pour elle, le **paysage** est quelque chose de vert, elle décrit celui de V comme très vert et calme en raison du faible trafic automobile (*« Verkehrsberuhigt »*).

Elle dit que les sons participent aussi au paysage.

Elle trouve la qualité de vie bonne à V.

Elle pense que V est un **quartier durable** puisqu'on y a réfléchi aux accès courts vers les magasins pour minimiser le trafic, à l'économie d'énergie. Ils ont également conservé des bâtiments des anciennes casernes, et ça c'est durable.

Elle travaillait à V pour Genova et s'est dit : pourquoi ne pas habiter là ?

Elle apprécie surtout dans le quartier la forte présence des enfants. Il n'y a rien qui lui déplaise.

Elle pense qu'on n'a pas travaillé sur la qualité de l'environnement sonore à V.

Pour elle le **symbole** de V ce sont les parcs *(« grüne Spangen »)*.

Elle emmènerait un ami voir la place du marché, il y a un restaurant, une activité économique.

Généralement, elle va dans le parc où elle se trouve près du jardin d'enfants. Mais elle adore aller au Schönberg pour la vue.

V-E12
Femme allemande de 44 ans, psychothérapeute
Habite Vauban depuis 10 ans, propriétaire d'une maison
Avant elle habitait déjà à Fribourg
L'entretien se fait en marchant au bord du ruisseau.

Pour elle, l'**ambiance**, c'est le fait de se sentir bien ou pas. Elle trouve celle de V très vivante.

Elle pense que les sons participent à l'ambiance.

Pour elle, le **paysage** a quelque chose à voir avec la nature et les surfaces, c'est plutôt ce que l'on voit. A V, elle le décrit comme proche de la nature.

Elle dit que les sons participent quand même au paysage.

Elle trouve la qualité de vie bonne à V.

Elle pense que V est un **quartier durable** parce qu'on pense aux conséquences pour le futur.

Elle est venue habiter à V parce qu'elle avait la possibilité d'y avoir une maison en ville.

Elle apprécie surtout dans le quartier la proximité à la fois du centre-ville et de la nature, la présence d'enfants et les chemins courts. Il y a beaucoup de tolérance et de revendications écologiques *(« ekologischer Anspruch »)*.

En ce qui concerne la qualité de l'environnement sonore, elle pense aux arbres qui font du bruit avec le vent et attirent les oiseaux. Elle pense également que le quartier pourrait être moins étroit, moins dense.

Pour elle les **symboles** de V sont la place du marché et le ruisseau.

Elle emmènerait d'ailleurs un ami voir la place du marché, puis le ruisseau, en revenant sur Vaubanallee.

Généralement, elle va le long du ruisseau, sur Vaubanallee pour faire les courses, ou alors vers le Schönberg. Mais elle n'a pas de parcours préféré.

V-E13
Femme allemande de 48 ans, libraire
Habite Vauban depuis 2 ans, locataire d'un appartement
Avant elle habitait Heidelberg
L'entretien qui a lieu dans sa librairie est régulièrement interrompu par l'arrivée de clients.

Pour elle, l'**ambiance** c'est se sentir à la maison. Elle décrit celle de V comme plus vivante qu'ailleurs.

Elle pense que les sons participent à l'ambiance. A V il y a les bruits des enfants, les oiseaux.

Elle a beaucoup de mal à définir ce qu'est le **paysage** mais elle pense que c'est surtout naturel et elle décrit celui de V comme vert et calme.

Elle dit que les sons participent aussi au paysage. Et quand elle pense à la nature, elle pense au bruit des oiseaux.

Elle est très satisfaite de la qualité de vie à V.

Elle pense que V est un **quartier durable** : on construit petit à petit, on a le temps d'y penser. Il faut aussi assurer des ressources pour tout le monde.

Elle est revenue à Fribourg où elle a grandi et fait ses études il y a deux ans et s'est installée à V parce qu'il y a de beaux appartements. Elle travaille également dans le quartier.

Elle apprécie à la fois les gens qui habitent le quartier et le terrain en lui-même.

Elle ne sait pas si on a travaillé sur la qualité de l'environnement sonore à V.

Pour elle il n'y a pas de **symbole** de V, ou alors c'est le quartier lui-même qui est un symbole.

Elle emmènerait un ami se promener vers les montagnes pour admirer la vue.

Généralement, elle va de la librairie vers chez elle mais n'a pas de parcours préféré.

V-E14
Femme allemande de 28 ans, professeur d'école maternelle
Habite Vauban depuis 5 ans, locataire d'un appartement
Avant elle habitait déjà Fribourg
Elle est près d'un bac à sable avec une amie et des enfants.
Pour elle, l'**ambiance** c'est toujours ce qui est beau, même s'il y a des ambiances désagréables.

Elle pense que les sons participent à l'ambiance.

Elle a beaucoup de mal à définir ce qu'est le **paysage** mais elle décrit celui de V comme vert et coloré.

Elle dit que les sons participent aussi au paysage et parle du calme lié à la diminution du trafic automobile.

Elle est satisfaite de la qualité de vie à V.

Elle pense que V est un **quartier durable** : on construit en respectant l'environnement, on économise l'énergie et moins de voitures circulent.

Elle est venue habiter à V pour ses enfants et la possibilité de louer un plus grand appartement.

Elle apprécie le côté vert et bien aménagé du quartier, les nombreux services pour les enfants (crèches, écoles), le fait d'être rapidement dans la nature et les commerces de proximité.

Elle ne pense pas qu'on ait travaillé sur la qualité de l'environnement sonore à V.

Pour elle le **symbole** de V, c'est la place du marché.

Elle emmènerait un ami se promener au bord du ruisseau, puis boire un café chez Bäcker Benny.

V-E15
Femme allemande de 32 ans, psychologue
Habite Vauban depuis 4 ans, locataire d'un appartement
Avant elle habitait déjà Fribourg
Elle est près d'un bac à sable avec une amie et des enfants.
Pour elle, l'**ambiance** c'est ce qu'on ressent, celle de V lui fait un peu penser au Sud, car en été, les enfants jouent dehors, parfois jusqu'à 22h00 (*die Kinder im Sommer spielen lange draußen, manchmal bis 10 Uhr abends*).

Elle pense que les sons participent à l'ambiance et parle du tram.

Elle a beaucoup de mal à définir ce qu'est le **paysage** mais elle décrit celui de V comme vert.

Elle dit que les sons participent aussi au paysage, puisqu'un paysage peut être silencieux.

Elle est très satisfaite de la qualité de vie à V.

Elle pense que V est un **quartier durable** : on peut aller en ville à vélo. Par contre, elle trouve qu'il n'y a pas dans le quartier de superbe maison écologique.

Elle est venue habiter à V parce qu'elle recherchait un appartement à Fribourg, mais c'est surtout pour les enfants.

Elle apprécie l'offre de services (des commerces de proximité, le tram et la connexion rapide à la ville), la présence du Schöneberg, les nombreuses propositions de loisirs pour les enfants (musique...) et la possibilité pour eux de jouer seuls dehors, le calme dû à la faible circulation automobile, les gens sympas. Il n'y a rien qui la dérange.
Elle pense que l'architecture n'a pas grand-chose à voir avec l'environnement sonore.
Pour elle le **symbole** de V c'est la place du marché et Bäcker Benny.
Elle emmènerait un ami le long du ruisseau pour se promener et au restaurant Süden : en été, on peut s'asseoir et profiter du soleil.
Elle n'a pas de parcours préféré.

V-E16
Femme allemande de 37 ans, musicienne.
Habite Vauban depuis 5 ans, propriétaire d'un appartement.
Avant elle habitait une WG dans le centre de Fribourg.
Le questionnaire est fait en marchant : elle promène son bébé en poussette dans la rue, il fait mauvais.
Pour elle, l'**ambiance** c'est ce qui nous entoure. Elle décrit celle de V comme active, ésotérique et commerciale *(gewerblich)*.
Elle pense que les sons participent à l'ambiance.
Selon elle, le **paysage** c'est la manière dont notre environnement paraît à nos yeux *(wie halt die Umgebung aussieht)*, il peut être autant la nature sauvage qu'aménagé par l'homme. Elle décrit celui de V comme très vert pour une ville.
Elle dit que bien sûr les sons participent aussi au paysage.
Elle est satisfaite de la qualité de vie à V.
Elle pense que V est un **quartier durable** : d'une part parce qu'on y économise l'énergie (maisons passives et à basse conso d'énergie), qu'on utilise de l'énergie solaire, des constructions durables et qu'on n'a pas besoin de trop se déplacer. D'autre part, les gens bâtissent ensemble. Mai ce n'est pas vraiment mélangé socialement : il y a surtout des familles avec enfants, des vieux, et surtout des Allemands.
Elle est venue habiter à V en raison de la possibilité de construire en *Baugruppen* et pour la qualité de vie offerte pour les enfants. Elle habite dans une maison où il y a des bureaux (architecte, graphiste, musicienne, prof de yoga...) et des logements.
Elle apprécie surtout les terrains de jeux et plus largement le fait que ce soit accueillant pour les enfants. Elle aime le fait que les habitants soient très actifs et l'implication écologique : le concept sans voitures, les chemins courts et la bonne connexion aux transports en commun. Elle regrette toutefois la place à l'entrée : on a investi beaucoup d'argent et ce n'est pas très beau, particulièrement le bâtiment plus haut qui marque l'entrée du quartier (+ Kommando Rhino).
Elle pense qu'ils ont travaillé sur l'isolation acoustique des maisons, mais pas sur l'environnement sonore extérieur.
Pour elle, le **symbole** de V, ce sont les constructions faites en *Baugruppen* (groupe de construction)/ habitat groupé : la Marie Curie Str. Par exemple, avec ses deux bâtiments en *Baugruppen*. Mais il y a aussi l'architecture intéressante du quartier et les terrains de jeux.
Elle emmènerait un ami voir la maison passive bleue sur la place du marché (pour rencontrer des gens, boire un café, aller au marché), puis de la place du marché le long du ruisseau jusqu'à la cité solaire.
Généralement, elle emprunte la Vaubanallee pour faire ses courses (DM ou marché). Mais elle aime surtout longer le ruisseau à pied ou à vélo.

V-E17
Homme allemand de 50 ans, architecte.
Habite Vauban depuis 10 ans, propriétaire d'un appartement.
Avant il habitait une WG dans le centre de Fribourg.
Il fait gris, je l'accoste alors qu'il déposait un courrier dans une boîte aux lettres.

Pour lui, l'**ambiance** c'est une atmosphère positive : amicale, agréable. Il décrit celle de V comme vivante, avec beaucoup d'espaces verts.

Il pense que les sons peuvent peut-être participer à l'ambiance : en effet, si la route est bruyante, l'ambiance sera complètement différente *(wenn die Straße laut ist, kann es eine andere Atmosphäre sein).*

Selon lui, le **paysage** est à l'extérieur du quartier : ce sont les montagnes, le Schönberg. Pour lui les espaces verts ne sont pas du paysage.

Il ne sait pas si les sons participent au paysage.

Il est satisfait de la qualité de vie à V, c'est confortable.

Il pense que V est un **quartier durable**, en raison du faible trafic automobile et de la présence du tram, ainsi que de l'aspect énergétique : des maisons passives et des constructions denses, comme on en trouvait autrefois dans les centres-villes.

Il est venu habiter à V, en tant qu'architecte, pour la possibilité d'y construire soi-même sa maison.

Il décrit V comme un quartier neuf, densément construit et apprécie surtout l'espace de la rue avec son concept sans voitures, la possibilité pour les enfants de jouer dehors : il trouve d'ailleurs que le quartier est idéal pour les enfants. Rien ne le dérange.

Il dit qu'il n'y a pas eu de thématique sur l'environnement sonore pendant le montage du projet.

Pour lui, le **symbole** de V, c'est la vie dans les rues : la qualité de l'organisation des rues sans voitures. Ca ressemble à la vie d'un village.

Il emmènerait un ami visiter tout le quartier, et plus particulièrement certaines maisons spéciales qu'il trouve intéressantes.

Généralement, il va de chez lui vers son bureau qui est sur Merzhauser Str. Son parcours préféré, il le fait à vélo en empruntant la Vaubanallee pour aller en ville.

V-E18
Homme allemand de 36 ans, architecte
Habite Vauban depuis 6 ans, propriétaire d'un appartement
Avant il habitait Koblenz pour ses études
Il répare son vélo devant son immeuble quand je l'accoste.

Pour lui, l'**ambiance** c'est la sensation, quand on se sent bien. Il décrit celle de V comme vivante.

Il pense que les sons participent à l'ambiance.

Selon lui, le **paysage** c'est la nature et les espaces verts en ville. Il décrit celui de V à travers les parcs entre des maisons en bandes.

Il pense que les sons participent au paysage.

Il se sent bien à V.

Il pense que V est un **quartier durable**, en raison de l'économie d'énergie.

Il est venu habiter à V parce qu'il est difficile de trouver un appartement à Fribourg.

Il décrit V comme un quartier densément construit et écologique, accueillant pour les familles. Il y apprécie surtout les parcs, mais y regrette le train : la journée, quand ce sont des trains de passagers ça va, mais la nuit ce sont des trains de marchandises, très bruyants et très longs.

Il dit qu'on a peut-être pensé à l'environnement sonore à travers le concept sans voitures.

Pour lui, les **symboles** de V sont la place du marché et les parcs.

Il emmènerait un ami visiter tout le quartier.

Généralement, il emprunte Vaubanallee, mais son parcours préféré est celui qui longe le ruisseau.

V-E19
Femme allemande de 39 ans, femme au foyer (s'occupe de ses 4 enfants)
Habite Vauban depuis 7 ans, propriétaire d'un appartement
Avant elle habitait déjà Fribourg

Elle est en train de ramasser les feuilles mortes avec ses voisins et leurs enfants dans leur jardin collectif.

Elle a du mal à définir l'**ambiance** mais décrit celle de V comme variée : il y a là « l'endroit des jeunes» *(« die Jugendszene »)* sur Paula-Modersohn-Platz avec les skateboards, l'alcool ; il y a les enfants qui rendent le quartier vivant, mais aussi une atmosphère silencieuse ; mais elle n'est pas agitée *(aufgeregt, hektisch))* comme dans la ville en général.

Elle pense que les sons participent à l'ambiance : le jour, il y a les voix d'enfants, les bruits dans les arbres, et la nuit le bruit du ruisseau.

Selon elle, le **paysage** est un lieu de vie pour les plantes, les animaux et les hommes *(ein Lebensraum für Pflanzen, Tiere und Menschen)*. Elle dit qu'il y en a plusieurs à V, mais qu'ils sont artistiques et aménagés. Ce sont des constructions d'habitations neuves, mais avec de vieux arbres déjà gros et verts.

Elle dit que les sons participent au paysage et parle des sons à la mer, dans le désert, dans les montagnes.

Elle est satisfaite de la qualité de vie à V.

Elle pense que V est un **quartier durable** : d'une part parce que les modes de vie humains y sont soucieux de l'environnement (on économise de l'énergie...), et d'autre part parce qu'on peut y vivre en vieillissant, qu'il offre une qualité de vie pour tous les âges.

Elle est venue habiter à V parce que c'est un bon endroit pour les enfants.

Elle apprécie surtout à la fois la proximité de la nature et de la ville (en 15 minutes en tram ou à vélo), la bonne entente sociale (des gens semblables qui vivent ensemble, tolérants, un réseau social comme dans un village), la qualité de vie offerte pour les enfants et l'engagement écologique. Mais il y a un désavantage : les gens font attention aux autres et c'est positif, mais ça peut être aussi étouffant, car chacun sait tout sur l'autre, comme dans un village.

Elle ne sait pas s'ils ont pensé à l'environnement sonore.

Pour elle, les **symboles** de V, ce sont le jardin où elle se trouve, la place du marché et la place avec le magasin bio et Bäcker Benny.

Elle emmènerait un ami dans leur jardin collectif : quand il fait beau, on peut rencontrer des amis et boire un café, regarder les enfants jouer ensemble.

Généralement, elle emprunte plutôt le chemin piétonnier parallèle que Vaubanallee, entre les maisons en bandes. Mais elle aime surtout longer le ruisseau.

V-E20
Homme allemand de 43 ans, menuisier
Habite Vauban depuis 16 ans, locataire d'un appartement
Avant il habitait déjà Fribourg
Il est au pied de la « patate à escalader » (Kletterkartoffel) avec deux fillettes.

Pour lui, l'**ambiance** c'est ce qui nous entoure : les couleurs, les formes, les arbres, les maisons, les espaces verts. Il décrit celle de V comme vivante, où tout est possible.

Il pense que les sons participent à l'ambiance et me fait signe d'écouter : on entend des claquements vers la voie ferrée.

Selon lui, le **paysage** c'est la faune et la flore et il décrit ceux de V comme beaucoup de maisons en bandes, avec entre des parcs verts *(Viele Reihenhaüser und da zwischen, grüne Spangen)*.

Il pense que les sons participent au paysage.

Il est satisfait de la qualité de vie à V. L'environnement et l'entourage sont biens.

Il pense que V est un **quartier durable**, car on a pensé à l'onvironnement par l'utilisation de matériaux de construction respectueux de l'environnement, l'économie d'énergie. On prévoit aussi comment les choses vont se construire. Mais il n'y a pas vraiment de mixité, pas beaucoup d'étrangers et de gens à bas revenus, mais selon lui ce n'est pas forcément négatif.

Il est venu habiter à V pour le projet d'habitat S.U.S.I.

Il décrit V comme un quartier avec beaucoup d'enfants et très dense (population et constructions). Il apprécie surtout le fait de pouvoir être rapidement dans la nature et en ville, la gentillesse des gens, mais regrette que les loyers soient si chers.
Il dit qu'on a peut-être pensé à l'environnement sonore à travers la conservation des vieux arbres et le fait de construire de manière dense.
Pour lui, les **symboles** de V sont la place du marché et la petite place près de Bäcker Benny.
Il emmènerait un ami voir S.U.S.I., car c'est un projet d'habitation autonome avec des loyers abordables, dans les anciennes casernes *(ein selbst organisiertes Wohnprojekt mit günstigen Mieten in den alten Gebaüden der Kaserne)*.
Généralement, il emprunte Vaubanallee ou Marie Curie Str. vers la Haus 037, mais son parcours préféré est celui qui longe le ruisseau.

V-E21
Homme allemand de 34 ans, fonctionnaire de police
Habite Vauban depuis 4 ans, propriétaire d'un appartement
Avant il habitait dans le centre-ville de Fribourg
Je l'accoste alors que la nuit tombe sur Vaubanallee
Pour lui, l'**ambiance** c'est le monde des sensations et sentiments *(die Gefühlswelt)*, l'impression que l'on ressent. Il décrit celle de V comme amicale et ouverte.
Il pense que les sons participent à l'ambiance.
Selon lui, le **paysage** c'est essentiellement ce que l'on peut voir avec les yeux. Il décrit celui de V avec des espaces densément construits, mais aussi de belles constructions anciennes, avec les parcs.
Il pense que les sons ne participent pas au paysage.
Il est satisfait de la qualité de vie à V.
Il pense que V est un **quartier durable**, à l'image de la politique de la ville en matière d'aménagement : réduire la circulation motorisée et utiliser les énergies renouvelables, aménager de manière à ce que les gens n'aient plus besoin de voiture. Il n'y a pas vraiment de mixité sociale, surtout des familles avec des enfants en dessous de 16 ans et des gens aux revenus élevés, moins de personnes âgées.
Il est venu habiter à V parce qu'il y avait la possibilité d'y acheter un appartement.
Il décrit V comme un quartier avec beaucoup de familles, une architecture colorée, des gens sympathiques et moins de voitures. Il apprécie surtout le fait que ce soit un quartier plus calme.
Il dit que la question de l'environnement sonore n'a pas été mise en premier plan, mais qu'on a construit des bâtiments plus hauts en bordure de la voie ferrée pour protéger ceux plus au centre.
Pour lui, le **symbole** de V c'est Vaubanallee.
Il emmènerait un ami le long du ruisseau, parce qu'il y a d'un côté les maisons et de l'autre la nature et le parc-aventure avec les animaux.
Généralement, il emprunte Vaubanallee, mais son parcours préféré est celui qui longe le ruisseau.

V-E22
Homme allemand de 35 ans, étudiant en environnement
N'habite pas V, il habite Merzhausen, juste à côté et est souvent dans le quartier
Il a toujours habité Fribourg
Il est intéressé et c'est lui qui m'accoste dans la rue pour être interrogé
Pour lui, l'**ambiance** est liée à la qualité de vie, c'est à la fois son aspect matériel et des sentiments. Il décrit celle de V comme changeante selon les saisons : il fait 30°C quand le soleil brille et froid près du ruisseau en hiver. Il trouve que nature et constructions se côtoient avec facilité.
Il pense que les sons participent à l'ambiance et que le monde n'est que sons *(Die Welt ist Klang !)*.

Selon lui, le **paysage** ce sont les montagnes au loin, que le quartier n'est pas vraiment un paysage, mais que les jardins en ville sont des portions de paysage. Il décrit celui de V comme neuf, sans constructions de différentes époques comme au centre-ville, urbain, avec une idée de nature.

Il pense que les sons participent au paysage.

Il ne sait pas si V est un **quartier durable**.

Il vient régulièrement à V pour rencontrer des gens, boire un café ou prendre le tram.

Il décrit V comme un quartier relativement neuf et orienté vers l'écologie. Ce qu'il préfère, c'est la proximité de la nature, avec Schönberg et la vue qu'on y a, et la tolérance et la gentillesse des habitants. Il regrette le prix des loyers.

Il ne sait pas si on a pensé à l'environnement sonore.

Pour lui, les **symboles** de V sont le tram et la place où se trouve Bäcker Benny.

Il amènerait un ami le long du ruisseau puis faire un feu à la limite du quartier sous la hutte en bois près du terminus du tram.

Généralement, il emprunte l'allée piétonne parallèle à Vaubanalle, entre nature et civilisation, ou le parc principal. Mais ses parcours préférés sont le long du ruisseau et Vaubanallee.

V-E23
Femme allemande de 57 ans, psychologue d'accueil pour les migrants
Habite Vauban depuis 10 ans, propriétaire d'une maison
Avant elle habitait la périphérie de Fribourg
L'entretien débute dans la rue et se termine chez elle.

Elle dit que c'est le paysage qui crée l'**ambiance** *(die Landschaft macht die Atmosphäre)*, que c'est à la fois les hommes et les constructions. Elle décrit celle de V comme celle d'un village, belle (une architecture chaotique qui lui plaît), verte, à la fois calme et vivante. Il y a beaucoup de familles et elle correspond à l'idée que les gens se font de la qualité de vie : présence de nature, peu de voitures.

Elle pense que les sons participent à l'ambiance car ils définissent son environnement immédiat. Où elle habite, c'est généralement silencieux, mais parfois comme dans une cour intérieure, quand les enfants jouent : à la fois calme et vivant.

Selon elle, le **paysage** c'est surtout la nature, mais aussi les maisons autour. Elle décrit celui de V comme très vert, propre et avec peu de voitures.

Elle dit que les sons participent au paysage, mais n'est pas convaincue pour V, car il n'y a pas de sons, mais du silence.

Elle est satisfaite de la qualité de vie à V.

Elle pense que V est un **quartier durable** car basé sur l'économie d'énergie : sa maison est une maison à basse consommation d'énergie.

Elle est venue habiter à V car son mari est architecte et qu'il était possible d'y construire sa propre maison, avec une agence attenante, pas loin de la ville.

Elle apprécie surtout le côté petit village du quartier : c'est petit, vert, calme, avec beaucoup de nature (elle peut rapidement aller courir dans la nature), beaucoup de contacts avec les voisins. Et c'est aussi proche du centre-ville (elle peut aller à son travail en 10 minutes à vélo, bonne connexion aux transports en commun), avec de nombreux services de proximité (on trouve tout, un centre commercial, Alnatura, Aldi, une pharmacie, il y a le marché une fois par semaine). Mais, si c'est un quartier idéal pour les enfants, ça peut être parfois envahissant : les adultes ont aussi des droits et les enfants des règles à suivre. Près de chez elle, ils jouent au ballon et cassent parfois des plantes.

Elle ne croit pas qu'ils aient pensé à l'environnement sonore.

Pour elle, les **symboles** de V sont la place du marché avec le restaurant (« *Haus 037* ») et la salle de sport à côté de l'école où elle va faire de la gym une fois par semaine.

Elle emmènerait un ami visiter tout le quartier, mais surtout le long du ruisseau vers le parc-aventure. Il y a des animaux et beaucoup d'activités pour les enfants.

Généralement, elle va à son travail à vélo, mais aime surtout aller à pied à travers bois vers le Schönberg.

V-E24
Homme américain de 20 ans, étudiant en affaires européennes
Habite Vauban depuis 3 mois, locataire dans une WG de la cité U
Il habitait Washington
L'entretien se fait debout dans la rue.
Pour lui, l'**ambiance** c'est la sensation que l'on a lorsqu'on est à un endroit, ce que les impressions te donnent. Il décrit celle de V comme amicale, relax et pour les familles.
Il pense que les sons participent à l'ambiance.
Selon lui, le **paysage** c'est la manière dont on voit l'environnement. Il décrit celui de V comme une banlieue, mais à l'européenne, avec beaucoup de bâtiments, dense.
Il ne pense pas vraiment que les sons participent au paysage.
Il pense que V est un **quartier durable**, car il est respectueux de l'environnement avec des installations énergétiques comme des panneaux solaires.
Il est venu habiter à V pour ses études.
Il ne connaît pas encore bien le quartier, mais ce qui l'a marqué c'est le côté public : il a la sensation que tout est public. Ce qu'il préfère c'est le ruisseau et regrette d'être assez loin du centre-ville.
Il ne sait pas si on a pensé à l'environnement sonore.
Pour lui, le **symbole** de V c'est S.U.S.I.
Il y emmènerait d'ailleurs un ami.
Généralement, il emprunte le chemin entre Vaubanallee et la cité U, par S.U.S.I, c'est aussi son préféré.

V-E25
Homme allemand de 43 ans, biologiste
N'habite pas Vauban
Il parle français et vient régulièrement dans le quartier.
Pour lui, l'**ambiance** est matérielle, liée à l'ensemble des couleurs, des formes des maisons, des collines, mais c'est aussi le caractère des gens. Il décrit celle de V comme à la fois tumultueuse et calme, avec beaucoup d'enfants et de jeunes familles.
Il pense que les sons participent à l'ambiance : les enfants qui jouent dans chaque rue, qui courent, le souffle du vent dans les arbres.
Selon lui, le **paysage** est une grosse partie de territoire, à forte densité ou non *(ein großer Geländeabschnitt, besiedelt oder unbesiedelt)*. Il décrit celui de V comme une île verte à côté des maisons *(eine grüne Insel direkt bei den Haüsern)*.
Il pense que les sons participent au paysage et que certains paysages ont des sons typiques : parfois plus des sons de la ville, parfois plus des sons de la nature ou de la campagne.
Il est satisfait de la qualité de vie à V.
Il pense que V est un **quartier durable**. Un quartier durable est lié à l'économie des ressources comme l'eau, l'énergie et à la préservation de la qualité de l'air en réduisant par exemple la circulation automobile.
Il vient régulièrement à V pour rencontrer des gens, se promener, les prestations de services et aller manger.
Il décrit V comme un quartier proche de la ville mais aussi vert, alternatif, avec un concept écologique. Il y apprécie la présence de nombreuses familles, les relations faciles avec les gens, mais regrette la densité et l'étroitesse des constructions.
Il ne sait pas si on a pensé à l'environnement sonore.
Pour lui, le **symbole** de V est la place du marché.
Il emmènerait un ami sur les terrains de jeux, voir les maisons à basse consommation d'énergie et le long du ruisseau pour le contact avec la nature.
Généralement, il emprunte Vaubanallee et l'allée piétonnière parallèle, mais il aime particulièrement le chemin qui longe le ruisseau.

V-E26
Femme allemande de 40 ans, assistante sociale
N'habite pas Vauban
Elle vient régulièrement dans le quartier.
Elle définit l'**ambiance** comme un lieu d'habitation ouvert et collectif. Elle décrit celle de V comme accueillante pour les enfants, avec des logements alternatifs, du travail, ouverte à de nombreuses manières de vivre. Elle ne sait pas si les sons participent à l'ambiance.
Selon elle, le **paysage** c'est ce qui nous entoure, là où le lieu d'habitation se trouve, avec de grands arbres et des espaces verts. Elle décrit celui de V comme plat, vert avec de petits terrains et une grande communauté. Elle ne sait pas si les sons participent au paysage.
Elle pense que V est un **quartier durable** car on y a besoin de moins de ressources en énergie.
Elle vient à V pour faire des courses, rencontrer des amis, aller manger, aller aux terrains de jeux, parce que c'est un beau quartier.
Elle apprécie surtout le côté alternatif de l'habitat, les gens sympas, le côté accueillant pour les enfants et le Quartiersladen, le fait de vivre dans la rue *(« Wohnen auf der Straße »)*. Mais elle regrette que ce ne soit pas réellement un quartier sans voitures et le fait qu'il n'y ait pas de terrain de sport et des activités pour les jeunes.
Elle ne croit pas qu'ils aient pensé à l'environnement sonore.
Pour elle, il n'y a pas de **symbole** de V.
Elle emmènerait un ami à travers les rues, les terrains de jeux, à la Kantina et au Süden.
Généralement, elle va plutôt dans la partie haute de V.

V-E27
Homme allemand de 54 ans, biologiste
Habite Vauban depuis 11 ans, propriétaire d'un appartement
Habitait avant dans une WG à Fribourg
Il a du mal avec les questions de définitions.
Pour lui, l'**ambiance** c'est ce qu'on ressent. Il décrit celle de V comme amicale, à la fois vivante et calme. Il pense que les sons participent à l'ambiance : les jeux des enfants, le chant des oiseaux.
Selon lui, le **paysage**, ce sont des environnements connus et inconnus *(bekannte und unbekannte Umgebung)*. Il décrit celui de V comme à la fois vert et urbain, avec la proximité de la nature. Il pense que les sons participent au paysage.
Il pense que V est un **quartier durable** en raison de l'utilisation de moins d'énergie.
Il est venu à V parce qu'il voulait acheter un appartement à Fribourg dans un environnement accueillant pour ses enfants.
Il apprécie surtout les bonnes relations avec les voisins, le concept sans voitures, le côté accueillant pour les enfants et qu'on ait conservé les vieux arbres.
Il ne pense pas qu'on ait pensé à l'environnement sonore.
Pour lui, le **symbole** de V est la place du marché qui est le centre du quartier et les parcs *(« grüne Spangen »)*.
Il emmènerait un ami sur la place du marché parce qu'il y règne une belle atmosphère et il y a un restaurant où on peut s'asseoir en terrasse.
Généralement, il emprunte Vaubanallee pour se diriger vers les arrêts de tram, mais il aime aller faire son jogging le long du ruisseau.

V-E28
Femme allemande de 32 ans, graphiste
N'habite pas V, elle habite Merzhausen, le quartier limitrophe
Elle vient régulièrement dans le quartier.
Elle définit l'**ambiance** comme pouvant avoir plusieurs nuances et décrit celle de V comme alternative. Elle pense que les sons participent à l'ambiance.

Selon elle, le **paysage** c'est l'organisation de l'espace : de la nature, des maisons, des rues. Elle décrit celui de V comme à la fois dense et ouvert, vert et gris, coloré. Elle ne pense pas que les sons participent au paysage.

Elle pense que V est un **quartier durable** parce qu'il est très vert ; avec de vieux arbres et qu'il y a des maisons à basse consommation d'énergie (avec de l'énergie solaire).

Elle vient à V parce que c'est accueillant pour les enfants.

Elle apprécie surtout le fait qu'il y ait des gens avec les mêmes intérêts, le côté écologique et accueillant pour les enfants, la verdure, mais elle regrette le fait que les loyers soient trop chers.

Elle ne sait pas s'ils ont pensé à l'environnement sonore. Peut-être le fait d'avoir conservé et intégré les vieux arbres.

Pour elle, le **symbole** de V et le petit magasin de quartier près de Bäcker Benny.

Elle emmènerait un ami au Süden, au magasin de quartier, le long du ruisseau, au parc-aventure pour voir la nature et les animaux.

Généralement, elle emprunte surtout le chemin le long du ruisseau et Vaubanallee, qui est son parcours préféré parce qu'on a une bonne vue d'ensemble du quartier.

V-E29
Homme allemand de 36 ans, universitaire
Habite Vauban depuis 4 ans, locataire d'un appartement
Habitait avant Berlin
Il se promène avec ses filles.
Pour lui, l'**ambiance** ce sont les modes et arts de vivre, ce qui motive le plus les gens (« *Lebensart und Weise, das, was Menschen am meisten bewegt* »).
Il pense que les sons participent à l'ambiance.
Selon lui, le **paysage**, c'est ce qui a un visage, une histoire. Il pense que les sons participent au paysage.
Il pense que V est un **quartier durable** car tourné vers l'avenir. Un quartier durable doit résister aux changements (« *Veränderungen standhalten* »).
Il vient à Vauban pour la nature et ses enfants.
Il apprécie surtout le côté accueillant pour les enfants, mais apprécie moins le fort contrôle social et le côté étroit du quartier.
Il ne sait pas si on a pensé à l'environnement sonore.
Pour lui, le **symbole** de V est la place du marché avec son marché hebdomadaire et la Haus 037.
Il emmènerait un ami voir les maisons passives.
Généralement, il emprunte Vaubanallee et Merzhauser Str., mais il aime surtout prendre le chemin au bord du ruisseau.

V-E30
Femme allemande de 22 ans, éducatrice
Habite V depuis 3 ans, locataire d'un appartement
Habitait avant déjà Fribourg
Elle est avec une amie et ses enfants, elle est en train de nourrir le sien.
Elle définit l'**ambiance** comme un endroit chargé en énergie (« *ein energiegelandener Raum* »). Elle décrit celle de V comme belle et sociale. Elle pense que les sons participent à l'ambiance.
Selon elle, le **paysage est** une campagne peu dense et peu construite. Elle pense qu'il n'y a pas de paysage à V. Elle pense que les sons participent au paysage.
Elle pense que V est un **quartier durable** car il grandit et se développe.
Elle est venue habiter à V parce que c'est accueillant pour les enfants, à la fois proche du centre-ville et de la nature.
Pour elle, il n'y a pas de **symbole** de V.
Elle emmènerait un ami au bord du ruisseau, elle y aime la nature et le calme.
Elle emprunte toujours des chemins différents mais préfère le bord du ruisseau.

Annexe n°14 Cartes mentales des parcours commentés effectués à Kronsberg du 13 au 20 avril 2010

K-PS4

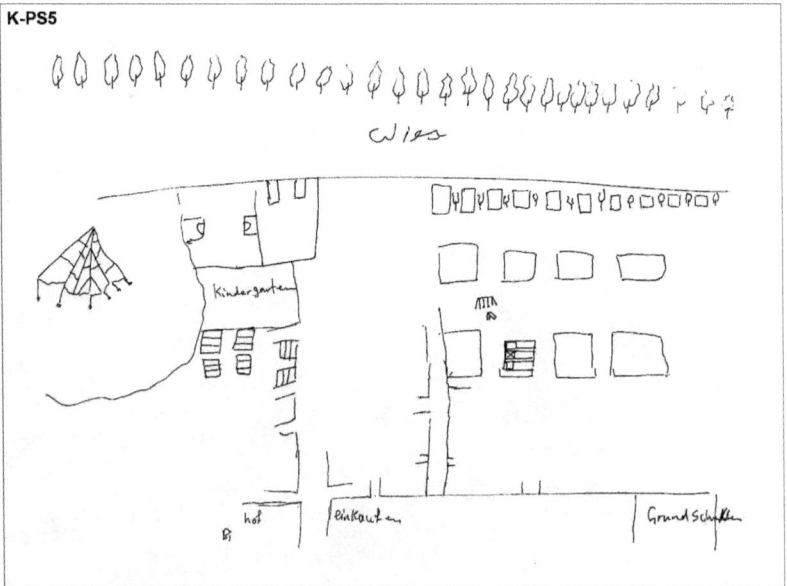

K-PS5

478

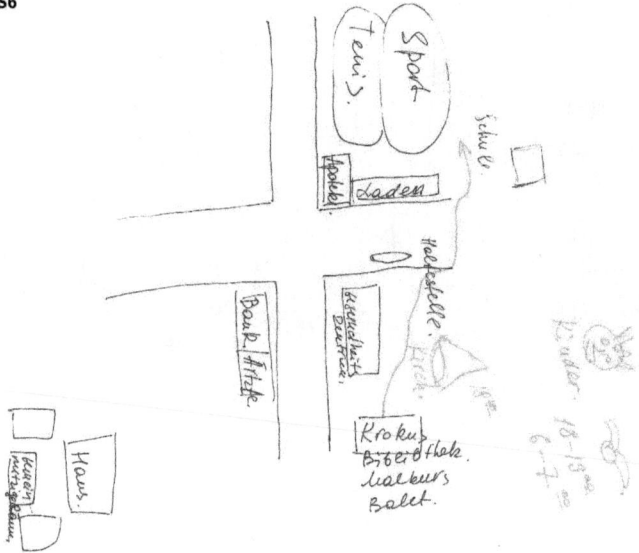

K-PS6

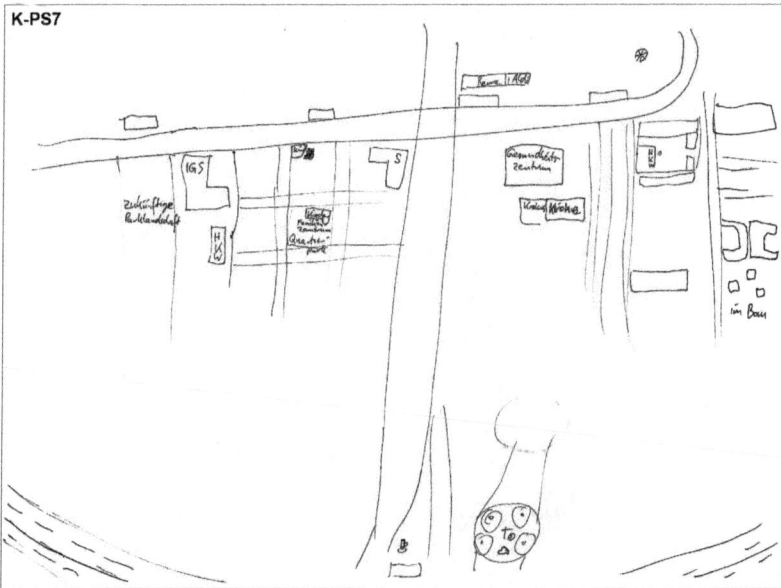

K-PS7

Annexe n°15 Cartes mentales des parcours commentés effectués
à Vauban du 31 mai au 11 juin 2010

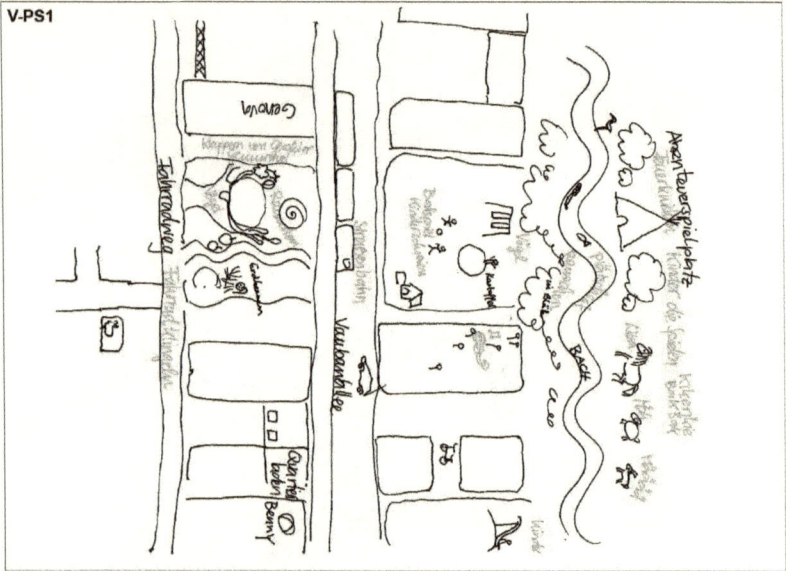

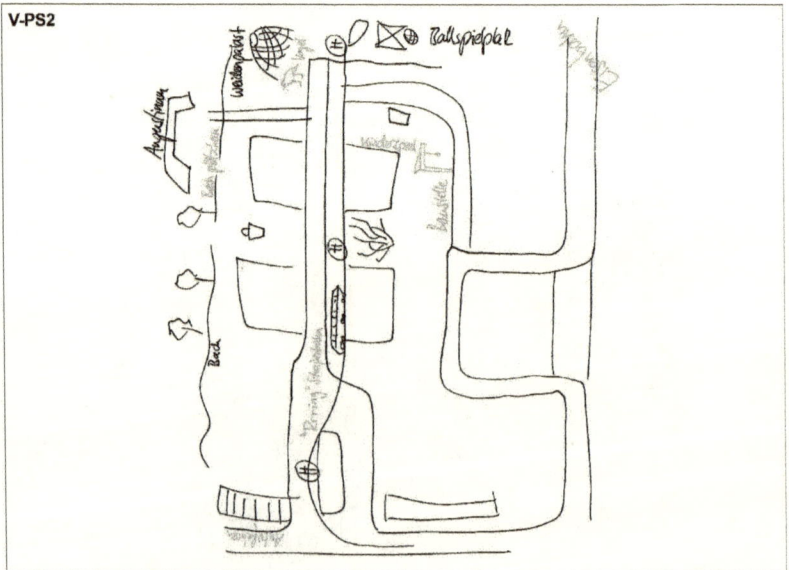

V-PS3

V-P34

V-PS5

V-PS6

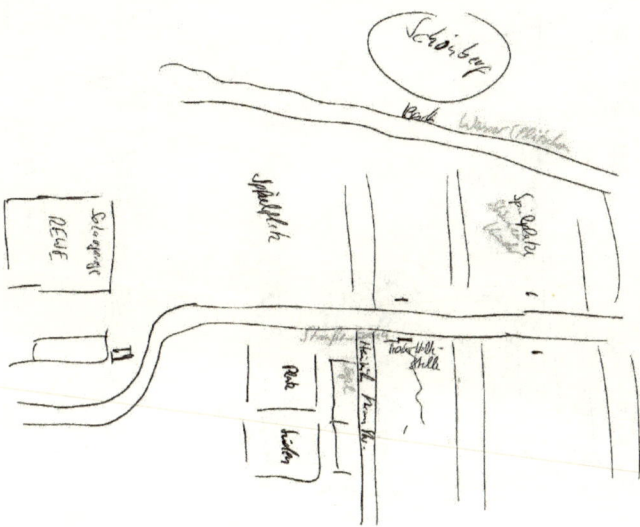

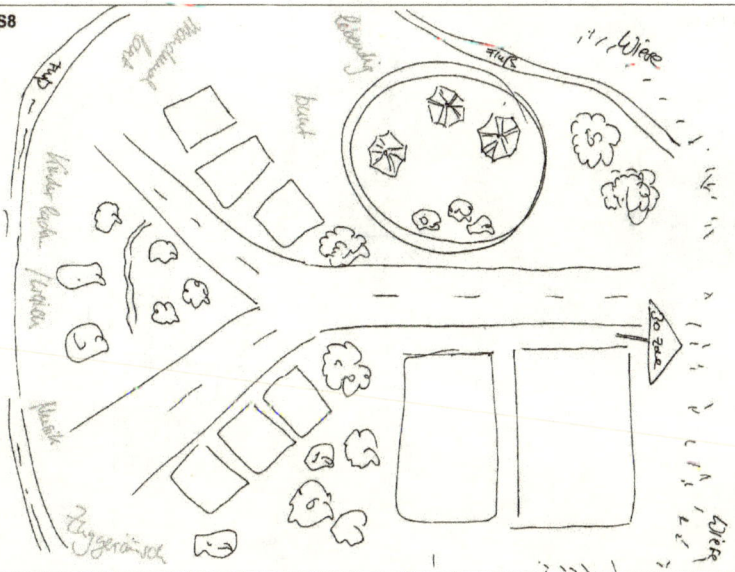

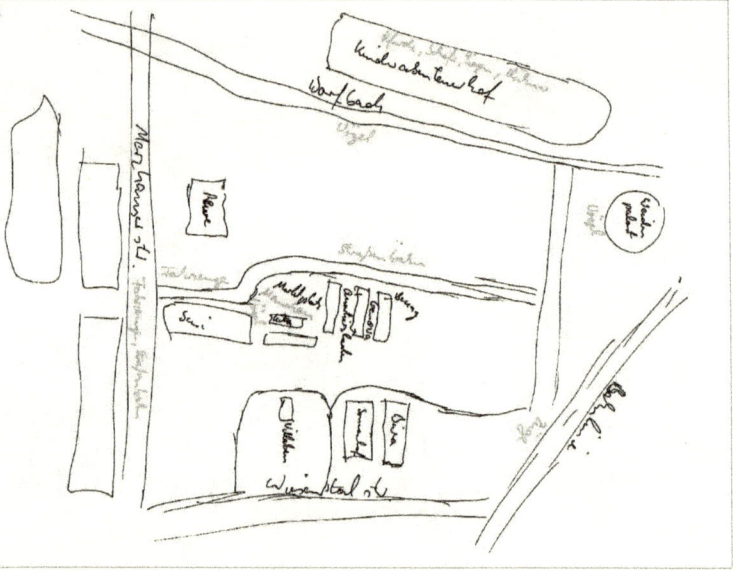

V-PS9

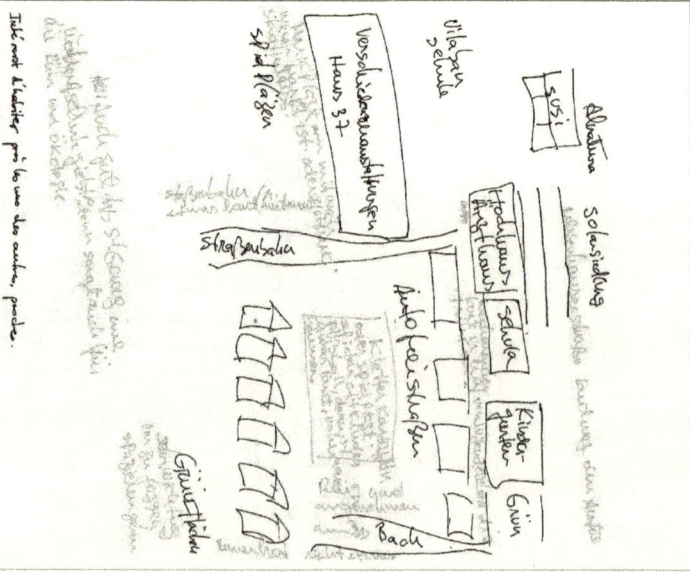

V-PS10

484

Annexe n°16 Retranscription et traduction du parcours sonore n°1 réalisé à Kronsberg

Lieu de départ : devant le Krokus
Jour et heure : mardi 13/04/10 à 17h30
Météo : beau
Durée entretien : 1 heure
Capacité audition : ++
Niveau général de compréhension : +
Intérêt : ++

Femme de 75 ans, retraitée, a repris ses études
Habite le quartier depuis 10 ans
Locataire d'un appartement
Habitait avant Hanovre

Remarques faites pendant la réalisation de la carte mentale
Le tram est désagréable la nuit.
Le square au nord fonctionne comme un corps résonnant : l'eau qui s'écoule résonne.
Le square sud, en terrasses, renvoie aussi les sons des enfants.
On entend aussi les bruits des avions tous les jours quand il y a des salons/expos.
On entend le vent dans tout le quartier, en particulier dans la prairie et dans les rues longues. C'est sain : il aère la ville de Hanovre depuis le bas vers la colline.

Parcours
Nous allons d'abord aller au centre œcuménique. Au fond, nous vivons au milieu de la nature. Nous entendons beaucoup de chants d'oiseaux.
Nous entrons dans le centre, je ne sais pas si vous connaissez déjà l'église. Depuis l'extérieur, on ne peut pas voir à l'intérieur, mais de l'intérieur on peu voir à l'extérieur. C'est évidemment silencieux, comme dans une tombe, mais c'est bien fait, très simple. Là-haut, ces couleurs, c'est particulier. Quand le soleil brille, elles forment une bande lumineuse.
Là, ce sont des constructions sociales pour les gens à revenus modestes ou qui n'ont pas de revenu du tout.
Entendez-vous le bruit de l'eau ? C'est une pierre magnifique... Nous avons aussi une fontaine sur la place et plusieurs autres dans les différents groupes d'habitation. Il y a une description de l'eau qui coule là. Si vous regardez ce livre, il y a une description. Cela devait être un endroit protégé ici, au milieu.
Le bruit de l'eau va nous accompagner encore un moment. Ne voulions-nous pas aussi intégrer dans notre parcours le parc qui est bien bruyant, le terrain de jeux ?
On entend le bruit des voitures, mais de façon générale, le bruit de la rue n'est pas très important, il n'arrive pas jusqu'ici.
Des gazouillis d'oiseaux. Une voiture qui freine, ça fait un peu de bruit aussi. Ici, il y a énormément d'enfants et de jeunes, il y a environ ¼ d'adultes. La plupart des familles ont deux ou trois enfants. La ville de Hanovre a d'autres moyennes. Dans la partie sud de la ville, la population a rajeuni, alors qu'avant il y avait surtout des personnes âgées. Il y a beaucoup de mères seules avec leurs enfants.
Voilà ce « corps sonore » qui produit des sons quand il pleut. L'eau descend de la « montagne », arrive ici, passe en dessous, et quand elle arrive là-bas, ça résonne, comme des sons de cloches. Ca a été conçu comme cela. On entend un peu ces sons.
Il y a là des plantes qui sont venues spontanément sur ce dénivelé. Il a été question au conseil d'arrondissement de les enlever, mais ça a finalement été pensé comme cela, il ne devait pas y avoir que du béton. La colline a sa signification également. Les terrains de jeux sont tous différents.

Ici, il y a beaucoup de métal : ces constructions par exemple sur lesquelles grimpent les glycines. Partout des gazouillis d'oiseaux.
Je ne trouve pas ça très beau mais c'est du matériel durable. C'est rouillé mais ça ne s'abîme pas.
Ici, il y a de nouvelles maisons. On ramène la terre excavée ici quand de nouvelles maisons sont construites, comme cela elle reste dans le quartier.
Quand le Kronsberg est né, mes petits-enfants étaient encore petits, ils avaient toujours les chaussures pleines de boue. La terre est argileuse ici, elle colle. Ils ont trouvé ici plein de coquillages et de fossiles.
Par là, on va à Misburg, c'est déjà le paysage.
Les maisons sont construites de manière à ce que chacun soit quand même à l'abri des regards, ait son espace privé.
Ces escaliers, je ne les trouve pas bien, en hiver ils sont dangereux en cas de neige ou de verglas. On va jeter un œil dans une arrière-cour. Le terrain n'est pas toujours plat. Les enfants qui jouent sont sur un autre niveau. On a beaucoup pensé aux handicapés ici. Quelqu'un chante avec de la musique...
Ici, il y a une prairie à cerfs-volants. Et là derrière, il y a le jardin d'enfants dont je vous ai parlé.
Cela doit remplacer la cave. Je n'arrive pas à m'imaginer que cela puisse suffire.
Bonjour ! Alors, tu vas faire du vélo ?
C'est ce jardin d'enfants un peu particulier construit en bois avec cette avancée qui protège du soleil en été. Ca évite qu'il fasse trop chaud à l'intérieur.
Là derrière, il y a le terrain de jeux pour les enfants.
Voilà la colline d'où on a une belle vue. Il faudrait voir de l'autre côté aussi. Devons-nous retourner au Krokus ? Alors il faut passer par là. Nous n'entendons que le bruit de nos pas. C'est un beau silence non ?
Tout autour de Hanovre, il y a un anneau vert marqué en bleu comme ici. Il fait 80 km, que l'on peut faire à pied ou à vélo.
Du fait qu'il soit adossé au Kronsberg, le quartier est un beau quartier.
Là, il y a des toits couverts d'herbe. Ce sont ces maisons économes en énergie, il n'y a pas de chauffage dedans. C'est un peu comme le système de l'allume-cigare dans les voitures : l'air chaud est recyclé et réinjecté dans la maison. Mais il n'y fait que 20°C. L'air vicié est recyclé.
Un petit garçon qui chantonne... en anglais ?... sermonné par sa mère.
La cloche ne sonne qu'une fois par jour à 18h, plus le dimanche et pour annoncer la messe.
Voilà encore un bâtiment intéressant, l'Agenda 21.
C'est là qu'il y a eu un feu à Pâques, c'est une coutume, on chasse les esprits. Mais c'est surtout la possibilité de brûler les broussailles. La présence de pompiers est obligatoire.
Bruits de moteurs, une voiture, les oiseaux gazouillent.
Je trouve que c'est mieux ici qu'en ville parce qu'il y a moins de bruit. Il y a bien le tramway, mais c'est aussi pour moi qui suis âgée, l'assurance de pouvoir aller chercher de l'aide en cas de besoin. J'ai des soucis avec la hanche, le genou...
J'ai un appartement aménagé pour les personnes âgées, avec ascenseur. Les trajets sont courts : j'ai un coin cuisine et un coin repas dans la salle de séjour. J'ai aménagé des séparations avec un rideau.

Petit entretien

Centre œcuménique (en fait une église évangélique)
Une atmosphère qui s'adresse à la voix intérieure, le sentiment de calme.
Inhabituelle, mais agréable.
Lors de fêtes, l'atmosphère change : c'est léger et plein d'entrain.
Les usages et les pratiques : chant et instruments (orgue).
Ca me rappelle là où j'ai grandi enfant : le sentiment de sécurité, de cocon.

<u>Square Sud</u>
Calme, tranquille, avec un brouhaha de voix. Il y a 20 nationalités différentes, 90 %
d'enfants étrangers qui jouent à des jeux innocents et gais. Une impression familiale.
Agréable. À l'ombre des arbres. Il y a toujours de l'air, un courant d'air, une brise.
Le matin c'est très bruyant et le soir c'est calme et paisible.
Beaucoup de siestes, pique-nique, barbecue : des pratiques devenues habituelles en
raison de la présence de toutes ces nationalités. Un fort mélange culturel.
Ca me rappelle le jardin Saint Georges près de l'Université.

<u>La colline de Kronsberg</u>
Une vue fantastique sur la ville et les environs, des bruits au loin, très loin : l'autoroute
est à 2/3 km. Des enfants qui jouent, des oiseaux qui gazouillent.
Agréable.
Il y a une belle atmosphère au lever du soleil.
À Pâques, la paroisse organise une « ascension » du Kronsberg à 6h du matin.
Lorsque j'étais enfant, mon père nous sortait du lit de bonne heure pour aller faire une
promenade. Nous nous lavions au ruisseau. Il n'y avait pas d'eau courante, c'était
pendant la guerre.

<u>Diriez-vous que le paysage sonore de Kronsberg est différent de celui d'autres
quartiers où vous avez habité ? Pourquoi ?</u>
Il est plus calme, plus tranquille.

Plan du parcours

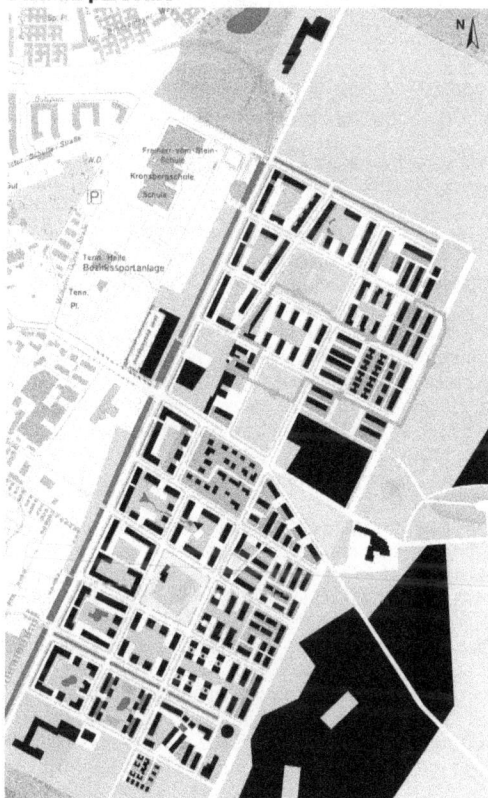

Annexe n°17 : Retranscription et traduction du parcours sonore n°2 réalisé à Vauban

Lieu de départ : Astrid-Lingren Str.
Jour et heure : lundi 31/05/10 à 17h30
Météo : couvert, frais
Durée entretien : 1 heure
Capacité audition : ++
Niveau général de compréhension : ++
Intérêt : ++

Homme de 35 ans, fonctionnaire de police, sans enfants
Habite le quartier depuis 2 ans
Propriétaire d'un appartement
Habitait avant Fribourg

Remarques faites pendant la réalisation de la carte mentale
La carte est réalisée chez lui. Il se concentre pour dessiner et parle très peu.

Parcours
Je viens d'entendre une voiture passer juste à côté. Je trouve qu'ici les voitures roulent beaucoup plus lentement et qu'elles sont moins bruyantes que dans d'autres quartiers. Et je trouve ça bien sûr plutôt positif. Il y a vraiment moins de voitures ici, bien que près de 5000 personnes habitent ici. Aujourd'hui il ne fait pas vraiment chaud, c'est pourquoi il y a moins de gens dehors et pas d'enfants qui jouent.
Mais j'entends des chants d'oiseaux et ici on voit le Weidenpalast (« palais de saule tressé »). En été, il y a des gens qui se rencontrent ici, mais il n'y a pas de risque qu'il y ait des fêtes non autorisées.
Et ici, c'est le ruisseau. En principe, j'aime bien venir ici, et aussi quand j'ai de la visite. Alors on va faire un petit tour dans le quartier et on vient toujours ici, parce que le ruisseau fait des clapotis. Je trouve ça toujours reposant et agréable, qu'on ait ce lieu de détente directement à côté des maisons. En été, il se passe beaucoup de choses ici : il y a des chiens qui jouent dans l'eau, et bien sûr des enfants aussi. Là-bas devant, c'est le parc d'aventures pour les enfants et les jeunes. On y entend de temps en temps un coq qui chante, des chevaux qui hennissent.
Ah, je viens juste d'entendre le tram. Nous sommes à nouveau dans un parc avec des terrains de jeux. Par beau temps, il se passe aussi ici plus de choses. Et où il y a un parc, on entend à nouveau des oiseaux. On vient d'entendre une mobylette. Je pense que quand tous les enfants qui ont maintenant 10 ou 12 ans vont avoir une mobylette, on va en entendre plus souvent ! Et ceux qui ont des mobylettes aujourd'hui voudront des voitures. Là on entend une femme avec une valise à roulettes. Ces valises sont toujours tellement bruyantes. Mais bon, c'est plus pratique. Quand j'étais petit, je ne connaissais pas ça. Ca n'existait pas encore.
Ici c'est la Vaubanallee, en principe l'axe principal de circulation du quartier et ce n'est tout de même pas beaucoup plus bruyant que dans les rues de desserte. Enfin, il y a très peu de voitures, surtout des vélos et le tram qui passe toutes les quelques minutes. Là j'entends une tondeuse, mais c'est une tondeuse sans moteur, elle est manuelle. Il y en beaucoup plus ici et je trouve ça drôle. Mais c'est sûr, les jardins sont si petits que ça ne sert à rien d'acheter une tondeuse motorisée. Je trouve ça aussi intéressant.
Maintenant j'entends un train ! Et on entend une voiture pour enfant (« *Bobbycar* »), un tracteur. Et ce qui est intéressant à propos de ces tondeuses, c'est qu'elles sont achetées par plusieurs personnes et qu'elles changent de place dans le quartier tous les jours : la tondeuse va de maison n°1 à la maison n°2, puis de la maison n°2 à la

maison n°3 et ainsi de suite. Nous arrivons près d'un chantier de construction. C'est une des dernières parcelles qui n'est pas encore finie. Quand cette construction sera finie, ils en commenceront une autre. C'était encore un train. C'était un train de voyageurs, un train au trajet court. Les trains de marchandises passent ici le plus souvent seulement le week-end lorsqu'il y a moins de trains de voyageurs. Là, l'idée était de construire plus de bâtiments d'activités, à proximité de la Wiesentalstraße, pour des industries, peut-être de l'artisanat aussi. Sur Vaubanallee, il y a surtout des magasins, mais pas d'artisanat. Ca n'a pas vraiment intéressé les gens. Mais je peux comprendre. Si j'étais artisan et que mon activité était bruyante, c'est toujours une possibilité de conflits avec les riverains. C'est pourquoi les industries ont été mises là-bas, ça pose moins de problèmes.

Le bâtiment qu'on voit là, c'est une résidence étudiante qui s'appelle « Eureka » et elle est vraiment proche de chez moi. En été, ils reçoivent des amis et font des barbecues sur les balcons. La construction est faite de telle manière que s'il y a moins d'étudiants, on peut en faire des logements normaux. Mais pour l'instant il y a des étudiants. Ils ont également construit une double façade en verre devant les appartements le long de la voie ferrée pour les protéger du bruit. C'était l'objectif. Quand on se trouve dans une pièce côté voie ferrée, on a toujours un couloir devant. Ca a été construit d'un seul tenant pour protéger les autres constructions à l'arrière du bruit. Là on entend un bus à l'arrêt du tram. Les gens montent dans le bus. Là-bas on voit le terrain de sports que j'ai dessiné sur la carte. Il est occupé. Voilà, on peut s'arrêter ici.

Petit entretien

Diriez-vous que le paysage sonore de Vauban est différent de celui d'autres quartiers où vous avez habité ? Pourquoi ?
Oui, bien sûr. Je trouve qu'il y a moins de circulation motorisée, c'est pour cela qu'il y a beaucoup de familles et des enfants qui jouent dans la rue. Et je trouve aussi que malgré le fait qu'il y ait tant de gens qui habitent ici et que ce soit assez dense, c'est tout de même calme. Je connais d'autres quartiers où... il y a toujours des disputes... ou tout simplement... plus de bruit.

Est-ce que le paysage sonore de Vauban varie au cours de la journée, de la semaine ou de l'année ?
Au cours de l'année c'est sûr. C'est justement ce que je me disais : un jour comme aujourd'hui, où il n'y a pas vraiment de soleil, c'est forcément plus calme, parce que les enfants ne vont pas dehors. C'est aussi la raison pour laquelle c'est plus calme en hiver qu'en été. Et au cours de la journée, je ne sais pas vraiment, parce que les jours de semaine je suis généralement au travail. Mais quand je suis en congé, les plus grandes variations que je remarque, c'est, quand il y a des travaux, et qu'on entend la benne à béton et la grue jusqu'à 17 h. Et le week-end, il y a aussi une différence avec le reste de la semaine : il y a beaucoup de tondeuses à gazon le samedi, puis le dimanche. Mais le plus souvent le samedi, c'est un peu décrété comme ça : le samedi, on s'occupe du jardin. Et le dimanche on peut aussi entendre les footballeurs. Il y a en fait un terrain de sports directement à la limite du quartier, et on entend parfois l'arbitre qui siffle et les spectateurs qui crient. C'est un son vraiment atypique du dimanche pour moi.

Est-ce que les sons, les paysages sonores participent à la qualité de vie ?
Oui, je pense. Je trouve ça assez étonnant ce que ça représente. Il y a ici une certaine qualité de vie, qui est selon moi plus agréable et meilleure qu'ailleurs. J'ai habité auparavant dans un autre quartier de Fribourg. Il y avait aussi là-bas le tram, des rues et la Dreisam (rivière) et j'avais aussi la possibilité d'aller directement devant la maison me promener dans un espace vert le long de la Dreisam, mais il y avait de chaque côté deux voies de circulation et... bien que ce fût relativement calme à l'arrière de la maison, la qualité de vie était bien différente, parce qu'il y avait toujours le fond sonore

de la rue. C'était bien sûr plus central que Vauban et donc avec un peu plus de bruit, mais je trouve vraiment la qualité de vie ici bien meilleure.

Pensez-vous que les ambiances sonores de Vauban ont été planifiées par quelqu'un ?

Oui, euh… Je pense qu'on y a pensé avec ces « bandes vertes », en les pensant comme des espaces calmes. Ce qui ne consiste pas seulement à instaurer un rythme régulier : une maison, 10 mètres de jardin, une maison, 10 mètres de jardin. Mais leur rôle est plutôt d'assouplir la manière de faire la ville et de créer à la fois des possibilités pour les gens de se rencontrer et des lieux calmes. Oui, je pense qu'on a pensé à ça.

Quel serait pour vous le quartier idéal ?

Il y a une réponse bien connue que beaucoup de gens donnent : « Le lieu de vie idéal : derrière la maison les montagnes, devant la mer, et juste à côté une ligne de tram pour aller au centre-ville ». C'est idéal effectivement. Mais dans la réalité, je trouve qu'ici… c'est vraiment bien parce qu'on a à la fois le tram qui nous conduit directement en ville. J'ai aussi la possibilité… ici on voit le *Schönberg*, on peut aller s'y promener. En fait on a la ville et la nature directement devant la porte, et je ne pourrais plus m'en passer.

Quel serait pour vous le paysage sonore idéal ?

Ah, c'est difficile… Parfois, je rêve, ou plutôt j'apprécie le fait d'entendre la vie, les gens autour de moi qui s'activent. Personnellement, je ne voudrais pas vivre dans un monde totalement retiré où je n'entendrais rien d'autre que moi… Je trouve ça plutôt positif quand j'entends que quelqu'un travaille dehors ou que des gens se disputent, oui il y a aussi parfois du vacarme. Mais c'est aussi positif. Quand les enfants jouent par exemple c'est très positif. Bon, comme pour la plupart des gens, c'est plutôt négatif pour moi quand il y a trop de circulation. Ca pourrait être bien s'il y avait un peu moins de trains, si je parle d'idéal. Sinon, je trouve qu'ici il y a un bon mélange entre le calme et la vie des autres gens.

Plan du parcours

490

Annexe n°18 Traduction du baluchon multisensoriel n°3 tenu à Kronsberg du 19 au 23 avril 2010

Femme de 36 ans, styliste de mode
Habite K depuis 10 ans
Malgré son emploi du temps chargé, elle s'est réservé chaque jour environ une heure pour s'adonner au baluchon multisensoriel.

Lundi 19 avril
Lieu : mon salon. Particularité : j'ai laissé intentionnellement la porte du balcon ouverte afin de pouvoir mieux entendre et prendre conscience des bruits de dehors.

Photos
1. Fleurs en boutons sur le balcon
2. Vue depuis mon balcon (magnifique avec les arbres en fleurs)
3. Un avion avec une publicité pour le salon de l'industrie
4. Une voiture de nettoyage (nettoie les trottoirs)
5. Une chauve-souris morte sur mon balcon
6. Vue depuis mon balcon

Enregistrements
1. Bruits depuis mon balcon : bips, chants d'oiseaux, voitures, vent.
2. Bruits des voisins qui se déplacent dans les escaliers de l'immeuble, qu'on entend depuis mon salon.
3. Tous les bruits qui étaient audibles
4. Le son de l'avion publicitaire
5. La voiture de nettoyage

8h00
J'ai une heure avant d'aller au travail et m'assois confortablement dans le salon de mon appartement. La porte du balcon est ouverte et j'entends à l'intérieur les sons qui viennent de l'extérieur : pendant un moment, il n'y a pas de calme qui m'enveloppe. Je deviens un peu tendue en entendant les sons de dehors : j'entends des petits bips qui viennent de nulle part, j'entends le tramway qui roule en dessous, sur la rue principale, environ toutes les 10 minutes. Les bips persistent, c'est un ton plus haut que le reste et ça me gêne beaucoup…
Une voiture roule à nouveau vite en bas de mon immeuble, mais ce bruit est supportable, il part aussi vite qu'il est arrivé.
Par-dessus, le chant d'un oiseau, ça j'aime écouter. La tonalité est haute, mais agréable, contrairement aux bips qui doucement me pèsent et m'énervent. Je ne peux pas dire d'où ça vient… Comme un signal radioélectrique.
De temps en temps, j'entends des voix humaines, des enfants qui vont avec leurs parents au jardin d'enfants ou à l'école.
Il y a du vent et il fait assez froid. L'intensité des sons de dehors m'oppresse et le froid que je ressens, après avoir été assise là 20 minutes, est désagréable.
C'est un lundi matin bruyant et stressant.
Ca devient toujours de plus en plus fort : les oiseaux baissent de volume. Les voitures qui passent et les bips donnent à cet instant le ton de la « musique ».
Je sens seulement l'air frais qui rentre depuis le balcon, sinon rien d'autre.
Quelque part en arrière-plan, j'entends un bourdonnement, un bruit constant, je crois que ce sont les bruits qui viennent de l'autoroute, de la route menant au site de la foire expo ou de la rue principale. Ce bruit me gêne. C'est fort, désagréable, ça m'enveloppe.
Je ferme les yeux, je ne veux rien voir, juste écouter, juste m'écouter intérieurement… et j'y arrive…
  ➢ Trop de bruits à la fois.
  ➢ En arrière-plan, loin, mais quand même pesant.
  ➢ Il me semble clair que j'ai pris conscience des nombreux « bruits-déchets » dont l'homme est inconscient.
Découverte effrayante ! J'aspire maintenant au calme total !

Mardi 20 avril
Trajet : de mon appartement à l'école de ma fille.

Photos
7. Rien/erreur
8. M., fille de Kronsberg sur des rollers
9. Oiseaux
10. "
11. Enfants, dessins à la craie sur la pierre
12. "
13. "
14. Oiseau sur l'herbe
15. Dessins à la craie d'enfants

16. Un détail architectural : une construction intéressante, un espace qui peut être loué pour des fêtes par les habitants
17. Un oiseau sur le terrain de jeux
18. Dans l'école
19. Dans l'école
20. Sur le terrain de jeux dans l'école
21. Ma fille fait une figure qu'elle appelle « Boule Disco »
22. Une fille
23. De beaux arbres en fleurs devant l'entrée d'un immeuble

Enregistrements
  6. Rollers
  7. Chant d'oiseau
  8. À un arrêt de tramway : bruits de voitures, du tram, de gens, d'enfants
  9. Dans le tram, ligne 6
  10. Sur le terrain de jeux à l'école

Environ 15h00
Je suis sur le chemin de l'école avec ma fille pour l'y accompagner. En chemin, je rencontre une fille sur des rollers et enregistre rapidement le son du roulement de ces rollers.

C'est plutôt calme dans les rues de Kronsberg, la plupart des gens sont encore au travail ou se reposent du repas de midi. Les enfants sont encore à l'école ou au jardin d'enfants. J'entends des oiseaux qui chantent, quelques voix d'enfants, en arrière-plan quelques voitures qui passent de temps en temps dans la rue.

En chemin, nous tombons sur des dessins d'enfants à la craie sur les pavés d'un terrain de jeux. Je trouve une belle image : un dessin coloré sur des blocs de pierre. Je le prends bien sûr en photo. C'est un dessin du monde enfantin, une trace que les enfants laissent de leur présence ici. Une trace très importante je trouve. Ici vivent beaucoup d'enfants, je trouve ça très bien. C'est à travers eux que vit le quartier de Kronsberg. À mon avis, les enfants sont le symbole le plus important de ce quartier, avec les terrains de jeux magnifiques, que je vais photographier.

Sans enfants, il n'y a pas d'avenir.

Ainsi, l'avenir des enfants dans le quartier est aussi très important et doit être encouragé. Aussi, l'environnement pour les enfants qui a été créé ici est plein d'avenir, c'est très important.

À l'école, je vois et j'entends des enfants qui jouent, le soleil brille. Un jeune joue à la balle.

Une belle atmosphère détendue.

495

Mercredi 19 avril
Lieu : mon endroit favori à Kronsberg, avec une mare
Photos
  24. À l'arrière de notre immeuble (on voit mon balcon) : oiseaux, arbres.
  25. Mon lieu préféré avec la mare et le terrain de jeux. Un paysage très beau ! Des pierres, des fleurs.
  26. La mare

Enregistrements
  11. Bruits de mon lieu préféré
  12. Coassement des grenouilles dans la mare, sifflements d'oiseaux, enfants qui jouent en arrière-plan, mes pas. Plumps ! Plumps ! Un garçon jette des pierres dans la mare... et rit.
  13. Bruits sur le terrain de jeux

Environ 17h00
Je me trouve dans mon endroit préféré à Kronsberg, où j'aime aller. C'est un terrain de jeux entre Krügerskamp et Weinkampswende, une cour intérieure entre des immeubles collectifs. Un lieu très beau, calme et ensoleillé : mon oasis calme. Je suis là un moment avec ma fille qui fait du vélo. Je m'assois ici après le travail, dans l'herbe, près d'une mare et j'écris dans ce journal. Le soleil brille beaucoup, je savoure ses chauds rayons.
Je ressens finalement le printemps, je le sens même... pendant que les oiseaux donnent un magnifique concert. Je suis assise dans l'herbe verte, dans de la terre souple, à côté d'un arbre sur lequel un oiseau chante admirablement bien. Ça se passe à ma droite. À ma gauche, des enfants jouent dans un bac à sable, leurs mères sont assises à côté du bac à sable, sur un banc et discutent ensemble.
J'entends soudainement des bruits de grenouilles venant de la mare. Puis d'autres enfants arrivent, certains font du vélo, un garçon du roller. J'aime beaucoup cet endroit. Il diffuse le calme. Je ressens ce calme et cette harmonie ici.

L'eau est un élément représenté ici sous la forme d'une mare, un élément très joliment intégré. Malheureusement, je n'ai plus de photos, sinon j'en aurais beaucoup pris ici. Et autour de la mare, on a posé beaucoup de grosses pierres. Les nénuphars vont bientôt fleurir. Il y a ici beaucoup d'arbres de sortes différentes, des buissons, + des bancs pour s'asseoir, un pré, deux balançoires, un toboggan, une pompe à eau (malheureusement, elle ne fonctionne pas en ce moment), un petit pont en bois, un bac à sable, et bien sûr la petite mare adorée.

J'aime beaucoup la regarder quand je suis assise ici. Il n'y a pas de vent ici.

J'entends toujours des voix d'enfants, plus fortes, des rires, le coassement des grenouilles. Des enfants jettent des pierres dans la mare : plumps... plumps... Les grenouilles sautent.

Je vois des poissons (oranges)... Mon oreille est réjouie, mon âme est en paix, détendue, heureuse !

Ce lieu me guérit au vrai sens du mot. Les maux de poitrine que j'avais en arrivant (de la tension de la journée) sont partis.

Jeudi 22 avril
Lieu : le mont Kronsberg vers 8h30
Je me trouve sur la montagne de Kronsberg, depuis laquelle on a une belle vue sur Hanovre. C'est le plus haut point de Hanovre.

C'est calme ici, je vois quelques marcheurs, c'est un peu venteux, mais agréablement frais. Je ressens le printemps.

C'est un lieu magique, un peu « coupé du monde ». On est ici plus près du ciel, comme de la terre. On en a l'impression en tout cas. Quand c'est très venteux, je sens la simplicité de ce lieu, ou autrement dit, je sens ici la force et le pouvoir de la nature, pour laquelle j'ai beaucoup de respect.

Aujourd'hui, c'est calme, on ne voit que peu de gens, car la plupart ne viennent pas ici à cette heure-ci. Quelques personnes passent en dessous avec leurs chiens.

L'air...

Ici, en haut, il y a de grosses pierres. En hiver, les enfants ont dévalé la montagne en luge. Je trouve en tout cas que c'est un lieu magique. C'est ici une zone naturelle protégée, avec des oiseaux intéressants, que malheureusement je ne connais pas. Le calme, l'étendue, la perspective... À cet instant précis, je me sens bien ici.

PS : malheureusement, j'ai oublié l'enregistreur.

Localisation des récits par jour

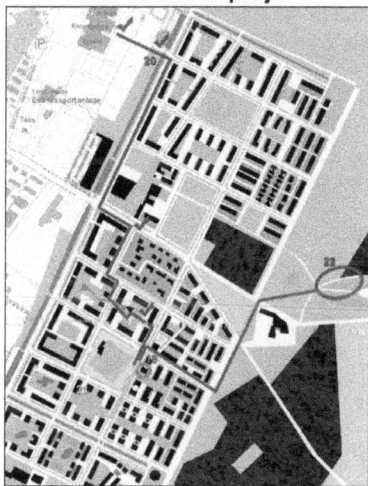

Annexe n°19 Traduction du journal sonore n°2 tenu à Vauban du 7 au 11 juin 2010

Homme de 35 ans, fonctionnaire de police
Habite Vauban depuis 4 ans et demi

Lundi 7 juin
18h-18h30. Vers le magasin de vélos à Vauban
Enregistrements : des skateboarders sur la place Paula Modersohn (**1** 3'10"- **2** 2'21"), des enfants qui jouent au foot sur la place Alfred Döblin (**3** 1'51").
Un temps très beau et très chaud. Il y a beaucoup de monde dehors. Les enfants jouent, font du skateboard et jouent au foot.
Des barbecues à plusieurs endroits du quartier.
Le chant des oiseaux.
Un chien aboie.

Mardi 8 juin
17h-17h30. Chemin du retour le long du ruisseau
Enregistrement : la vie au bord du ruisseau (**4** 5'00")
Il fait très chaud bien qu'il n'y ait pas de soleil.
Près du ruisseau, des enfants jouent, des joggers courent et des gens promènent leurs chiens.
A proximité du parc aventure on n'entend moins de choses.
Au club d'équitation, deux fillettes font du cheval

Mercredi 9 juin
17h30-18h00. Le marché sur la place Alfred Döblin
Enregistrement : le marché (**5** 5'00")
Ensoleillé et chaud.
Le marché de la semaine, très animé.

Jeudi 10 juin
18h-18h30. Courses chez DM puis retour par Vaubanallee
Enregistrements : terrain de jeux (**6** 1'00"- **7** 1'00"), le tram (**8** 2'00")
À nouveau un temps magnifique.
Tout le monde est dehors : les enfants jouent et glissent dans l'eau. Un chien aboie.
Le tram passe, des gens tondent leur pelouse, les cloches de l'église de St-Georgen sonnent.

Vendredi 11 juin
7h00. Le chemin vers le travail
Enregistrement : travaux/voie ferrée (**9** 1'30")
Il n'y a encore personne qui travaille sur le chantier. Mais on entend la pompe qui pompe l'eau de la fosse du chantier.
Un train passe.
Dimanche 6 juin
La piste cyclable
Sur la piste cyclable, beaucoup de tintements de sonnettes, de temps en temps une mobylette, des enfants, des rollers.
Très rarement une voiture. De la musique et des bruits d'enfants : qui jouent, qui chantent. Des mères et des pères qui les appellent. Des étudiants qui jouent au foot, le souffle du vent dans les feuilles des arbres, des oiseaux, le bruit de frein de vélos, des poules.
En bref, que des bruits agréables, largement supportables.

Lundi 7 juin
Parc Sud-Est (près du jardin d'enfants)
Des mères discutent ensemble, des sonneries de téléphone.
Des battements sur le sable, des bruits de glissade, le souffle du vent dans les feuilles, les oiseaux, les enfants qui jouent, des raclements dans le gravier, des bruits de pas dans l'herbe. Jaillissement et bourdonnement de l'eau de la fontaine.
Le clapotis de l'eau du ruisseau, le bruit d'un vélo qui passe sur le pont, des pas qui résonnent sur le pont en bois. Le tram, des bruits de voitures. Jeux dans l'eau de la fontaine. Des pas qui crissent sur le chemin de sable.

Localisation des enregistrements

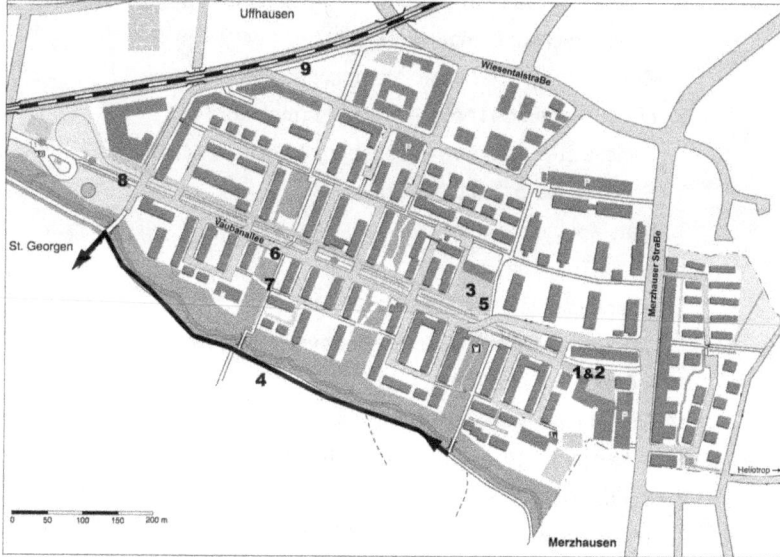

Annexe n°20 Prises de sons Kronsberg
(www.paysagesonore.net)

1. Cascade dans la cour intérieure Mikro-Klima (mai, 17h00)

2. Square Sud (mai, 17h00)

3. Cour intérieure (mai, 17h00)

4. Kattenbrucksdrift (mai, 17h00)

5. Cour intérieure d'Habitat International (mai, 16h40)

6. Dans le jardin de l'hôtel Agenda 21 (mai, 16h40)

7. Dans la cuvette près de Kronsberg 118 (avril, 14h45)

8. Sur Kronsberg 118 (avril, 8h00)

9. Mâts-épouvantails (mai, 11h00)

10. Sur le Thie (mai, 11h00)

11. Chorale sur le Thie (avril, 20h00)

12. Cloches de l'église le dimanche (avril, 12h15)

13. « Cloître » de l'église (mai, 14h50)

14. Arrêt du tramway (mai, 14h40)

15. Près de l' « école bleue » (avril, 16h00)

16. Square Nord (mai, 15h00)

17. Terrain de jeux Nord (mai, 15h30)

18. Passage des moutons (mai, 12h30)

19. Extrait du parcours commenté sonore n°4

20. Extrait du parcours commenté multisensoriel n°6

21. Extrait de l'enregistrement 1 (K-BM3)

22. Extrait de l'enregistrement 4 (K-BM3)

23. Extrait de l'enregistrement 6 (K-BM3)

24. Extrait de l'enregistrement 8 (K-BM3)

25. Extrait de l'enregistrement 10 (K-BM3)

26. Extrait de l'enregistrement 12 (K-BM3)

Pistes 1 à 18 effectuées avec un Zoom H4 en qualité WAV (bonne qualité)
Pistes 19 et 20 effectuées avec un Zoom H4 en qualité MP3 (qualité moyenne)
Pistes 21 à 25 effectuées avec un Olympus VN 5550 PC en qualité WMA (mauvaise qualité)

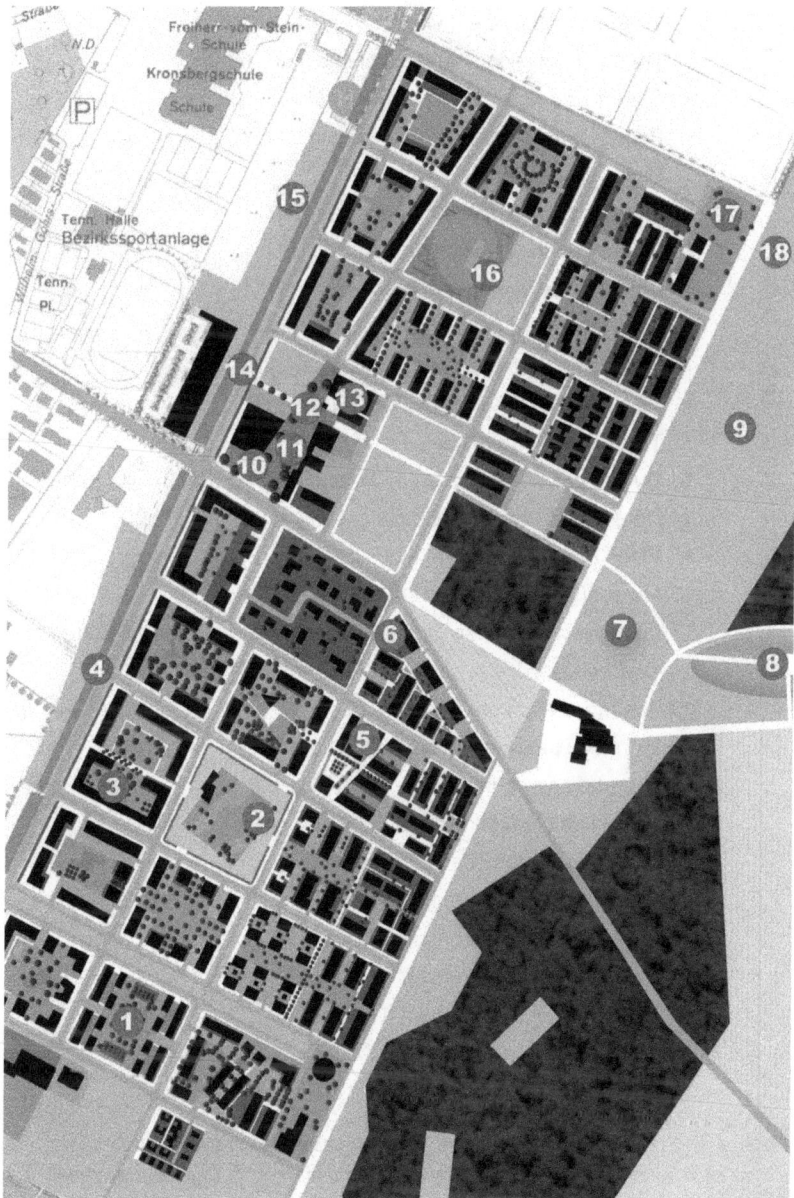

Freiherr-vom-Stein-Schule
Kronsbergschule
Schule

N.D.

P

Tenn. Halle
Bezirkssportanlage

Tenn.
Pl.

15

16

17

18

14

12 13

11

9

10

6

7

8

4

5

3

2

1

Annexe n°21 Prises de son Vauban
(www.paysagesonore.net)

1. Dorfbach - Ruisseau (juin, 15h10)
2. Train près des logements étudiants (juin, 14h00)
3. Chèvres du parc aventures (juin, 15h40)
4. Parc 3, près du jardin d'enfants (juin, 15h30)
5. Parc 4 (juin, 10h45)
6. Travaux près de la voie ferrée (mai, 14h00)
7. Fête de quartier (juin, 17h00)
8. Parc 2, avec le mur d'escalade (juin, 15h00)
9. Fontaine lézard (juin, 15h15)
10. Passage du tramway sur Vaubanallee (juin, 16h25)
11. Place Alfred Döblin (juin, 16h20)
12. Terrasse du Süden (juin, 12h45)
13. Du saxophone depuis un appartement (juin, 16h50)
14. Demi-tour d'une voiture dans une impasse (juin, 15h00)
15. Place Paula Modersohn (juin, 16h10)
16. Merzhauser Straße (juin, 14h00)
17. Entre les maisons en bandes de la cité solaire (juin, 16h00)
18. Grenouilles dans la mare de la cité solaire (juin, 13h30)
19. Tondeuse à gazon (juin, 15h20)
20. Extrait du parcours commenté sonore n°1
21. Extrait du parcours commenté sonore n°4
22. Extrait de l'enregistrement 2 (V-JS2)
23. Extrait de l'enregistrement 3 (V-JS2)
24. Extrait de l'enregistrement 4 (V-JS2)
25. Extrait de l'enregistrement 5 (V-JS2)
26. Extrait de l'enregistrement 6 (V-JS2)
27. Extrait de l'enregistrement 8 (V-JS2)
28. Extrait de l'enregistrement 9 (V-JS2)

Pistes 1 à 19 effectuées avec un Zoom H4N en qualité WAV. (bonne qualité)
Pistes 20 et 21 effectuées avec un Zoom H4N en qualité MP3. (qualité moyenne)
Pistes 22 à 28 effectuées avec un Olympus VN 5550 PC en qualité WMA. (mauvaise qualité)

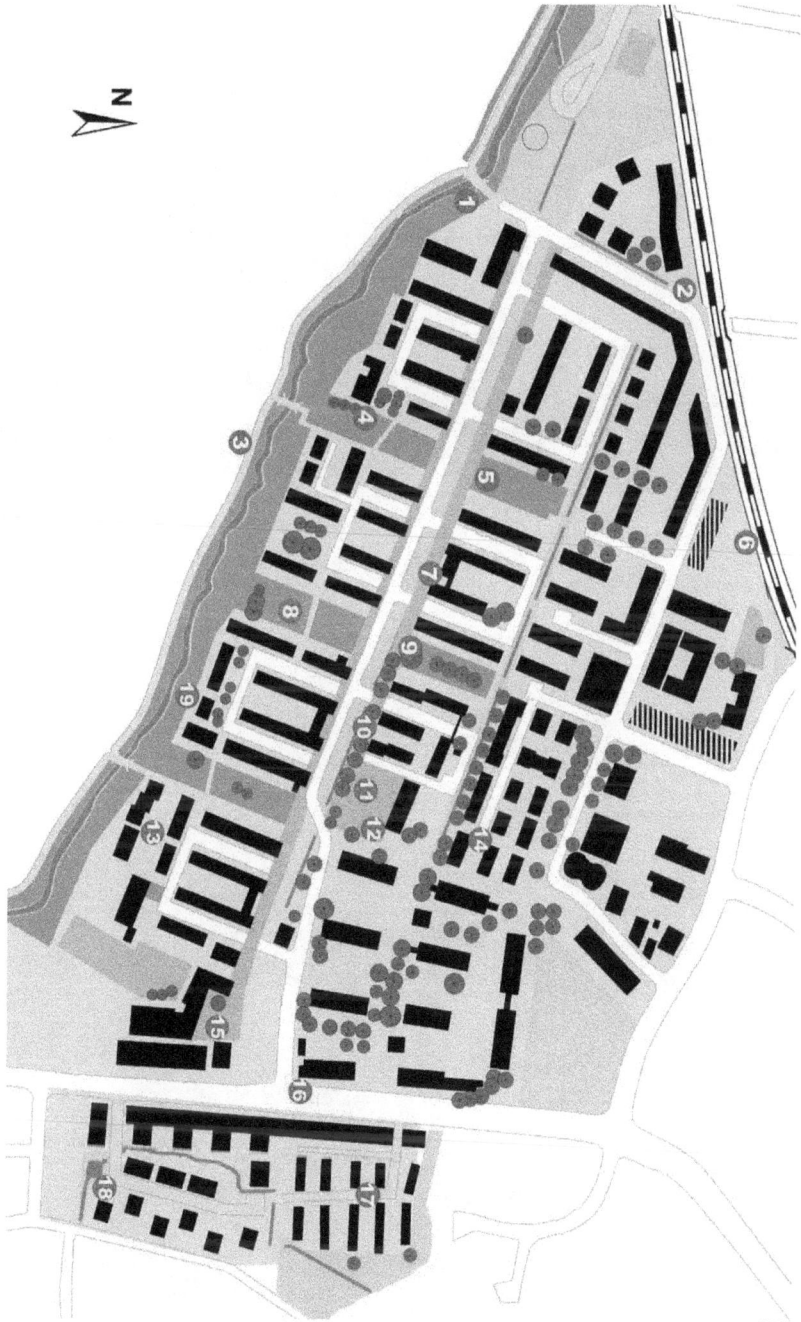

Table des matières

www.ingramcontent.com/pod-product-compliance
Lightning Source LLC
Chambersburg PA
CBHW021023210326
41598CB00016B/897